普通高等教育"十一五"国家级规划教材
21世纪高等学校机械设计制造及其自动化专业系列教材
华中科技大学"双一流"建设机械工程学科系列教材

机 械 原 理

（第四版）

主　编　杨家军　程远雄　许剑锋

参　编　刘伦洪　白　龙　张　俐　毛宽民　李善德

华中科技大学出版社
中国·武汉

内 容 简 介

本书以"拓展创新思维、创新之根在于实践"为主线,着眼于建立大工程的观念,旨在培养能主动实践、勇于创新的高素质综合人才,培养机械系统方案设计及常用机构分析与设计能力,重点介绍了连杆机构、齿轮机构、凸轮机构、间歇机构等常用机构设计的一般规律和方法。本书将机械设计基本知识、基本理论和设计方法有机融合,通过教学边界再设计,加强知识运用能力、创新思维和工程设计能力的训练,通过理论与实践的有机联系,为机械产品设计技术人员提供必要的基础知识。

本书可作为高等学校机械类专业机械原理课程的基础教材,也可供高等学校有关专业的师生和企业工程技术人员参考。本书每章标题和习题处均有二维码,提供与本书内容相关的 PPT 与视频等参考资料,方便读者扫码学习。

图书在版编目(CIP)数据

机械原理 / 杨家军,程远雄,许剑锋主编. -- 4 版. -- 武汉:华中科技大学出版社,2024.11. -- (21 世纪高等学校机械设计制造及其自动化专业系列教材). -- ISBN 978-7-5772-1366-8

Ⅰ. TH111

中国国家版本馆 CIP 数据核字第 2024R1F447 号

机械原理(第四版)　　　　　　　　　　　　杨家军　　程远雄　　许剑锋　　主编

Jixie Yuanli (Di-si Ban)

策划编辑:万亚军

责任编辑:罗　雪

封面设计:原色设计

责任监印:朱　玢

出版发行:华中科技大学出版社(中国·武汉)　　　电话:(027)81321913

　　　　　武汉市东湖新技术开发区华工科技园　　　邮编:430223

录　　排:华中科技大学惠友文印中心

印　　刷:武汉市洪林印务有限公司

开　　本:787mm×1092mm　1/16

印　　张:19.25

字　　数:502 千字

版　　次:2024 年 11 月第 4 版第 1 次印刷

定　　价:59.80 元

21世纪高等学校
机械设计制造及其自动化专业系列教材

总　序

"中心藏之，何日忘之"，在新中国成立60周年之际，在"21世纪高等学校机械设计制造及其自动化专业系列教材"出版9年之后，再次为此系列教材写序时，《诗经》中的这两句诗又一次涌上心头，衷心感谢作者们的辛勤写作，感谢多年来读者对这套系列教材的支持与信任，感谢为这套系列教材出版与完善作过努力的所有朋友们。

追思世纪交替之际，华中科技大学出版社在众多院士和专家的支持与指导下，根据1998年教育部颁布的新的普通高等学校专业目录，紧密结合"机械类专业人才培养方案体系改革的研究与实践"和"工程制图与机械基础系列课程教学内容和课程体系改革研究与实践"两个重大教学改革成果，约请全国20多所院校数十位长期从事教学和教学改革工作的教师，经多年辛勤劳动编写了"21世纪高等学校机械设计制造及其自动化专业系列教材"。这套系列教材共出版了20多本，涵盖了"机械设计制造及其自动化"专业的所有主要专业基础课程和部分专业方向选修课程，是一套改革力度比较大的教材，集中反映了华中科技大学和国内众多兄弟院校在改革机械工程类人才培养模式和课程内容体系方面所取得的成果。

这套系列教材出版发行9年来，已被全国数百所院校采用，受到了教师和学生的广泛欢迎。目前，已有13本列入普通高等教育"十一五"国家级规划教材，多本获国家级、省部级奖励。其中的一些教材(如《机械工程控制基础》《机电传动控制》《机械制造技术基础》等)已成为同类教材的佼佼者。更难得的是，"21世纪高等学校机械设计制造及其自动化专业系列教材"也已成为一个著名的丛书品牌。9年前为这套教材作序的时候，我希望这套教材能加强各兄弟院校在教学改革方面的交流与合作，对机械工程类专业人才培养质量的提高起到积极的促进作用，现在看来，这一目标很好地达到了，让人倍感欣慰。

李白讲得十分正确："人非尧舜，谁能尽善？"我始终认为，金无足赤，人无完人，文无完文，书无完书。尽管这套系列教材取得了可喜的成绩，但毫无疑问，这套书中，某本书中，这样或那样的错误、不妥、疏漏与不足，必然会存在。何况形势总在不断地发展,更需要进一步来完善,与时俱进,奋发前进。较之 9 年前,机械工程学科有了很大的变化和发展,为了满足当前机械工程类专业人才培养的需要,华中科技大学出版社在教育部高等学校机械学科教学指导委员会的指导下,对这套系列教材进行了全面修订,并在原基础上进一步拓展,在全国范围内约请了一大批知名专家,力争组织最好的作者队伍,有计划地更新和丰富"21 世纪高等学校机械设计制造及其自动化专业系列教材"。此次修订可谓非常必要,十分及时,修订工作也极为认真。

"得时后代超前代,识路前贤励后贤。"这套系列教材能取得今天的成绩,是几代机械工程教育工作者和出版工作者共同努力的结果。我深信,对于这次计划进行修订的教材,编写者一定能在继承已出版教材优点的基础上,结合高等教育的深入推进趋势与本门课程的教学发展形势,广泛听取使用者的意见与建议,将教材凝练为精品;对于这次新拓展的教材,编写者也一定能吸收和发展原教材的优点,结合自身的特色,写成高质量的教材,以适应"提高教育质量"这一要求。是的,我一贯认为我们的事业是集体的,我们深信由前贤、后贤一起一定能将我们的事业推向新的高度!

尽管这套系列教材正开始全面的修订,但真理不会穷尽,认识不是终结,进步没有止境。"嘤其鸣矣,求其友声",我们衷心希望同行专家和读者继续不吝赐教,及时批评指正。

是为之序。

中国科学院院士

2009. 9. 9

第四版前言

在 21 世纪科学技术的发展背景下，我们基于机械类各专业对现代机械设计中机构设计与选型方面的要求编写本书，从提高学生创新设计能力入手，加强工程设计和实践内容，注重设计技能的基本训练，以拓宽学生知识面，全面提高学生的综合素质。我们在教学体系与内容上进行系统改革，从整个机械系统着眼，不仅要向学生介绍机械设计的基本原理与方法，还要通过对工程实际设计中问题的剖析，提高学生独立工作和解决实际问题的能力，以着重培养学生的创新设计能力；同时进行教学边界再设计，注重激发学生的求知欲望，调动学生学习的积极性，开阔思路，让学生了解更多更新的机械设计理论和技术。

机械原理是一门介绍各类机械产品中常用机构设计的基本知识、基本理论和基本方法的重要技术基础课程。机构在产品设计中占有很重要的位置，是整个产品构成中不可缺少的部分。机构与产品设计有着不可分割的内在联系，与构成产品的各种要素有着千丝万缕的联系，除了直接实现产品的基本功能和构成产品的基本形态外，还对改善和扩展产品功能起到显著的作用。

为了适应新工科教学改革的需要，我们编写本书时，在内容取舍上，注意先进性与实用性，以及知识面的广阔性；在内容编排上，结合项目式教学，遵从由浅入深的认识规律；采取突出重点、照顾知识面的原则，注意共性与特性的分析，将设计内容和设计方法有机地融合，以加强机构设计的训练，从而既能使学生掌握本课程的核心内容，又有利于培养学生的创新思维和工程设计能力。

为了突出机械产品中常用机构设计的一般规律，给学生以清晰的设计思路，而又不失本课程的结构特点，全书文字叙述力求简明，采用文字、图表及图文对照的形式编写。

本书重点介绍了连杆机构、齿轮机构、凸轮机构、间歇机构等常用机构设计的一般规律和方法，将机械设计基本知识、基本理论和设计方法有机融合，通过教学边界再设计，加强知识运用能力、创新思维和工程设计能力的训练，通过理论与实践的有机联系，为机械产品设计技术人员提供必要的基础知识。

本书可作为高等学校机械类专业机械原理课程的基础教材，也可供高等学校有关专业的师生和企业工程技术人员参考。

参加本书编写的有：华中科技大学杨家军（绪论和第 4、8 章）、程远雄（第 2、9 章）、许剑锋（第 1 章）、刘伦洪（第 3 章）、白龙（第 5 章）、张俐（第 8 章）、毛宽民（第 6 章）、李善德（第 7 章）。全书由华中科技大学杨家军教授统稿。

本书在编写过程中，得到华中科技大学机械科学与工程学院教师的大力支持，他们对本书提出了许多宝贵的意见和建议。华中科技大学出版社的领导和编辑对本书的出版给予了很大的支持与帮助，并付出了辛勤劳动。编者在此谨向他们表示真挚的谢意！

由于编者水平有限，书中疏漏和不当之处在所难免，恳请各方面专家和广大读者批评指正。

编　者
2024 年 3 月

二维码资源使用说明

　　本书配套数字资源以二维码的形式在书中呈现，读者第一次利用智能手机在微信端扫码成功后使用微信登录，授权后进入注册页面，填写注册信息。按照提示输入手机号后点击"获取验证码"，稍等片刻收到 4 位数的验证码短信，在提示位置输入验证码后，重复输入两遍设置密码，点击"注册并绑定"（若手机号已经注册，则在"注册"页底部选择"已有账号？绑定账号"，进入"账号绑定"页面，直接输入手机号和密码，提示绑定成功）。接着提示输入学习码，需刮开教材封底防伪涂层，输入 13 位学习码（正版图书拥有的一次性使用学习码），输入正确后点击"激活"，即可查看二维码数字资源。第一次登录查看资源成功，以后便可直接在微信端扫码登录，重复查看本书所有的数字资源。

　　友好提示：如读者忘记登录密码，请在 PC 端输入以下链接 http://bookcenter.hustp.com/login.html，访问页面后先输入自己的手机号，再点击"忘记密码？"，通过短信验证码重新设置密码即可。

目　　录

绪　　论

0.1　设计流程与原则

0.1.1　设计流程

设计是复杂的思维过程。设计就是尽可能少地消耗以材料、能源、劳动力、资金等形态存在的资源,创造出满足预先设想的功能要求的物质实体。设计是人类进行的一种有目的、有意识、有计划的创造活动。设计过程蕴含着创新和发明。

设计的发展与人类历史的发展一样,是逐渐进化的。例如,人类最初进行的设计是一种单凭直觉的创造活动,仅仅是为了生存、为了保暖,剥下兽皮或树皮,稍加整理就披在身上,这就是当时设计的服装;为了猎取动物,分食兽肉,设计了刀形、斧状的工具,这也许就是最初的结构设计。后来,人们设计不仅仅是为了生存,而是上升到了提高生活的质量和满足精神上的某种需要,开始利用数学与物理学的研究成果解决设计问题。当人们设计了经得起实践检验的产品,并且有了丰富的设计经验以后,就开始归纳总结各种设计的经验公式,还通过试验与测试获得各种设计参数作为以后设计的依据,同时开始借助图纸绘制设计产品,逐步使设计规范化。

现代设计强调创造能力的开发和创造性的充分发挥,重视原理方案的设计、开发和创新。现代设计已不再把时间花费在烦琐的计算推导及平面图的设计上,而是在设计过程中,综合考虑和分析市场需求、设计、生产、管理、使用、销售等各方面的因素,综合运用优化系统工程、可靠性理论、价值工程、信息技术等学科的知识,探索多种解决设计问题的科学途径。在当前科学技术迅猛发展的时代,人们对产品的要求越来越高,社会也就对设计工作者提出了更高的要求。设计朝什么方向发展,设计如何解决现代人的需求,已经成为重要的研究课题。

机械产品的设计可以分为三种类型,如表 0-1 所示。

表 0-1　机械产品设计的三种类型

类　型	含　义	占设计总数的比例
开发性设计	在工作原理、功能结构等完全未知的情况下,运用成熟的科学理论或经过试验证明可行的新技术,设计出过去没有的新型机械。这是一种完全创新的设计	25%
适应性设计	在工作原理、功能结构基本保持不变的前提下,对产品作局部的变更或重新设计少数零部件,以改变产品的某些性能或克服原来的某些明显缺陷。这是具有部分创新的设计	55%
变型设计	在工作原理、功能结构基本保持不变的前提下,对产品作尺寸大小或布置方式的改变,以适应量的变化要求。在此类设计中,不但功能和解析原理不变,而且不会出现诸如材料、应力、工艺等方面的新问题	20%

　　由表 0-1 可知,开发性设计和适应性设计明显占大多数,因此有必要在设计领域中大力加强有关创造能力、创新设计等观念和方法的培养、教育与开发。

　　图 0-1 所示为机械设计的一般流程。整个设计流程大体上可划分为产品规划、概念设计、详细设计及试制生产四个阶段,各个阶段所要完成的工作目标或结果如图 0-1 所示。需要强调的是,在概念设计阶段,建立功能结构、方案设计、构思总体原理及布局造型等都是最具创造性的工作,因此概念设计阶段也是决定新产品开发成败的关键阶段。设计本身是一个不断反馈循环的过程,设计者在每一步都可能获得新的信息,从而反馈到前面的步骤。一个出色的设计往往要经历图 0-1 所示流程的多次反复才能真正达到其最优效果。

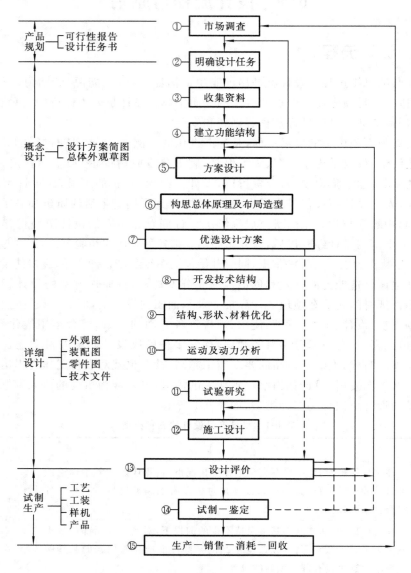

图 0-1　机械设计的一般流程

　　创新设计是指充分发挥设计者的创造力,利用人类已有的相关科学技术成果(含理论、方法、技术原理等)进行创新构思,设计出具有新颖性、创造性及实用性的机构或机械产品的一种实践活动。

归纳起来,创新设计具有以下特点:

(1)创新设计是涉及多种学科,包括设计学、创造学、经济学、社会学、心理学等的复合性工作,其结果的评价也是多指标、多角度的;

(2)创新设计中相当一部分工作是非数据性、非计算性的,要依靠设计者对各学科知识的综合理解与交融、对已有经验的归纳与分析,运用创造性的思维方法与创造学的基本原理开展工作;

(3)创新设计不只是因为问题而设计,更重要的是提出问题、解决问题;

(4)创新设计是多层次的,不在乎规模的大小,也不在乎理论的深浅,注重的是新颖性、独创性;

(5)创新设计必须具有实用性,其最终目的在于应用。

学起于思,思源于疑。生活中经常会出现一些小问题,例如:在饮水机上倒水时,手推开关会把一次性纸杯压扁;在台灯下写字时,手会遮住光线留下影子;在墨水瓶中吸墨水时,会把笔弄脏;电梯按钮的位置不能满足不同身高人的需求,且只有视觉提示,没有考虑盲人等特殊人群的需求;等等。将这些问题解决的设计就是创新设计。

0.1.2　设计原则

设计原则是指导设计的基本要求,通常有创新原则、实用原则、经济原则、美观原则、道德原则、技术规范原则、可持续发展原则、安全原则、科学性原则等。

1. 创新原则

设计的创新原则是指通过引入新概念、新思想、新方法、新技术等,或对已有产品的革新来创造具有相当社会价值的事物、形式。新即新颖性,是指在完成产品设计之前,还没有出现过同样内容或技术的产品。

创新是设计的核心,一般可以从原理、结构、技术、材料、工艺等方面改进和突破。例如,与实现同等功能的五坐标数控机床相比,并联机床的发展过程就体现了创新原则(见图0-2)。并联机床具有如下创新点。

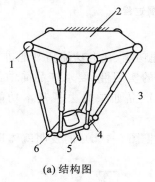
(a) 结构图

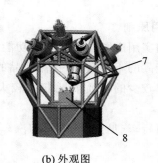
(b) 外观图

图 0-2　并联机床

1—上球铰;2—固定平台;3—驱动杆或单支路;4—活动平台;5、7—刀具;6—下球铰;8—工件

(1)刚度质量比大:因采用并联闭环静定或非静定杆系结构,且在准静定状态下,传动构件理论上为仅受拉压载荷作用的二力杆,故传动机构的单位质量具有很高的承载能力,即刚度质量比大。

(2)响应速度快:运动部件惯性的大幅度降低,有效地改善了伺服控制器的动态品质,允许活动平台获得很高的进给速度和加速度,因而特别适用于各种高速数控作业。

（3）环境适应性强：便于可重组和模块化设计，且可构成形式多样的布局和自由度组合。在活动平台上安装刀具可进行多坐标铣、钻、磨、抛光，以及异形刀具刃磨等加工。装备机械手腕、高能束源或 CCD（charge-coupled device，电荷耦合器件）摄像机等末端执行器，还可完成精密装配、特种加工与测量等作业。

（4）技术附加值高：并联机床具有"硬件"简单、"软件"复杂的特点，是一种技术附加值很高的机电一体化产品，因此可望获得高额的经济回报。

洗衣机从手摇、电动、单缸、双缸到全自动的发展过程也体现了创新原则（见图 0-3）。

(a) 第一台手摇洗衣机　　　　　　　(b) 第一台电动洗衣机

(c) 单缸洗衣机　　　(d) 双缸半自动洗衣机　　　(e) 全自动滚筒洗衣机

图 0-3　洗衣机的发展过程

2. 实用原则

设计的实用原则是指将物理功能、生理功能、心理功能、社会功能巧妙地进行交叉融合，满足用户对产品的不同需求，提高产品的实用性。设计的实用性，要求产品简洁、方便、宜人、安全、耐用，以较少的物质消耗获得较大的效益。一个产品如果失去了基本功能，也就没有了价值。

雪地自行车（见图 0-4(a)）和汽车修理升降支架（见图 0-4(b)）的发明就体现了实用原则。

(a) 雪地自行车　　　　　　　　(b) 汽车修理升降支架

图 0-4　体现实用原则的应用

3. 经济原则

设计的经济原则是指以最低的费用取得最佳的效果。所谓最低的费用,是指产品在得到最优良的设计、实现最佳的功能的同时,所涉及的各方面的成本的总量最小。经济性体现的是效益。

如用旧自行车改装的多功能自行车(见图 0-5(a)),以及风力与太阳能车(见图 0-5(b))。通过旧产品的利用、新产品的机电结合、简化产品的结构等方式降低成本,都能满足经济原则。

(a) 多功能自行车　　　　　　　　　(b) 风力与太阳能车

图 0-5　体现经济原则的应用

4. 美观原则

产品设计中的美观原则是多元的,它受到消费者审美、使用功能、制造技术、传统文化等多方面的影响。好的产品设计不仅能满足人的物质要求,而且能让人从产品外观上得到美的体验,享受精神上的愉悦。如造型新颖、美观的新型概念车(见图0-6),可吸引消费者购买,获得好的经济效益。外观的美可通过整体造型、大小比例、材质、色彩、装饰图案等设计组合来实现。

(a) 新型概念汽车　　　　　　　　　(b) 新型概念自行车

图 0-6　体现美观原则的应用

5. 道德原则

道德体现的是一种观念。设计产品时必须考虑它与人类、社会、环境的关系,并要尊重他人的知识产权、技术成果等。发明的产品不能伤害他人,不能污染环境。如带高压电的防盗网(见图 0-7)、激光致盲防盗锁、恐怖玩具就没有遵循道德原则,也是法律不允许随意使用的。

6. 技术规范原则

技术规范是指有关开发生产技术的知识、领域、方法和规定的总和。技术规范有强制性的,也

图 0-7　带高压电的防盗网

有推荐性的;技术规范是随科学技术发展而发展的。机械产品设计中要求系列化、通用化、标准化,以满足零部件之间方便互换的要求。如图 0-8 所示,标准化、系列化的螺栓/螺母/垫片与标准化的集装箱等,都满足技术规范原则。如果各种手机的电池、充电器没有采用统一技术标准,那么将给用户的使用带来许多麻烦。

(a) 标准化、系列化的螺栓/螺母/垫片　　　　　(b) 标准化的集装箱

图 0-8　体现技术规范原则的应用

7. 可持续发展原则

设计的可持续发展原则是指产品的设计既满足当代发展的需求,又考虑未来发展的需求,不以牺牲后人的利益和长远的利益为代价来满足当代人的需求。因此,产品的设计要考虑人类长远的发展、资源与能源的合理利用、生态的平衡等可持续发展的因素。可持续发展设计原则主要包括以下内容:

(1) 设计过程的每一个决策应尽量减小对环境的破坏。

(2) 尽可能减少原料和自然资源的使用,减轻各种技术、工艺对环境的污染。

(3) 在设计过程中最大限度地减小产品的质量和体积,精简结构;在生产中减少消耗;在流通中降低成本;在消费中减少污染。

(4) 改进产品结构设计,使产品废弃物中尚有利用价值的资源或部件便于回收,并减少废弃物的垃圾量。

如采用机械产品全生命周期设计与绿色设计的资源可回收再利用的太阳能车(见图 0-9),制定汽车尾气排放标准,将汽车供油装置由化油器改为电喷装置,城市公交汽车改用混合动力车等,都满足可持续发展原则。

(a) 太阳能汽车　　　　　　　　(b) 太阳能自行车

图 0-9　体现可持续发展原则的应用

8. 安全原则

安全是人类对产品最基本的要求。产品设计必须考虑安全问题。机械安全的基本要求是:有足够的抗破坏能力,良好的可靠性和对环境的适应性,可靠、有效的安全防护功能,满足安全人机学的要求;通过选用适当的设计结构来尽可能避免或减少危险;采用本质安全技术,避免出现锐边、尖角和凸出部分;防止超载应力,避免交变应力,通过了回转件的平衡测试;采

用机械化和自动化技术,减少操作者涉入危险区的时间,并设置安全装置。

安全装置的技术特征如下:

(1)安全装置零部件的可靠性应作为其安全功能的基础,在一定使用期限内不会因零部件失效而使安全装置丧失主要安全功能;

(2)安全装置应能在危险事件即将发生时停止危险过程;

(3)安全装置应具有重新启动的功能;

(4)光电式、感应式安全装置应具有自检功能,当安全装置出现故障时,应使危险的机器不能执行或停止执行某功能,并触发报警器;

(5)安全装置必须与控制系统一起操作,并与其形成一个整体,且安全装置的性能水平应与之相适应;

(6)安全装置的部件或系统的设计应采用定向失效模式,必要时还应设置自动监控方式。

安全装置的种类有安全联锁装置、止-动操作装置、双手操纵装置、自动停机装置、振动抑制装置、行程限制装置等。

如吊具(见图 0-10(a))与抓斗(见图 0-10(b))在设计时都要进行动态特性分析与计算,并设计相应的安全装置,以确保工作时的安全。

(a) 吊具　　　　　　　　　　　　　　　　　(b) 抓斗

图 0-10　体现安全原则的应用

9. 科学性原则

科学性原则是指任何设计都应当符合自然规律,否则产品就没有生存空间。灵巧机械手(见图 0-11(a))、航天飞机(见图 0-11(b))、服务机器人(见图 0-12)的发明均体现了科学性原则。电动机、发电机的设计遵循了电磁感应的科学原理;而永动机的构想则违背能量守恒定律,不符合科学性原则。

上述诸项设计原则在优先顺序上没有先后,同等重要,各个原则之间也不是孤立的,而是彼此联系、相互制约的,设计时要综合考虑,灵活应用。在理解上述设计原则及它们之间存在的相互关联、相互制约关系的基础上,还应注重对设计过程与最终产品的评价。

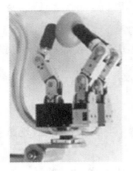

(a) 灵巧机械手　　　　　　　(b) 航天飞机

图 0-11　体现科学性原则的应用

图 0-12　服务机器人

0.2　机械原理与创新设计

机械原理是高等学校工科有关专业重要的一门技术基础课,主要研究机械产品的共性问题及机械产品中常用机构设计的基本知识、基本理论和基本方法,机械系统运动方案设计和机械创新设计,以及新产品开发。机构在机械产品设计中占据很重要的位置,是整个机械产品构成中一个不可缺少的部分。机构设计直接影响机械产品设计中的功能、形态等最基本的要素。机构设计除了直接实现机械产品的基本功能外,还对改善和扩展机械产品功能起到显著的作用。

产品设计是将创新构思转化为有竞争力产品的一个创新过程。因此,设计是产品制造的前提和基础。现代机械产品设计是一个多学科相交融的综合性课题。所谓设计,是根据使用要求确定产品应具备的功能,构思产品的工作原理、总体布局、运动方式、力和能量的传递、结构形式、形状,以及色彩、材质、工艺、人机工程等事项,并将其转化为工程描述(图纸、设计文件等),以此作为制造的依据。机械原理的知识将为新产品提供创新设计的途径和方法。

机构是由各种构件组成的,构件的组合形式必然会影响产品的基本结构,从而最终影响产品的外部形态。即使使用了同一种机构,产品的形态也会有许多变化,可以衍生出结构和形态各异的新产品,并给新产品设计带来灵感。

图 0-13 所示的自行车选用了不同的机构,因而得到不同形态的产品。

(a) 半轮自行车　　　　　　　　　　　　　　　(b) 环形自行车

(c) 齿轮传动自行车　　　　　　　　　　　　　(d) 手摇自行车

图 0-13　选用不同机构的自行车

　　机械设计具有约束性、多解性、相对性的特征。现代设计方法运用科学知识求得技术问题的解决方案，并在给定的材料、技术、经济、社会、环境等约束条件下对该解决方案进行优化。其中，计算机辅助设计（CAD）和计算机辅助制造（CAM）是指产品设计和制造技术人员在计算机系统的支持下，根据产品设计和制造流程进行设计和制造的技术，也是人类智慧与系统中的软硬件功能巧妙的结合。设计人员要紧扣时代脉搏，大力加强产品的数字化设计；大力加强产品的信息化开发，采用最新的产品设计方法与理念；大力加强新产品自主研发能力，不能停留在产品的小修小改上，而要放眼市场，开发出能更好地满足客户需求的新产品。

　　产品开发与科学技术和社会需求的发展密切相关。科学技术的发展和社会需求相互影响，新的科技产品给人们创造了新的需求，市场需求的变化不断促使企业开发新的产品。现代产品的主要特点为：个性化、美学化、高效节能化、高质量化、绿色化。

　　新产品是指在产品结构、性能、材质、技术特征等某一方面或几个方面有显著改进、提高或个性化差异的产品。凡是能给用户带来某种新的满足、新的利益的产品，都可称为新产品。新产品按创新程度分类，有全新产品、换代产品、改进产品。创新程度高的产品在开发过程中需要投入的时间多、人力多和资金数量大，收益大，市场风险大。创新程度低的产品投资少，开发风险小,但容易被竞争对手模仿,难以获得超额利润。

新产品开发策略根据研制主体的不同可以分为以下几种。

(1)自行开发:企业独立进行新产品的研制工作。其特征是企业需要具备较强的开发设计能力,具备利于培育和增强企业竞争力的技术创新体系。

(2)引进开发:从企业外部引进成熟的产品和制造工艺。其特征是开发周期短、风险小、能够迅速提高企业的生产技术水平。但此策略过度依赖引进技术,不利于培育企业自身的技术创新能力。

(3)自主开发和联合开发。自主开发的特征是开发投资大、风险大,知识产权和收益全归企业;联合开发的特征是投资少、风险小、开发周期短、收益各方享有、知识产权分散。根据开发项目的规模和企业技术开发能力的大小,一般小型的开发项目适宜进行自主开发,大型项目的开发适宜采用联合开发的形式。

新产品开发主要是寻求创意。创意是指开发新产品的构思、设想,用户需求是新产品创意的一个最好来源。用户的愿望和要求是开发新产品的起点和归宿,他们的创意往往最有生命力,在此基础上开发新产品的成功率最高;科研机构和大学的新发明、新技术,也是产生新产品构思的重要来源;从竞争对手的新产品中可了解新的设想方案,从报刊信息媒体中也可以寻找到许多重要的情报和创意灵感。

机构的创新设计将为新产品设计提供方法,图 0-14 所示是新型挤水拖把的不同设计方案。

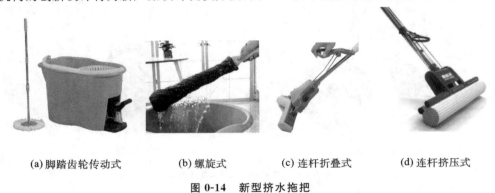

(a)脚踏齿轮传动式　　　(b)螺旋式　　　(c)连杆折叠式　　　(d)连杆挤压式

图 0-14　新型挤水拖把

0.3　机构的发展趋势

机构学是研究机构的结构原理、运动学和动力学的一门学科,包括机构的分析与综合两个方面。机构学是机械设计理论中不可替代的基础研究内容。人类从石器时代进入青铜时代,进而到铁器时代,用以吹旺炉火的鼓风器(见图 0-15(a))的发展起了重要作用,有足够强大的鼓风器,才能使冶金炉获得足够高的炉温,才能从矿石中炼得金属。在公元前 1000～前 900 年,中国就已有冶铸用的鼓风器,并逐渐从人力鼓风发展到畜力和水力鼓风。早在公元前,中国已在指南车(见图 0-15(b))上应用复杂的齿轮系统,在被中香炉(见图 0-15(c))中应用能永保水平位置的十字转架等机件。

第一次工业革命促进了机械工程学科的迅速发展,机构学在原来的机械力学基础上发展成为一门独立的学科。通过对机械的结构学、运动学和动力学的研究,机构学形成了独立的体系和独特的研究内容,对纺织机械、蒸汽机及内燃机等的结构和性能的完善起了很大的推动作

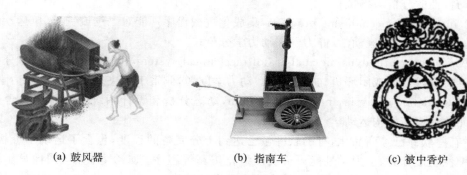

(a) 鼓风器　　　　　　　　(b) 指南车　　　　　　　　(c) 被中香炉

图 0-15　古代机械

用,传统机构学就形成了一个完整的体系。这时定义机器由原动机、传动机和工作机组成,相应地把机构看作由刚性构件组成的具有确定运动的运动链。

现代机械的主要特征是计算机协调和控制。现代机械概念的形成是机构学发展的一个新的里程碑,它使传统的机构学逐步发展成现代机构学。可以说,现代机构学的概念大大不同于传统的机构学,已发生了广泛、深刻和质的变化,具体体现在以下方面。

(1) 现代机器的工作机理、结构组成、设计思维方式已大大不同于传统的机器。这就促使机构学去研究机器新的工作原理、结构组成、新型机构,以及新的设计理论和方法。

(2) 现代机构学要求对机械系统进行动力学分析、精度分析、效能分析、稳定性分析及健壮性分析,并提出相应的设计方法。

(3) 高的机械更新速度要求更高效、更快捷的机构概念设计方法及其智能实现技术,以实现机构及其系统设计的智能化、自动化和快速化。

(4) 机械技术与微电子学、计算机科学、控制技术、信息科学、生物科学、材料科学、人文科学,以及社会科学等多学科的交叉、融汇和综合,促进了机构学许多新分支的出现,例如广义机构学、运动弹性动力学、机器人结构学、微型机构学、仿生机构学等。

(5) 现代机构学对于广义的机构类型综合及类型优选、执行机构,以及机械系统创新和评价等方面的研究更深入。

从传统机构学到现代机构学,一方面从简单的运动分析与综合向复杂的运动分析与综合方向发展,另一方面也由机构运动学向机构动力分析与综合方向发展。现代机构学主要研究机构系统的合理组成的方法及其判据,分析研究机器在传递运动、力和做功过程中出现的各种问题。机构精度问题也相应地由静态分析走向动态分析。机构连接件的间隙在高速运转时有不容忽视的影响,因而需要研究机构间间隙、摩擦、润滑与冲击引起的机构变形,以及稳态与非稳态下的动态响应和过渡过程问题。在惯性力作用下,现代机构学以振动理论为分析手段和方法,研究由于机构上刚度薄弱环节的弹性变形而形成的运动弹性动力学问题,以及视整个机构系统为柔体的多柔体系统动力学和逆动力学分析、综合及控制问题。

随着电子计算机技术的飞速发展,计算机辅助设计在机构学发展中也产生了非常重要的影响。各国机构学专家通过计算机辅助设计把机构设计理论、方法和参数选取等设计者的智慧融入计算机系统所具有的强大的逻辑推理、分析判断、数据处理、高速运算、图形显示等功能中,形成了一种全新的现代机构设计理念和手段。国外已创立多种平面/空间机构运动学和动力学分析与综合的通用程序库和软件包,例如:

DRAM(dynamic response of articulated machinery,铰链机构的动态响应),可进行碰撞、

冲击、振动特性的分析与模拟；

　　IMP(integrated mechanisms program，集成化机械程序)，能对二维或三维、单运动链或多运动链的闭环机构进行运动学、静力学和动力学分析；

　　ADAMS(automatic dynamic analysis of mechanical system，机械系统自动动力分析)，能分析二维或三维、开环或闭环机构的运动学/动力学问题，侧重于解决复杂系统的动力学问题；

　　DADS(dynamic analysis and design system，动态分析和设计系统)，可解决包含柔性元件、反馈元件的空间机构运动学/动力学问题。

　　其中有些软件已经商品化，有的软件包已达到十分完备的程度，包含了运动学分析、动力学分析、弹性变形计算、动力学性能评价及模型化仿真等程序。如今，计算机图像显示技术早已实用化，让我们能简便、直观、快速、最优地完成设计工作。

　　智能机械是机械、电子、计算机、自动控制与人工智能等技术有机结合的复合技术，是自动化领域中机械技术与电子技术有机结合而产生的新技术，是在信息论、控制论和系统论基础上建立起来的应用技术。在工程技术和科学的发展过程中，智能机械起着极其重要的作用。它除了在宇宙飞船、导弹制导系统和飞机驾驶系统等领域获得广泛应用外，在冶金、电力、化工、炼油等生产部门也起着重要的作用，目前它已成为现代机器制造业和电子化机械产品中十分重要而不可缺少的组成部分。

　　智能机械典型产品为机器人，如图 0-16 所示的工业机器人是面向工业领域的多关节机械手或多自由度的机器装置，能自动执行工作，是靠自身动力和控制能力来实现各种功能的一种机器。工业机器人可以接受人类指挥，也可以按照预先编排的程序运行，现代工业机器人还可以根据人工智能技术制定的原则来行动。

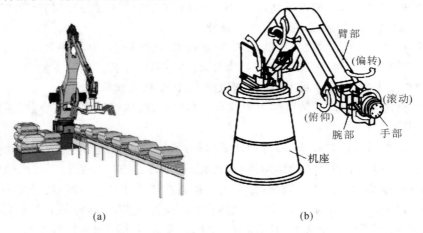

(a)　　　　　　　　　　　(b)

图 0-16　工业机器人

　　图 0-17 所示的家庭服务机器人是为人类服务的特种机器人，能够代替人来完成特定的家庭服务工作。家庭服务机器人包括行进装置、感知装置、接收装置、发送装置、控制装置、执行装置、存储装置、交互装置等。其中，感知装置将在家庭居住环境内感知到的信息传送给控制装置，控制装置发出指令指挥执行装置做出响应，并进行防盗监测、安全检查、卫生清洁、物品搬运、家电控制，以及家庭娱乐、病况监视、儿童教育、报时催醒、日用统计等工作。

　　以机器人为代表的仿生机构学是近期发展起来的一门新兴学科，仿生学的发展促进了与之密切相关的仿生机构学的诞生与发展。机器人机构在仿生机构领域中发展最快，也是应用最广泛的仿生机构。

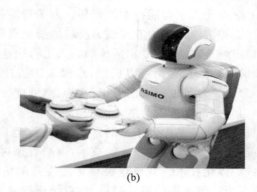

(a)　　　　　　　　　　　　　(b)

图 0-17　家庭服务机器人

仿生学的研究内容十分广泛,主要包括电子仿生、控制仿生、机械仿生、化学仿生和医学仿生等。仿生学与机械学相互交叉、渗透就形成了仿生机械学。仿生机械是通过研究和探讨生物机制,仿照生物外形、结构或者功能而设计制造出的机械。仿生机械学是设计制造功能更集中、效率更高并具有生物特征的机械的学科。由于能制造出在结构、功能、材料、控制和能耗等诸方面相对更加合理的机械系统,仿生机械学越来越受到重视。在仿生抓取机械中起代表作用的是仿人形机械手,它凭借复杂自由度不但能精确定位还能做出复杂精细的动作。它们可以分为工业机器人用机械手、科研智能机器人用机械手和医疗用机械手。除了以上几个领域的应用外,仿生机械手还可用于完成化学实验、生物合成等高精度的任务,另外,在安全领域,可利用安装有灵巧机械手的机器人从事排爆、扫雷等排险、反恐作业。

无论是机械手高精度、复杂自由度的特性,还是随之而来的控制驱动的高难度,都给机构学留下了很多的研究课题,需要我们做的还有很多。除了仿生抓取机械外,还有仿生移动机械,例如常规地形移动机构、松软地面移动机构、墙面移动机构、狭小空间移动机构等。可以看出,仿生移动机械有很强的应用针对性,在各种复杂、极端恶劣的环境中都有极强的适应性(见图 0-18(a))。另外,仿生机械中还有仿生飞行机械,应用最多的是微型飞行器,例如微型扑翼飞行器(见图 0-18(b))等。仿生游动机械中的主要代表是水下无人潜航器,它在海洋生物研究、地形勘测、海洋军事等方面的应用日益广泛,拥有广阔的应用价值和开发潜质。

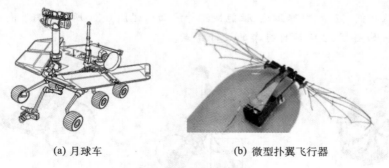

(a) 月球车　　　　　　　　(b) 微型扑翼飞行器

图 0-18　仿生机械

智能机械是由若干具有特定功能的机械和电子要素组成的有机整体,具有满足人们使用要求的功能(目的功能)。不同的使用目的要求系统能对输入的物质、能量和信息(即工业三大要素)进行某种处理,输出所需要的物质、能量和信息。

　　智能机械由动力系统、驱动系统、机械系统、传感系统、控制系统五个部分组成。它们的功能相应为:提供动力、进行检测、作为主体结构、实现工艺动作和进行控制。智能机械的优劣在很大程度上取决于人工智能技术的好坏。人工智能技术企图了解智能的实质,并生产出一种新的能以与人类智能相似的方式做出反应的智能机器。该领域的研究包括机器人、语音识别、图像识别、自然语言处理和专家系统等。人工智能这一概念从诞生以来,其理论和技术日益成熟,应用领域也不断扩大。可以设想,未来人工智能带来的科技产品,将会是人类智慧的"容器"。人工智能技术可以对人的意识、行为、思维进行模拟。人工智能不是人的智能,但能像人那样思考,也可能超过人的智能。

　　智能机械的内容是十分丰富的。首先,从系统工程的研究入手,智能机械不拘泥于只研究机械技术或电子技术等各个独立的技术,而是要探讨那些能够使各功能要素构成最佳组合的柔性技术或一体化技术。有机地灵活运用现有的机械、电子及信息技术,采用系统工程的方法,使整个系统达到预期的最优目标,使系统能按照设计最优化、加工最优化、管理最优化的最佳方式运行,这就是控制技术的系统观点。其次,从控制论、信息论的观点出发,智能机械还必须全面考虑各个子系统的设计技巧与运行可靠性,以及各个相关技术的最佳组合与信号耦合。

绪论数字资源

习　题

0-1　试简述图 0-19 所示物流机械手的设计流程。

0-2　试分析图 0-20 所示洗衣机和喂饭机采用了哪些设计原则。

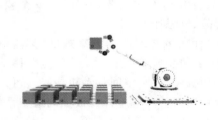

(a) 洗衣机　　　　　　(b) 喂饭机

图 0-19　题 0-1 图　　　　　　　　　图 0-20　题 0-2 图

0-3　试从功能、宣传、特殊用途、性能检测等方面简述图 0-21 所示穿鞋自行车的设计理念。

0-4　分析如图 0-22 所示自行车的设计特点。

(a) 方轮自行车　　　　　　(b) 躺式自行车

图 0-21　题 0-3 图　　　　　　　　　图 0-22　题 0-4 图

第1章

平面机构具有确定运动的条件

1.1　机　械　系　统

　　由若干机械装置组成的一个特定系统,称为机械系统。图 1-1 所示的数控机床和洗衣机是由若干装置、部件和零件组成的在功能和构造上各异的两种机械系统。它们都是由有确定的质量、刚度和阻尼的物体组成并能完成特定功能的系统。机械零件和构件是组成机械系统的基本要素,它们为完成一定的功能相互联系并分别组成了各个子系统。

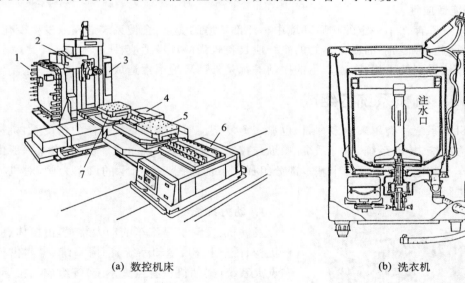

(a) 数控机床　　　　　　　　　　　　　　(b) 洗衣机

图 1-1　机械系统

1—刀库;2—换刀机械手;3—立柱导轨;4—自动托盘转换器;5—工作托盘;6—无人输送小车;7—工作台

1.1.1　机械系统的特性

　　图 1-1(a)所示的数控机床展示了机械系统的特性。

1. 整体性

　　机械系统是由若干个子系统构成的统一体,虽然各子系统具有各自不同的性能,但它们在结合时必须服从整体功能的要求,相互间必须协调和适应。一个系统整体功能的实现,并不是某个子系统单独作用的结果;一个系统的好坏,最终体现在其整体功能上。因此,设计者必须从全局出发,确定各子系统的性能和它们之间的联系。设计中并不要求所有子系统都具有完善的性能,即使某些子系统的性能并不完善,但如能与其他相关子系统在性能上总体协调,往往也可使整个系统具有令人满意的功能。

数控机床是不能分割的,即不能把一个系统分割成相互独立的子系统,因为机械系统的整体性反映在子系统之间的有机联系上;正是这种联系,才使各子系统组成一个整体,若失去了这种联系,整个系统也就不存在了。实际系统往往是很复杂的,为了研究的方便,可以根据需要把一个系统分解成若干个子系统。分解系统与分割系统是完全不同的,因为在分解系统时始终没有忘记各子系统之间的联系,分解后的各子系统都不是独立的,它们之间的联系可分别用相应子系统的输入与输出关系来表示。

2. 相关性

数控机床内部各子系统之间是有机联系的,它们相互作用、相互影响,形成了特定的关系,如系统的输入与输出之间的关系、各子系统之间的层次联系、各子系统的性能与系统整体特定功能之间的联系等。数控机床整体性能取决于各子系统在系统内部的相互作用和相互影响的有机联系。某一子系统性能的改变,将对整个系统的性能产生影响。

3. 目的性

系统的价值体现在其功能上,完成特定的功能是系统存在的目的。例如,实现高速高精重载的加工是数控机床的目的。

4. 环境适应性

任何系统都存在于一定的物质环境中。外部环境的变化,会使系统的输入发生变化,甚至产生干扰,引起系统功能的变化。好的系统应具备较强的环境适应性。

数控系统受到的干扰、高速产生的振动等都是外部环境因素造成的。

1.1.2　机械系统的组成

现代机械系统种类越来越多,结构也愈来愈复杂。但从实现系统功能的角度看,机械系统主要由动力系统、传动系统、执行系统、操纵与控制系统等子系统组成。例如,汽车一般由发动机、底盘、车身和电气设备等四个基本部分组成。下面以图 1-2 所示的汽车为例,对机械系统各子系统进行简单介绍。

图 1-2　汽车

1. 动力系统

发动机:发动机是汽车的动力装置,由机体、曲柄连杆机构、配气机构、冷却系统、润滑系统、燃料供给系统和点火系统(柴油机没有点火系统)等组成。按燃料分,有汽油发动机和柴油发动机两种;按工作方式分,有二冲程发动机和四冲程发动机两种,一般发动机为四冲程发动机。

2. 传动系统

汽车的底盘:其作用是支撑汽车发动机及其各部件、总成,形成汽车的整体造型,并接受发动机的动力,使汽车产生运动并正常行驶。

传动系统:它主要由离合器、变速器、万向联轴器、传动轴和驱动桥等组成。

离合器:其作用是使发动机的动力与传动装置平稳地接合或暂时地分离,以便于驾驶员进行汽车的起步、停车、换挡等操作。

变速器:它由变速器壳、变速器盖、第一轴、第二轴、中间轴、倒挡轴、齿轮、轴承、操纵机构等机件构成,用于汽车变速、变输出扭矩。

3．执行系统

行驶系统：它由车架、车桥、悬架和车轮等部分组成。它的基本功用是支撑全车质量并保证汽车的行驶。

钢板弹簧与减振器：钢板弹簧的作用是使车架和车身与车轮或车桥之间保持弹性联系，减振器的作用是当汽车受到振动冲击时使振动得到缓和。减振器与钢板弹簧并联使用。

4．操纵与控制系统

转向系统：转向系统由方向盘、转向器、转向节、转向节臂、横拉杆、直拉杆等组成，其作用是完成转向。

前轮定位：为了使汽车保持稳定直线行驶，转向轻便，减少汽车在行驶中轮胎和转向机件的磨损，前轮、转向主销、前轴三者之间的安装须具有一定的相对位置，称为"前轮定位"。它包括主销后倾、主销内倾、前轮前束。前束值是指两前轮的前边缘距离小于后边缘距离的差值。

制动系统：机动车的制动性能是指车辆在最短的时间内强制停车的效能。

手制动器：手制动器是一种使汽车停放时不致溜滑，在特殊情况下配合脚制动的装置。液压制动装置由制动踏板、制动总泵、分泵、鼓式（车轮）制动器和油管等机件组成。气压制动装置由制动踏板、空气压缩机、气压表、制动阀、制动气室、鼓式（车轮）制动器和气管等机件组成。

电气设备：汽车电气设备主要由蓄电池、发电机、调节器、启动机、点火系统、仪表、照明装置、音响装置、雨刷器等组成。蓄电池的作用是给启动机供电，在发动机启动或低速运转时向发动机点火系统及其他用电设备供电。当发动机高速运转时发电机发电充足，蓄电池可以储存多余的电能。启动机的作用是将电能转变成机械能，带动曲轴旋转，启动发动机。启动机使用时，应注意每次启动时间不得超过 5 s，每次使用间隔为 10～15 s，连续使用不得超过 3 次。若连续启动时间过长，将造成蓄电池大量放电和启动机线圈过热冒烟，极易损坏机件。

1.2　平面机构自由度的物理意义

1.2.1　机械的组成

机器是执行机械运动的装置，可用来变换或传递能量、物料、信息。凡将其他形式能量变换为机械能的机器称为原动机，如内燃机、电动机（分别将热能和电能变换为机械能）等都是原动机。凡利用机械能去变换或传递能量、物料、信息的机器称为工作机，如发电机（将机械能变换为电能）、起重机（传递物料）、金属切削机床（变换物料外形）、录音机（变换和传递信息）等都属于工作机。

图 1-3（a）所示为单缸四冲程内燃机立体图，可见其由气缸体 1、活塞 2、连杆 3、曲轴 4、凸轮 5′、顶杆 6、齿轮 4′和齿轮 5 等组成。燃气推动活塞做往复移动，经连杆转变为曲轴的连续转动。凸轮和顶杆是用来启闭进气阀和排气阀的。为了保证曲轴每转两周时进、排气阀各启闭一次，曲轴与凸轮轴之间安装了齿数比为 1∶2 的齿轮。这样，当燃气推动活塞运动时，各构件能协调地动作，进、排气阀有规律地启闭，加上气化、点火等装置的配合，就能把热能转换为曲轴回转的机械能。

从以上的例子可以看出，机器的主体部分是由许多运动构件组成的，一般用来传递运动和力,其中一个构件为机架。用构件间能够相对运动的连接方式组成的构件系统称为机构。在一般情况下,为了传递运动和力,机械各构件间应具有确定的相对运动。在图1-3(b)所示的内燃机机构运动简图中,活塞、连杆、曲轴和气缸体组成一个曲柄滑块机构,可将活塞的往复运动变为曲柄的连续转动。凸轮、顶杆和气缸体组成凸轮机构,将凸轮轴的连续转动变为顶杆有规律的间歇移动。曲轴和凸轮轴上的齿轮与气缸体组成齿轮机构,使两轴保持一定的速比。机器的主体部分是由机构组成的。一部机器可以包含一个或若干个机构,例如鼓风器和电动机只包含一个机构,而内燃机则包含曲柄滑块机构、凸轮机构、齿轮机构等若干个机构。机器中最常用的机构有连杆机构、凸轮机构、齿轮机构及轮系和间歇运动机构等。

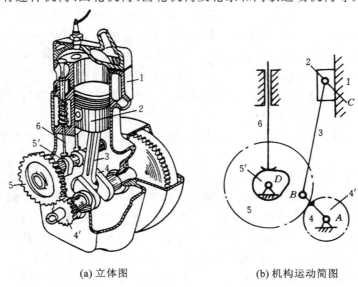

(a) 立体图　　　　　　　(b) 机构运动简图

图 1-3　单缸四冲程内燃机

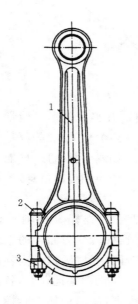

图 1-4　内燃机中的连杆

　　就功能而言,一般机器包含四个基本组成部分:动力部分、传动部分、控制部分、执行部分。动力部分可采用人力、畜力、风力、液力、电力、热力、磁力、压缩空气等作为动力源,其中利用电力和热力的原动机(如电动机和内燃机)使用最广。传动部分和执行部分由各种机构组成,是机器的主体。控制部分包括各种控制机构(如内燃机中的凸轮机构)、电气装置、液压系统、气压系统和计算机等。

　　机构与机器的区别在于:机构只是一个构件系统,而机器除构件系统之外还包含电气、液压等其他装置;机构只用于传递运动和力,而机器除传递运动和力之外,还应当具有变换或传递能量、物料、信息的功能。但是,在研究构件的运动和受力情况时,机器与机构之间并无区别。因此,习惯上用"机械"一词作为机器和机构的总称。

　　构件是运动的单元。它可以是单一的整体,也可以是由几个零件组成的刚性结构,如图1-4所示内燃机中的连杆就是由连杆体1、连杆盖4、螺栓2及螺母3等几个零件组成的。这些零件之间没有相对运动,构成一个运动单元,成为一个构件。零件是制造的单元,机械中的零件可以分为两类:一类称为通用零件,它在各种机械中都有,如齿轮、螺钉、轴、弹簧等;另一类称为专用零件,它只出现于某些机械之中,如汽轮机的叶片、内燃机的活塞等。

机构是一个构件系统,为了传递运动和力,机构各构件之间应具有确定的相对运动,但任意拼凑的构件系统不一定能发生相对运动;即使能够运动,也不一定具有确定的相对运动。讨论机构满足什么条件时构件间才具有确定的相对运动,对于分析现有机构或设计新机构都是很重要的。

在研究机械工作特性和运动情况时,常常需要了解两个回转件间的角速比、构件的运动速度或某些点的速度变化规律,因而有必要对机构进行速度分析。

实际机械的外形和结构都很复杂,为了便于分析研究,在工程设计中,通常都用以简单线条和符号绘制的机构运动简图来表示实际机械(见图 1-3(b))。工程技术人员应当熟悉机构运动简图的绘制方法。

所有构件都在相互平行的平面内运动的机构称为平面机构,否则称为空间机构。目前工程中常见的机构大多属于平面机构。

1.2.2　运动副及其分类

一个做平面运动的自由构件具有三个独立运动。如图 1-5 所示,在坐标系中,构件可随其上任一点 A 沿 x 轴、y 轴方向移动和绕点 A 转动。这种构件相对于参考系所具有的独立运动数目称为构件的自由度。所以一个做平面运动的自由构件有三个自由度。

机构是由许多构件组成的。机构的每个构件都以一定的方式与某些构件相互连接。这种连接不是固定连接,而是能产生一定相对运动的连接。这种使两构件直接接触并能产生一定相对运动的连接称为运动副。例如,轴与轴承的连接、活塞与气缸的连接、传动齿轮中两个轮齿之间的连接等都构成运动副。构件组成运动副后,其独立运动受到约束,自由度便随之减少。

两构件组成的运动副,不外乎通过点、线或面的接触来实现。按照接触特性,通常把运动副分为低副和高副两类。

1. 低副

两构件通过面接触组成的运动副称为低副,平面机构中的低副有转动副和移动副两种。

(1)若组成运动副的两构件(1、2)只能在一个平面内相对转动,则这种运动副称为转动副,如图 1-6(a)所示。

(2)若组成运动副的两构件(1、2)只能沿某一轴线相对移动,则这种运动副称为移动副,如图 1-6(b)所示。

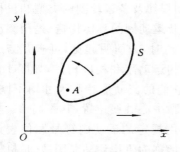

图 1-5　平面运动刚体的自由构件

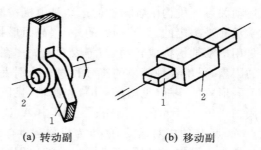

(a) 转动副　　　　　　(b) 移动副

图 1-6　低副

2. 高副

两构件通过点或线接触组成的运动副称为高副。图 1-7(a)中的车轮 1 与钢轨 2、图 1-7(b)中的凸轮 1 与从动件 2、图 1-7(c)中的轮齿 1 与轮齿 2,都分别在接触处 A 组成高副。组成平面高副的两构件间的相对运动是沿接触处切线 $t—t$ 方向的相对移动和在平面内的相对转动。

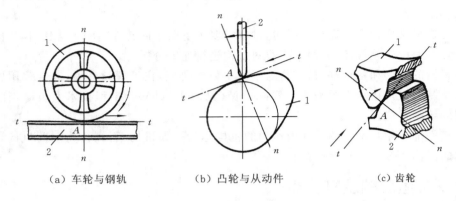

（a）车轮与钢轨　　　　（b）凸轮与从动件　　　　（c）齿轮

图 1-7　高副

除上述平面运动副之外,机械中还经常见到如图 1-8(a)所示的球面副和图1-8(b)所示的螺旋副。这些运动副两构件(1、2)间的相对运动是空间运动,故属于空间运动副。空间运动副已超出本章讨论的范围,故不赘述。

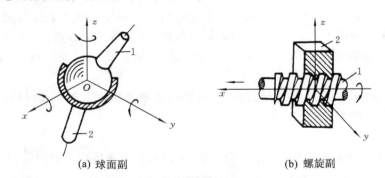

(a) 球面副　　　　　　　　(b) 螺旋副

图 1-8　球面副与螺旋副

1.2.3　平面机构运动简图的绘制

在进行机构运动分析和设计时,需采用机构运动简图简明而准确地描述机构中各构件的相对运动关系。机构中各构件的运动是由机构原动件的运动规律及各运动副的类型和机构的运动学尺寸来决定的,而与构件的外形、截面形状和尺寸,以及运动副的具体构造(是用滚动轴承还是用滑动轴承构成转动副)等因素无关。在研究机构运动时,为简明起见,可撇开与运动无关的因素,采用各种简单的符号和线条分别表示不同类型的运动副和相应构件,如图 1-9 中两种不同形式的连杆(见图(a)(b))和曲轴(见图(c)),尽管它们的截面形状和尺寸均不同,但都可用图 1-9(d)所示的简图来描述,其中 A、B 分别为转动副中心轴线位置,其距离 L_{AB} 与构件上点 A、点 B 的相对运动有关,为机构运动学尺寸。这种用规定的运动副符号和代表构件的线条来表示机构,并根据运动学尺寸按比例绘制的简单图形称为机构运动简图,它是机构分析和设计的几何模型。

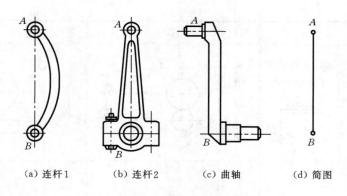

（a）连杆1　　　（b）连杆2　　　（c）曲轴　　　（d）简图

图 1-9　连杆、曲轴及其简图表示

如果仅仅以构件和运动副组成的线条与符号表示机构，其图形不按精确的比例绘制，目的是进行初步的结构组成分析、弄懂动作原理等，则称这种简图为机构示意图或机构简图。

机构运动简图常用的符号如表 1-1 所示。图 1-10 所示为连杆机构、齿轮机构、凸轮机构常用的机构简图。若此图根据运动学尺寸按比例绘制，并在图中示出作图比例尺、标注运动学尺寸，所得图形即为机构运动简图。

表 1-1　机构运动简图常用符号

名称	符号		名称	符号		名称	符号
线型规定	——粗实线，表示一般构件轮廓、轴、杆类等 ——细实线，表示运动方向、剖面线等 ——·——点画线，表示轴线、齿轮、链条等		平面高副	曲面高副	凸轮高副	锥齿轮啮合	
两运动构件组成移动副			两构件组成球面副			蜗轮蜗杆啮合	
两运动构件组成转动副	运动平面平行于图纸平面	运动平面垂直于图纸平面	两构件组成螺旋副			带圆柱滚子的摩擦传动	
与机架组成移动副			与机架相连的摆动滑块	对心式	偏心式	棘轮传动	

名称	符　号		名称	符　号	名称	符　号
与机架组成转动副	运动平面平行于图纸平面 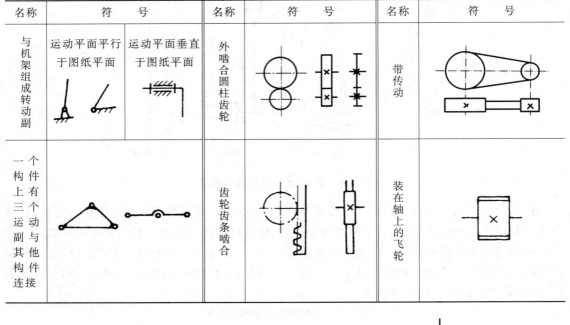	运动平面垂直于图纸平面	外啮合圆柱齿轮		带传动	
一个构件上有三个运动副与其他构件连接	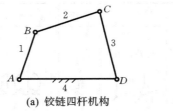		齿轮齿条啮合	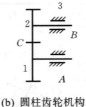	装在轴上的飞轮	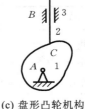

(a) 铰链四杆机构　　　　(b) 圆柱齿轮机构　　　　(c) 盘形凸轮机构

图 1-10　常用机构简图

1.2.4　平面机构自由度的特征

机构是用来传递运动和力的构件系统,因而一般应使机构中各构件具有确定运动,以下具体讨论平面机构具有确定运动的条件。

首先,机构应具有可动性,其可动性用自由度来度量。机构的自由度是指机构中各活动构件相对于机架所具有的独立运动的数目,记为 F。考察图 1-11 所示的几个例子。图 1-11(a)中有 4 个构件,对构件 1 的角位移 φ_1 的每一个给定值,构件 2、3 便随之有一个确定的对应位置,故角位移 φ_1 可取为系统的独立运动参数,且独立的运动参数仅有一个,即 $F=1$。对图 1-11(b)进行类似的分析,易知其 $F=2$。在图 1-11(c)(d)所示的系统中,若忽略构件的弹性,其构件显然没有相对运动的可能,图 1-11(c)(d)所示分别为静定和超静定结构,其 $F\leqslant0$。因此自由度必须大于零机构才有相对运动的可能。

另外,机构原动件的数目必须等于机构自由度。图 1-11(a)中,若取构件 1 为原动件,输入的运动规律 $\varphi_1=\varphi_1(t)$,即原动件的数目与 F 相等,均为 1,此时构件 2 和 3 便随之获得确定的运动,说明该机构的运动可以从原动件正确地传递到构件 2 和 3 上;若在该机构中同时给定两个构件作为原动件,如给定构件 1 和构件 3 为原动件,即原动件的数目大于

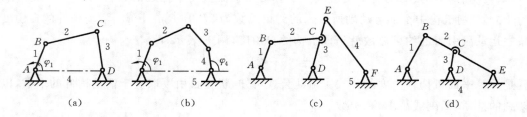

图 1-11　机构自由度的物理意义

$F(=1)$，这时构件 2 势必既要处于由原动件 1 的参变量 φ_1 所决定的位置，又要随构件 3 的独立运动规律而运动，这显然将导致机构要么被卡死要么遭损坏。由图 1-11(b)可知，该系统的 $F=2$，若仅取构件 1 为原动件，即原动件的数目小于 F，对应 $\varphi_1=\varphi_1(t)$ 角位移规律的每一个 φ_1 值，构件 2、3、4 的运动并不能确定。由此可见，当原动件的数目小于机构自由度数目时，机构运动具有不确定性。

这里必须指出，只有原动件才具有独立的输入运动，通常每个原动件只有一个独立运动。

综上所述，机构具有确定运动的条件是：①机构自由度必须大于零；②机构原动件的数目必须等于机构自由度。

因此，判断机构是否具有确定运动的关键在于正确计算其自由度。

1.2.5　平面机构的自由度

1. 平面自由构件的自由度

如 1.2.2 小节所述，一个做平面运动的自由构件具有 3 个独立运动。如图 1-12 所示，在与构件 1 固连的 xOy 平面坐标系中，当构件 2 与构件 1 毫无联系时，它可以随其上任一点 A 沿 x、y 轴移动和绕点 A 转动。构件所具有的这种独立运动数目称为构件的自由度。故一个做平面运动的构件有 3 个自由度。

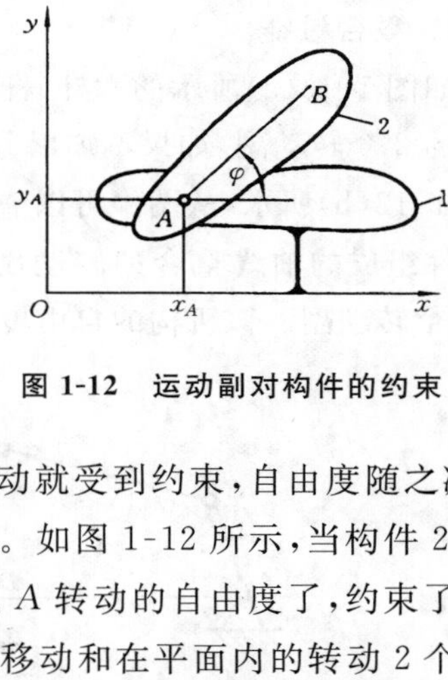

图 1-12　运动副对构件的约束

2. 运动副对构件的约束

当两个构件以某种方式组成运动副之后，它们的相对运动就受到约束，自由度随之减少。不同种类的运动副引入的约束不同，所保留的自由度也不同。如图 1-12 所示，当构件 2 和构件 1 在点 A 形成转动副后，构件 2 相对构件 1 就只剩下绕点 A 转动的自由度了，约束了 2 个移动自由度；而移动副(见图 1-6(b))约束了沿一个轴方向的移动和在平面内的转动 2 个自由度，只保留沿另一个轴方向移动的自由度；图 1-7(b)(c)所示凸轮副和齿轮副的构件具有绕接触点相对转动和沿接触点公切线 $t-t$ 方向相对滑动 2 个自由度，约束了沿接触点公法线 $n-n$ 方向移动的自由度。由此可见，在平面机构中，每个低副产生 2 个约束，使构件失去 2 个自由度；每个高副产生 1 个约束，使构件失去 1 个自由度。

3. 平面机构自由度的计算方法

在一个平面机构中，若有 N 个构件，除去机架后，其余应为活动构件总数 n，即 $n=N-1$。这些活动构件在未组成运动副之前，其自由度总数为 $3n$，当它们用运动副连接起来组成机构之后,机构中各构件具有的自由度就减少了。若在平面机构中低副的数目为 P_L 个,高副的数目为 P_H 个,则机构中全部运动副所引入的约束总数为 $2P_L + P_H$。因此,活动构件的自由度总数减去运动副引入的约束总数就是该机构的自由度,用 F 表示,即

$$F = 3n - 2P_L - P_H \tag{1-1}$$

这就是计算平面机构自由度的公式。由此公式可知,机构自由度取决于活动构件的个数,以及运动副的性质(低副或高副)和个数。

现在来计算如图 1-11(a)所示的四杆机构自由度,该机构的 $n = 3$,$P_L = 4$,$P_H = 0$,由式(1-1)可得

$$F = 3n - 2P_L - P_H = 3 \times 3 - 2 \times 4 - 0 = 1$$

由此可知,该机构具有 1 个自由度。

在如图 1-11(b)所示的五杆机构中,$n = 4$,$P_L = 5$,$P_H = 0$,由式(1-1)可得

$$F = 3n - 2P_L - P_H = 3 \times 4 - 2 \times 5 - 0 = 2$$

由此可知,该机构具有 2 个自由度。

而在如图 1-11(c)所示的机构中,$F = 3n - 2P_L - P_H = 3 \times 4 - 2 \times 6 - 0 = 0$,即该机构自由度等于零。这样,它的各构件之间不可能产生相对运动。

综上所述,式(1-1)可用来方便地计算机构的自由度。

1.2.6　计算机构自由度时应注意的问题

在应用式(1-1)计算机构自由度时,常会遇到以下问题,应予以特别的注意。

1. 复合铰链

如图 1-13(a)所示的六杆(杆 1、2、3、4,滑块 5 及机架 6)机构中,3 个构件在 C 处组成轴线重合的 2 个转动副,如果不加以分析,往往容易把它看成 1 个转动副。这 3 个构件的连接关系如图 1-13(b)所示,从图中可以清楚地看出,3 个构件组成 2 个转动副。这种由 3 个或 3 个以上构件组成的轴线重合的转动副称为复合铰链。一般由 m 个构件组成的复合铰链应含有 $m - 1$ 个转动副。该机构的自由度为 $F = 3n - 2P_L - P_H = 3 \times 5 - 2 \times 7 - 0 = 1$。

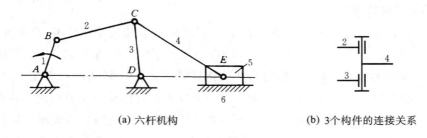

(a) 六杆机构　　　　　　　　　　(b) 3个构件的连接关系

图 1-13　复合铰链

又如图 1-14 所示的压缩机机构中,应特别注意分析 C 处有几个运动副。通过分析,不难知道,在此处连接的 5 个构件之间,组成了 2 个转动副、2 个移动副;而在 E 处连接的 4 个构件之间组成了 2 个移动副和 1 个转动副。故在该机构中,$n = 7$,$P_L = 10$,$P_H = 0$,$F = 3 \times 7 - 2 \times 10 - 0 = 1$。

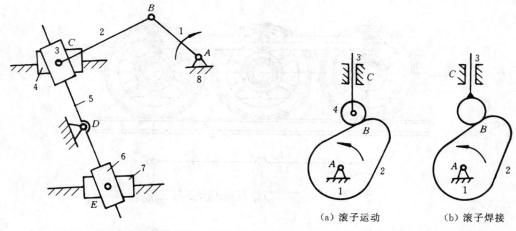

图 1-14　压缩机机构　　　　　　　图 1-15　凸轮机构中的局部自由度

（a）滚子运动　　　　　（b）滚子焊接

2. 局部自由度（多余自由度）

在如图 1-15(a)所示的凸轮机构中，当凸轮 2 绕 A 处的轴转动时，凸轮将通过滚子 4 迫使推杆 3 在固定导路中做往复运动，显然该机构的自由度为 1。但按式(1-1)计算机构自由度时，由 $n=3, P_L=3, P_H=1$，得到 $F=3\times3-2\times3-1=2$，与实际不符。其原因在于滚子 4 绕其自身轴线转动的快慢并不影响整个机构的运动。设想将滚子 4 与推杆 3 焊接在一起（见图 1-15(b)），机构的运动输入输出关系并不改变。这种不影响整个机构运动关系的个别构件所具有的独立自由度，称为局部自由度或多余自由度。在计算机构自由度时，应将它除去不计。于是，可按公式求得此机构的自由度为 $F=3\times2-2\times2-1=1$。

局部自由度虽然不影响整个机构的运动，但滚子可使高副接触处的滑动摩擦变成滚动摩擦，可减少磨损，所以实际机构中常有局部自由度。

3. 虚约束

机构中的约束有些往往是重复的。这些重复的约束对构件间的相对运动不起独立的限制作用，称为虚约束或消极约束。在计算机构自由度时应把它们全部除去。对如图 1-16 所示的机车车轮联动机构，按式(1-1)计算，其自由度为 $F=3\times4-2\times6-0=0$。但实际上，采用这种机构传动的机车车轮在机车运行过程中飞快旋转。究其原因，就是此机构中存在着对运动不起约束作用的虚约束部分，即构件 3 引入的转动副 E、F 构成的虚约束。如果把它们除去，则该机构的自由度为 $F=3\times3-2\times4-0=1$。这样，就与实际相符了。由此可见，判断机构是否存在虚约束是十分重要的。虚约束常发生在以下一些场合。

（1）机构中连接构件和被连接构件上的连接点的轨迹重合，如图 1-16 所示的车轮联动机构中的点 E。用拆副法把 E 处的转动副拆开来可以看到，因为 $AB \underline{\underline{/\!/}} EF \underline{\underline{/\!/}} CD$，故当杆 AB 绕点 A 做圆周运动时，杆 BC 做平动，即杆 BC 上的各点均做半径为 AB 的圆周运动，其上的点 E_2 也不例外，即点 E_2 做以点 F 为圆心、AB 长为半径的圆周运动；而构件 3 上的点 E_3 的轨迹显然也是以点 F 为圆心、AB 长为半径的圆，即两者轨迹重合，因而增加了构件 3 及转动副 E、F 以后，并不影响机构的自由度。故在计算机构自由度时，应将构件 3 及转动副 E、F 除去。注意：若不满足 AB、EF、CD 平行且相等的条件，则杆 EF 为真实约束，机构将不能运动。

（2）两构件在两处或两处以上形成多个运动副，这种重复运动副将引入虚约束，如图 1-17(a)所示的 D 处或 E 处，图 1-17(b)所示的 A 处（或 C 处）和 B 处（或 D 处）。

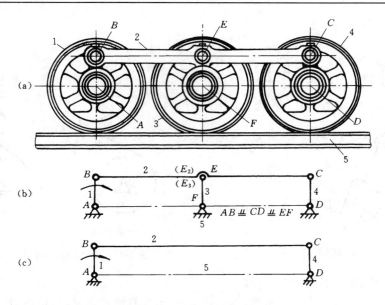

图 1-16　机车车轮联动机构

　　(3) 对机构运动的作用与其他部分重复的 $F=-1$ 的对称部分存在虚约束。图 1-18 所示的机构左右结构对称,其对称部分如构件 2、3、7 及其运动副将引入 $F=-1$ 的虚约束,计算该机构的自由度时应将其除去后再进行。

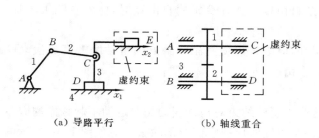

(a) 导路平行　　　(b) 轴线重合

图 1-17　重复运动副

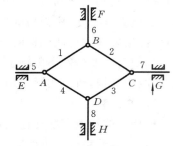

图 1-18　存在虚约束的对称结构

　　应当指出的是:从机构运动的观点分析,机构的虚约束是多余的,但从增加构件的刚度和改善机构的受力条件来说却是有益的。此外,当机构具有虚约束时,通常对机构中零件的加工和机构的装配条件等要求较高,以满足特定的几何条件;否则,会使虚约束转化成真实约束而使机构不能运动。

1.3　平面机构自由度的计算

　　例 1-1　计算如图 1-19 所示机构的自由度,并判定其是否具有确定的运动(图中标有箭头的构件为原动件)。机构中若有局部自由度和虚约束,需具体指出。

　　解　(1) 在机构中标出局部自由度和虚约束,如图 1-19 所示。

　　(2) 对构件进行编号,确定活动构件数,得 $n=8$。

　　(3) 对运动副进行编号,并区分运动副类型和数目,注意到 E 处为复合铰链,故 $P_L=11$,$P_H=1$。

（4）由式（1-1）计算机构的自由度：
$$F = 3n - 2P_L - P_H = 3 \times 8 - 2 \times 11 - 1 = 1$$

（5）因为机构原动件数为1，与自由度相等，故知机构具有确定的运动。

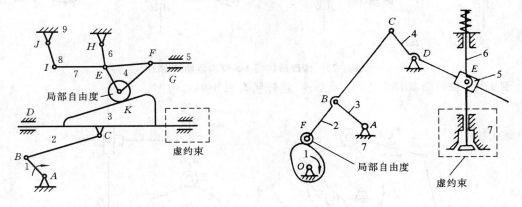

图 1-19　例 1-1 图　　　　　　　　　图 1-20　例 1-2 图

例 1-2　计算如图 1-20 所示机构的自由度，若有局部自由度和虚约束，需具体指出。

解　滚子为一具有局部自由度的构件，计算机构自由度时，应将其看成与构件2相固连的刚体。气门杆6与机架7组成两个移动副，其中一个为重复运动副，是虚约束。局部自由度和虚约束如图 1-20 所示。

该机构共有 6 个活动构件（弹簧不算机构中的基本构件），所以 $n=6$，$P_L=8$，$P_H=1$，故由式（1-1）得
$$F = 3n - 2P_L - P_H = 3 \times 6 - 2 \times 8 - 1 = 1$$
所以该机构的自由度为1。

例 1-3　图 1-21 所示为一简易冲床的初拟设计方案。设计者的思路是：动力由齿轮1输入，使 A 处的轴连续回转；而固装在轴上的凸轮2与杠杆3组成的凸轮机构将使冲头4上下运动以达到冲压的目的。（1）试绘出机构运动简图；（2）试分析其运动是否确定，并提出改进措施。

解　（1）机构运动简图如图 1-22 所示。

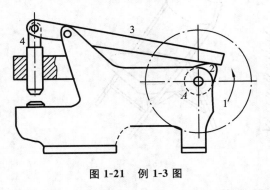

图 1-21　例 1-3 图

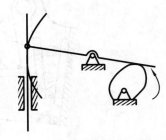

图 1-22　例 1-3 机构运动简图

（2）原机构自由度 $F = 3 \times 3 - 2 \times 4 - 1 = 0$，不合理，改为如图 1-23 所示的三种机构中任意一种即可。

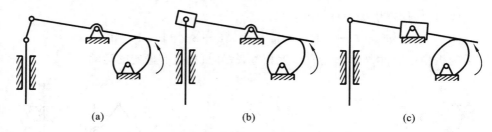

图 1-23 修改后的例 1-3 机构运动简图

例 1-4 试计算如图 1-24 所示凸轮-连杆组合机构的自由度。

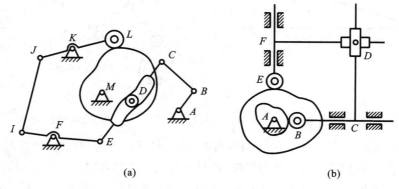

$$(a) \qquad\qquad\qquad (b)$$

图 1-24 例 1-4 图

解 图 1-24(a)中，$n=7$，$P_L=9$，$P_H=2$，$F=3\times7-2\times9-2=1$，L 处存在局部自由度，D 处存在虚约束。

图 1-24(b)中，$n=5$，$P_L=6$，$P_H=2$，$F=3\times5-2\times6-2=1$，E、B 处存在局部自由度，F、C 处存在虚约束。

习 题

1-1 试绘制如图 1-25 所示机构的运动简图，并计算其自由度。

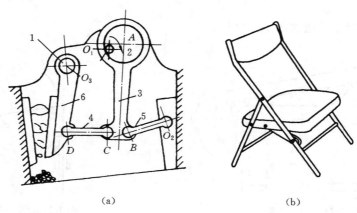

$$(a) \qquad\qquad\qquad\qquad (b)$$

图 1-25 题 1-1 图

1-2 分析如图 1-26 所示的机械手的组成特点，试指出图示机械手中哪些是零件，哪些是构件，哪些是机构。

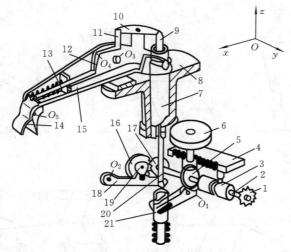

图 1-26　题 1-2 图

1-3　试分析如图 1-3 所示的单缸四冲程内燃机由哪些机构组成。

1-4　对具有下述功用的机器,请各举出两个实例:

(1) 原动机;(2) 将机械能变换为其他形式能量的机器;(3) 变换物料的机器;(4) 变换或传递信息的机器;(5) 传递物料的机器;(6) 传递机械能的机器。

1-5　指出下列机器的动力部分、传动部分、控制部分和执行部分:

(1) 汽车;(2) 洗衣机;(3) 车床;(4) 缝纫机;(5) 电风扇;(6) 录音机;(7) 打印机;(8) 计算机光驱。

1-6　试指出缝纫机和计算机光驱中 2~3 个专用零件和通用零件的名称。

1-7　试指出自行车和内燃机中各运动副的类型和特征。

1-8　试计算如图 1-27 所示机构的自由度。若有局部自由度、复合铰链和虚约束,需在图上指出。

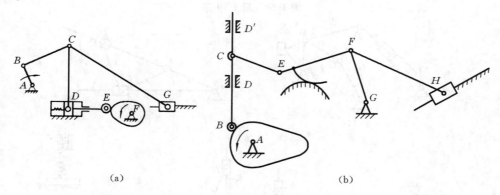

(a)　　　　　　　　　　　　　　　　　　(b)

图 1-27　题 1-8 图

1-9　试计算如图 1-28 所示机构的自由度,并判断其是否具有确定的运动(标有箭头的构件为原动件)。若有局部自由度、复合铰链和虚约束,需在图上指出。

1-10　验算如图 1-29 所示机构能否运动,如果能运动,判断运动是否具有确定性,如无确定运动,请给出使其具有确定运动的修改办法。

1-11　计算如图 1-30 所示机构的自由度,并说明注意事项。

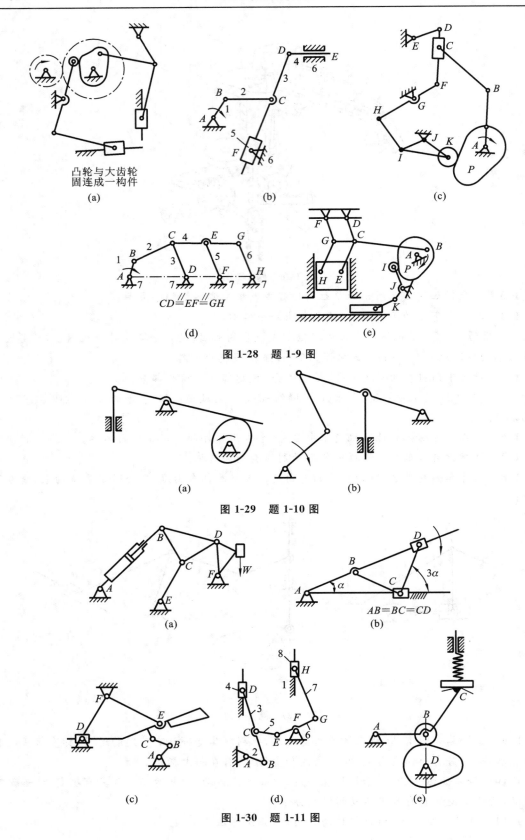

图 1-28 题 1-9 图

图 1-29 题 1-10 图

图 1-30 题 1-11 图

平面连杆机构及其设计

2.1 平面四杆机构的特征

构件全部由低副连接而成的平面机构称为平面连杆机构,又称为平面低副机构。

平面连杆机构中的构件,在绘制机构运动简图时,可抽象成为杆,故平面连杆机构中的构件常简称为杆。平面连杆机构常以机构中所含杆的数目命名为平面四杆机构、平面六杆机构等。平面四杆机构是闭环平面连杆机构中构件数最少的一种,其应用最为广泛,同时它又是构成和研究其他平面连杆机构的基础。本章将主要讨论平面四杆机构及其运动设计问题。

平面连杆机构具有许多优点,如能够实现某些运动轨迹及运动规律的设计要求;其构件多为杆状,可用于远距离的运动和动力的传递;其运动副元素一般为圆柱面或平面,制造方便,易保证所要求的运动副元素间的配合精度,且接触压强小,便于润滑,不易磨损,适于传递较大动力,因此广泛应用于各种机械和仪表中。平面连杆机构在设计及应用中也存在一些缺点:做变速运动的构件的惯性力及惯性力矩难以完全平衡;较难精确实现预期的运动规律的要求;设计方法比较复杂。这些缺点限制了平面连杆机构在高速和有较高精度要求的条件下的应用。近年来,随着计算机技术和各种现代设计方法的发展及应用,这些限制因素在很大程度上得到了改善,有效扩大了平面连杆机构的应用范围。

2.1.1 平面四杆机构的基本形式

所有运动副均为转动副的平面四杆机构称为铰链四杆机构,它是平面四杆机构的基本形式。图 2-1 所示为一铰链四杆机构,在此机构中,构件 4 为机架,与机架以运动副相连的构件 1 和 3 称为连架杆。在连架杆中,能绕其轴线回转 360°的构件称为曲柄;仅能绕其轴线往复摆动的构件称为摇杆。不与机架相连的构件(图 2-1 中的构件 2)做平面复合运动,称为连杆。按照两连架杆运动形式的不同,可将铰链四杆机构分为以下三种类型。

1. 曲柄摇杆机构

在平面四杆机构的两连架杆中,若一个为曲柄,而另一个为摇杆,则此平面四杆机构称为曲柄摇杆机构,图 2-1 所示即为一曲柄摇杆机构。如图 2-2 所示的雷达天线机构利用曲柄摇杆机构调节天线的俯仰角,其中杆 AB 为曲柄,杆 CD 为摇杆。

2. 双曲柄机构

若平面四杆机构的两连架杆均为曲柄,则此平面四杆机构称为双曲柄机构。如图 2-3 所示的惯性筛中的平面四杆机构 $ABCD$(1、2、3、4)即为双曲柄机构。当曲柄 2 等速回转时,另一曲柄 4 做变速回转,通过连杆 5 使筛子 6 具有所需的加速度,再利用加速度所产生的惯性力,使大小不同的颗粒在筛上做往复运动,从而达到筛选的目的。在双曲柄机构中,若构成四边形

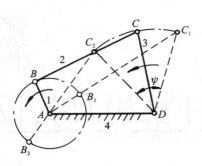

图 2-1　曲柄摇杆机构

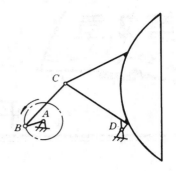

图 2-2　雷达天线机构

两组对边的构件长度相等,则可得到如图 2-4 所示的平行四边形机构,由于这种机构两连架杆的运动完全相同,因此连杆始终做平动,它的应用很广。如图 2-5 所示的摄影车的升降机构利用平行四边形机构的连杆始终做平动的特点,使与连杆固接在一起的座椅始终保持水平位置,其升降高度的变化也是通过两套平行四边形机构来实现的。如图 2-6 所示的天平能保证天平盘 1、2 始终处于水平位置。

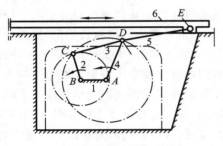

图 2-3　惯性筛双曲柄机构

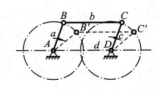

图 2-4　平行四边形机构

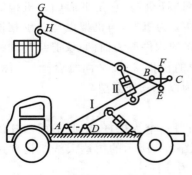

图 2-5　摄影车升降机构

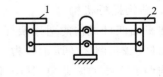

图 2-6　天平

3. 双摇杆机构

若平面四杆机构的两连架杆均为摇杆,则此平面四杆机构称为双摇杆机构。如图 2-7 所示的摇头风扇传动机构即为双摇杆机构。电动机安装在摇杆 4 上,铰链 A 处装有一个与连杆 1 固连成一体的蜗轮,并与电动机轴上的蜗杆相啮合。电动机转动时,蜗杆和蜗轮迫使连杆 1

绕点 A 做整周转动,从而使连架杆 2 和 4 做往复摆动,实现风扇摇头的目的。图 2-8 所示的鹤式起重机也是双摇杆机构的应用实例。当摇杆 AB 摆动时,另一摇杆 CD 随之摆动,可使吊在连杆上 E 处的重物 Q 近似沿水平直线移动。

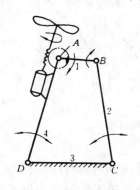

图 2-7　摇头风扇传动机构

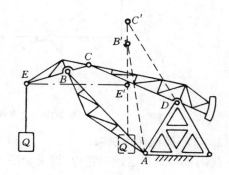

图 2-8　鹤式起重机

2.1.2　平面四杆机构的演变

1. 转动副转化成移动副

除上述铰链四杆机构以外,还有其他形式的平面四杆机构,如曲柄滑块机构,这些含有滑块的平面四杆机构均可看成由上述铰链四杆机构演变而成。以下用图 2-9 来说明转动副转化成移动副的方法。

在图 2-9(a)所示的曲柄摇杆机构中,摇杆 3 上点 C 的运动轨迹是以点 D 为圆心,以摇杆长度 l_{CD} 为半径所作的圆弧。若将它改为图 2-9(b)所示的形式,则机构的运动特性完全一样。若此弧形槽的半径增至无穷大(即点 D 在无穷远处),则弧形槽变成直槽,转动副也就转化成移动副,此时构件 3 也就由摇杆变成了滑块。这样,铰链四杆机构就演变成如图 2-9(c)所示的滑块机构。该机构中的滑块 3 上的转动副中心在定参考系中的移动方位线不通过连架杆 1 的回转中心,故这种机构称为偏置滑块机构。图 2-9(c)中 e 为连架杆的回转中心至滑块上的转动副中心的移动方位线的垂直距离,称为偏距。在图 2-9(d)所示的机构中,滑块上的转动副中心的移动方位线通过曲柄的回转中心,这种滑块机构称为对心滑块机构。

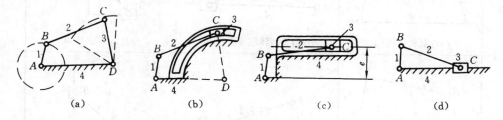

(a)　　　　　　　　(b)　　　　　　　　(c)　　　　　　　　(d)

图 2-9　转动副转化成移动副

在图 2-9(c)所示的曲柄滑块机构的基础上再进行类似演变,可得到几种具有双移动副的平面四杆机构。如将点 A 移至无穷远处,则转动副 A 演变成移动副,得到如图 2-10(a)所示的双滑块机构;也可将构件 2 与构件 3 之间的转动副 C 变成移动副,得到如图 2-10(b)所示的曲柄移动导杆机构(又称正弦机构);若将转动副 B 变成移动副,则可得到如图 2-10(c)所示的正切机构。

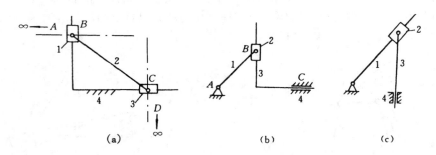

图 2-10　含有两个移动副的平面四杆机构

2. 取不同构件为机架

低副机构具有运动可逆性,即无论哪一个构件为机架,机构中各构件间的相对运动不变。但选取不同构件为机架时,却可得到不同形式的机构。这种采用不同构件为机架的方式称为机构的倒置。

如图 2-11 所示,以曲柄摇杆机构(见图 2-11(a1))、曲柄滑块机构、曲柄移动导杆机构为基础,进行倒置变换,分别得到:双曲柄机构、曲柄摇杆机构(见图 2-11(c1))、双摇杆机构;曲柄转动导杆机构、曲柄摇块机构、定块机构;双转块机构、双滑块机构、摆动导杆滑块机构等。

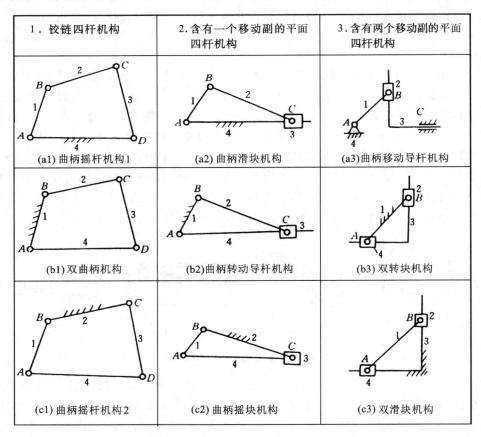

1. 铰链四杆机构	2. 含有一个移动副的平面四杆机构	3. 含有两个移动副的平面四杆机构
(a1) 曲柄摇杆机构1	(a2) 曲柄滑块机构	(a3) 曲柄移动导杆机构
(b1) 双曲柄机构	(b2) 曲柄转动导杆机构	(b3) 双转块机构
(c1) 曲柄摇杆机构2	(c2) 曲柄摇块机构	(c3) 双滑块机构

图 2-11　取不同构件为机架时机构的演化

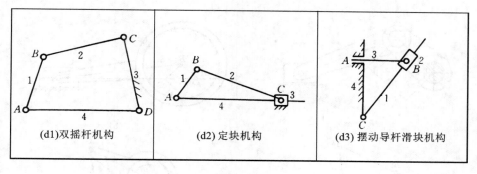

续图 2-11

图 2-12 所示的自卸货车的翻斗运动机构就是摇块机构的应用实例。图 2-13 所示的手摇唧筒则为定块机构的应用实例。

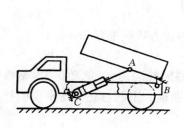

图 2-12　自卸货车

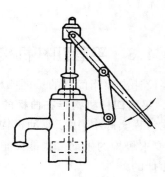

图 2-13　手摇唧筒

3. 扩大转动副

在图 2-14(a)所示曲柄滑块机构中,如曲柄 1 的长度 R 较短,且小于两转动副半径之和 $(r_A + r_B)$ 时,结构上已不可能再安装曲柄,此时可将曲柄销 B 的半径 r_B 扩大,使 $r_B > R$,这时曲柄 1 变为一个几何中心在点 B 而转动中心在点 A 的圆盘,如图 2-14(b)所示。此时曲柄 1 称为偏心轮,AB 长称为偏心距 e,并以它代表曲柄长度 R。同样,在图 2-14(c)所示的曲柄摇杆机构中,如将转动副 B 的半径逐渐扩大至超过曲柄的长度,则得到图 2-14(d)所示的机构,这种曲柄为偏心轮的机构称为偏心轮机构。这种机构广泛应用于曲柄销承受较大冲击载荷或曲柄长度较短的机械(如冲床、剪床、破碎机等)中。

另外,在各种机械中经常采用的多杆机构,也可以看成由若干个平面四杆机构组合扩展而成。如图 2-3 所示的惯性筛机构为平面六杆机构,可看成由双曲柄机构 $ABCD$ 和偏置曲柄滑块机构 ADE 串联组合而成。

综上所述,曲柄摇杆机构是平面连杆机构的最基本形式,其他类型的连杆机构可看成是以其为基础,通过各种演化和组合扩展等方法得到的。这一结论反映了各种平面连杆机构所存在的内在联系,也为用类比、联想及组合扩展等方法分析和设计平面连杆机构提供了依据,因此平面四杆机构的基本形式是研究和应用连杆机构的重要基础。以下讨论平面四杆机构设计中的一些共性问题。

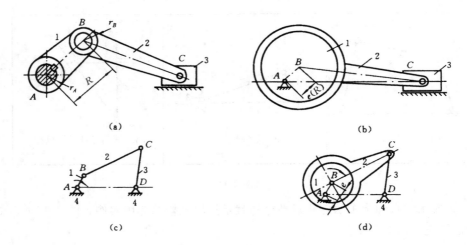

图 2-14　偏心轮机构

2.1.3　平面四杆机构设计中的共性问题

要设计出性能优良的平面四杆机构,应对其运动特性和传力效果进行深入分析。

1. 平面四杆机构存在曲柄的条件

在工程实际中,用于驱动机构运动的原动机通常是做整周转动的(如电动机、内燃机等),因此,要求机构的主动件也能做整周转动,即希望主动件是曲柄。下面首先讨论平面四杆机构存在曲柄的条件。

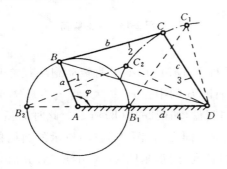

图 2-15　平面四杆机构存在曲柄的条件

如图 2-15 所示,设平面四杆机构的各杆 1、2、3 和 4 的长度分别为 a、b、c 和 d,杆 4 为机架,杆 1 和杆 3 为连架杆。当 $a<d$ 时,由前面曲柄定义可知,若杆 1 为曲柄,它必能绕铰链 A 相对机架做整周转动,这就必须使铰链 B 能转过点 B_2(距离点 D 最远处)和点 B_1(距离点 D 最近处)两个特殊位置,此时,杆 1 和杆 4 共线。反之,只要杆 1 能通过与机架两次共线的位置,则杆 1 必为曲柄。

由 $\triangle B_2C_2D$,可得

$$a+d \leqslant b+c \tag{2-1}$$

由 $\triangle B_1C_1D$,可得

$$b \leqslant (d-a)+c \quad 或 \quad c \leqslant (d-a)+b$$

即

$$a+b \leqslant d+c \tag{2-2}$$

$$a+c \leqslant d+b \tag{2-3}$$

将式(2-1)、式(2-2)和式(2-3)分别两两相加,可得

$$a \leqslant c, \quad a \leqslant b, \quad a \leqslant d \tag{2-4}$$

即杆 AB 为最短杆。

若 $d<a$,则同样分析可得

$$d \leqslant a, \quad d \leqslant b, \quad d \leqslant c \tag{2-5}$$

分析以上各不等式,可以得出平面四杆机构存在曲柄的条件:

(1) 连架杆与机架中必有一杆为平面四杆机构中的最短杆;

(2) 最短杆与最长杆的杆长之和应小于或等于其余两杆的杆长之和(通常称此条件为杆长和条件)。

上述条件表明:当平面四杆机构各杆的长度满足杆长和条件时,其最短杆与相邻两构件分别组成的两转动副都是能做整周转动的"周转副",而平面四杆机构的其他两转动副都不是"周转副",即只能是"摆动副"。

在 2.1.2 节中,曾讨论过以曲柄摇杆机构为基础选取不同构件为机架,可得到不同形式的平面四杆机构。现根据上述讨论,可更明确地将 2.1.2 节所得到的结论叙述如下。

(1) 在平面四杆机构中,如果最短杆与最长杆的长度之和小于或等于其他两杆长度之和,且:①以最短杆的相邻构件为机架,则最短杆为曲柄,另一连架杆为摇杆,即该机构为曲柄摇杆机构;②以最短杆为机架,则两连架杆均为曲柄,即该机构为双曲柄机构;③以最短杆的对边构件为机架,则无曲柄存在,即该机构为双摇杆机构。

(2) 在平面四杆机构中,如果最短杆与最长杆的长度之和大于其他两杆长度之和,则不论选定哪一个构件作为机架,均无曲柄存在,即该机构只能是双摇杆机构。

应当指出的是,在运用上述结论判断平面四杆机构的类型时,还应注意四个构件组成封闭多边形的条件,即最长杆的杆长应小于其他三杆长度之和。

对于图 2-16(a)所示的滑块机构,可得到杆 AB 成为曲柄的条件是:① 杆 AB 为最短杆;② $a+e \leqslant b$。

对于图 2-16(b)所示的导杆机构,可得到杆 AB 成为曲柄的条件是:① 杆 AB 为最短杆;② $a+e \leqslant d$。这种机构称为曲柄摆动导杆机构。在图 2-16(c)中,d 为最短杆长,且满足 $d+e \leqslant a$,则该机构称为曲柄转动导杆机构。

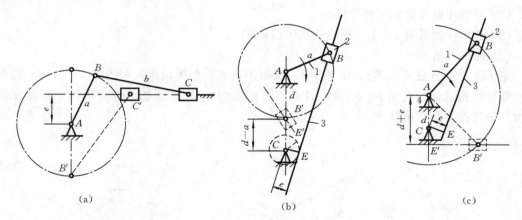

(a)　　　　　　　　　　　　(b)　　　　　　　　　　　　(c)

图 2-16　其他四杆机构存在曲柄的条件

2. 平面四杆机构输出件的急回特性

在图 2-17 所示的曲柄摇杆机构中,当曲柄 AB 为原动件并做等速转动时,摇杆 CD 为从动件并做往复变速摆动。曲柄在回转一周的过程中,与连杆 BC 有两次共线,这时摇杆 CD 分别位于两个极限位置 C_1D 和 C_2D。当曲柄 AB 从位置 AB_1 顺时针转过 φ_1 角到达位置 AB_2 时,摇杆自位置 C_1D 摆动至 C_2D,设其所需时间为 t_1,则点 C 的平均速度为 $v_1 = \overset{\frown}{C_1C_2}/t_1$,当曲

柄 AB 从位置 AB_2 再顺时针转过 φ_2 角回到位置 AB_1 时,摇杆自位置 C_2D 摆回至 C_1D,设其所需时间为 t_2,则点 C 的平均速度为 $v_2 = \overset{\frown}{C_2C_1}/t_2$。由图 2-17 可以看出,曲柄相应的两个转角 φ_1 和 φ_2 分别为

$$\varphi_1 = 180° + \theta, \quad \varphi_2 = 180° - \theta$$

显然

$$\varphi_1 > \varphi_2$$

式中:θ 为摇杆处于两极限位置时对应的曲柄位置线所夹的锐角,称为极位夹角。

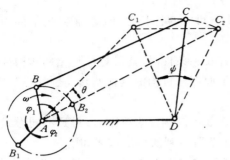

图 2-17　曲柄摇杆机构的急回特性

根据 $\varphi = \omega t$ 可知 $t_1 > t_2$,故有 $v_1 < v_2$。由此可知,当曲柄等速转动时,摇杆来回摆动的平均速度不同,一快一慢。有些机器(如刨床),要求从动件工作行程的速度低一些(以便提高加工质量),而为了提高机械的生产效率,要求返回行程的速度高一些。即应使机构的慢速运动的行程为工作行程,而快速运动的行程为空回行程,这种运动特性称为摇杆的急回特性。

为了表示急回运动的特征,引入机构输出件的行程速度变化系数 k。k 的值为空回行程和工作行程的平均速度 v_2 与 v_1 的比值,即

$$k = \frac{v_2}{v_1} = \frac{\overset{\frown}{C_2C_1}/t_2}{\overset{\frown}{C_1C_2}/t_1} = \frac{t_1}{t_2} = \frac{\varphi_1}{\varphi_2} = \frac{180° + \theta}{180° - \theta} \tag{2-6}$$

式(2-6)可表示为

$$\theta = 180° \cdot \frac{k-1}{k+1} \tag{2-7}$$

综上所述,平面四杆机构具有急回特性的条件是:

(1) 原动件做等角速度整周转动;

(2) 输出件做具有正、反行程的往复运动;

(3) 极位夹角 $\theta > 0°$。

用类似分析方法可以看到,图 2-18(a)所示的偏置曲柄滑块机构和图 2-18(b)所示的曲柄摆动导杆机构的极位夹角 $\theta > 0°$,故均具有急回运动特性,且曲柄摆动导杆机构中还存在极位夹角与导杆摆幅相等的特点,即 $\theta = \psi$。

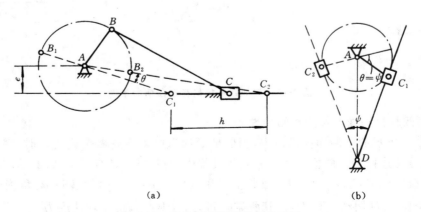

(a)　　　　　　　　　　　　　　　　　(b)

图 2-18　其他四杆机构的极位夹角

3. 平面四杆机构的传动角和死点

1) 压力角和传动角的概念

如图 2-19(a)所示的铰链四杆机构中,构件 AB 为主动构件,构件 CD 为输出构件。若不考虑构件的重力、惯性力和运动副中的摩擦力等影响,则主动构件 AB 通过连杆 BC 传给输出构件 CD 的力 F 是沿 BC 方向作用的。现将力 F 分解为两个分力:沿着受力点 C 的速度 v_C 方向的分力 F_1 和垂直于 v_C 方向的分力 F_2。设力 F 与速度 v_C 方向之间所夹的锐角为 α,则

$$F_1 = F\cos\alpha, \quad F_2 = F\sin\alpha$$

其中,沿 v_C 方向的分力 F_1 是使输出构件转动的有效分力,对从动件产生有效转动力矩;而 F_2 则是仅仅在转动副 D 中产生附加径向压力的分力,它只增加摩擦力矩,而无助于输出构件的转动,因而是有害分力。为使机构传力效果良好,显然应使 F_1 的值愈大愈好,因而理想情况是 $\alpha=0°$,最坏的情况是 $\alpha=90°$。由此可知,在力 F 一定的条件下,F_1、F_2 的大小完全取决于角 α。角 α 的大小决定四杆机构的传力效果,是一个很重要的参数。一般称角 α 为机构的压力角。

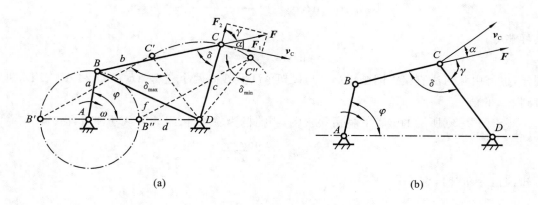

图 2-19　机构的压力角与传动角

根据以上讨论,可给出机构压力角 α 的定义:在不计摩擦力、惯性力和重力的条件下,机构中驱使输出构件运动的力的方向线与输出构件上受力点的速度方向间所夹的锐角称为压力角。在连杆机构中,为了应用方便,也常用压力角 α 的余角 γ(见图2-19(a)(b))来表征其传力特性,一般称之为传动角。显然,γ 的值愈大愈好,理想的情况是 $\gamma=90°$,最坏的情况是 $\gamma=0°$。

为了保证机构的传力效果,应限制机构的压力角的最大值 α_{max} 或传动角的最小值 γ_{min} 在某一范围内。目前对于机构(特别是传递动力的机构)的传动角或压力角作了以下限定,即

$$\gamma_{min} \geqslant [\gamma] \quad 或 \quad \alpha_{max} \leqslant [\alpha]$$

式中:$[\gamma]$、$[\alpha]$ 分别为许用传动角与许用压力角。一般机械中,推荐$[\gamma]=30°\sim60°$,对高速和大功率机械,$[\gamma]$应取较大值。

为了提高机械的传动效率,对于一些承受短暂高峰载荷的机构,应使其在具有最小传动角的位置时,刚好处于工作阻力较小(或等于零)的空回行程中。

2) 最小传动角的确定

对已设计好的平面四杆机构,应校核其压力角或传动角,以确定该机构的传力特性。为

此,必须找到机构在一个运动循环中出现最小传动角(或最大压力角)的位置及此时传动角(压力角)的大小。现以图 2-19 所示的曲柄摇杆机构为例,讨论最小传动角的问题。由图 2-19(b)可知,当 BC 与 CD 的内夹角 δ 为锐角时,$\gamma = \delta$;当 δ 为钝角时,γ 应为 δ 的补角,即 $\gamma = 180° - \delta$。故当 δ 在最小值或最大值的位置时,有可能出现传动角的最小值。

在图 2-19(a)中,令 BD 的长度为 f,由 $\triangle ABD$ 和 $\triangle BCD$ 可知

$$f^2 = a^2 + d^2 - 2ad\cos\varphi, \quad f^2 = b^2 + c^2 - 2bc\cos\delta$$

解以上二式可得

$$\delta = \arccos\frac{b^2 + c^2 - a^2 - d^2 + 2ad\cos\varphi}{2bc} \tag{2-8}$$

由式(2-8)可知:

(1) 当 $\varphi = 0°$,即 AB 与机架 AD 重叠共线时,得到 δ 的最小值为

$$\delta_{\min} = \arccos\frac{b^2 + c^2 - (d-a)^2}{2bc} \tag{2-9}$$

(2) 当 $\varphi = 180°$,即 AB 与机架 AD 拉直共线时,得到 δ 的最大值为

$$\delta_{\max} = \arccos\frac{b^2 + c^2 - (d+a)^2}{2bc} \tag{2-10}$$

故可求得

$$\gamma_{\min} = \min\{\delta_{\min}, 180° - \delta_{\max}\}$$

同样,也可由几何法直接作图画出 AB 与机架 AD 共线的两个位置 $AB'C'D$ 和 $AB''C''D$,继而得到 $\gamma_{\min}$ 的值。

对于图 2-20 所示的偏置曲柄滑块机构,当曲柄为主动件、滑块为从动件时,由

$$\cos\gamma = \frac{a\sin\varphi + e}{b}$$

可知:当 $\varphi = 90°$ 时,有

$$\gamma_{\min} = \arccos\frac{a+e}{b} \tag{2-11}$$

根据平面四杆机构的演化方法,曲柄滑块机构可视为由曲柄摇杆机构演化而成。所以,曲柄与机架的共线位置应为曲柄垂直于滑块导路线的位置,故 $\gamma_{\min}$ 必然出现在 $\varphi = 90°$ 时的位置。

为使机构具有最小传动角的瞬时位置能处于机构的非工作行程中,对于图 2-20 所示的偏置曲柄滑块机构,应注意滑块的偏置方位、工作行程方向与曲柄转向的正确配合。例如,若滑块偏于曲柄回转中心的下方,且滑块向右运动为工作行程,则曲柄的转向应该是顺时针的;反之,若滑块向左运动为工作行程,则曲柄的转向应该是逆时针的。这样也可以同时保证输出件滑块具有良好的传力性能。在设计偏置曲柄滑块机构时,可采用下述方法判别偏置方位是否合理:过曲柄回转中心 A 作滑块上铰链中心 C 的移动方位线的垂线,将其垂足 E 视为曲柄上的一点,则当 v_E 的方向与滑块的工作行程方向一致时,说明主动件曲柄的转向及滑块的偏置方位选择是正确的;否则,应重新设计。还可利用式(2-11)来判别偏置方位的合理性。

对于如图 2-21 所示的导杆机构,因滑块作用在导杆上的力始终垂直于导杆,而导杆上任意受力点的速度方向也总是垂直于导杆的,故这类导杆机构的压力角始终等于 0°,即传动角始终等于 90°。

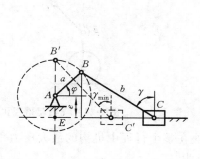

图 2-20　偏置曲柄滑块机构的传动角

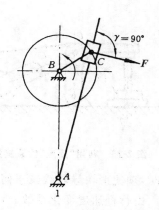

图 2-21　导杆机构的传动角

3）机构的"死点"位置

由上述可知,在不计构件的重力、惯性力和运动副中的摩擦阻力的条件下,当机构处于传动角 $\gamma=0°$(或压力角 $\alpha=90°$)的位置时,推动输出件的力 F 的有效分力 F_1 的大小等于零。因此,无论机构主动件上的驱动力或驱动力矩有多大,均不能使机构运动,这个位置称为"死点"位置。如图 2-22 所示的缝纫机,主动件是摇杆(踏板)CD,输出件是曲柄 AB。从图 2-22(b)可知,当曲柄与连杆共线时,$\gamma=0°$,主动件摇杆给输出件曲柄的力将沿着曲柄的方向,不能产生使曲柄转动的有效力矩,当然也就无法驱使机构运动。

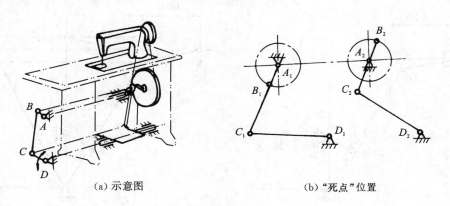

（a）示意图　　　　　　　　　（b）"死点"位置

图 2-22　缝纫机

对于传动机构,机构具有"死点"位置是不利的,应该采取措施使机构顺利通过"死点"位置。对于连续运转的机构,可利用机构的惯性使其通过"死点"位置。例如,上述的缝纫机就是借助带轮(即曲柄)的惯性通过"死点"位置的。

机构的"死点"位置并非总是起消极作用的。在工程实践中,不少场合要利用"死点"位置来满足一定的工作要求。例如,图 2-23 所示的钻床上用于夹紧工件的快速夹具,就是利用"死点"位置夹紧工件的一个例子。又如,图 2-24 所示的飞机起落架机构也是利用"死点"位置工作的一个例子(读者可自行分析其工作原理)。

例 2-1　图 2-25 所示为一物流输送系统的主传动机构,已知 $l_{AB}=75$ mm,$l_{D'E'}=100$ mm,行程速度变化系数 $k=2$,滑块 E' 的行程 $H=300$ mm,试计算机构导杆的摆角,并指出在设计

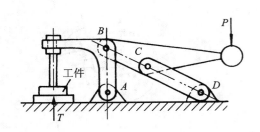

图 2-23　利用"死点"位置夹紧工件

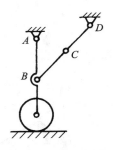

图 2-24　飞机起落架机构

该机构时,须使滑块导轨线位于何位置,才能使滑块在整个行程中机构的最大压力角最小。

解　由行程速度变化系数 $k=2$,得极位夹角 θ 为

$$\theta=180°\cdot\frac{k-1}{k+1}=60°=\psi$$

ψ 为导杆摆角。

已知 $l_{AB}=75$ mm,则

$$l_{AC}=l_{AB}/\sin\left(\frac{\theta}{2}\right)=150 \text{ mm}$$

如图 2-26 所示,要使最大压力角最小,须使滑块导轨线位于 D 和 D' 两位置高度中点处,此时压力角 $\alpha=\arcsin\left(\frac{\delta}{2}\Big/l_{DE}\right)$。

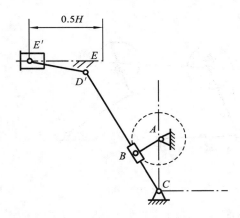

图 2-25　物流输送的主传动机构 1

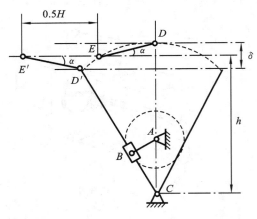

图 2-26　物流输送的主传动机构 2

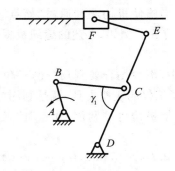

图 2-27　平面六杆机构

例 2-2　试问:图 2-27 所示的平面六杆机构有何特点?是否存在急回特性? 在何条件下该图示机构存在"死点"位置?

解　(1)该平面六杆机构有扩大行程和实现运动平稳等优点。

(2)该机构存在急回特性。

(3)当滑块为主动件时该平面六杆机构会出现"死点"位置。

2.2　平面四杆机构的设计

2.2.1　平面四杆机构设计的基本问题

平面四杆机构的运动设计,主要是根据给定的运动条件确定机构运动简图的尺寸参数。生产实践中的要求是各种各样的,给定的运动条件各不相同,设计方法也各不相同,主要有下面几类设计问题。

1. 实现刚体给定位置的设计

在这类设计问题中,要求所设计的机构能引导一个刚体顺序通过一系列给定位置。该刚体一般是机构的连杆。

如图 2-28 所示为铸造造型机的翻转机构。机构处于位置 I 时,砂箱在振实台上造型振实;机构处于位置 II 时,砂箱倒置 180°起模,这就是实现连杆两个位置的应用。又如,图 2-29 所示的自动送料机构,圆柱形工件装在料斗中,用四杆机构 A_0ABB_0 把工件一个个分开,然后送到滑板 R 处滑下,要求连杆上的点 E 对应于输出杆的三个位置,到达给定的位置 E_1(将圆柱形工件接住)、E_2(将圆柱形工件送出并挡住料斗内其余工件)、E_3(将圆柱形工件送到料槽处)。这就是实现连杆三个位置的应用。

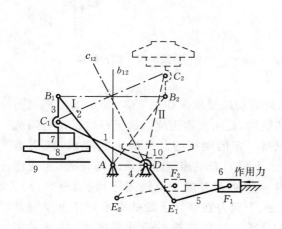

图 2-28　翻转机构

1,2—摇杆;3,5—连杆;4—机架;6—滑块;

7—砂箱;8—翻台;9—振实台;10—托台

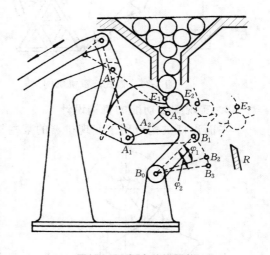

图 2-29　自动送料机构

2. 实现预定运动规律的设计

在这类设计问题中,要求所设计机构的主、从动连架杆之间的运动关系能满足某种给定的函数关系,如实现两连架杆的对应角位移、实现输出构件的急回要求等。如图 2-30(a)所示的车门开闭机构,要求两连架杆的转角满足大小相等而转向相反的运动关系,以实现车门的开启和关闭;如图 2-30(b)所示的汽车前轮转向机构,则要求两连架杆的转角满足某种函数关系,以保证汽车转弯时各轮均处于纯滚动状态,实现顺利转向。

3. 实现预定运动轨迹的设计

在这类设计问题中,通常要求所设计机构的连杆上某一点的轨迹,能与给定的曲线相一

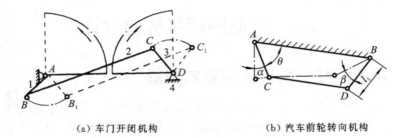

(a) 车门开闭机构   (b) 汽车前轮转向机构

图 2-30　实现预定运动规律的机构

致,或者能依次通过给定曲线上的若干个有序的点。如图 2-31 所示的鹤式起重机机构中,当构件 AB 为原动件时,能使连杆 BC 上悬挂重物的点 E 在近似水平的直线上移动。如图 2-32 所示的搅拌机构,其连杆上某一点可以按轨迹 β—β' 运动。

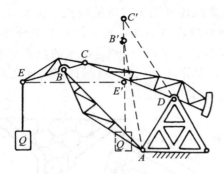

图 2-31　鹤式起重机机构

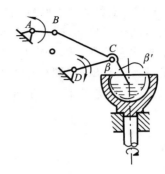

图 2-32　搅拌机构

4. 实现综合功能的机构设计

平面连杆机构可用于实现机器的某些复杂的运动功能要求。如图 2-33 所示的带钢飞剪机剪切机构,是用来将连续快速运行的带钢剪切成尺寸规格一定的钢板的。根据工艺要求,该飞剪机的上、下剪刀必须连续通过确定的位置(实现连杆位置),并使刀刃按一定轨迹运动(实现轨迹);此外,上、下剪刀在剪切区段的水平分速也要满足明确的要求。这种机构的设计问题,往往要采用现代设计方法(如优化设计方法)才能较好地解决。

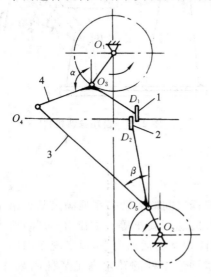

图 2-33　飞剪机剪切机构

1—上剪刀;2—下剪刀;

3—下连杆;4—上连杆

在进行平面四杆机构的运动设计时,除了要考虑上述各种运动要求外,往往还有一些其他要求,如:

(1) 要求某连架杆为曲柄;

(2) 要求最小传动角在许用传动角范围内,即要求 $\gamma_{\min} \geqslant [\gamma]$,以保证机构有良好的传力条件;

(3) 要求机构运动具有连续性等。

2.2.2　平面四杆机构的设计

平面四杆机构的设计方法主要有几何法、解析法和实验法,其特点分述如下。

(1) 几何法:根据运动几何学原理,用几何作图法求解运动参数的方法。该方法直观、方便、易懂,求解速度一般较快,但精度不高,适用于简单问题求解或对精度要求不高的问题求解。

(2) 解析法:以机构参数来表达各构件间的运动函数关系,以便按给定条件求解未知数。这种方法求解精度高,能求解较复杂的问题。随着计算机的广泛应用,这种方法正在得到逐步推广。

(3) 实验法:用作图试凑或利用各种图谱、表格及模型实验等来求得机构运动学参数。这种方法直观简单,但求解精度较低,适用于近似设计或参数预选。

下面针对几种典型的运动设计问题,叙述平面四杆机构设计的方法和步骤。

1. 根据给定的连杆位置设计平面四杆机构

1) 设计要求

如图 2-34 所示,已知连杆 BC 的三个位置 B_1C_1、B_2C_2
和 B_3C_3,可按如下方法设计此铰链四杆机构:由于连杆上
的铰链中心 B 和 C 分别沿某一圆弧运动,因此可分别作
B_1B_2、B_2B_3 及 C_1C_2、C_2C_3 的垂直平分线,得到的交点 A
和 D 显然就是所求铰链四杆机构的固定铰链中心,而
AB_1C_1D 即为所求的铰链四杆机构。

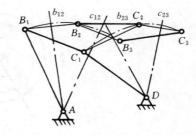

图 2-34　已知连杆位置的机构设计

2) 方法分析

由求解过程可知,给定 BC 的三个位置时,有唯一的确
定解。当给定 BC 的两个位置时,只能作出 B_1B_2 和 C_1C_2 的垂直平分线,因而有无穷多个解。
这时往往还要根据某些附加条件,才能设计这种机构。例如图 2-28 所示的铸造造型机的翻转
机构,就是利用一铰链四杆机构实现翻台的两个工作位置。当机构处于实线位置Ⅰ时,放有砂
箱 7 的翻台 8 在振实台上造型振实;当滑块 6 向左推动时,通过连杆 5 使摇杆 1 摆动,将翻台
与砂箱转到虚线位置Ⅱ,砂箱倒置180°,托台 10 上升接触砂箱并起模。其方法的原理是已知
圆周上的几点找圆心。

3) 步骤设计

以图 2-28 为例,已知与翻台固连的连杆 3 的长度 l_{BC},以及连杆要实现的两个位置 B_1C_1
和 B_2C_2,求固定铰链中心 A 和 D 的位置,设计步骤如下。

(1) 根据给定的条件,按比例绘出连杆 3 的两个位置 B_1C_1 及 B_2C_2。

(2) 分别连接 B_1 和 B_2、C_1 和 C_2,并作 B_1B_2、C_1C_2 的垂直平分线 b_{12}、c_{12}。

(3) 由于固定铰链中心 A 和 D 的位置可在 b_{12}、c_{12} 两线上任意选取,因此有无穷多个解,
可根据机器的合理布局及结构要求,确定机架中心 A、D 的安放位置。

(4) 连 AB_1C_1D 即得所要求的铰链四杆机构。

2. 根据给定行程速度变化系数设计平面四杆机构

在设计具有急回特性的平面四杆机构时,一般根据机械的工作性质和需要,参考机械设计
手册,选定适当的行程速度变化系数 k 值,然后利用机构两极限位置的几何关系,并考虑有关
附加条件,从而确定机构运动简图的运动学尺寸。下面以实例来说明其设计方法和步骤。

1) 曲柄摇杆机构

已知条件:摇杆长度 l_{CD}、摆角 ψ 及行程速度变化系数 k。

（1）设计要求。

确定曲柄的固定转动中心 A 的位置，定出其他三杆的尺寸 l_{AB}、l_{BC}、l_{AD}。

（2）方法分析。

由已知条件可知，解决问题的关键是确定曲柄的固定转动中心 A 的位置，现假设该机构已求得(见图 2-35)。在此机构中，当摇杆处于两极限位置 C_1D、C_2D 时，曲柄和连杆均处于共线位置，曲柄在此两瞬时位置所夹锐角为其极位夹角 θ，所以，只要过点 C_1、C_2 及点 A 作一辅助圆 S，则辅助圆 S 上的劣弧 $\overset{\frown}{C_1C_2}$ 所对的圆周角一定等于 θ。故在辅助圆 S 上任选一点 A，连 AC_1、AC_2，其夹角 $\angle C_1AC_2$ 必等于 θ，以辅助圆 S 上的点作为固定铰链中心 A，均满足给定行程速度变化系数的要求。其方法依据为圆心角与圆周角的关系。

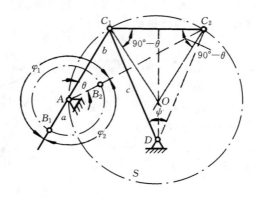

图 2-35　已知行程速度变化系数设计四杆机构

（3）设计步骤。

①由给定的行程速度变化系数 k，按式(2-7)计算出极位夹角 θ 的值，即

$$\theta = 180° \cdot \frac{k-1}{k+1}$$

②选取适当长度比例尺 μ_l，取一固定铰链中心 D，并按已知摇杆长度 l_{CD} 及摆角 ψ，作出摇杆的两极限位置 C_1D、C_2D。

③以 C_1C_2 为底边，作两底角为 $(90°-\theta)$ 的等腰三角形($\triangle C_1OC_2$)，其顶点 O 即为辅助圆的圆心；于是，以点 O 为圆心、OC_1 为半径作辅助圆 S。

若仅需满足行程速度变化系数 k 的要求，则在辅助圆 S 的优弧 C_1C_2 上任取一点 A 均可作为曲柄的转动中心，因此有无穷多个解。但在实际机械设计中，通常还应考虑其他附加条件，如机构是否有好的传力效果(即能否保证 $\gamma_{\min} \geqslant [\gamma]$)，满足给定的两固定铰链中心 D、A 间的距离等，以便恰当地选取点 A 的位置。

④当点 A 的位置选定后，连接 AC_1 和 AC_2，则可根据 $\overline{AC_1} = \overline{BC} - \overline{AB}$、$\overline{AC_2} = \overline{BC} + \overline{AB}$ 的几何关系求得

$$\overline{AB} = \frac{\overline{AC_2} - \overline{AC_1}}{2}$$

$$\overline{BC} = \frac{\overline{AC_2} + \overline{AC_1}}{2}$$

于是，曲柄、连杆和机架的实际长度分别为

$$l_{AB} = \overline{AB} \cdot \mu_l, \quad l_{BC} = \overline{BC} \cdot \mu_l, \quad l_{AD} = \overline{AD} \cdot \mu_l$$

根据前面的分析可知,点 A 的位置不同,机构传动角的大小也就不同。当在辅助圆 S 上选定点 A 的位置后,需要校验最小传动角,使 $\gamma_{min} \geqslant [\gamma]$。如果不满足要求,则应重新选取点 A 的位置,直到满足要求为止。

2)曲柄滑块机构

在图 2-18(a)所示的偏置曲柄滑块机构中,若已知滑块上铰接点 C 的两个极限位置 C_1、C_2 的距离 h(行程)、偏距 e 及行程速度变化系数 k,设计此偏置曲柄滑块机构。参照曲柄摇杆机构的求解方法,容易确定出曲柄的固定转动中心 A 的位置,继而求得机构运动学尺寸。

3)导杆机构

对于图 2-18(b)所示的曲柄摆动导杆机构,可先根据行程速度变化系数 k 计算出极位夹角 θ。注意到导杆的摆角 ψ 等于极位夹角 θ,若选定机架长度 l_{AD},由直角三角形 ADC_1,可以算出曲柄长度 $l_{AC} = l_{AD} \sin \dfrac{\psi}{2} = l_{AD} \sin \dfrac{\theta}{2}$。

3. 根据给定两连架杆的对应位置设计平面四杆机构

1)设计要求

根据给定两连架杆的对应位置设计平面四杆机构,可以采用很多方法,下面介绍几何法中的刚化反转法。

图 2-36(a)所示为一铰链四杆机构,假设已确定了两连架杆的若干个对应位置,如图中第 1 和第 i 位置(分别用实线和双点画线画出)。即已知输入构件转角 φ_{1i} 和输出构件转角 ψ_{1i} 的对应位置,又已知 A、D 两点的位置,求 B、C 两点的位置。

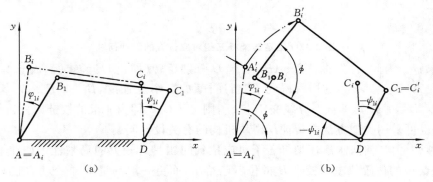

图 2-36 刚化反转法

2)方法分析

在图 2-36 中,如果把机构的第 i 个位置 $A_iB_iC_iD$ 看成一刚体(即刚化),并绕点 D 转过一 ψ_{1i} 角(即反转),使输出连架杆 C_iD 与 C_1D 重合(见图 2-36(b)),则机构将由位置 $A_iB_iC_iD$ 转到假想的新位置 $A_i'B_i'C_i'D$。结果是原来的输出连架杆固定在原位置上而转化成机架,原来的机架和连杆变为新连架杆,而原来的输入连架杆 A_iB_i 相对于新机架变成了新连杆 $A_i'B_i'$。这样,就将实现两连架杆对应位置问题转化成实现连杆若干位置 $A_i'B_i'(i=1,2,\cdots,n)$ 的问题。一般将这种方法称为刚化反转法。

3)设计步骤

现在来看图 2-37,设已知构件 AB 和机架 AD 的长度,要求在该四杆机构的运动过程中,构件 CD 上某一标线 DE(注意点 E 不是铰链点)和构件 AB 能占据三组给定的对应位置:AB_1-DE_1,AB_2-DE_2,AB_3-DE_3(即给定三组对应转角:$\varphi_1-\psi_1$,$\varphi_2-\psi_2$,$\varphi_3-\psi_3$)。需设计此四杆机构。

根据上述刚化反转法,可将此问题转化为以 CD 为机架、AB 为连杆的已知连杆位置的设

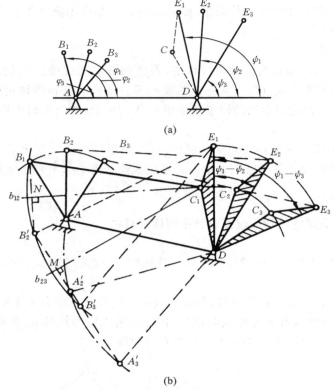

(a)

(b)

图 2-37　给定连架杆三组对应位置的设计问题

计问题来求解。为此,首先将 AB_2、AB_3 绕点 D 分别反转(即逆时针转动)($\psi_1-\psi_2$)角、($\psi_1-\psi_3$)角,得到 $A'_2B'_2$、$A'_3B'_3$,这样就得到了"新连杆"的三个位置:A_1B_1、$A'_2B'_2$、$A'_3B'_3$。然后连接 $B_1B'_2$、$B'_2B'_3$,并作其垂直平分线交于点 C_1,则 AB_1C_1D 即为所求的铰链四杆机构。

　　显然,也可采用类似方法求解曲柄滑块机构的有关设计问题。

　　然而,以上由几何法求解连架杆若干对应位置问题具有较大的局限性。如在上述问题模型中,仅铰点 C 的位置待求而铰点 B 的位置已给出,而更一般的情况如铰点 B 的位置也为待求时,则几何法难以求解。

4. 按照给定的运动轨迹设计平面四杆机构

　　工程设计中,有时需要利用连杆上某点绘出的一条封闭曲线来满足设计要求。如图2-38所示的传送机构,工件 6 在轨道上向左步进,需实现点 E 的按虚线所示的封闭曲线运动轨迹。这就是按给定的运动轨迹设计平面四杆机构的实例。

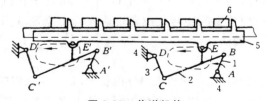

图 2-38　传送机构

1—曲柄;2—连杆;3—摇杆;4—机架;5—与连杆固连的工作台;6—工件

2.3　平面连杆机构的解析综合

平面连杆机构综合所用的方法有几何作图法和解析法。本节主要介绍解析法。解析法是指根据运动学原理建立设计方程,然后进行解析求解的方法。解析法适用于解决连杆机构尺度综合的更一般性问题,以及更复杂的机构构型及多方面的运动性能要求下的尺度综合问题。解析法又可分为精确点综合和近似综合两种求解方法,前者以精确满足若干机构运动要求为基础来建立综合求解的解析式;而后者则以机构所能实现的运动与要求机构所实现的运动的偏差表达式来建立机构综合的数学解析式。近似综合一般能综合兼顾更多的运动要求,有利于机构运动特性的充分利用。

连杆机构的解析综合根据其所用的数学工具不同而有不同的数学表达方法与运算形式。刚体位移矩阵法由于便于计算机数值求解,在连杆机构综合中被广泛采用。以下介绍基于刚体位移矩阵的平面连杆机构的解析综合方法。

2.3.1　刚体位移矩阵

要求机构中的某一构件顺次通过若干给定的位置,这在机构学中便称为"刚体导引",能够引导刚体通过给定位置的机构,就称为刚体导引机构。如图 2-39 所示,构件 S_i 做平面运动时,根据构件长度在运动中保持不变的条件,在平面固定坐标系 xOy 中:构件 $S_1(i=1)$ 的位置可由该构件上的某一点 P_1 的坐标(x_{P_1},y_{P_1})和过点 P_1 的一条直线 P_1Q_1 与 x 轴的夹角 θ_1 来表示。构件 S_i 运动前后的位置可分别由其相应的位置参数 x_{P_1},y_{P_1},θ_1 和 x_{P_i},y_{P_i},θ_i 描述。为求得构件 S_i 上任一点 Q_i 在构件运动前的坐标(x_{Q_1},y_{Q_1})和运动后的坐标(x_{Q_i},y_{Q_i})之间的关系,设有一个与构件 S_i 相固连的动坐标系$x_i'O_i'y_i'$,取此动坐标系初始位置与固定坐标系 xOy 重合,于是可由此动坐标系的运动来表述构件 S_i 的运动。即构件 S_i 在平面内的任意运动,可看成动坐标系 $x_i'O_i'y_i'$ 绕固定坐标系 xOy 原点 O 的转动及相对原点 O 的平动的合成运动。由此,若已知动坐标系 $x_i'O_i'y_i'$ 的运动描述,可以求得刚体上任意指定点 Q_i 在固定坐标系 xOy 中,运动前坐标(x_{Q_1},y_{Q_1})与运动后坐标(x_{Q_i},y_{Q_i})之间的关系。

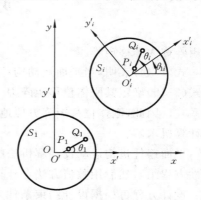

图 2-39　坐标变换与构件运动关系

根据解析几何中的坐标变换(既旋转又平移)公式,动坐标系中任一点 Q 运动前后在固定坐标系中的坐标关系可表示为

$$\left.\begin{aligned}x_{Q_i} &= x_{Q_1}\cos\theta_{1i} - y_{Q_1}\sin\theta_{1i} + x_{O'}\\ y_{Q_i} &= x_{Q_1}\sin\theta_{1i} + y_{Q_1}\cos\theta_{1i} + y_{O'}\end{aligned}\right\} \tag{2-12}$$

式中:$\theta_{1i}=\theta_i-\theta_1$;$x_{O'}$、$y_{O'}$为动坐标系的原点位移后在固定坐标系中的坐标。

为求得 $x_{O'}$、$y_{O'}$ 之值,可利用已知坐标 x_{P_1}、y_{P_1}、x_{P_i}、y_{P_i}。因为点 P_i 也是构件 S_i 上的点,故可将 x_{P_1}、y_{P_1}、x_{P_i}、y_{P_i} 代入式(2-12),整理得

$$\left.\begin{aligned}x_{O_i'} &= x_{P_i} - x_{P_1}\cos\theta_{1i} + y_{P_1}\sin\theta_{1i}\\ y_{O_i'} &= y_{P_i} - x_{P_1}\sin\theta_{1i} - y_{P_1}\cos\theta_{1i}\end{aligned}\right\} \tag{2-13}$$

将式(2-13)代入式(2-12),并写成矩阵形式后,可得

$$
\begin{bmatrix} x_{Q_i} \\ y_{Q_i} \\ 1 \end{bmatrix} = \boldsymbol{D}_{1i} \begin{bmatrix} x_{Q_1} \\ y_{Q_1} \\ 1 \end{bmatrix}
\tag{2-14}
$$

式中:$\boldsymbol{D}_{1i}$为刚体位移矩阵,有

$$
\boldsymbol{D}_{1i} = \begin{bmatrix} \cos\theta_{1i} & -\sin\theta_{1i} & x_{P_i} - x_{P_1}\cos\theta_{1i} + y_{P_1}\sin\theta_{1i} \\ \sin\theta_{1i} & \cos\theta_{1i} & y_{P_i} - x_{P_1}\sin\theta_{1i} - y_{P_1}\cos\theta_{1i} \\ 0 & 0 & 1 \end{bmatrix}
\tag{2-15}
$$

如果构件 S_i 仅绕坐标原点 O 转动,则 $\boldsymbol{D}_{1i}$ 可简化为

$$
\boldsymbol{D}_{1i} = \begin{bmatrix} \cos\theta_{1i} & -\sin\theta_{1i} & 0 \\ \sin\theta_{1i} & \cos\theta_{1i} & 0 \\ 0 & 0 & 1 \end{bmatrix} = \begin{bmatrix} \boldsymbol{R}_{1i} & 0 \\ 0 & 1 \end{bmatrix}
\tag{2-16}
$$

其中

$$
\boldsymbol{R}_{1i} = \begin{bmatrix} \cos\theta_{1i} & -\sin\theta_{1i} \\ \sin\theta_{1i} & \cos\theta_{1i} \end{bmatrix}
$$

称为平面旋转矩阵,规定 θ_{1i} 逆时针方向为正。

如果构件 S_i 仅做平移运动,即 $\theta_{1i}=0$,则 $\boldsymbol{D}_{1i}$ 可简化为

$$
\boldsymbol{D}_{1i} = \begin{bmatrix} 1 & 0 & x_{P_i} - x_{P_1} \\ 0 & 1 & y_{P_i} - y_{P_1} \\ 0 & 0 & 1 \end{bmatrix}
\tag{2-17}
$$

此矩阵称为平移矩阵。

式(2-14)表明,当平面运动构件的运动由其上任一点 P_i 的位移和转角 θ_{1i} 来描述时,即可由式(2-15)确定其刚体位移矩阵 $\boldsymbol{D}_{1i}$ 中的各元素,进而可标出构件上任意一点运动前后的坐标关系式。因此,刚体位移矩阵方便地表达了运动构件上任一点的运动坐标间的变换关系,并适合计算机求解。

平面连杆机构运动设计解析法的主要步骤是:先建立设计方程(它可能是线性方程组或非线性方程组),然后用数值方法在计算机上求解设计方程,得到机构运动学参数值。

设计方程可根据设计约束条件来建立。

2.3.2　刚体导引机构设计

如图 2-40 所示,给定连杆若干位置参数 x_{P_i}、y_{P_i}、θ_i($i=1,2,\cdots,n$),要求设计此平面四杆机构。设计此类机构的关键在于设计相应的连架杆。由于平面连杆机构的运动副只有转动副和移动副,因此作为导引杆的连架杆也只有 R-R 杆和 P-R 杆两种形式(R 为转动副,P 为移动副)。下面分别讨论其设计方程,即位移约束方程。

1. R-R 连架杆(导引杆)的位移约束方程

如图 2-41 所示,在由两转动副分别与机架和连杆连接的 R-R 连架杆 AB 上,点 A 的坐标为 x_A、y_A,因 AB 是绕点 A 转动的,故在连架杆 AB 导引连杆 BC 运动的过程中,连杆上的点 B 应始终保持与点 A 的距离等于定长 $\overline{AB}$,据此可写出点 B 的位移约束方程——定长方程:

$$
(x_{B_i} - x_A)^2 + (y_{B_i} - y_A)^2 = (x_{B_1} - x_A)^2 + (y_{B_1} - y_A)^2
\tag{2-18}
$$

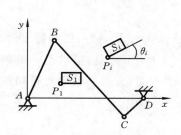

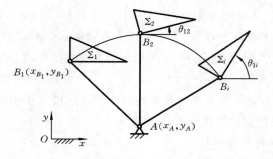

图 2-40　给定连杆位置设计　　　　　　　　图 2-41　R-R 连架杆
　　　　四杆机构

2. P-R 连架杆(导引杆)的位移约束方程

如图 2-42 所示,在一转动副和一移动副分别与连杆和机架连接的 P-R 连架杆-滑块上,点 C 的坐标为(x_C,y_C),因滑块是沿某一直线运动的,故在滑块导引连杆 BC 运动的过程中,滑块与连杆的连接点 C 的若干位置 $C_1,C_2,\cdots,C_i$ 中每两点连线的斜率应相等,据此可写出点 C 的位移约束方程——定斜率方程:

$$\frac{y_{C_i}-y_{C_1}}{x_{C_i}-x_{C_1}}=\frac{y_{C_2}-y_{C_1}}{x_{C_2}-x_{C_1}}=\tan\delta \qquad (2\text{-}19)$$

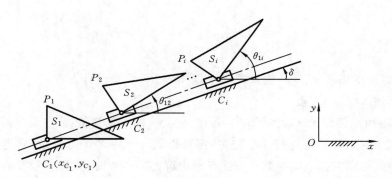

图 2-42　P-R 连架杆

3. 刚体导引机构的设计步骤

1) R-R 导引杆

若给定连杆的几个位置,即已知连杆上某点 P 的 n 个位置的坐标为$(x_{P_i},y_{P_i})$$(i=1,2,\cdots,n)$及连杆上某条直线的位置角 $\theta_i(i=1,2,\cdots,n)$,则可按下述步骤求解。

(1) 由式(2-18)得到导引杆的 $n-1$ 个约束方程为

$$(x_{B_i}-x_A)^2+(y_{B_i}-y_A)^2=(x_{B_1}-x_A)^2+(y_{B_1}-y_A)^2 \quad (i=2,3,\cdots,n) \quad (2\text{-}20)$$

(2) 根据式(2-15)、x_{P_i} 和 $y_{P_i}(i=1,2,\cdots,n)$,以及 $\theta_{1i}=\theta_i-\theta_1(i=1,2,\cdots,n)$,求得刚体位移矩阵 $\boldsymbol{D}_{1i}(i=2,3,\cdots,n)$。

(3) 根据式(2-14),求得 x_{B_i}、$y_{B_i}(i=1,2,\cdots,n)$ 与 x_{B_1}、y_{B_1} 之间的关系式为

$$\begin{bmatrix} x_{B_i} \\ y_{B_i} \\ 1 \end{bmatrix}=\boldsymbol{D}_{1i}\begin{bmatrix} x_{B_1} \\ y_{B_1} \\ 1 \end{bmatrix} \quad (i=2,3,\cdots,n) \qquad (2\text{-}21)$$

（4）将由式(2-21)求得的 x_{B_i}、$y_{B_i}(i=2,3,\cdots,n)$ 代入式(2-20)，得到 $n-1$ 个设计方程。

（5）求解上述 $n-1$ 个设计方程，即可求得未知量。

应当指出，上述 $n-1$ 个设计方程含有 4 个未知量 x_A、y_A、x_{B_1}、y_{B_1}，故一般只需 4 个方程即可联立求解。若 $n=5$，即给定连杆 5 个位置，则可得到 $n-1=4$ 个方程，可求得一组确定解；若 $n<5$，则需预先选定某些机构参数才可能有确定解；当 $n>5$ 时，方程一般没有精确解，而只能采用近似法或优化方法求解。

2）P-R 导引杆

若同样给定连杆的 n 个位置，但其中有一个 P-R 导引杆，则可按与上述 R-R 导引杆类似的求解步骤求解。

（1）由式(2-19)得到导引杆的 $n-2$ 个约束方程为

$$\frac{y_{C_i}-y_{C_1}}{x_{C_i}-x_{C_1}}=\frac{y_{C_2}-y_{C_1}}{x_{C_2}-x_{C_1}}\quad(i=3,4,\cdots,n)$$

或写成

$$x_{C_1}(y_{C_2}-y_{C_i})-y_{C_1}(x_{C_2}-x_{C_i})+(x_{C_2}y_{C_i}-x_{C_i}y_{C_2})=0\quad(i=3,4,\cdots,n)\quad(2\text{-}22)$$

（2）求得刚体位移矩阵 $\boldsymbol{D}_{1i}(i=2,3,\cdots,n)$。

（3）根据式(2-14)求得

$$\begin{bmatrix}x_{C_i}\\y_{C_i}\\1\end{bmatrix}=\boldsymbol{D}_{1i}\begin{bmatrix}x_{C_1}\\y_{C_1}\\1\end{bmatrix}\quad(i=2,3,\cdots,n)$$

（4）将步骤(3)求得的 x_{C_i}、y_{C_i} 代入式(2-22)，得到 $n-2$ 个设计方程。

（5）求解上述 $n-2$ 个方程。

由上述可知，所求得的 $n-2$ 个方程中，包含 x_{C_1}、y_{C_1} 两个未知量，故一般只需两个方程，即可联立求解。若 $n=4$，即给定连杆 4 个位置，则可得到 $n-2=2$ 个方程，可求得一组确定解；若 $n<4$，则需预先选定某些机构参数才可能有确定解；当 $n>4$ 时，方程一般没有精确解，而只能求得近似解。

若滑块的导路方向线与 x 轴的正向夹角为 δ，则有

$$\tan\delta=\frac{y_{C_2}-y_{C_1}}{x_{C_2}-x_{C_1}}\quad(2\text{-}23)$$

应当指出，根据以上方法求得的连杆机构，应检验其是否满足机构可动条件、曲柄条件和运动连续性条件等。

例 2-3　设计一曲柄滑块机构，要求导引杆能在同一平面内通过以下三个位置：

$P_1=(1.0,1.0)$；　$P_2=(2.0,0)$，$\theta_{12}=30°$；　$P_3=(3.0,2.0)$，$\theta_{13}=60°$。

解　具体设计步骤如下。

（1）导引滑块(P-R 导引杆)设计。根据式(2-22)，可求得刚体位移矩阵 $\boldsymbol{D}_{12}$、$\boldsymbol{D}_{13}$ 分别为

$$\boldsymbol{D}_{12}=\begin{bmatrix}0.866 & -0.5 & 1.634\\0.5 & 0.866 & -1.366\\0 & 0 & 1\end{bmatrix},\quad\boldsymbol{D}_{13}=\begin{bmatrix}0.5 & -0.866 & 3.366\\0.866 & 0.5 & 0.634\\0 & 0 & 1\end{bmatrix}$$

将 $\boldsymbol{D}_{12}$、$\boldsymbol{D}_{13}$ 代入式(2-14),可分别求得

$$\begin{bmatrix} x_{C_2} \\ y_{C_2} \\ 1 \end{bmatrix} = \boldsymbol{D}_{12} \begin{bmatrix} x_{C_1} \\ y_{C_1} \\ 1 \end{bmatrix} = \begin{bmatrix} 0.866x_{C_1} - 0.5y_{C_1} + 1.634 \\ 0.5x_{C1} + 0.866y_{C_1} - 1.366 \\ 1 \end{bmatrix}$$

$$\begin{bmatrix} x_{C_3} \\ y_{C_3} \\ 1 \end{bmatrix} = \boldsymbol{D}_{13} \begin{bmatrix} x_{C_1} \\ y_{C_1} \\ 1 \end{bmatrix} = \begin{bmatrix} 0.5x_{C_1} - 0.866y_{C_1} + 3.366 \\ 0.866x_{C_1} + 0.5y_{C_1} + 0.634 \\ 1 \end{bmatrix}$$

将以上二式的 x_{C_2}、y_{C_2} 及 x_{C_3}、y_{C_3} 与 x_{C_1}、y_{C_1} 代入式(2-22),并经整理后可得

$$(x_{C_1} - 3.3241)^2 + (y_{C_1} - 6.5792)^2 = 4.0649^2$$

这是点 C_1 的轨迹圆的方程,其圆心坐标为 $x = 3.3241$,$y = 6.5792$,此轨迹圆半径为 4.0649。显然,在此轨迹圆上任选一点均能满足题设条件。

若选定轨迹圆与 y 轴的交点为点 C_1 的位置,即令 $x_{C_1} = 0$,则可得

$$(y_{C_1} - 6.5792)^2 = 4.0649^2 - 3.3241^2$$

现选取点 C_1 的坐标为 $x_{C_1} = 0$,$y_{C_1} = 4.2396$。于是可求得

$$\begin{bmatrix} x_{C_2} & y_{C_2} & 1 \end{bmatrix}^{\mathrm{T}} = \boldsymbol{D}_{12} \begin{bmatrix} x_{C_1} & y_{C_1} & 1 \end{bmatrix}^{\mathrm{T}} = \begin{bmatrix} -0.4858 & 2.3055 & 1 \end{bmatrix}^{\mathrm{T}}$$

$$\begin{bmatrix} x_{C_3} & y_{C_3} & 1 \end{bmatrix}^{\mathrm{T}} = \boldsymbol{D}_{13} \begin{bmatrix} x_{C_1} & y_{C_1} & 1 \end{bmatrix}^{\mathrm{T}} = \begin{bmatrix} -0.3055 & 2.7538 & 1 \end{bmatrix}^{\mathrm{T}}$$

代入式(2-23),求得

$$\begin{aligned} \tan\delta &= (y_{C_2} - y_{C_1})/(x_{C_2} - x_{C_1}) \\ &= (2.3055 - 4.2396)/(-0.4858 - 0) = 3.9813 \end{aligned}$$

即

$$\delta = \arctan 3.9813 = 75.90°$$

(2) 导引曲柄(R-R 导引杆)设计。由式(2-21)可知

$$\begin{bmatrix} x_{B_2} \\ y_{B_2} \\ 1 \end{bmatrix} = \boldsymbol{D}_{12} \begin{bmatrix} x_{B_1} \\ y_{B_1} \\ 1 \end{bmatrix} = \begin{bmatrix} 0.866x_{B_1} - 0.5y_{B_1} + 1.634 \\ 0.5x_{B_1} + 0.866y_{B_1} - 1.366 \\ 1 \end{bmatrix}$$

$$\begin{bmatrix} x_{B_3} \\ y_{B_3} \\ 1 \end{bmatrix} = \boldsymbol{D}_{13} \begin{bmatrix} x_{B_1} \\ y_{B_1} \\ 1 \end{bmatrix} = \begin{bmatrix} 0.5x_{B_1} - 0.866y_{B_1} + 3.366 \\ 0.866x_{B_1} + 0.5y_{B_1} + 0.634 \\ 1 \end{bmatrix}$$

取曲柄的固定铰链中心 $A = (0, -2.4)$,则可将以上用 x_{B_1}、y_{B_1} 表达的 x_{B_2}、y_{B_2} 和 x_{B_3}、y_{B_3} 两式及 $A = (0, -2.4)$ 代入式(2-20),求得

$$\left. \begin{aligned} 1.9320x_{B_1} - 2.3216y_{B_1} &= 1.0104 \\ 4.3104x_{B_1} - 3.7980y_{B_1} &= -7.3876 \end{aligned} \right\}$$

解此线性方程组得

$$x_{B_1} = -7.8646, \quad y_{B_1} = -6.9799$$

于是可求得

$$\begin{bmatrix} x_{B_2} & y_{B_2} & 1 \end{bmatrix}^{\mathrm{T}} = \begin{bmatrix} -1.6868 & -11.3429 & 1 \end{bmatrix}^{\mathrm{T}}$$

$$\begin{bmatrix} x_{B_3} & y_{B_3} & 1 \end{bmatrix}^{\mathrm{T}} = \begin{bmatrix} 5.4783 & -9.6667 & 1 \end{bmatrix}^{\mathrm{T}}$$

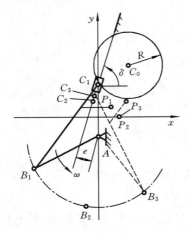

图 2-43   曲柄滑块导引机构

由上述结果可计算出各构件的相对尺寸,即

$$l_{BC} = \sqrt{(x_{B_1} - x_{C_1})^2 + (y_{B_1} - y_{C_1})^2}$$
$$= 13.7014$$

$$l_{AB} = \sqrt{(x_{B_1} - x_A)^2 + (y_{B_1} - y_A)^2}$$
$$= 9.1001$$

偏距 $e = [y_{C_1} - (-2.4)] \sin(90° - \delta) = 1.6175$

因为 $l_{BC} > l_{AB} + e$,故曲柄存在。设计所得机构为曲柄滑块机构,其运动简图如图 2-43 所示。

2.3.3   轨迹生成机构的设计

轨迹生成功能是指连杆上的某点可通过某一预先给定轨迹的功能,具有这种功能的机构称为轨迹生成机构。一般来说,由于连杆的待求参数有限,连杆上的某点不可能精确地通过预先给定的连续轨迹,而只能通过该轨迹上的几个点,从而近似地再现轨迹。

1.   平面铰链四杆机构

如图 2-44 所示,若给定轨迹上若干点 $P_i(i=1,2,\cdots,n)$ 的位置坐标为 x_{P_i}、y_{P_i},要求出连杆上两铰链点 B、C 及连架杆的两个固定铰链点 A、D 的位置。显然,给定轨迹上的有序点 P_i $(i=1,2,\cdots,n)$ 应是连杆上某点 P 在运动过程中所经过的位置,故此问题的本质仍是按连杆位置设计四杆机构的问题。但由于只知道 P_i 的坐标,而不知道连杆上某条直线的位置角,因此连杆位置并不明确,只能将 θ_i 作为未知参数。

根据 AB、CD 两连架杆杆长不变原理可建立一组约束方程:

$$\left. \begin{array}{l} (x_{B_i} - x_A)^2 + (y_{B_i} - y_A)^2 = (x_{B_1} - x_A)^2 + (y_{B_1} - y_A)^2 \\ (x_{C_i} - x_D)^2 + (y_{C_i} - y_D)^2 = (x_{C_1} - x_D)^2 + (y_{C_1} - y_D)^2 \end{array} \right\} \quad (i=2,3,\cdots,n) \quad (2\text{-}24)$$

而

$$\begin{bmatrix} x_{B_i} \\ y_{B_i} \\ 1 \end{bmatrix} = \boldsymbol{D}_{1i} \begin{bmatrix} x_{B_1} \\ y_{B_1} \\ 1 \end{bmatrix}, \quad \begin{bmatrix} x_{C_i} \\ y_{C_i} \\ 1 \end{bmatrix} = \boldsymbol{D}_{1i} \begin{bmatrix} x_{C_1} \\ y_{C_1} \\ 1 \end{bmatrix} \quad (i=2,3,\cdots,n)$$

将 $\boldsymbol{D}_{1i}(i=2,3,\cdots,n)$ 的表达式代入以上二式,得到 x_{B_i}、y_{B_i}、x_{C_i}、$y_{C_i}(i=2,3,\cdots,n)$ 的表达式,然后再将其代入式(2-24)即可求得平面铰链四杆机构设计方程组,共含 $2(n-1)$ 个方程。

在上述 $2(n-1)$ 个方程中,除了 8 个坐标值 x_A、y_A,x_{B_1}、y_{B_1},x_{C_1}、y_{C_1},x_D、y_D 外,$\boldsymbol{D}_{1i}(i=2,3,\cdots,n)$ 中所包含的 $n-1$ 个相对转角 $\theta_{1i}=\theta_i-\theta_1$ 均为未知量,故共有 $8+(n-1)$ 个未知参数。因此当满足 $8+(n-1)=2(n-1)$,即 $n=9$ 时,方程组有确定解。由此可知,用平面铰链四杆机构实现轨迹的运动时,最多可精确满足 9 个给定点;若 $n<9$,则可预先选定机构某些参数,再进行设计;若 $n>9$,则只能采用近似方法求解。

2.   曲柄滑块机构

如图 2-45 所示的曲柄滑块机构中,设连杆 BC 上的一点 P,在坐标系 xOy 中的平面轨迹上的一系列给定的有序点 $P_i(i=1,2,\cdots,n)$ 的坐标已知,故设计该机构的任务为确定三个铰链中心 A、B、C 的坐标和滑块移动方向线与 x 轴正向之间的夹角 δ。

由式(2-18)、式(2-19)可知,两连架杆的约束方程分别为

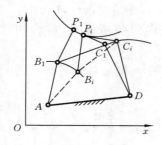
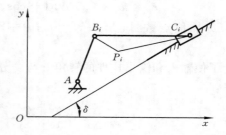

图 2-44　平面铰链四杆机构　　　　　　　　　图 2-45　曲柄滑块机构

$$(x_{B_i} - x_A)^2 + (y_{B_i} - y_A)^2 = (x_{B_1} - x_A)^2 + (y_{B_1} - y_A)^2$$

$$\left. \tan\delta = \frac{y_{C_i} - y_{C_1}}{x_{C_i} - x_{C_1}} \right\} \quad (i = 2, 3, \cdots, n) \quad (2\text{-}25)$$

其中
$$\left. \begin{array}{l} [x_{B_i} \quad y_{B_i} \quad 1]^{\mathrm{T}} = \boldsymbol{D}_{1i}[x_{B_1} \quad y_{B_1} \quad 1]^{\mathrm{T}} \\ [x_{C_i} \quad y_{C_i} \quad 1]^{\mathrm{T}} = \boldsymbol{D}_{1i}[x_{C_1} \quad y_{C_1} \quad 1]^{\mathrm{T}} \end{array} \right\} \quad (i = 2, 3, \cdots, n) \quad (2\text{-}26)$$

式中：$\boldsymbol{D}_{1i}$ 是以点 P 为参考点时连杆 BC 的刚体位移矩阵，按式(2-15)计算，但式中连杆的相对转角 $\theta_{1i}(i = 2, 3, \cdots, n)$ 为未知量。将式(2-26)代入式(2-25)并消去 x_{B_i}、y_{B_i}、x_{C_i}、y_{C_i}，即可得含 $2(n-1)$ 个方程的非线性设计方程组。设计方程组中共包含 7 个未知参数 x_A、y_A、x_{B_1}、y_{B_1}、x_{C_1}、y_{C_1} 和 δ，以及 $n-1$ 个未知运动参数 $\theta_{1i}(i = 2, 3, \cdots, n)$，即总共有 $7 + (n-1)$ 个未知参数。故当 $7 + (n-1) = 2(n-1)$，即 $n = 8$ 时，可求得唯一的一组解，即最多可精确实现轨迹上 8 个给定的点。

2.3.4　函数生成机构的设计

函数生成机构是通过输入构件和输出构件的运动再现某种函数关系的一类机构。对于平面连杆函数机构，其输入和输出构件是两连架杆，它们可以是曲柄、摇杆或滑块。

1. 再现函数精确点的确定

如图 2-46 所示，设给定函数为 $y = F(x)$，而机构所能实现的函数为 $y = P(x)$。一般平面四杆机构所能进行设计的参数有限，是不能精确实现给定函数的，只可能在自变量 x 的整个区间[x_0，x_n]上的若干个有限点上获得相同的函数值。这些点称为精确点或插值点。精确点以外的点，两函数值间则存在偏差 Δy。Δy 的大小取决于精确点的数目和分布情况，精确点越多，偏差 Δy 就越小，但精确点数不能超过待定机构参数的数目。精确点的数目和位置一般可根据工艺要求来选取，即选择工艺上必须保证的几个位置作为精确点。如工艺上无特殊要求，则精确点可根据函数逼近理论确定。

设自变量 x 的指定区间为[x_0，x_n]，对应的输入构件和输出构件转角区间分别为[φ_0，φ_n]和[ψ_0，ψ_n]，则精确点 x_i 为

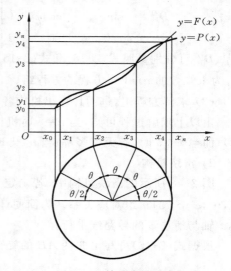

图 2-46　精确点的选取

$$x_i = x_0 + 0.5\Delta x[1 - \cos(i\theta - 0.5\theta)] \qquad (i = 1, 2, \cdots, n) \tag{2-27}$$

式中：n 为插值点数目；$\Delta x = x_n - x_0$；$\theta = 180°/n$。用此法得到的精确点，称为切比雪夫精确点。

为了使输入和输出构件的转角 φ 与 ψ 分别与给定函数的 x 和 y 对应起来，可引入下列比例因子：

$$k_\varphi = \frac{\Delta \varphi}{\Delta x} = \frac{\varphi_n - \varphi_0}{x_n - x_0}, \quad k_\psi = \frac{\Delta \psi}{\Delta y} = \frac{\psi_n - \psi_0}{F(x_n) - F(x_0)} \tag{2-28}$$

于是，与给定精确点对应的连架杆转角为

$$\left. \begin{array}{l} \varphi_i = \varphi_0 + k_\varphi(x_i - x_0) \\ \psi_i = \psi_0 + k_\psi[F(x_i) - F(x_0)] \end{array} \right\} \quad (i = 1, 2, \cdots, n) \tag{2-29}$$

2. 函数机构设计

选取精确点后，再现一个连续函数的问题就转化为实现连架杆若干对应位置 φ_i-ψ_i 的机构设计问题。不同机构具体设计步骤介绍如下。

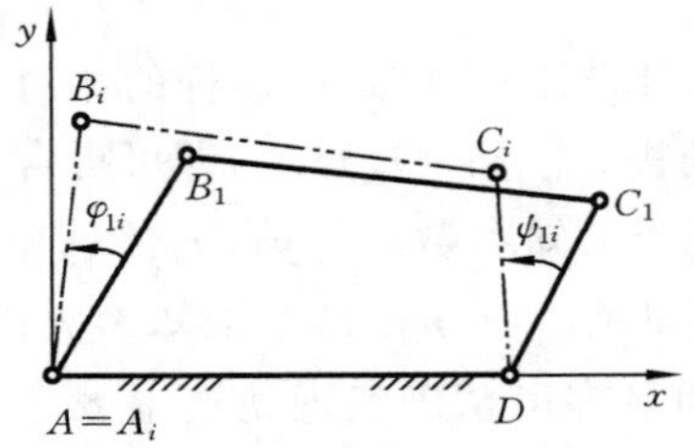

1) 铰链四杆机构

图 2-47 所示的铰链四杆机构中，因为各构件按比例缩放时并不影响机构的输入、输出关系，故可取 $\overline{AD} = 1$，而其余各杆的长度可表示为对 $\overline{AD}$ 的相对长度。

(1) 由式(2-29)确定精确点 φ_i-ψ_i($i = 1, 2, \cdots, n$)。

(2) 根据连杆 BC 杆长不变建立一组约束方程：

$$(x_{C_i} - x_{B_i})^2 + (y_{C_i} - y_{B_i})^2 = (x_{C_1} - x_{B_1})^2 + (y_{C_1} - y_{B_1})^2$$

图 2-47　铰链四杆机构

且有

$$\begin{bmatrix} x_{B_i} \\ y_{B_i} \\ 1 \end{bmatrix} = \boldsymbol{D}_{1i}^{AB} \begin{bmatrix} x_{B_1} \\ y_{B_1} \\ 1 \end{bmatrix}, \quad \begin{bmatrix} x_{C_i} \\ y_{C_i} \\ 1 \end{bmatrix} = \boldsymbol{D}_{1i}^{DC} \begin{bmatrix} x_{C_1} \\ y_{C_1} \\ 1 \end{bmatrix} \quad (i = 2, 3, \cdots, n) \tag{2-30}$$

其中，

$$\boldsymbol{D}_{1i}^{AB} = \begin{bmatrix} \cos\varphi_{1i} & -\sin\varphi_{1i} & 0 \\ \sin\varphi_{1i} & \cos\varphi_{1i} & 0 \\ 0 & 0 & 1 \end{bmatrix}, \quad \boldsymbol{D}_{1i}^{DC} = \begin{bmatrix} \cos\psi_{1i} & -\sin\psi_{1i} & 1-\cos\psi_{1i} \\ \sin\psi_{1i} & \cos\psi_{1i} & -\sin\psi_{1i} \\ 0 & 0 & 1 \end{bmatrix}$$

$\boldsymbol{D}_{1i}^{AB}$、$\boldsymbol{D}_{1i}^{DC}$ 可分别参照式(2-16)和式(2-15)得到。故由式(2-30)可得到含有以 x_{B_1}、y_{B_1} 和 x_{C_1}、y_{C_1} 为未知数的 $n-1$ 个方程的方程组。

(3) 求解方程组，进而计算出机构各构件的尺寸。

由以上求解过程可知，当 $n=5$ 时机构有唯一的确定解(当然若已知条件不合适，也可能无解)；而当 $n<5$ 时，有无穷多解；当 $n \geqslant 5$ 时，无精确解。

2) 滑块机构

图 2-48 所示的滑块机构中，若确定 n 个精确点后，即可得到曲柄和滑块间的 φ_1-S_1，φ_2-S_2，$\cdots$，φ_n-S_n 的 n 组对应关系。为简便计算，可取 AB 杆的转动中心 A 为直角坐标系的原点 O，x 轴与滑块 3 的导路线平行。

根据式(2-16)可写出曲柄 AB 的旋转矩阵为

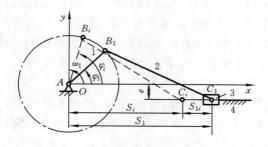

图 2-48　滑块机构

$$\boldsymbol{D}_{1i}^{AB} = \begin{bmatrix} \cos\varphi_{1i} & -\sin\varphi_{1i} & 0 \\ \sin\varphi_{1i} & \cos\varphi_{1i} & 0 \\ 0 & 0 & 1 \end{bmatrix}$$

其中，$\varphi_{1i} = \varphi_i - \varphi_1 (i = 2, 3, \cdots, n)$。而点 B 的位置方程为

$$\begin{bmatrix} x_{B_i} & y_{B_i} & 1 \end{bmatrix}^{\mathrm{T}} = \boldsymbol{D}_{1i}^{AB} \begin{bmatrix} x_{B_1} & y_{B_1} & 1 \end{bmatrix}^{\mathrm{T}}$$

铰链中心 C 随滑块 3 平移，所以点 C 的位置方程为

$$x_{C_i} = x_{C_1} + S_{1i}, \quad y_{C_i} = y_{C_1}$$

其中，$S_{1i} = S_i - S_1$。根据连杆 BC 长度不变，可得约束方程为

$$(x_{B_i} - x_{C_i})^2 + (y_{B_i} - y_{C_i})^2 = (x_{B_1} - x_{C_1})^2 + (y_{B_1} - y_{C_1})^2 \quad (i = 2, 3, \cdots, n)$$

由以上诸式不难求得包含 4 个待求参数 x_{B_1}、y_{B_1} 和 x_{C_1}、y_{C_1} 的 $n-1$ 个方程，故一般可给定曲柄位置角与 $n \leqslant 5$ 个从动件位置。

2.4　平面连杆机构的应用

1. 基于平面连杆机构的机器人末端执行器

机器人末端执行器是指安装在机器人末端，直接与被抓取物体接触的装置（见图 2-49）。它负责将机器人的运动转化为实际的物体操作，实现抓取、搬运等功能。机器人末端执行器是实现机器人与物体之间直接交互的关键部件，它具有感知、抓取、移动、操作等功能，使得机器人可以适应各种不同的任务和环境。

末端执行器

图 2-49　工业机器人及其末端执行器

末端执行器装在机器人操作机的机械接口上,是一个独立的部件,对整个机器人完成任务的好坏起着关键的作用,它直接关系着夹持工件时的定位精度、夹持力的大小等。末端执行器种类繁多,与机器人的用途密切相关,最常见的有用于抓拿物件的夹持器;一种新的作业需要一种新的末端执行器,而一种新的末端执行器的出现又往往为机器人开辟一种新的应用领域。

末端执行器手部与手腕处有可拆卸的机械接口,根据夹持对象的不同,手部结构会有差异,通常一个机器人配有多个手部装置或工具,因此要求手部与手腕处的接口具有通用性和互换性。手部可能还有一些电、气、液的接口,这些接口也一定要具有互换性。末端操作器可以具有手指,也可以不具有手指;可以有手爪,也可以是专用工具。工业机器人的手部通常是专用装置:一种手爪往往只能抓住一种或几种在形状、尺寸、重量等方面相近的工件;一种工具只能执行一种作业任务。末端执行器具有足够的夹持力和驱动力,以保证适当的夹持精度。考虑手部自身的大小、形状、机构和运动自由度,智能化手部还应配有相应的传感器。对末端执行器有开闭范围、回转角度、平移距离、夹持力、加工精度和装配精度等方面的要求。

图 2-50 所示为平行夹持的末端执行器,即平行手爪机构。回转动力源 1 和 6 驱动构件 2 和 5 顺时针或逆时针旋转,通过平行四边形机构带动手指 3 和 4 做平动,夹紧或释放工件。

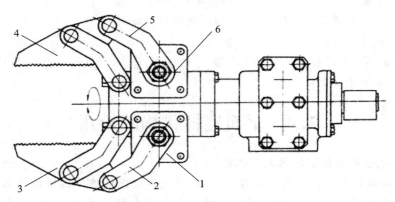

图 2-50　平行手爪机构

图 2-51 所示为设有检测开关的手爪装置。手爪上装有限位开关 5 和 7。在指爪 4 沿垂直方向接近工件 6 的过程中,限位开关检测手爪与工件的相对位置,在工件接触限位开关时发出信号,气缸通过连杆 3 驱动指爪夹紧工件。

2. 基于连杆机构的仿生扑翼机构

仿生扑翼飞行器(见图 2-52)通过连杆机构的运动来实现仿生翼的扑动。为确保扑翼机构的可靠性,扑翼机构的设计将受到机构的外形构造及运动方式的限制,即左、右翅膀杆要对称且扑翼动作要同步。

基于连杆的仿生扑翼机构的设计要求如下:

(1)扑翼机构的自由度为 1。

(2)需要有一杆件作为固定机架。

(3)需要有一杆件作为输入杆。

(4)需要有不同的两个杆件作为左、右翅膀杆;需使左、右翅膀杆与机架连接,能产生左、右对称的扑翼动作,即要求左、右翅膀杆扑翼动作同步。

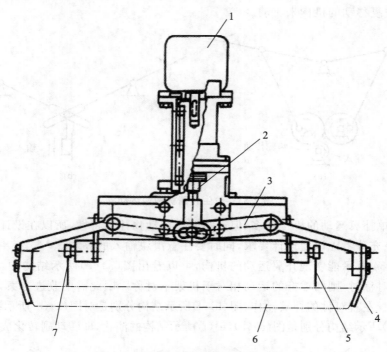

图 2-51　设有检测开关的手爪装置
1—电动机；2—联轴器；3—连杆；4—指爪；
5,7—限位开关；6—工件

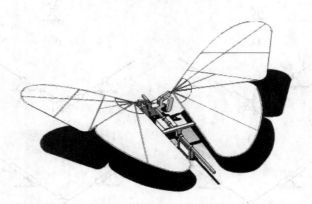

图 2-52　仿生扑翼飞行器

（5）机架有多接头来连接其他杆件；输入杆可为曲柄或者滑块，且输入杆和机架只能以转动副或移动副连接。

（6）左、右翅膀杆件都为摇杆，必须都与机架连接，且接头只有转动副，以保证翅膀杆在扑动过程中长度不变；左、右翅膀杆的运动要有急回特性，使仿生翼具有更好的气动性能，来获得有效升力。

（7）要有尽可能少的杆件，以保证扑翼机构的紧凑、轻巧。

扑翼机构主要将往复运动和旋转运动转换成扑翼运动，其输入构件的特点决定了采取何种输入方式来产生对称、同步的扑翼运动。如图 2-53（a）所示，当扑翼机构的输入件是杆件时，可以用具有回转运动特性的机构来驱动，比如齿轮。而当输入件是滑块时，如图 2-53（b）

所示,则通过往复移动的机构来驱动。

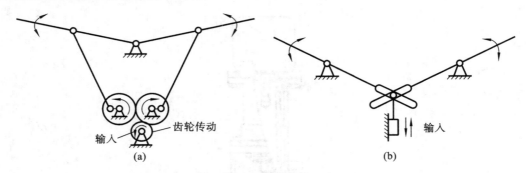

图 2-53　仿生扑翼机构的运动

　　能实现简单扑翼运动的机构很多,但还需要利用动物扑翼特性,所以在设计具体的仿生扑翼机构时,应该充分考虑以上设计要求,同时要注意滑块输入的弊端。

　　分析图 2-54 所示能实现扑翼运动的机构,可以看出图(a)(e)所示结构中,左右翅膀杆相对于机架左右对称时,则两摇杆的运动相对于机架不对称。因此需要改进方案,使扑翼机构能实现相对于机身左右对称的扑翼动作,图(b)(f)所示结构分别是对图(a)(e)所示结构的改进,而图(c)(d)(g)(h)所示结构分别是图(a)(b)(e)(f)所示结构的演化,即转动副转化成了移动副。

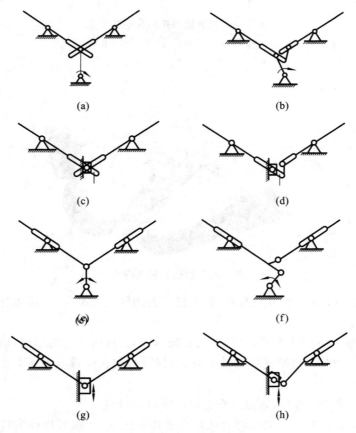

图 2-54　能实现扑翼运动的机构

基于连杆的仿生扑翼机构多用电机作为动力源,由于电机转速比翅膀拍动频率高,故还需要加上具有一定减速比的减速机构。在设定平面连杆机构参数时,可以根据扑翼机构的扑翼幅度、连杆机构急回特性及最小传动角等要求确定各杆杆长,而扑翼幅度、急回特性等可以由仿生学计算得到。

3. 基于连杆机构的蛙跳仿生设计

以大自然中的青蛙为参考,以其骨骼结构、运动姿态为研究对象,通过分析青蛙的运动特征(见图 2-55),进行蛙跳仿生设计。

图 2-55 青蛙在蓄力、起跳与跳出时的姿态

基于对青蛙生物特征和跳跃运动机理的分析,进行仿生青蛙的设计(见图 2-56)。青蛙前肢简化为一个主动肩关节和一个被动肘关节,从而实现其着陆支撑缓冲和姿态调整的功能。后肢采用连杆机构作为腿部主体,并增加脚掌以保证其稳定性。后肢通过电机控制实现跳跃动作,后肢连杆机构具有与青蛙跳跃时相似的力学规律,从而实现跳跃功能。图 2-57 所示为基于连杆机构的蛙跳仿生设计结构。

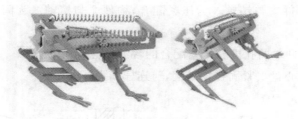

图 2-56 基于连杆机构的蛙跳仿生设计

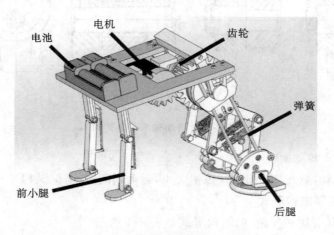

图 2-57 基于连杆机构的蛙跳仿生设计结构

4. 连杆机构的结构设计

为保证连杆机构完成预定的工作任务,当确定了机构的类型及运动学尺寸以后,还需合理设计机构构件的具体结构。连杆机构的结构设计应满足工艺要求,能实现预定的运动,能承受工作中连续载荷的作用,尺寸紧凑且符合整机的安装要求,易加工与装配,而且成本低、寿命长。由于连杆机构的运动副全部是低副(即转动副和移动副),因此以下主要讨论转动副和移动副及其构件的主要结构形式和特点。

1) 转动副的主要结构形式

转动副的结构既可采用滑动轴承结构,也可采用滚动轴承结构。

采用滑动轴承结构时,其特点是结构简单、体积小,且能起减振作用,但必须加工精确。因轴承间隙对构件间的运动精度影响较大,故对于运动副元素彼此做相对转动的运动副(如连杆机构的主动曲柄),建议采用滑动轴承结构。

采用滚动轴承结构时,其特点是摩擦损失小,运动副间隙小,但结构尺寸较大。对于不是做整周转动的运动副元素(如连杆和摇杆的运动副),当运动换向时会出现混合摩擦,这在载荷很大且运动频率很高时会导致磨损加剧。为了减少磨损,采用滚动轴承结构比较合适。

对于高速机器,特别是在纺织机械制造业中,经常采用滚针轴承或滚针组,其优点是结构尺寸小,能承受侧向力,而不像滑动轴承那样会发生轴承的"咬住"现象。

(1) 滑动轴承式转动副。

图 2-58 所示为滑动轴承式转动副的一些结构形式。其中:

图 2-58(a)中,构件 1 与 2 用销轴 3 连接,并用螺母 4 锁住,构件 2 与销轴 3 为间隙配合;

图 2-58(b)中,构件 1 与销轴 3 为压紧配合,构件 2 与销轴 3 为间隙配合,4 为轴用弹性挡圈;

图 2-58(c)中,构件 1 的孔内有压紧配合的含油轴套或铜轴套 2;

图 2-58(d)中,偏心盘 1 紧固在轴 3 上,与连杆 2 为间隙配合。

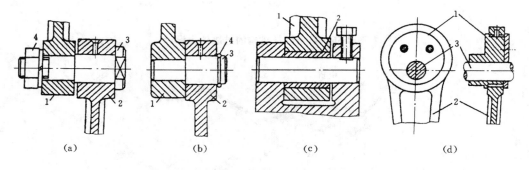

(a) (b) (c) (d)

图 2-58 滑动轴承式转动副

(2) 滚动轴承式转动副。

滚动轴承式转动副(见图 2-59)摩擦损失小,运动副间隙小,但结构尺寸较大。

2) 移动副的主要结构形式

常见的移动副(滑块和导路)的结构形式如表 2-1 所示。

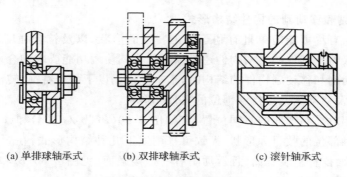

(a) 单排球轴承式　　　(b) 双排球轴承式　　　(c) 滚针轴承式

图 2-59　滚动轴承式转动副

表 2-1　移动副的主要结构形式

类　　型	结 构 简 图	说　　明
T 形槽式		滑块 1 在导路 2 的 T 形槽中移动，槽与滑块的间隙由紧定螺钉 3 调节，这种结构的对中性较差，容易磨损
燕尾形槽式		滑块 1 在导路 2 的燕尾槽中移动，松开紧定螺钉 3，并旋动调节螺钉 4，可改变滑块 1 与导路 2 的间隙，这种结构的对中性较好
圆柱形槽式		构件 1 为部分圆弧截成弦平面的细长圆柱体，并用侧板 3 限制构件 1 和导路 2 间的相对转动，只允许构件 1 沿轴线方向相对导路 2 移动
组合形导路		构件 1 与 2 的右端为 V 形导路，对中性较好；左端为一平面导路，以增加承载能力，提高运动稳定性
滚动导路		滑块 1 与导路 2 之间放置滚珠 3，可大大减小摩擦，运动轻便，导向准确，但刚度不及滑动导路
滚动组合形导路		在组合形导路的基础上改用滚动导路，滚柱 1 为专用的滚动轴承

3) 具有转动副和移动副的构件结构形式

机构构件必须有尽可能简单且有利于加工装配的形状,以及符合强度要求的截面尺寸。作为一部机器或仪器基础件的机构构件还必须有符合其使用功能要求的合理结构。

设计具有转动副和移动副构件的结构时,基本上依据以下两个特征:转动副轴线相对于导路方向的位置,以及移动副元素接触部位的数目和形状。

转动副轴线相对导路方向的不同位置,有如图 2-60(a)(b)(c)(d)和(e)所示的情况。依据移动副元素接触部位的数目和形状,大致可采用以下几种结构形式:在导杆中装滑块(见图 2-60(a));在圆截面摆杆上装套筒,且运动副有一个接触面(见图 2-60(c)和(d))或两个接触面(见图 2-60(e))。

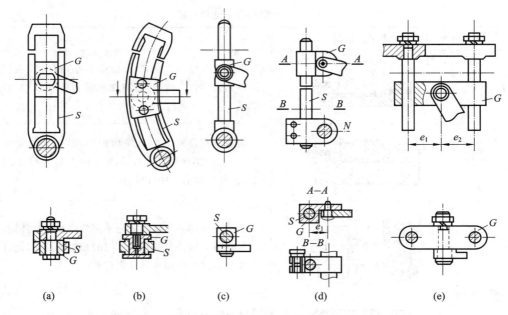

(a)   (b)   (c)   (d)   (e)

图 2-60 具有转动副和移动副的连杆机构构件

设计移动副时,要预先考虑运动副接触面的基本长度,以便减小歪斜的风险。而具有两个移动副的机构构件,其结构形式取决于:①与相邻构件(大多为机架)接触部位的类型和数目;②移动副中接触部位的形式和导路方向的相对位置。

设计连杆机构构件的结构时,还须考虑制造工艺性、装配性、空间限制及机构调整等因素。

例 2-4 设计一曲柄滑块机构,已知滑块的行程速度变化系数 $k=1.5$,滑块的行程 $l_{C_1C_2}=50$ mm,导路的偏距 $e=20$ mm,如图 2-61 所示。

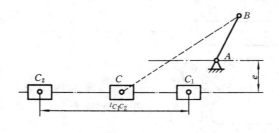

图 2-61 例 2-4 图

（1）求出曲柄长度 l_{AB} 和连杆长度 l_{BC}；

（2）若从动件向左为工作行程，试确定曲柄的合理转向；

（3）求出机构的最小传动角 $\gamma_{\min}$。

解　（1）求杆长（用几何法）。极位夹角 $\theta=180° \cdot \dfrac{k-1}{k+1}=36°$，按滑块的行程作线段 $\overline{C_1 C_2}$。过点 C_1 作 $\angle OC_1C_2=90°-\theta=54°$，过点 C_2 作 $\angle OC_2C_1=90°-\theta=54°$，则得 $\overline{OC_1}$ 与 $\overline{OC_2}$ 的交点 O。以点 O 为圆心、$\overline{OC_1}$ 或 $\overline{OC_2}$ 为半径作圆弧，它与直线 C_1C_2 的平行线（距离为 $e=20$ mm）相交于点 A（应该有两个交点，现只取一个），即为固定铰链中心 A（见图 2-62）。

根据图示几何关系并从图 2-62 上量得

$$l_{AC_2} = l_{BC} + l_{AB} = 68 \text{ mm}$$

$$l_{AC_1} = l_{BC} - l_{AB} = 25 \text{ mm}$$

联解上式可得

$$l_{BC} = 46.5 \text{ mm}, \quad l_{AB} = 21.5 \text{ mm}$$

（2）根据急回特性及最小传动角出现在回程的要求，判断出曲柄应顺时针转动。

（3）求最小传动角。如图 2-63 所示，可求得最小传动角。

因为

$$\cos\gamma_{\min} = \frac{e+l_{AB}}{l_{BC}} = \frac{20+21.5}{46.5} = 0.89$$

所以

$$\gamma_{\min} = 26.8°$$

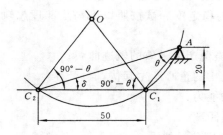

图 2-62　作图求固定铰链中心

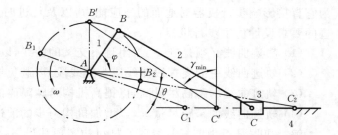

图 2-63　求最小传动角

例 2-5　若已知所要设计的滑块机构的杆 AB 长为 l_{AB}，在图 2-64(a) 中用 AB 线段代表，其绘图比例尺为 μ_l。曲柄在位置 Ⅰ 时与 x 轴的夹角为 φ_1，要求曲柄由位置 Ⅰ 顺时针转过角度 φ_{12} 和 φ_{13} 而到达指定位置 Ⅱ 和 Ⅲ 时，从动滑块 3 上的标线对应地由初始位置 Ⅰ′ 向右移动到 Ⅱ′ 和 Ⅲ′，其移动量为 s_{12} 和 s_{13}。试设计此滑块机构。

解　因为滑块机构可视为由铰链四杆机构演变而成的，故可将滑块的线位移看成其绕移动副导路线之垂线的无穷远处的点 D 转动而得。因此，刚化后的机构瞬时多边形应沿滑块的 $-s$ 方向平移。这样，只要过点 B_2、B_3 分别作滑块移动方位线的平行线，并截取 $\overline{B_2 B_2'}=-s_{12}$、$\overline{B_3 B_3'}=-s_{13}$（见图 2-64(b)）即可得点 B_2' 和 B_3' 的位置。连 $\overline{B_1 B_3'}$ 和 $\overline{B_2' B_3'}$，并分别作其垂直平分线 b_{13} 和 b_{23}，则 b_{13} 和 b_{23} 的交点 C_1 即为机构在第一瞬时位置时连杆与滑块的铰链中心 C_1，连 $B_1 C_1$ 即为连杆的图示线段长度，其实际长度应为 $l_{BC} = \overline{B_1 C_1}\mu_l$。

由图 2-64 可知，铰链点 C_1 的移动方位线不通过曲柄的转动中心 A，其偏距为 e，故所求机构为一偏置滑块机构。

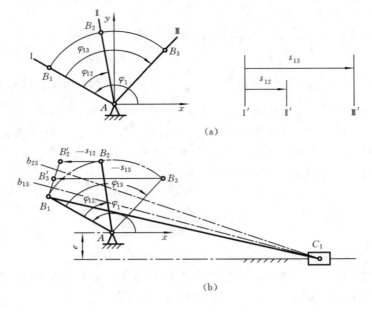

(a)

(b)

图 2-64　例 2-5 图

例 2-6　具有腿部机构的仿生步行机器,将以其独特的跨越障碍的能力、环保而又安全的设计,日益受到人们的重视。对于任一步行机器,其足部轨迹曲线是应当考虑的首要条件,因为它直接影响步行机器对地面的适应能力,以及行进时的稳定度。试按照以下马足部理想轨迹的要求设计仿生步行机器:

（1）轨迹曲线必须是唯一、封闭且不交叉的曲线,以避免产生无效的轨迹曲线;

（2）轨迹曲线中的支撑段曲线应为直线段,以避免机构的重心产生起伏;

（3）轨迹曲线的跨高尽量高,以提高机构跨越障碍的能力;

（4）轨迹曲线的跨距尽量远,以增加机构跨步的前进距离。

解　机器马可由四杆、六杆、八杆机构实现其步态,分别分析如下。

（1）四杆机构(见图 2-65)仿步态能力不佳,且机构的推力值较大,避开"死点"位置困难。

（2）六杆机构(见图 2-66)在推力值与机械效益方面,都比不上八杆机构,而且在层排列上并没有因杆数的减少而使层数减少。

图 2-65　四杆机构机器马机构简图　　　　　**图 2-66　六杆机构机器马机构简图**

（3）八杆机构（见图 2-67）能模拟真实马运动时的步态动作，但需要限制八杆机构机器马的前、后腿机构的理想大腿杆的运动范围。这是因为若运动范围过大，会使抬腿动作过于夸张而不符合真马的动作；若运动范围过小，会使机器马没有真马的抬腿动作，从而无法跨越障碍。因此，大腿杆与机架间的运动夹角为 $45° \sim 135°$。

图 2-67　八杆机构机器马机构简图

为了模拟真马的运动，应考虑膝关节锁定原理，限制八杆机构机器马的前、后腿机构的小腿杆件相对于大腿杆件的运动范围最大不可超过 $180°$，因此小腿杆件相对于大腿杆件的运动范围应限制在 $89° \sim 179°$ 之内。

八杆机构机器马的前、后腿机构的足部轨迹曲线的右极点和左极点必须接近机构的中心点位置，这是因为真马在换腿时，其后腿与前腿的足部相当接近。

图 2-68 所示为可实现的仿生步行机构。

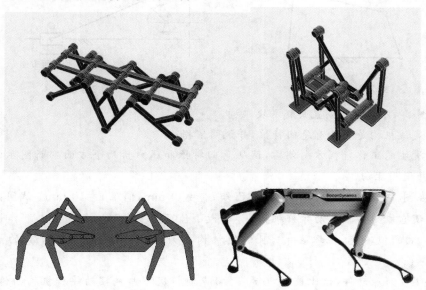

图 2-68　可实现的仿生步行机构

习　题

2-1　在图 2-69 所示铰链四杆机构中,若各杆的长度为 $a=150$ mm,$b=500$ mm,$c=300$ mm,$d=400$ mm。试问:当取杆 d 为机架时,该铰链四杆机构为何种类型的机构?

2-2　在图 2-70 所示的铰链四杆机构中,已知 $l_{BC}=50$ mm,$l_{CD}=35$ mm,$l_{AD}=30$ mm。试问:

(1) 若此机构为曲柄摇杆机构,且 AB 杆为曲柄,l_{AB} 的最大值为多少?

(2) 若此机构为双曲柄机构,l_{AB} 的最小值为多少?

(3) 若此机构为双摇杆机构,l_{AB} 又应为多少?

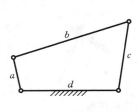
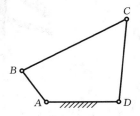

图 2-69　题 2-1 图　　　　　　图 2-70　题 2-2 图

2-3　在图 2-71 所示的铰链四杆机构中,若已知三杆的杆长 $l_{AB}=80$ mm,$l_{BC}=150$ mm,$l_{CD}=120$ mm。试讨论:若 l_{AD} 为变值,则 l_{AD} 在何尺寸范围内,该四杆机构为双曲柄机构? l_{AD} 在何尺寸范围内,该四杆机构为曲柄摇杆机构? l_{AD} 在何尺寸范围内,该四杆机构为双摇杆机构?

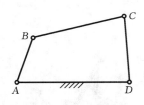
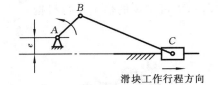

滑块工作行程方向

图 2-71　题 2-3 图　　　　　　图 2-72　题 2-4 图

2-4　图 2-72 所示为偏置曲柄滑块机构。

(1) 判定该机构是否具有急回特性,并说明依据;

(2) 若滑块的工作行程方向朝右,试从急回特性和压力角两个方面判断图示曲柄的转向是否正确,并说明理由。

2-5　在图 2-73 所示的导杆机构中,已知 $l_{AB}=40$ mm,偏距 $e=10$ mm。试问:

(1) 欲使它成为曲柄摆动导杆机构,l_{AC} 的最小值可为多少?

(2) 若 l_{AB} 的值不变,但取 $e=0$,且需使机构成为曲柄转动导杆机构,l_{AC} 的最大值可为多少?

(3) 若 AB 为原动件,试比较 $e>0$ 和 $e=0$ 两种情况下曲柄摆动导杆机构的传动角,判断其是否为常数。从机构的传力效果来看,这两种机构哪种较好?

2-6　图 2-74 所示为加热炉炉门的启闭机构。已知炉门上两活动铰链的中心距为 50

mm,炉门打开后呈水平位置时,要求炉门温度较低的一面向上(如双点画线所示),固定铰链中心 A、D 位于 y—y 轴线上,其他相关尺寸如图所示(单位为 mm),试设计此四杆机构。

2-7 如图 2-75 所示,已知要求实现的两连架杆的三组对应位置:$\varphi_1=60°$,$\psi_1=30°$;$\varphi_2=90°$,$\psi_2=50°$;$\varphi_3=120°$,$\psi_3=80°$。若取 $l_{AD}=50$ mm,$l_{AB}=20$ mm,试用几何法设计此铰链四杆机构,并确定连架杆 CD 及连杆 BC 的长度。

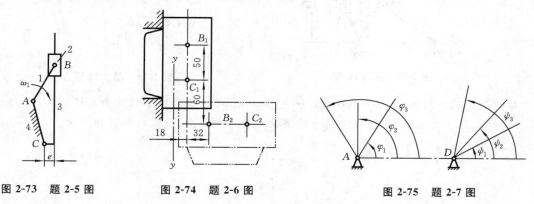

图 2-73　题 2-5 图　　　　　图 2-74　题 2-6 图　　　　　图 2-75　题 2-7 图

2-8 试用几何法设计图 2-76 所示的曲柄摇杆机构。已知摇杆的行程速度变化系数 $k=1$,机架长 $l_{AD}=120$ mm,曲柄长 $l_{AB}=20$ mm;且当曲柄 AB 运动到与连杆拉直共线时,曲柄 AB_2 与机架的夹角 $\varphi_1=45°$。

2-9 设计图 2-77 所示的曲柄滑块机构。已知滑块的行程 $h=50$ mm,向右为工作行程,偏距 $e=10$ mm,行程速度变化系数 $k=1.2$,试按 1∶1 的比例用几何法求出曲柄和连杆的长度,并计算其最小传动角。

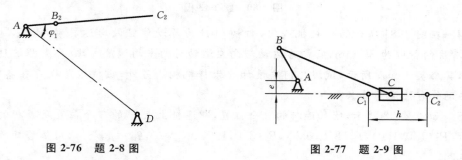

图 2-76　题 2-8 图　　　　　　　图 2-77　题 2-9 图

2-10 设计一导杆机构,已知机架长 $l_{AC}=100$ mm,偏距 $e=0$,行程速度变化系数 $k=1.4$,试求曲柄的长度 l_{AB},并确定其转动副和移动副的结构形式。

2-11 图 2-78 所示为机床变速箱中滑移齿轮块的操纵机构。已知齿轮块的行程 $h=60$ mm,$l_{DE}=100$ mm,$l_{CD}=120$ mm,$l_{AD}=200$ mm,当齿轮块处于右端和左端时,操纵手柄 AB 分别处于水平和铅垂位置(即将手柄从水平位置顺时针转 90°后的位置),试用几何法设计此四杆机构。

2-12 图 2-79 所示为一飞机起落架机构。实线表示飞机降落时起落架的位置,虚线表示飞机在飞行中起落架的位置。已知 $l_{AD}=520$ mm,$l_{CD}=340$ mm,$\alpha=90°$,$\beta=60°$,$\theta=10°$,试用几何法求出构件 AB 和 BC 的长度 l_{AB} 和 l_{BC}。

2-13 试用几何法设计图 2-80 所示的由曲柄摇杆机构和摇杆滑块机构串联组成的六杆机构。已知 AB 为曲柄,且为原动件。六杆机构中的曲柄摇杆机构的行程速度变化系数 $k=$

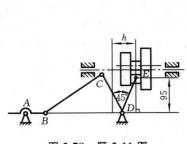

图 2-78　题 2-11 图

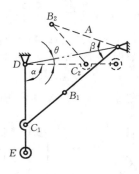

图 2-79　题 2-12 图

1,滑块行程$\overline{F_1F_2}=300$ mm,$e=100$ mm,$x=400$ mm,摇杆的两极限位置为 DE_1 和 DE_2,$\psi_1=45°$,$\psi_2=90°$,$l_{EC}=l_{CD}$,且 A、D 在平行于滑道的一条水平线上,试求出各杆的尺寸。

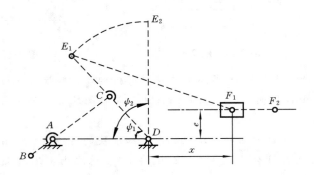

图 2-80　题 2-13 图

2-14　在图 2-81 所示的六杆机构中,曲柄 O_1B 为原动件且做匀速转动,滑块 D 为输出件,已知滑块的行程为 30 mm,其向右运动与向左运动时的平均速度之比(即行程速度变化系数)$k=3$,其余尺寸如图所示,试用几何法设计此六杆机构。另外,该机构是否存在急回特性? 滑块为主动件时应注意什么?

2-15　如图 2-82 所示,已知连杆的 3 个位置,即连杆上点 P 的 3 个位置及连杆的 2 个转角分别为:$P_1(1.0,1.0)$,$P_2(2.0,0.5)$,$P_3(3.0,1.5)$,$\theta_{12}=0°$,$\theta_{13}=45°$。试用位移矩阵法设计此连杆机构。

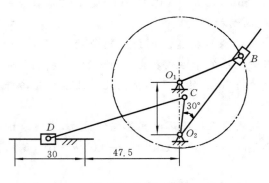

图 2-81　题 2-14 图

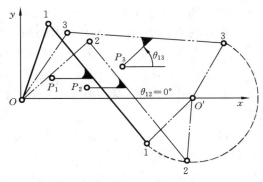

图 2-82　题 2-15 图

2-16　如图 2-83 所示,给定连杆平面的 3 个位置:$x_{P_1}=10$ mm,$y_{P_1}=10$ mm,$\varphi_1=0°$;$x_{P_2}=20$ mm,$y_{P_2}=5$ mm,$\varphi_2=30°$;$x_{P_3}=30$ mm,$y_{P_3}=0$ mm,$\varphi_3=60°$。设连架杆 AB 和 CD 的固定铰链中心 A 和 D 的坐标分别为 $A(0,0)$,$D(2,0)$,试用位移矩阵法设计此铰链四杆机构。

2-17　一曲柄滑块机构中,C 为滑块的铰链中心,若给定连杆的两个位置 $C_1(164,132)$,$\theta_1=6°$,$C_2(79,132)$,$\theta_2=-12°$,并取固定铰链中心的坐标为 $A(0,0)$,试设计此曲柄滑块机构。

2-18　设计一铰链四杆机构 $ABCD$,要求其导引杆 BC 上某一点 S 能通过 5 个精确点。这 5 个精确点是 $P_1(1.0,1.0)$,$P_2(2.0,0.5)$,$P_3(3.0,1.5)$,$P_4(2.0,2.0)$,$P_5(1.5,1.9)$(可任意指定 4 个参数),并令两固定铰链中心的坐标分别为 $A(2.1,0.6)$,$B(1.5,4.2)$。

2-19　设计一铰链四杆机构,使它能近似实现给定函数 $y=\lg x(1\leqslant x\leqslant2)$ 所形成的轨迹,主、从动连架杆的最大摆角分别为 $60°$ 和 $90°$(可按 3 个精确点设计计算)。

2-20　如图 2-84 所示,已知该铰链四杆机构的两连架杆 AB 和 DE 的 3 组对应位置:$\varphi_1=60°$,$\psi_1=30°$;$\varphi_2=85°$,$\psi_2=50°$;$\varphi_3=120°$,$\psi_3=95°$。AB 杆的长度 $a=12.3$ mm,给定机架上两固定铰链中心的坐标为 $A(0,0)$,$D(5,0)$,试设计此四杆机构。

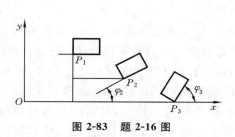

图 2-83　题 2-16 图

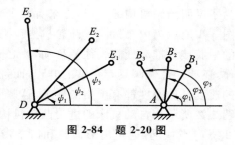

图 2-84　题 2-20 图

凸轮机构及其设计

3.1 凸轮机构的特征

3.1.1 凸轮机构的组成

为了说明凸轮机构的组成,先来看几个生产实例。

图 3-1 所示为内燃机配气凸轮机构。平面盘形凸轮 1 等速旋转时,其曲线轮廓通过与气阀 2 的平底接触推动气阀 2 往复移动,使之有规律地启闭。该机构不仅要保证进、排气阀按顺序动作,还要保证气阀具有足够的升程,而且为了得到良好的热力效应和动力条件,还对气阀运动的速度及加速度都有严格的要求,这些要求都是通过凸轮 1 的轮廓曲线来实现的。

图 3-2 所示为自动机床的进刀凸轮机构。当凸轮 1 等速回转时,其曲线凹槽侧面推动从动件 2 绕 O 点摆动,通过扇形齿轮和齿条带动刀架 3 运动。通常刀具的进给运动包括以下四个过程:快进行程(刀具快速接近工件)、工作行程(刀具等速运动切削工件)、快退行程(完成切削后刀具快速退回)和停留阶段(刀具复位后停留一段时间以便完成更换工件等动作)。这些复杂过程的实现,也是由凸轮 1 的轮廓曲线控制的。

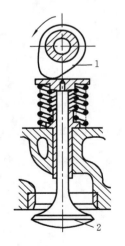

图 3-1　内燃机配气凸轮机构

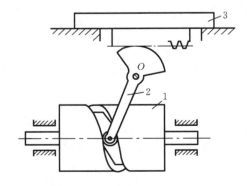

图 3-2　自动机床进刀凸轮机构

通过以上两个例子可以知道,凸轮机构中必须有一个具有曲线轮廓的构件(即凸轮),与之形成高副接触的从动件的运动规律完全是由凸轮的轮廓曲线决定的。

凸轮机构是由凸轮 1、从动件 2 和机架 3 这三个基本构件组成的一种高副机构(见图

3-3)。凸轮通常做连续的等速转动,而从动件则在凸轮轮廓的控制下,按预定的运动规律做摆动(见图 3-4)或往复移动(见图 3-5)。以凸轮轮廓最小向径 r_b 为半径所作的圆称为凸轮的基圆。如图 3-5 所示,当从动件位于点 A(初始位置),凸轮逆时针转动时,向径渐增的轮廓 AB 将从动件以一定的运动规律推到离凸轮中心最远的点 B',这一过程称为推程,凸轮的相应转角 Φ 称为推程运动角(注意,在图 3-5 中,$\angle BOB'$ 为推程运动角,而 $\angle BOA$ 不是推程运动角)。当凸轮继续转过角 Φ_s,从动件尖顶与凸轮上圆弧段轮廓 BC 接触时,从动件在离凸轮回转中心最远的位置停留不动,其对应的凸轮转角 Φ_s 称为远休止角。当凸轮再继续转过角 Φ' 时,从动件将沿着凸轮的 CD 段轮廓从最高位置回到最低位置,这一过程称为回程,凸轮的相应转角 Φ' 称为回程运动角。同理,当基圆上 DA 段圆弧与尖顶接触时,从动件处于距凸轮中心最近的位置停留不动,其对应的凸轮转角 Φ'_s 称为近休止角。在推程或回程中,从动件运动的最大位移称为行程,用 h 来表示。而对于摆动从动件凸轮机构,从动件摆过的最大角位移称为摆幅,用 ψ_{max} 表示(见图 3-4)。

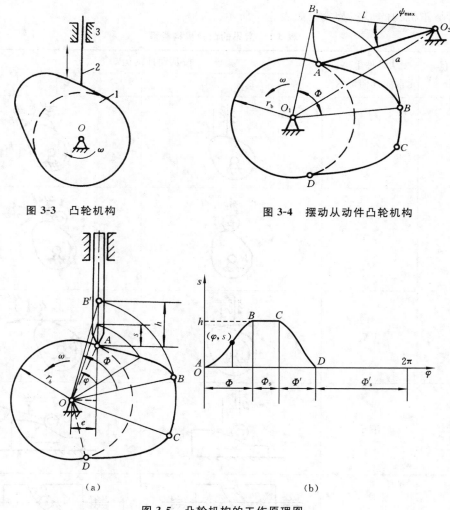

图 3-3　凸轮机构

图 3-4　摆动从动件凸轮机构

（a）　　　　　　　　　（b）

图 3-5　凸轮机构的工作原理图

从动件位移 s 与凸轮转角 φ 之间的对应关系可用图 3-5(b)所示的从动件位移线图表示:横坐标表示凸轮转角 φ,因为大多数凸轮做等角速转动,其转角和时间成正比,因此该线图横

坐标也表示时间 t;线图的纵坐标表示从动件的位移 s(对于摆动从动件凸轮机构,纵坐标表示从动件的角位移 ψ)。从动件位移线图反映了从动件的位移变化规律,根据位移变化规律,还可以求出速度和加速度变化规律。从动件的位移、速度、加速度等运动量随凸轮转角变化的规律统称为从动件的运动规律。

从上面的分析可以看出,适当设计凸轮的轮廓曲线,便可以实现预定的从动件运动规律,这也是凸轮机构的最大优点。凸轮机构设计简单,结构紧凑,工作可靠,因此在自动和半自动机械中获得了广泛应用。

凸轮机构的缺点是凸轮和从动件之间为高副接触,压强较大,易磨损,一般只用于传递动力不大的场合。此外,凸轮轮廓曲线精度要求高,加工成本高;且从动件行程不能太大,否则凸轮会变得笨重。

3.1.2　凸轮机构的分类

常见凸轮机构的形式及分类如表 3-1 所示。

表 3-1　常见的凸轮机构类型

按凸轮的形状分	按从动件上高副元素的几何形状分	按从动件的运动形式分	
		移　动	摆　动
盘形凸轮	尖顶		
	滚子		
	平底		
移动凸轮	滚子		
圆柱凸轮	滚子		

续表

按凸轮的形状分	按从动件上高副元素的几何形状分	按从动件的运动形式分	
		移　动	摆　动
圆锥凸轮	滚子	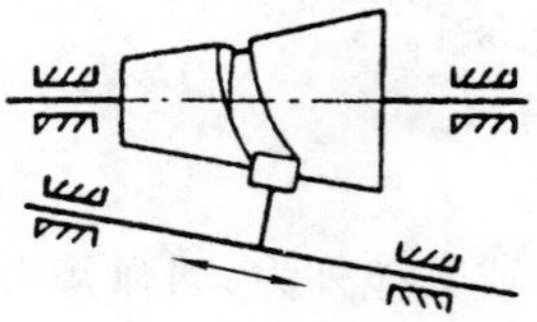	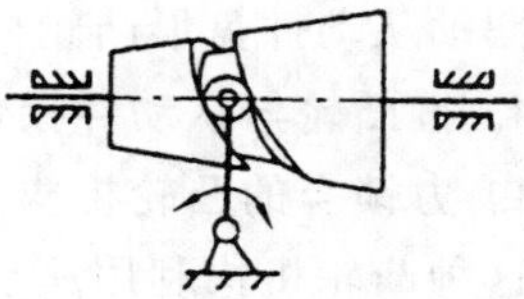

1. 按凸轮的形状分

1）盘形凸轮

盘形凸轮是一个绕固定轴线转动，并具有变化向径的盘状构件。这种凸轮机构的凸轮与从动件相对机架做平面运动，故称为平面凸轮机构。

2）移动凸轮

移动凸轮相对机架做直线移动。这种凸轮可以看成回转轴心在无穷远处的盘形凸轮。所以，这种凸轮机构亦称为平面凸轮机构。

3）圆柱凸轮

圆柱凸轮的轮廓曲线位于圆柱面上，并绕其轴线旋转。这种凸轮可视为将移动凸轮轮廓曲线绕在圆柱体上形成的，即在圆柱体上开曲线槽或把圆柱体的端面做成曲面形状而制成的构件。这种凸轮机构的凸轮与从动件的运动平面互不平行，所以是一种空间凸轮机构。

4）圆锥凸轮

圆锥凸轮的轮廓曲线位于圆锥面上，并绕其轴线旋转。这种凸轮是在圆锥体上开有曲线槽或将圆锥体的端面做成曲面形状而形成的构件。这种凸轮机构亦称为空间凸轮机构。

2. 按从动件上高副元素的几何形状分

1）尖顶从动件凸轮机构

这种凸轮机构的特点是，从动件的尖顶能与任何曲线形状的凸轮轮廓保持接触，从而能保证从动件按预定规律运动。其缺点是易磨损，故在工程实际中很少采用。

2）滚子从动件凸轮机构

这种凸轮机构的从动件端部铰接有滚子，由滚子与凸轮轮廓接触，摩擦、磨损小，应用较广泛。但从动件端部的自重较大，故这种机构不宜用于高速场合。

3）平底从动件凸轮机构

这种凸轮机构的从动件以端平面与凸轮接触。其特点是，在不计摩擦时，凸轮对从动件的作用力始终垂直于从动件的平底，故传力性能好，运动时接触处易形成润滑油膜，有利于减少摩擦和磨损。因此这种机构可用于高速场合，但不能用于有凹形轮廓的凸轮。

应当强调的是，上述各种凸轮机构的从动件必须始终保持与凸轮轮廓接触，这样才能保证从动件按预定规律运动。

3. 按从动件的运动形式分

1）移动从动件盘形凸轮机构

根据导路中心线和凸轮中心之间的相对位置，移动从动件盘形凸轮机构可分为以下两种。

（1）对心移动从动件盘形凸轮机构。这种凸轮机构的从动件导路中心线通过回转中心

(见图 3-3)。

（2）偏置移动从动件盘形凸轮机构。这种凸轮机构的从动件导路中心线偏离凸轮中心，偏距为 e（见图 3-5）。

2）摆动从动件盘形凸轮机构

摆动从动件盘形凸轮机构参见表 3-1。

4. 按凸轮与从动件锁合的方式分

1）力锁合的凸轮机构

这种凸轮机构利用从动件的重力或其他外力（如弹簧力），使从动件与凸轮始终保持接触。

2）形锁合的凸轮机构

形锁合的凸轮机构依靠高副元素本身的几何形状，使从动件与凸轮始终保持接触。常见的机构有以下几种形式。

（1）沟槽凸轮机构。表 3-1 中的圆柱凸轮、圆锥凸轮和表 3-2 中的沟槽凸轮均利用圆柱、圆锥、圆盘上的沟槽保证从动件的滚子与凸轮始终接触。这种锁合方式最简单，且从动件的运动规律不受限制。它的不足之处是增大了凸轮的尺寸和自重，且不能采用平底从动件。

（2）等宽、等径凸轮机构。表 3-2 中的等宽凸轮机构的从动件具有相对位置不变的两个平底，而等径凸轮机构的从动件上装有轴心相对位置不变的两个滚子，它们与凸轮轮廓同时保持接触。这两种凸轮的尺寸比沟槽凸轮的小，但从动件的位移规律只能在凸轮转动 180° 的范围内任意选择，而在另外 180° 的范围内其轮廓曲线受两滚子中心之间的距离不变或两平底之间的距离不变的限制。

（3）主回凸轮机构。表 3-2 中所示的主回凸轮机构是由机架、固定在同一轴上但不在同一平面上的两个凸轮及相应的从动件组成的，两个凸轮分别与从动件上中心位置一定的两个滚子接触，以控制从动件正、反方向的运动，所以称为主回凸轮。主凸轮的轮廓可全部按给定运动规律设计，而回凸轮轮廓必须根据主凸轮轮廓和从动件上两滚子的位置确定。主回凸轮机构可用于高精度传动，但它的结构比较复杂，制造和安装精度要求较高。

表 3-2　几种形锁合的凸轮机构

沟槽凸轮	等宽凸轮	等径凸轮	主回凸轮
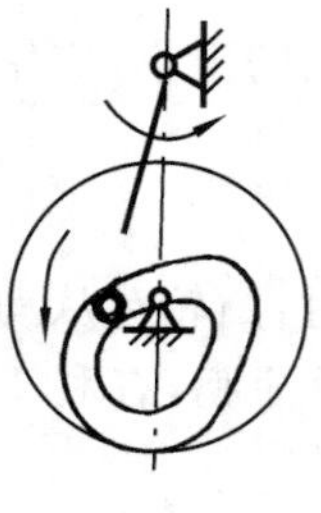	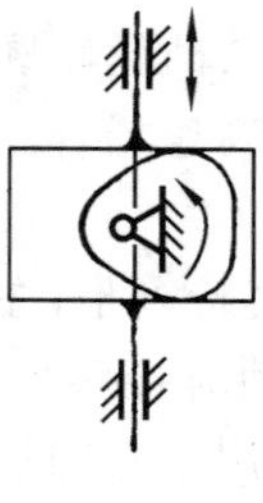	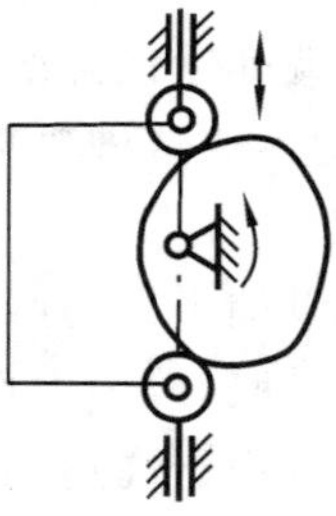	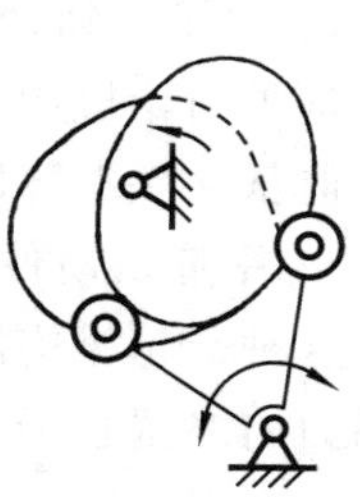

3.1.3　凸轮机构的设计任务

为满足凸轮机构的输出件提出的运动要求、动力要求等，凸轮机构的设计大致可分为以下四步。

（1）从动件运动规律的设计。运动规律设计包括对所设计的凸轮机构输出件的运动提出的所有给定要求,例如,推程、回程运动角,远休止角,近休止角,行程、推程、回程的运动规律曲线等进行设计。

（2）凸轮机构基本尺寸的设计。移动从动件凸轮机构的基本尺寸有基圆半径 r_b 及偏心距 e（见图 3-5）,摆动从动件凸轮机构的基本尺寸包括基圆半径 r_b、凸轮转动中心到从动件摆动中心的距离 a 及摆杆长度 l（见图 3-4）。对于滚子从动件凸轮机构,基本尺寸还有滚子半径 r_r；而对于平底从动件凸轮机构,设计时还要考虑平底长度 L 等。确定上述基本尺寸的准则是：机构尺寸紧凑,无运动失真及动力特性好,满足强度要求。

（3）凸轮机构轮廓曲线的设计。实现从动件运动规律主要依赖于凸轮轮廓曲线形状,因而轮廓曲线设计是凸轮机构设计中的重要环节。

（4）绘制凸轮机构的工作图。绘制工作图是为了加工凸轮时用,它主要用于结构设计。

3.1.4　从动件常用的运动规律

典型的凸轮机构运动循环具有四个阶段,如图 3-6(a)所示。按照从动件在一个循环中是否需要停歇及停在何处等,可将凸轮机构从动件的位移曲线分成如下四种类型（见图 3-6）：① 推-停-回-停型（RDRD 型）；② 推-回-停型（RRD 型）；③ 推-停-回型（RDR 型）；④ 推-回型（RR 型）。

凸轮机构的主动件凸轮一般做等速转动,角速度为 ω,从动件的运动规律可用由几段曲线或直线组成的线图表示,也可用数学方程式表示。若从动件的位移方程为 $s = f(\varphi)$,将位移方程对时间逐次求导,即可得速度 v、加速度 a 和跃动度 j 分别为

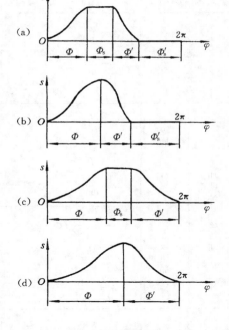

图 3-6　运动规律的类型

$$
\left.
\begin{aligned}
v &= \frac{\mathrm{d}s}{\mathrm{d}t} = \frac{\mathrm{d}s}{\mathrm{d}\varphi} \cdot \frac{\mathrm{d}\varphi}{\mathrm{d}t} = \omega \frac{\mathrm{d}s}{\mathrm{d}\varphi} \\
a &= \frac{\mathrm{d}v}{\mathrm{d}t} = \frac{\mathrm{d}v}{\mathrm{d}\varphi} \cdot \frac{\mathrm{d}\varphi}{\mathrm{d}t} = \omega^2 \frac{\mathrm{d}^2 s}{\mathrm{d}\varphi^2} \\
j &= \frac{\mathrm{d}a}{\mathrm{d}t} = \frac{\mathrm{d}a}{\mathrm{d}\varphi} \cdot \frac{\mathrm{d}\varphi}{\mathrm{d}t} = \omega^3 \frac{\mathrm{d}^3 s}{\mathrm{d}\varphi^3}
\end{aligned}
\right\}
\tag{3-1}
$$

式中：$\mathrm{d}s/\mathrm{d}\varphi$、$\mathrm{d}^2 s/\mathrm{d}\varphi^2$、$\mathrm{d}^3 s/\mathrm{d}\varphi^3$ 分别为类速度、类加速度、类跃动度。因为凸轮的角速度 ω 为常数,所以常用类速度、类加速度、类跃动度表示从动件的速度、加速度和跃动度的变化规律。

另一种情况是,先知道加速度方程 $a = f_1(\varphi)$,逐步积分可得速度方程、位移方程。本章仅就基本的 RDRD 型运动过程,介绍几种常用的运动规律及其特点,供设计凸轮从动件运动规律时参考。

1. 基本运动规律

1）多项式运动规律

这类运动规律的位移方程的一般形式为

$$
s = c_0 + c_1 \varphi + c_2 \varphi^2 + c_3 \varphi^3 + \cdots + c_n \varphi^n
\tag{3-2}
$$

式中：φ 为凸轮的转角（rad）；$c_0, c_1, c_2, \cdots, c_n$ 为 $n+1$ 个待定系数。由式(3-2)和式(3-1)可得

$$
v = \omega(c_1 + 2c_2 \varphi + 3c_3 \varphi^2 + 4c_4 \varphi^3 + \cdots + nc_n \varphi^{n-1})
\tag{3-3}
$$

$$a = \omega^2\left[2c_2 + 6c_3\varphi + 12c_4\varphi^2 + \cdots + n(n-1)c_n\varphi^{n-2}\right] \quad (3\text{-}4)$$

$$j = \omega^3\left[6c_3 + 24c_4\varphi + \cdots + n(n-1)(n-2)c_n\varphi^{n-3}\right] \quad (3\text{-}5)$$

式(3-2)至式(3-5)中的 $n+1$ 个待定系数 $c_0, c_1, c_2, \cdots, c_n$ 应根据工作要求来确定,即根据位移要求、速度要求、加速度要求等来确定。现按 $n=1$、$n=2$ 和 $n\geqslant3$ 三种情况来讨论。

(1) $n=1$ 时的运动规律。

由式(3-2)至式(3-4)可得

$$\left.\begin{array}{l}s = c_0 + c_1\varphi \\ v = c_1\omega \\ a = 0\end{array}\right\} \quad (3\text{-}6)$$

由此可见,$n=1$ 时的运动规律为等速运动规律。若将它用于推程阶段的全过程,则其边界条件应为 $\varphi=0, s=0$;$\varphi=\Phi, s=h$。由此可求出 c_0、c_1,然后将所求得的 c_0、c_1 代入式(3-6)后可得表 3-3 中的推程阶段的等速运动方程式。相应的运动规律线图如图 3-7 所示。

表 3-3 基本运动规律的运动方程式

运动类型		推　程	回　程
等速运动		$s=\dfrac{h\varphi}{\Phi}$ $v=\dfrac{h\omega}{\Phi}$ $a=0$	$s=h\left(1-\dfrac{\varphi}{\Phi'}\right)$ $v=-\dfrac{h\omega}{\Phi'}$ $a=0$
等加速等减速运动	等加速部分	$s=\dfrac{2h}{\Phi^2}\varphi^2$ $v=\dfrac{4h\omega}{\Phi^2}\varphi$ $a=\dfrac{4h}{\Phi^2}\omega^2$	$s=h-\dfrac{2h}{\Phi'^2}\varphi^2$ $v=-\dfrac{4h\omega}{\Phi'^2}\varphi$ $a=-\dfrac{4h}{\Phi'^2}\omega^2$
	等减速部分	$s=h-\dfrac{2h}{\Phi^2}(\Phi-\varphi)^2$ $v=\dfrac{4h\omega}{\Phi^2}(\Phi-\varphi)$ $a=-\dfrac{4h}{\Phi^2}\omega^2$	$s=\dfrac{2h}{\Phi'^2}(\Phi'-\varphi)^2$ $v=-\dfrac{4h\omega}{\Phi'^2}(\Phi'-\varphi)$ $a=\dfrac{4h}{\Phi'^2}\omega^2$
余弦加速度运动		$s=\dfrac{h}{2}\left[1-\cos\left(\dfrac{\pi}{\Phi}\varphi\right)\right]$ $v=\dfrac{\pi h\omega}{2\Phi}\sin\left(\dfrac{\pi}{\Phi}\varphi\right)$ $a=\dfrac{\pi^2 h\omega^2}{2\Phi^2}\cos\left(\dfrac{\pi}{\Phi}\varphi\right)$	$s=\dfrac{h}{2}\left[1+\cos\left(\dfrac{\pi}{\Phi'}\varphi\right)\right]$ $v=-\dfrac{\pi h\omega}{2\Phi'}\sin\left(\dfrac{\pi}{\Phi'}\varphi\right)$ $a=-\dfrac{\pi^2 h\omega^2}{2\Phi'^2}\cos\left(\dfrac{\pi}{\Phi'}\varphi\right)$
正弦加速度运动		$s=h\left[\dfrac{\varphi}{\Phi}-\dfrac{1}{2\pi}\sin\left(\dfrac{2\pi}{\Phi}\varphi\right)\right]$ $v=\dfrac{h\omega}{\Phi}\left[1-\cos\left(\dfrac{2\pi}{\Phi}\varphi\right)\right]$ $a=\dfrac{2\pi h\omega^2}{\Phi^2}\sin\left(\dfrac{2\pi}{\Phi}\varphi\right)$	$s=h\left[1-\dfrac{\varphi}{\Phi'}+\dfrac{1}{2\pi}\sin\left(\dfrac{2\pi}{\Phi'}\varphi\right)\right]$ $v=\dfrac{h\omega}{\Phi'}\left[\cos\left(\dfrac{2\pi}{\Phi'}\varphi\right)-1\right]$ $a=-\dfrac{2\pi h\omega^2}{\Phi'^2}\sin\left(\dfrac{2\pi}{\Phi'}\varphi\right)$

从图 3-7 所示的速度线图可以看出,从动件在运动起始位置和终止位置的瞬时速度有突变,即两瞬时加速度在理论上由零值突变为无穷大,惯性力也应为无穷大。实际上,由于材料具有弹性,加速度和惯性力不致达到无穷大,但仍将有强烈的冲击。这种冲击,称为刚性冲击。故这种运动规律只适用于凸轮转速很低的场合。

同理,可得回程时的运动方程式(见表 3-3)。

(2) $n=2$ 时的运动规律。

由式(3-2)至式(3-4)可得

$$\left.\begin{array}{l} s = c_0 + c_1\varphi + c_2\varphi^2 \\ v = c_1\omega + 2c_2\omega\varphi \\ a = 2c_2\omega \end{array}\right\} \tag{3-7}$$

从式(3-7)可以看出,a 为常数,所以将这种运动规律称为等加速等减速运动规律。所谓等加速等减速运动规律,是指从动件在运动过程中,先做等加速运动,后做等减速运动,因为在整个推程中速度为零的从动件等加速运动一段时间后,必须经等减速方能在推程的终点速度为零。若前半程和后半程的凸轮转角各为 $\varPhi/2$,对应的位移各为 $h/2$,则前半程等加速运动的边界条件为:$\varphi=0,s=0,v=0;\varphi=\varPhi/2,s=h/2$。将此边界条件代入式(3-7),可求出 c_0、c_1、c_2 三个系数;然后再将求出的三个系数代入式(3-7),即可得到表 3-3 中的推程阶段的等加速运动规律,其运动规律线图如图 3-8 所示。根据运动线图的对称性,推程后半程的等减速运动的方程式也列于表 3-3 中。这种运动规律的位移曲线是两条光滑连接的、曲率方向相反的抛物线;速度线图是两条斜率相反的斜直线;运动规律的加速度线图为两条平行于横坐标轴的直线。可以看出,在运动规律推程的始末点和前后半程的交接处,加速度也有突变。加速度虽为有限值,但加速度对时间的变化率理论上为无穷大。这种突变形成的冲击,称为柔性冲击,在高速下将导致相当严重的振动和噪声。因此,这种运动规律只适用于中、低速场合。

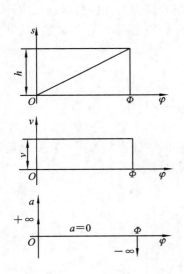

图 3-7 等速运动规律线图

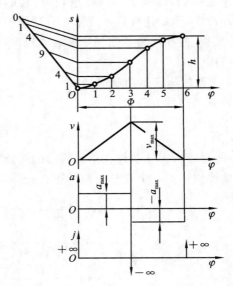

图 3-8 等加速等减速运动规律线图

（3）$n \geqslant 3$ 时的高次多项式运动规律。

从以上的分析得知，$n=2$ 时凸轮机构的动力性能比 $n=1$ 时的要好，故可推知，适当增加多项式的幂次，就有可能获得性能良好的运动规律。因为在 n 次多项式中，有 $n+1$ 个系数，可满足 $n+1$ 个边界条件。因而在理论上用高次多项式，不仅可以获得高阶连续曲线，还可满足其他特定条件。

从理论上说，多项式的幂次和所能满足的给定条件是不受限制的，但幂次愈高，凸轮的运动误差对加工误差就愈敏感，即要求的加工精度也愈高。

2）三角函数式的基本运动规律

（1）余弦加速度运动规律。

余弦加速度方程式的一般形式为

$$a = c_1 \cos\left(\frac{2\pi}{T}t\right)$$

式中：T 为周期。设凸轮转过推程运动角 Φ 所对应的时间为 t_{01}，设计时要考虑从动件在推程的起始和终止位置时的速度均为零，因而在一个行程中所采用的加速度曲线只能为 1/2 周期的余弦波，故 $T=2t_{01}$。据此可得 a、v、s 表达式分别为

$$\left.\begin{aligned}
a &= c_1 \cos\left(\frac{2\pi}{2t_{01}}t\right) = c_1 \cos\left(\frac{\pi}{\Phi}\varphi\right) \\
v &= \int a\,\mathrm{d}t = c_1 \frac{\Phi}{\pi\omega}\sin\left(\frac{\pi}{\Phi}\varphi\right) + c_2 \\
s &= \int v\,\mathrm{d}t = -c_1 \frac{\Phi^2}{\pi^2\omega^2}\cos\left(\frac{\pi}{\Phi}\varphi\right) + c_2 \frac{\varphi}{\omega} + c_3
\end{aligned}\right\} \tag{3-8}$$

对于推程而言，三个待定系数 c_1、c_2、c_3 的边界条件为：当 $\varphi=0$ 时，$s=0$，$v=0$；当 $\varphi=\Phi$ 时，$s=h$。将此边界条件代入式(3-8)，即可求出 c_1、c_2、c_3；将求得的三个系数再代入式(3-8)，便可求得推程阶段的余弦加速度运动方程（见表 3-3），其运动线图如图 3-9 所示。由该图可知，对RDRD 型运动循环，该运动规律中，在推程的起始和终止瞬时，从动件的加速度仍有突变，故存在柔性冲击，因此这种运动规律也只适用于中、低速的场合。但对无停留区间的 RR 型运动而言，若推程、回程均为余弦加速度运动规律，加速度曲线无突变，因而也无冲击，故可在高速条件下应用。

（2）正弦加速度运动规律。

设正弦加速度方程为

$$a = c_1 \sin\left(\frac{2\pi}{T}t\right)$$

同样，也要考虑从动件在推程阶段的起始、终止位置的瞬时速度均为零。正弦运动规律的加速度曲线应该是一个完整周期的正弦波，即 $T=t_{01}$。据此可求得

$$\left.\begin{aligned}
a &= c_1 \sin\left(\frac{2\pi}{T}t\right) = c_1 \sin\left(\frac{2\pi}{\Phi}\varphi\right) \\
v &= \int a\,\mathrm{d}t = -c_1 \frac{\Phi}{2\pi\omega}\cos\left(\frac{2\pi}{\Phi}\varphi\right) + c_2 \\
s &= \int v\,\mathrm{d}t = -c_1 \frac{\Phi^2}{4\pi^2\omega^2}\sin\left(\frac{2\pi}{\Phi}\varphi\right) + c_2 \frac{\varphi}{\omega} + c_3
\end{aligned}\right\} \tag{3-9}$$

推程阶段的边界条件为：当 $\varphi=0$ 时，$s=0$；当 $\varphi=\Phi$ 时，$s=h$。将此边界条件代入式(3-9)解出 c_1、c_2、c_3，可求得表 3-3 中所列正弦加速度运动规律推程阶段的方程。

正弦加速度运动规律线图如图 3-10 所示。由此运动线图可知,这种运动规律的速度及加速度曲线都是连续的,没有任何突变,因而这种运动既没有刚性冲击,也没有柔性冲击,适用于高速场合。

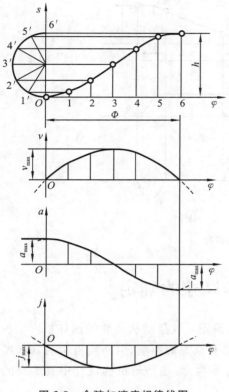

图 3-9　余弦加速度规律线图

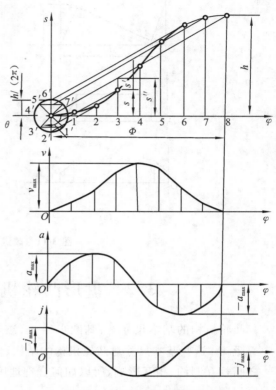

图 3-10　正弦加速度规律线图

2. 组合运动规律简介

由上述基本运动规律的分析可知,为避免从动件在运动过程中发生冲击,最好选用加速度曲线无突变的运动规律。但是由于某种工作要求而又不能不使用加速度有突变的等速运动、等加速等减速运动规律。为了克服单一运动规律的某些缺点,可将几种运动规律组合起来,形成所谓组合运动规律。组合时应遵循以下原则。

(1) 对于中、低速运动的凸轮机构,要求从动件的位移曲线在衔接处相切,以保证速度曲线的连续,即要求在衔接处的位移和速度应分别相等。此时加速度有突变,但其突变值必为有限值。

(2) 对于中、高速运动的凸轮机构,则还要求从动件的速度曲线在衔接处相切,以保证加速度曲线连续,即要求在衔接处的位移、速度和加速度分别相等。

组合运动规律设计比较灵活,易满足各种运动要求,因而应用日益广泛。组合运动规律类型很多,下面对改进型等速运动规律作简单介绍。

在凸轮机构中,由于等速运动规律起始和终止时存在刚性冲击,实际生产一般不采用单一的等速运动规律,而采用与其他运动规律组合的改进型等速运动规律。图 3-11(a)所示为一种由切于停留区的圆弧组成的曲线。这种组合运动规律克服了刚性冲击,但仍有柔性冲击,若要进一步改善凸轮机构的动力性能,可在等速运动规律的两端用正弦加速度运动规律与其衔接。这种组合运动规律既无刚性冲击又无柔性冲击,如图 3-11(b)所示。

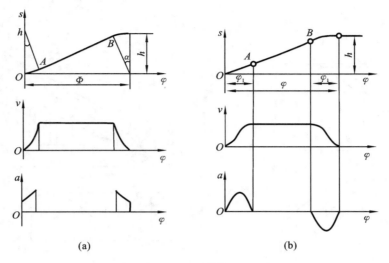

图 3-11　改进型等速运动规律

3.2　盘形凸轮机构基本尺寸的确定

凸轮机构的基本尺寸有:基圆半径 r_b、滚子半径 r_r、偏距 e 及摆动从动件的摆杆长度 l 和中心距 a。这些基本尺寸对凸轮机构的结构、传力性能都有重要的影响,但凸轮机构的基本尺寸之间相互制约、相互影响,所以如何合理地确定这些基本尺寸,是凸轮机构设计中要解决的重要问题。

在设计凸轮机构的基本尺寸时,要考虑的一个非常重要的参数是压力角 α。在生产实际中,为了提高机构效率、改善传力性能,设计基本尺寸时务必使凸轮机构的最大压力角 α_{max} 小于或等于许用压力角 $[\alpha]$,即

$$\alpha_{max} \leqslant [\alpha] \tag{3-10}$$

根据理论力学分析和实际经验,工作行程和非工作行程的许用压力角推荐值如下。

(1) 工作行程:对移动从动件,$[\alpha]=30°\sim38°$;对摆动从动件,$[\alpha]=40°\sim45°$。

(2) 非工作行程:无论是对移动从动件还是摆动从动件,$[\alpha]=70°\sim80°$。

3.2.1　移动从动件盘形凸轮机构的基本尺寸

图 3-12 所示为偏置尖顶移动从动件盘形凸轮机构在推程中的一个位置。图3-12(a)中,从动件导路偏在凸轮中心的右边;图3-12(b)中,从动件导路偏在凸轮中心的左边,偏距均为 e。凸轮以逆时针方向转动,角速度为 ω_1,凸轮基圆半径为 r_b,从动件的移动速度为 v_2,P 为凸轮 1 和从动件 2 的速度瞬心。根据压力角的定义,可作出凸轮机构的压力角 α,如图 3-12 所示。

由图可知　　　　　　　　　　　　　　$\omega_1 \cdot \overline{OP} = v_2$

即　　　　　　　　　　　　　　　　　$\overline{OP} = v_2 / \omega_1$

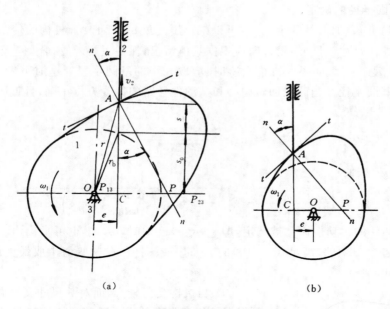

(a)　　　　　　　　　　　　　　　(b)

图 3-12　移动从动件盘形凸轮机构的基本尺寸

又因为
$$\tan\alpha = \frac{\overline{CP}}{\overline{AC}} = \frac{\overline{OP}\mp\overline{OC}}{s_0+s}$$

故可得
$$\tan\alpha = \frac{v_2/\omega_1 \mp e}{\sqrt{r_b^2-e^2}+s} \tag{3-11}$$

式中:"∓"号与凸轮机构的偏置方位有关。对于对心移动从动件盘形凸轮机构,将 $e=0$ 代入式(3-11)得

$$\tan\alpha = \frac{v_2/\omega_1}{r_b+s} = \frac{v_2}{\omega_1(r_b+s)} \tag{3-12}$$

由式(3-11)、式(3-12)可以看出,凸轮机构的压力角与凸轮的基圆半径 r_b、从动件的偏置方位和偏距 e 有关。为了设计能满足已知运动规律且传力性能好的移动从动件盘形凸轮机构,必须选择合适的偏置方位和偏距 e,确定合理的基圆半径 r_b。

1. 偏距 e 的大小和偏置方位的确定

如上所述,式(3-11)中"∓"号与从动件导路相对于凸轮回转中心的偏置方位有关,即当点 C 和点 P 位于凸轮回转中心 O 的同侧(见图 3-12(a))时,式(3-11)中取"−"号;反之,如果点 C 和点 P 位于凸轮回转中心 O 的异侧(见图 3-12(b))时,式(3-11)中应取"＋"号。也可根据式(3-11)得出"从动件向上为工作行程,凸轮逆时针转动,则从动件偏置在凸轮回转中心右侧是合理的;反之,不合理"的判断方法。

偏置方位的选择原则是:应有利于减小从动件工作行程的最大压力角,以改善机构的传力性能。为此,应使在从动件工作行程中点 C 和点 P 位于凸轮回转中心 O 的同侧,这时凸轮上点 C 的线速度方向与从动件工作行程的线速度方向相同。

偏距 e 也不宜取得太大,一般可近似取为

$$e = \frac{1}{2}\cdot\frac{v_{\max}+v_{\min}}{\omega_1} < r_b$$

式中: $v_{\max}$、$v_{\min}$ 分别为从动件工作行程的最大和最小线速度; ω_1 为凸轮的角速度。

2. 凸轮基圆半径的确定

由式(3-11)可知,加大基圆半径 r_b,可以减小压力角 α,从而改善机构的传力性能,但同时会加大机构的总体尺寸。因此,设计时应根据具体情况,抓住主要矛盾,合理选定基圆半径 r_b。

(1) 当机构受力不大而要求机构紧凑时,应取较小的基圆半径。这时可考虑按许用压力角的要求确定基圆半径。当凸轮回转中心和从动件导路的偏置方位正确,且偏距 e 已选定时,可将式(3-11)写成

$$\tan\alpha = \frac{v_2/\omega_1 - e}{\sqrt{r_b^2 - e^2} + s}$$

取 $\alpha = [\alpha]$,则一般应使

$$r_b \geqslant \sqrt{\left(\frac{v_2/\omega_1 - e}{\tan[\alpha]} - s\right)^2 + e^2} = \sqrt{\left(\frac{ds/d\varphi - e}{\tan[\alpha]} - s\right)^2 + e^2} \tag{3-13}$$

(2) 当从动件的运动规律已被选定,即 $s = s(\varphi)$ 已知时,$ds/d\varphi$ 也可求出,代入式(3-13)可以求得对应于各个 φ 角的、满足式(3-10)的 r_b 的一系列值,在这些值中取最大的值作为凸轮的基圆半径即可。

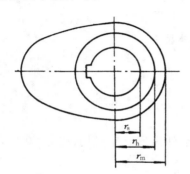

图 3-13　凸轮的结构尺寸

(3) 当机构受力较大,而对其尺寸又没有严格限制时,可根据结构和强度的需要选定凸轮的基圆半径 r_b。

由于凸轮安装到轴上时,必须有足够大的轮毂,而且实际轮廓的最小向径 r_m 必须大于轮毂半径 r_h(见图3-13),因此具体推荐如下。

对于铸铁凸轮,可取

$$\left.\begin{array}{l} r_h = 1.75r_s + (7 \sim 10) \text{ mm} \\ r_m = r_h + 3 \text{ mm} \end{array}\right\} \tag{3-14}$$

式中:r_s 为轴的半径。对于钢制凸轮,式中取值可酌情减小。

根据结构选定基圆半径 r_b 以后,一般还应根据式(3-11)和式(3-10)校核压力角,或用图解法校核压力角,务必使 $\alpha_{max} \leqslant [\alpha]$。

3.2.2　摆动从动件盘形凸轮机构的基本尺寸

图 3-14(a)所示为一尖顶摆动从动件盘形凸轮机构,凸轮以等角速度 ω_1 逆时针转动,从动件此时的转向与凸轮转向相反。从动件与凸轮在点 B 接触,接触点的法线为 $n—n$,交连心线 O_1O_2 于 P,v_2 为从动件在点 B 接触时尖顶的速度,机构压力角为 α。P 为所求得的凸轮 1 和从动件 2 在图示位置的相对速度瞬心。过点 O_2 作法线 $n—n$ 的垂线,其垂足为 K。

设 ω_2 为从动件在该瞬时的角速度,则有

$$\left|\frac{\omega_2}{\omega_1}\right| = \frac{l_{O_1P}}{l_{O_2P}} = \frac{a - l_{O_2P}}{l_{O_2P}}$$

$$l_{O_2P} = \frac{a}{1 + |\omega_2/\omega_1|} \tag{3-15a}$$

由图 3-14(a)可得

$$l\cos\alpha = l_{O_2P}\cos(\psi_0 + \psi - \alpha) \tag{3-15b}$$

将式(3-15a)代入式(3-15b)并整理得

$$\tan\alpha = \frac{l(|\omega_2/\omega_1| + 1)}{a\sin(\psi_0 + \psi)} - \frac{1}{\tan(\psi_0 + \psi)} \tag{3-15c}$$

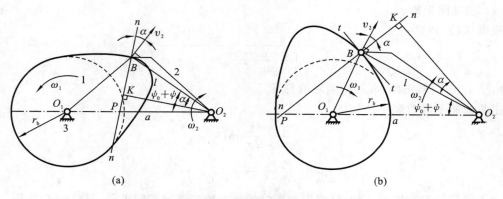

图 3-14　摆动从动件凸轮机构的基本尺寸

式(3-15c)是在 ω_2 与 ω_1 异向的情况下推导出来的。若 ω_2 与 ω_1 同向(见图 3-14(b)),用上述类似方法可推导出凸轮机构压力角计算公式为

$$\tan\alpha = \frac{l(\omega_2/\omega_1 - 1)}{a\sin(\psi_0 + \psi)} + \frac{1}{\tan(\psi_0 + \psi)} \tag{3-16}$$

式(3-15c)、式(3-16)中:ψ 为摆杆的角位移,$\psi = \psi(\varphi)$;ψ_0 为摆杆的初始位置角,其值为 $\psi_0 = \arccos\left(\dfrac{a^2 + l^2 - r_b^2}{2al}\right)$;$a$ 为凸轮回转中心与摆杆摆动中心的中心距;l 为摆杆长度。

由式(3-15c)和式(3-16)可知,摆动从动件盘形凸轮机构的压力角与从动件的运动规律、摆杆长度、基圆半径及中心距有关,且各参数互相影响。当用计算机进行设计时,先按具体结构选定中心距 a 和摆杆长度 l,并求出基圆半径 r_b,如果不合适,可调整 a 或 l,再计算 r_b,如此通过多次反复计算来选取满足要求的参数。比较式(3-15c)、式(3-16)可知,在运动规律和基本尺寸相同的情况下,ω_1 和 ω_2 异向,会减小摆动从动件盘形凸轮机构的压力角。

例 3-1　一移动滚子从动件盘形凸轮机构中,已知凸轮逆时针等速转动,当凸轮从初始位置转过 90°时,从动件以正弦加速度运动规律上升 20 mm;凸轮再转过 90°时,从动件以余弦加速度运动规律下降到原位;凸轮转过一周中的其余角度时,从动件静止不动。从动件向上为其工作行程(见图 3-12(a))。试确定偏距 e 及凸轮基圆半径。

解　(1)求偏距 e。

根据近似公式:
$$e = \frac{1}{2}\frac{v_{\max} + v_{\min}}{\omega} < r_b$$

已知
$$\Phi = \frac{\pi}{2} = 90°, \quad h = 20 \text{ mm}$$

$$v = \frac{h\omega}{\Phi}\left[1 - \cos\left(\frac{2\pi}{\Phi}\varphi\right)\right]$$

设 $v_{\min} = 0$,当 $\varphi = \dfrac{\Phi}{2}$ 时,$v = v_{\max}$,故

$$\frac{v_{\max}}{\omega} = \frac{h}{\Phi}\left[1 - \cos\left(\frac{2\pi}{\Phi}\frac{\Phi}{2}\right)\right] \approx 25.5 \text{ mm}$$

$$e = \frac{1}{2} \times 25.5 \text{ mm} = 12.75 \text{ mm}$$

可以取 $e = 15$ mm。

（2）求基圆半径 r_b。

根据式（3-13）得

$$r_b \geqslant \sqrt{\left(\frac{|\,v/\omega - e\,|}{\tan[\alpha]} - s\right)^2 + e^2}$$

由于 $\tan\alpha$ 应取正值，故加上绝对值符号。

正弦加速度运动规律：

$$s = h\left[\frac{\varphi}{\Phi} - \frac{1}{2\pi}\sin\left(\frac{2\pi}{\Phi}\varphi\right)\right]$$

$$\frac{v}{\omega} = \frac{h}{\Phi}\left[1 - \cos\left(\frac{2\pi}{\Phi}\varphi\right)\right]$$

由于工作行程是推程，因此只根据推程时的压力角来确定基圆半径，回程可不考虑。

取 $[\alpha] = 30°$，隔 $15°$ 取一个点进行计算，把 s 和 v/ω 的值代入 r_b 表达式中可求得表 3-4。

表 3-4　凸轮转角 φ 与基圆半径 r_b 的关系

凸轮转角 $\varphi/(°)$	0	15	30	45	60	75	90
基圆半径 r_b/mm	30.0	20.8	15.3	17.1	17.5	15.6	16.2

由表 3-4 可知，r_b 应大于 30 mm，考虑到工作行程压力角应尽量小一些，在结构尺寸无严格要求的条件下，基圆半径应尽可能取大些。如取安全系数为 1.3，则 $r_b = 1.3 \times 30$ mm $\approx$ 40 mm。

3.3　凸轮机构的设计

当根据使用场合和工作要求选定了凸轮机构的类型和从动件的运动规律后，即可根据选定的基圆半径着手进行凸轮轮廓曲线的设计。轮廓曲线的设计方法有作图法和解析法，但无论使用哪种方法，它们所依据的基本原理都是相同的。本节首先介绍凸轮轮廓曲线设计的基本原理，然后分别介绍利用作图法和解析法设计凸轮轮廓曲线的方法和步骤。

3.3.1　凸轮轮廓曲线设计的基本原理

设计凸轮轮廓曲线时通常都用反转法。所谓反转法，是建立在相对运动原理上的一种方法。

图 3-15 所示为一尖顶移动从动件盘形凸轮机构。当凸轮以等角速度 ω 按逆时针方向转动时，便驱使从动件按一定的运动规律在导路中上下移动；当从动件处于最低位置时，凸轮轮廓曲线与从动件在点 A 接触；当凸轮转过角 φ_1 时，凸轮的向径 OA 将转到 OA' 的位置上，而凸轮轮廓将转到图中虚线所示的位置。这时从动件尖顶从最低位置 A 上升至 B'，上升的距离 $s_1 = \overline{AB'}$。这是凸轮转动时从动件的真实运动情况。

在设计凸轮轮廓曲线时，假想给整个凸轮机构加上一个与凸轮角速度 ω 大小相等、方向相反的公共角速度 $-\omega$。这样，机构中各构件的相对运动关系并不改变，但原来以角速度 ω 转动的凸轮将处于静止状态；而从动件连同导路（机架）一起以 $-\omega$ 的角速度围绕凸轮原来的转动轴线 O 转过角 φ_1，同时从动件又在导路中做相对移动（即从动件做复合运动），运动到图中双点画线所示的位置。此时从动件向上移动的距离为 $\overline{A_1 B}$，而 $\overline{A_1 B} = \overline{AB'} = s_1$，即在上述两种情况下，从动件移动的距离不变。由于从动件的尖顶始终与凸轮轮廓保持接触，因此此时从动件

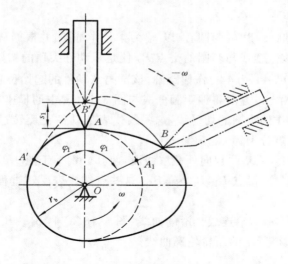

图 3-15　尖顶移动从动件盘形凸轮机构

尖顶所占据的位置 B 一定是凸轮轮廓曲线上的一点。若继续反转从动件,从动件在上述复合运动中的轨迹便是凸轮轮廓曲线。

3.3.2　用作图法设计凸轮轮廓曲线

1. 移动从动件盘形凸轮轮廓曲线的设计

1) 尖顶从动件

图 3-16(a)所示为一偏置移动从动件盘形凸轮机构。设已知凸轮的基圆半径为 r_b,从动件轴线偏于凸轮轴心的左侧,偏距为 e,凸轮以等角速度 ω 顺时针转动,从动件的位移曲线如图 3-16(b)所示,试设计凸轮的轮廓曲线。

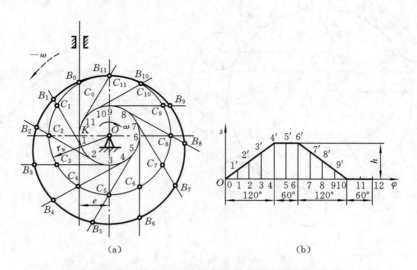

(a)　　　　　　　　　　　　　　(b)

图 3-16　作图法求尖顶移动从动件盘形凸轮轮廓曲线

依据反转法原理,具体设计步骤如下。

(1) 选取适当的比例尺,作出从动件的位移线图,如图 3-16(b)所示。将位移线图的横坐标分成若干等份,得分点 1,2,…,12。

(2) 选取同样的比例尺,以 O 为圆心、以 r_b 为半径作基圆,并根据从动件的偏置方向画出从动件的起始位置线,该位置线与基圆的交点 B_0 便是从动件尖顶的初始位置。

(3) 以 O 为圆心、$\overline{OK}=e$ 为半径作偏距圆,该圆与从动件的起始位置线切于点 K。

(4) 自点 K 开始,沿 $-\omega$ 方向将偏距圆分成与图 3-16(b)中的横坐标对应的区间和等份,得若干分点。过各分点作偏距圆的切射线,这些线代表从动件在反转过程中所依次占据的位置线。它们与基圆的交点分别为 $C_1,C_2,…,C_{11}$。

(5) 在上述切射线上,从基圆起向外截取线段,使其分别等于图 3-16(b)中相应的纵坐标,即 $\overline{C_1B_1}=\overline{11'}$,$\overline{C_2B_2}=\overline{22'}$ 等,得点 $B_1,B_2,…,B_{11}$,这些点即代表反转过程中从动件尖顶依次占据的位置。

(6) 将点 $B_0,B_1,B_2,…,B_{11}$ 连成光滑的曲线(图 3-16(a)中 $B_4\sim B_6$ 间和 $B_{10}\sim B_0$ 间均为以 O 为圆心的圆弧),即得所求的凸轮轮廓曲线。

2) 滚子从动件

对于图 3-17 所示的偏置滚子移动从动件盘形凸轮机构,当用反转法使凸轮固定不动后,从动件的滚子在反转过程中,将始终与凸轮轮廓曲线保持接触,而滚子中心将描绘出一条与凸轮轮廓曲线法向等距的曲线 η。由于滚子中心 B 是从动件上的一个铰接点,因此它的运动规律就是从动件的运动规律,即曲线 η 可以根据从动件的位移曲线作出。一旦作出了这条曲线,就可以顺利地绘制出凸轮的轮廓曲线了。具体作图步骤如下。

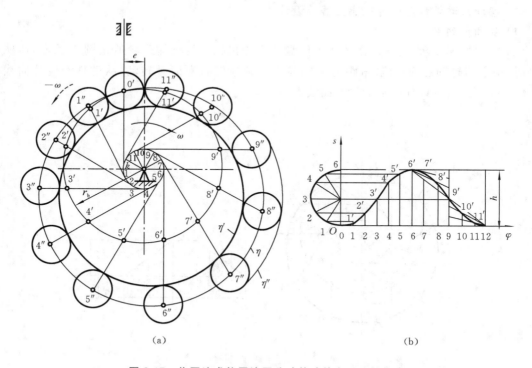

图 3-17　作图法求偏置滚子移动从动件盘形凸轮轮廓

(1) 将滚子中心 B(即图 3-17(a)中的点 $0'$)假想为尖顶从动件的尖顶,按照上述尖顶从动件凸轮轮廓曲线的设计方法作出曲线 η,这条曲线是反转过程中滚子中心的运动轨迹,称为凸轮的理论轮廓曲线。

（2）以理论轮廓曲线上各点为圆心、滚子半径 r_r 为半径作一系列（族）滚子圆，然后作这族滚子圆的内包络线 η'，它就是凸轮的实际轮廓曲线。很显然，该实际轮廓曲线是上述理论轮廓曲线的等距曲线（法向等距，其距离为滚子半径）。

若同时作这族滚子圆的内、外包络线 η' 和 η''，则形成如表 3-2 中所示的沟槽凸轮的轮廓曲线。

由上述作图过程可知，在滚子从动件盘形凸轮机构的设计中，r_b 指的是理论轮廓曲线的基圆半径。

3）平底从动件

平底从动件盘形凸轮机构的凸轮轮廓曲线的设计方法，可用图 3-18 来说明。其基本思路与上述滚子从动件盘形凸轮机构的相似，不同的是取从动件平底表面上的点 B_0 作为假想的尖顶从动件的尖顶。具体作图步骤如下。

（1）取平底与导路中心线的交点 B_0 作为假想的尖顶从动件的尖顶，按照尖顶从动件盘形凸轮轮廓曲线的设计方法，求出该尖顶反转后的一系列位置 B_1，B_2，B_3 等。

（2）过 B_1，B_2，B_3 等各点，画出一系列代表平底的直线，得一直线族。这一直线族即代表反转过程中从动件平底依次占据的位置。

（3）作该直线族的包络线，即可得到凸轮的实际轮廓曲线。

由图 3-18（a）可以看出，平底上与凸轮实际轮廓曲线相切的点是随机构位置变化而变化的。因此，为了保证在所有位置从动件平底都能与凸轮轮廓曲线相切，凸轮的所有轮廓曲线必须都是外凸的，并且平底左、右两侧的宽度应分别大于导路中心线至左、右最远点的距离 b' 和 b''。

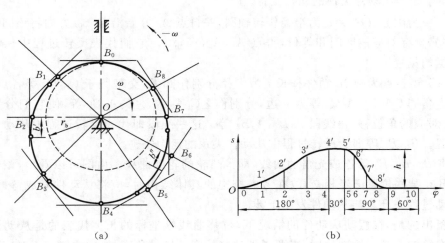

(a)　　　　　　　　(b)

图 3-18　作图法求平底移动从动件凸轮轮廓曲线

2. 摆动从动件盘形凸轮轮廓曲线的设计

图 3-19（a）所示为一尖顶摆动从动件盘形凸轮机构。已知凸轮轴心与从动件转轴之间的中心距为 a，凸轮基圆半径为 r_b，从动件长度为 l，凸轮以等角速度 ω 逆时针转动，从动件的运动规律如图 3-19（b）所示，设计该凸轮的轮廓曲线。

反转法原理同样适用于摆动从动件凸轮轮廓曲线的设计。当给整个机构加上一个公共的绕凸轮转动中心 O 转动的角速度 $-\omega$ 时，凸轮将固定不动，从动件的转轴 A 将以角速度 $-\omega$ 绕

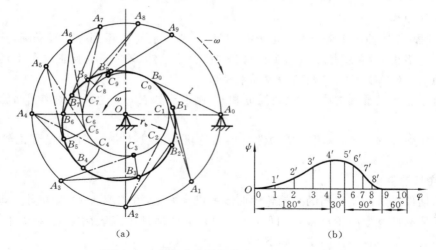

图 3-19　作图法求摆动从动件凸轮轮廓曲线

点 O 转动,同时从动件将仍按原有的运动规律绕转轴 A 摆动。因此,凸轮轮廓曲线可按下述步骤设计。

(1) 选取适当的比例尺,作出从动件的位移线图,并将推程和回程区间位移曲线的横坐标各分成若干等份,如图 3-19(b)所示。与移动从动件不同的是,这里纵坐标代表从动件的摆角 ψ,因此纵坐标的比例尺是 1 mm 代表多少角度。

(2) 以 O 为圆心、r_b 为半径作出基圆,并根据已知的中心距 a,确定从动件转轴 A 的位置 A_0。然后以 A_0 为圆心、从动件杆长 l 为半径作圆弧,交基圆于点 C_0。A_0C_0 即代表从动件的初始位置,C_0 即为从动件尖顶的初始位置。

(3) 以 O 为圆心、$\overline{OA_0}=a$ 为半径作转轴圆,并自点 A_0 开始沿着 $-\omega$ 方向将该圆分成与图 3-19(b)中横坐标对应的区间和等份,得点 $A_1,A_2,\cdots,A_9$。它们代表反转过程中从动件转轴 A 依次占据的位置。

(4) 以上述各点为圆心、动件杆长 l 为半径分别作圆弧,交基圆于 C_1,C_2 等各点,得线段 A_1C_1,A_2C_2 等;以 A_1C_1,A_2C_2 等为一边,分别作 $\angle C_1A_1B_1$、$\angle C_2A_2B_2$ 等,使它们分别等于图 3-19(b)中对应的角位移,得线段 A_1B_1,A_2B_2 等。这些线段即代表反转过程中从动件所依次占据的位置。B_1,B_2 等即为反转过程中从动件尖顶的运动轨迹。

(5) 将 B_0,B_1,B_2 等连成光滑的曲线,即得凸轮的轮廓曲线。由图可以看出,该轮廓曲线与线段 AB 在某些位置已经相交,故在考虑机构的具体结构时,应将从动件做成弯杆形式,以免机构运动过程中凸轮与从动件发生干涉。

需要指出的是,在摆动从动件的情况下,位移曲线纵坐标的长度代表的是从动件的角位移,因此,在绘制凸轮轮廓曲线时,需要先把这些长度转换成角度,然后才能一一对应地把它们转移到凸轮轮廓设计图上。

若采用滚子或平底从动件,则连接上述 B_0,B_1,B_2 等各点所得的光滑曲线为凸轮的理论轮廓曲线。过这些点作一系列滚子圆或平底,然后作它们的包络线即可求得凸轮的实际轮廓曲线。

由上述设计过程可以看出,用作图法求出的凸轮轮廓曲线的设计精度不高,因此作图法只适用于速度比较低的凸轮机构。

在计算机技术已经高度发展和普及的今天,作图法因其设计烦琐、精度低而基本上失去实用价值。而解析法具有计算精度高、速度快、易实现可视化等优点,更适合于凸轮在数控机床上的加工,有利于实现 CAD/CAM 一体化。

例 3-2   图 3-20 所示为偏心圆凸轮机构,凸轮的实际轮廓曲线为一圆,半径 $R=40$ mm,凸轮逆时针方向转动。圆心 A 至转轴 O 的距离 $l_{OA}=25$ mm,滚子半径 $r_r=8$ mm。

试确定:

(1)凸轮的理论轮廓曲线;

(2)凸轮的基圆半径 r_b;

(3)从动件的行程 h;

(4)推程中的最大压力角 α_{max}。

解   (1)理论轮廓曲线仍为圆,其半径为

$$R+r_r=(40+8)\ \text{mm}=48\ \text{mm}$$

(2)基圆半径是理论轮廓曲线上的最小向径:

$$r_b=R-l_{OA}+r_r=(40-25+8)\ \text{mm}=23\ \text{mm}$$

(3)从动件行程 h 即为理论轮廓曲线上最大与最小向径之差:

$$h=R+r_r+l_{OA}-r_b=(40+8+25-23)\ \text{mm}=50\ \text{mm}$$

(4)因为任意位置接触点的法线必然通过滚子中心 B 和圆心 A,故推程压力角 α 即为 AB 与移动导路的夹角。当凸轮转动时,点 A 离转轴 O 在垂直于导路方向最远的位置就是最大压力角 α_{max} 的位置。

由 $\text{Rt}\triangle AOB$ 可知:

$$\sin\alpha_{max}=\frac{l_{OA}}{l_{AB}}=\frac{25}{48}=0.5208$$

$$\alpha_{max}=31.39°$$

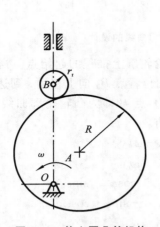

图 3-20   偏心圆凸轮机构

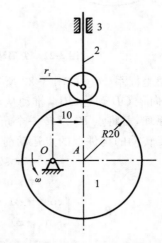

图 3-21   偏置滚子从动件凸轮机构

例 3-3   如图 3-21 所示为偏置滚子从动件凸轮机构,在其他条件不变的情况下:

(1)改变滚子半径 r_r,从动件运动规律是否改变?

(2)改变凸轮的转向,从动件运动规律是否改变?

(3)如将偏心距 e 由 10 mm 改为 0,从动件运动规律是否改变?说明理由。

解   (1)改变滚子半径,凸轮的理论轮廓曲线改变了,从动件的运动规律要改变。

（2）改变凸轮的转向，凸轮的推程轮廓段与回程轮廓段互换了，由于有偏置，这两个轮廓段是不相同的，因此从动件的运动规律要改变。

（3）将偏心距由 10 mm 改为 0，从动件运动规律要改变，因为偏心距的大小、方位对从动件运动规律都有直接影响。

3.3.3　用解析法设计凸轮轮廓曲线

1. 尖顶移动从动件盘形凸轮机构

已知：凸轮以角速度 ω 逆时针回转，其基圆半径为 r_b，从动件偏在凸轮转动中心 O 的右边，偏距为 e（见图 3-22(a)），从动件运动规律为 $s = s(\varphi)$，位移线图如图 3-22(b)所示。试设计凸轮轮廓曲线。

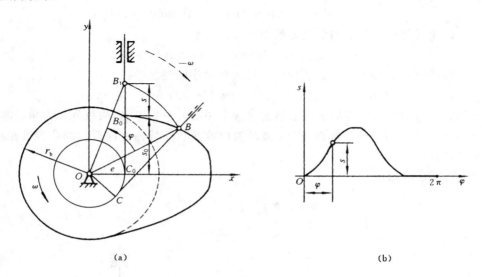

(a)　　　　　　　　　　　　　(b)

图 3-22　尖顶移动从动件凸轮轮廓曲线的设计

建立直角坐标系 xOy 如图 3-22 所示，点 B_0 为凸轮轮廓上推程的起始点。当凸轮转过 φ 角时，凸轮上向径 OB 到达 OB_1，推动从动件尖顶从初始位置点 B_0 向上移动 s 到达点 B_1，根据上述反转法原理，若将点 B_1 反转一个角度 $(-\varphi)$ 得点 B，点 B 即为凸轮轮廓曲线上的点。根据绕坐标原点转动的构件上的点运动前后的坐标关系有

$$x_B = \cos(-\varphi)x_{B_1} - \sin(-\varphi)y_{B_1}$$
$$y_B = \sin(-\varphi)x_{B_1} + \cos(-\varphi)y_{B_1}$$

令

$$\boldsymbol{R}_{-\varphi} = \begin{bmatrix} \cos(-\varphi) & -\sin(-\varphi) \\ \sin(-\varphi) & \cos(-\varphi) \end{bmatrix} = \begin{bmatrix} \cos\varphi & \sin\varphi \\ -\sin\varphi & \cos\varphi \end{bmatrix}$$

则

$$\begin{bmatrix} x_B \\ y_B \end{bmatrix} = \boldsymbol{R}_{-\varphi}\begin{bmatrix} x_{B_1} \\ y_{B_1} \end{bmatrix} \tag{3-17}$$

式中：$\boldsymbol{R}_{-\varphi}$ 为平面旋转矩阵；点 B_1 的坐标为 $[x_{B_1}, y_{B_1}]^T = [e, s_0 + s]^T$，而 $s_0 = \sqrt{r_b^2 - e^2}$。

将 $\boldsymbol{R}_{-\varphi}$、$[x_{B_1}, y_{B_1}]^T$ 代入式(3-17)，即可求得满足运动要求的凸轮轮廓曲线上点 B 的坐标为

$$\begin{bmatrix} x_B \\ y_B \end{bmatrix} = \begin{bmatrix} \cos\varphi & \sin\varphi \\ -\sin\varphi & \cos\varphi \end{bmatrix}\begin{bmatrix} e \\ s_0 + s \end{bmatrix} = \begin{bmatrix} e\cos\varphi + (s_0 + s)\sin\varphi \\ -e\sin\varphi + (s_0 + s)\cos\varphi \end{bmatrix} \tag{3-18}$$

2. 尖顶摆动从动件盘形凸轮机构

已知:凸轮以角速度 ω 逆时针回转,其基圆半径为 r_b,凸轮中心 O 与从动件摆动中心 A 的距离 $l_{OA}=a$;从动件摆杆长度为 l,从动件运动规律为 $\psi=\psi(\varphi)$。试设计凸轮轮廓曲线。

建立直角坐标系 xOy 如图 3-23 所示,点 B_0 为凸轮轮廓上推程的起始点。当凸轮转过 φ 角时,凸轮上向径 OB 到达 OB_1,推动从动件尖顶从初始位置点 B_0 摆动角 $\psi=\psi(\varphi)$ 到达点 B_1,根据前述摆动从动件反转法原理,若将点 B_1 反转一个角度 $(-\varphi)$ 得点 B,点 B 即为凸轮轮廓曲线上的点。同样分析可得

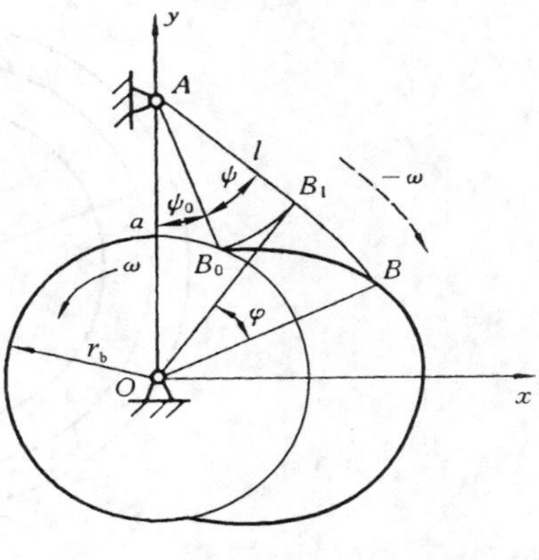

图 3-23　摆动从动件凸轮轮廓曲线的设计

$$\begin{bmatrix} x_B \\ y_B \end{bmatrix} = \boldsymbol{R}_{-\varphi} \begin{bmatrix} x_{B_1} \\ y_{B_1} \end{bmatrix}$$

其中,

$$\boldsymbol{R}_{-\varphi} = \begin{bmatrix} \cos\varphi & \sin\varphi \\ -\sin\varphi & \cos\varphi \end{bmatrix}$$

$$[x_{B_1}, y_{B_1}]^{\mathrm{T}} = [l\sin(\psi_0+\psi), a-l\cos(\psi_0+\psi)]^{\mathrm{T}} \tag{3-19}$$

式中:ψ_0 为从动件的初始位置角,有

$$\cos\psi_0 = \frac{a^2+l^2-r_b^2}{2al}$$

于是,可写出凸轮轮廓曲线上的点 B 的坐标为

$$\begin{bmatrix} x_B \\ y_B \end{bmatrix} = \boldsymbol{R}_{-\varphi} \begin{bmatrix} x_{B_1} \\ y_{B_1} \end{bmatrix} = \begin{bmatrix} a\sin\varphi + l\sin(\psi_0+\psi-\varphi) \\ a\cos\varphi - l\cos(\psi_0+\psi-\varphi) \end{bmatrix} \tag{3-20}$$

由此可得出用解析法求凸轮轮廓曲线上点的直角坐标的步骤如下。

(1) 画出凸轮机构的初始位置,并标出选定的直角坐标系 xOy。

(2) 写出平面旋转矩阵 $\boldsymbol{R}_{-\varphi}$,其中"$-\varphi$"表示与转角 φ 转向相反的转角,以逆时针方向为正。

(3) 写出点 B_1 的坐标 $[x_{B_1}, y_{B_1}]^{\mathrm{T}}$。

(4) 由 $\begin{bmatrix} x_B \\ y_B \end{bmatrix} = \boldsymbol{R}_{-\varphi} \begin{bmatrix} x_{B_1} \\ y_{B_1} \end{bmatrix}$,求出凸轮轮廓曲线上点的直角坐标 $[x_B, y_B]^{\mathrm{T}}$。

3. 滚子从动件盘形凸轮机构的设计

1) 轮廓曲线的设计

如图 3-24 所示,设计滚子从动件盘形凸轮轮廓曲线可分如下两步进行。

(1) 首先把滚子中心视为尖顶从动件的尖顶,按上述尖顶从动件凸轮轮廓曲线的求法,求出滚子中心在固定坐标系 xOy 中的轨迹 η,即为滚子从动件盘形凸轮的理论轮廓曲线。

(2) 再以理论轮廓曲线 η 上的各点为中心,以滚子半径为半径,作一系列的滚子圆,此圆族的内包络线 η' 即为滚子从动件凸轮的工作轮廓曲线,称为滚子从动件的实际轮廓曲线。沟槽凸轮则有两条实际轮廓曲线 η' 和 η'',如图 3-24 所示。

理论轮廓曲线与实际轮廓曲线互为等距曲线。因此,理论轮廓曲线和实际轮廓曲线具有公共的曲率中心和法线,显然理论轮廓曲线与实际轮廓曲线在法线方向的距离处处相等,都等于滚子半径 r_r。

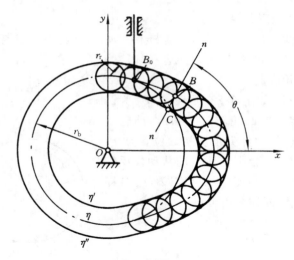

图 3-24　滚子从动件凸轮轮廓曲线

假设理论轮廓曲线上任一点 B 的坐标为 (x_B, y_B)，根据前述尖顶从动件凸轮轮廓曲线上点的坐标的求法可以求得，由高等数学可知，理论轮廓曲线上点 B 处的法线 $n{-}n$ 的斜率(与切线斜率互为负倒数)应为

$$\tan\theta = \frac{\mathrm{d}x_B}{-\mathrm{d}y_B} = \frac{\mathrm{d}x_B/\mathrm{d}\varphi}{-\mathrm{d}y_B/\mathrm{d}\varphi} \tag{3-21}$$

式中：$\mathrm{d}x_B/\mathrm{d}\varphi$、$\mathrm{d}y_B/\mathrm{d}\varphi$ 可由式(3-18)或式(3-20)对 φ 求导得到。

应当注意，θ 角可在 $0°\sim360°$ 内变化，θ 角具体属于哪个象限可根据式(3-21)中分子、分母的值的正、负号来判断。求出 θ 角后，便可求出实际轮廓曲线上对应点 C 的坐标为

$$\left.\begin{array}{l} x_C = x_B \mp r_{\mathrm{r}}\cos\theta \\ y_C = y_B \mp r_{\mathrm{r}}\sin\theta \end{array}\right\} \tag{3-22}$$

式中：x_B、y_B 为理论轮廓曲线上点 B 的坐标；r_{r} 为滚子圆的半径。式中的上一组符号用于内包络曲线，下一组符号用于外包络曲线。式(3-22)即为滚子从动件盘形凸轮的实际轮廓曲线方程。

2) 刀具中心轨迹方程

在数控机床上加工凸轮，通常需给出刀具中心的直角坐标值。设刀具半径为 r_{c}、滚子半径为 r_{r}，若刀具半径与滚子半径完全相等，那么理论轮廓曲线的坐标值即为刀具中心的坐标值。但当用数控铣床加工凸轮或用砂轮磨削凸轮时，刀具半径 r_{c} 往往大于滚子半径 r_{r}。由图 3-25(a)可以看出，这时刀具中心的运动轨迹 η_{c} 为理论轮廓曲线 η 的等距曲线，相当于以 η 为中心、$r_{\mathrm{c}}-r_{\mathrm{r}}$ 为半径所作的一系列滚子圆的外包络线；反之，当用钼丝在线切割机床上加工凸轮时，$r_{\mathrm{c}}<r_{\mathrm{r}}$，如图 3-25(b)所示。这时刀具中心的运动轨迹 η_{c} 相当于以 η 为中心、$r_{\mathrm{r}}-r_{\mathrm{c}}$ 为半径所作的一系列滚子圆的内包络线。只要用 $|r_{\mathrm{c}}-r_{\mathrm{r}}|$ 代替 r_{r}，便可由式(3-22)求出外包络线或内包络线上各点的坐标值。

3) 滚子半径的确定

当采用滚子从动件时，应注意滚子半径的选择；否则，从动件有可能实现不了预期的运动规律。如图 3-26 所示，设凸轮的理论轮廓曲线的最小曲率半径为 $\rho_{\min}$，滚子半径为 r_{r}，则有以下几种情况。

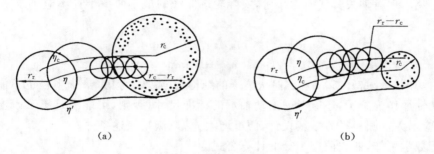

图 3-25　刀具中心的运动轨迹

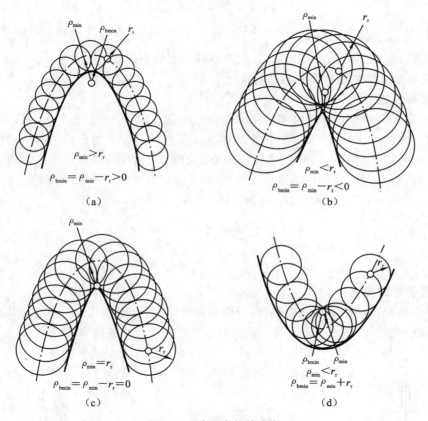

图 3-26　滚子半径的确定

（1）当 $r_r < \rho_{min}$ 时，实际轮廓曲线的最小曲率半径 $\rho_{bmin} = \rho_{min} - r_r > 0$（见图 3-26(a)），画出的实际轮廓曲线为一光滑曲线。

（2）当 $r_r > \rho_{min}$ 时，$\rho_{bmin} = \rho_{min} - r_r < 0$，这时实际轮廓曲线将出现交叉现象（见图 3-26(b)）。在此情况下，若用刀具半径与滚子半径相等的铣刀加工凸轮，则将把交叉部位切掉，致使从动件工作时不能按预期的运动规律运动，造成从动件运动失真。

（3）当 $r_r = \rho_{min}$ 时，$\rho_{bmin} = 0$，实际轮廓曲线将出现尖点（见图 3-26(c)），从动件与凸轮在尖点处接触，其接触应力很大，极易磨损，这样凸轮工作一段时间后同样会引起运动失真。

上述（2）和（3）两种情况都是应该避免的。至于内凹的轮廓曲线（见图 3-26(d)），则不存在运动失真问题。

为了避免出现运动失真和应力集中，实际轮廓曲线的最小曲率半径不应小于 3 mm，所以应有

$$\rho_{bmin} = \rho_{min} - r_r \geqslant 3 \text{ mm}$$

即

$$r_r \leqslant \rho_{min} - 3 \text{ mm}$$

一般建议 $r_r \leqslant 0.8\rho_{min}$ 或 $r_r \leqslant 0.4r_b$。但从滚子的结构和强度上考虑，滚子半径也不能太小。若直接用滚动轴承作为滚子，还应考虑滚动轴承的标准尺寸；否则，可能满足不了以上条件。在此情况下，应增大基圆半径后重新设计，便可增大 ρ_{min} 以满足上述条件。

由高等数学可知，曲线曲率半径的计算公式为

$$\rho = \frac{[1 + (\mathrm{d}y/\mathrm{d}x)^2]^{3/2}}{\mathrm{d}^2 y/\mathrm{d}x^2} \tag{3-23}$$

式中：$\dfrac{\mathrm{d}y}{\mathrm{d}x} = \dfrac{\mathrm{d}y/\mathrm{d}\varphi}{\mathrm{d}x/\mathrm{d}\varphi}$，$\dfrac{\mathrm{d}^2 y}{\mathrm{d}x^2} = \dfrac{\mathrm{d}^2 y/\mathrm{d}\varphi^2}{\mathrm{d}^2 x/\mathrm{d}\varphi^2}$，可由式（3-18）、式（3-20）逐次求导得到。具体求解 ρ 时，可借助计算机逐点用数值解法计算出 ρ 值，从中即可找到最小值 ρ_{min}。

4. 平底移动从动件盘形凸轮机构的设计

1）轮廓曲线的设计

图 3-27 中的实线所示为对心移动从动件盘形凸轮机构在凸轮转过转角 φ，从动件上升位移 s 时的位置图，此时凸轮与从动件在点 B_1 接触，点 P 为该位置时凸轮 1 与从动件 2 的速度瞬心。按照反转法，凸轮以 $-\omega$ 反转角度 φ 时，凸轮静止不动，其位置如图中虚线所示，点 B_1 反转到点 B，凸轮上点 B 在固定坐标系 xOy 中的坐标可由式（3-17）求得，即将 $x_{B_1} = \overline{OP} = v_2/\omega = \mathrm{d}s/\mathrm{d}\varphi$，$y_{B_1} = r_b + s$ 代入式（3-17），可得

$$\begin{bmatrix} x_B \\ y_B \end{bmatrix} = \begin{bmatrix} \dfrac{\mathrm{d}s}{\mathrm{d}\varphi}\cos\varphi + (r_b + s)\sin\varphi \\ -\dfrac{\mathrm{d}s}{\mathrm{d}\varphi}\sin\varphi + (r_b + s)\cos\varphi \end{bmatrix} \tag{3-24}$$

2）平底长度的确定

对于平底移动从动件盘形凸轮机构，只要运动规律相同，偏置从动件和对心从动件具有同样的轮廓曲线（见图 3-28），故设计时一般按对心从动件设计凸轮轮廓曲线。

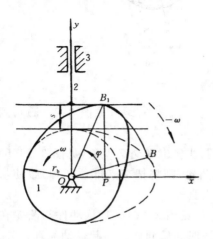

图 3-27　平底从动件盘形凸轮轮廓曲线的求法

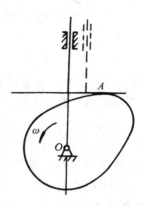

图 3-28　平底从动件的导路线

　　平底从动件也会出现运动失真的情况：一方面，要保证从动件平底与凸轮总是相切接触，则平底的尺寸需要足够大，否则就会出现运动失真；另一方面，具有平底从动件的凸轮机构，其凸轮轮廓向径不能变化太快，图 3-29 所示的情况也会产生运动失真，其原因是位移规律相对于基圆半径变化太快。要解决这种情况产生的运动失真问题，可根据具体情况加大基圆半径，使实际轮廓在全程范围内的各位置上都能与平底相切接触。

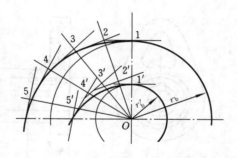

图 3-29　平底从动件凸轮机构的运动失真

　　如图 3-27 所示，从动件平底与凸轮的接触点 B_1 不在从动件导路中心线上，而且接触点的位置随机构的位置变化而变化。因此，为了保证在任意瞬时位置上从动件平底与凸轮轮廓均能相切接触，则平底左、右两侧的宽度应大于平底与凸轮接触点到从动件导路中心线的左、右两侧的最远距离 L_{max} 和 L'_{max}，所以平底的总长为

$$L = L_{max} + L'_{max} + (4 \sim 10) \text{ mm}$$

而

$$L_{max} = (l_{OP})_{max} = (\mathrm{d}s/\mathrm{d}\varphi)_{max}$$

3.3.4　凸轮机构结构设计

1. 凸轮的结构及其在轴上的固定方法

1）凸轮的结构

　　图 3-30(a)所示的结构用于凸轮尺寸小又无特殊要求的场合，$d_1 \approx (1.5 \sim 2)d_0$，$B = (1.2 \sim 1.6)d_0$。图 3-30(b)所示的结构用于凸轮尺寸大，并要求更换凸轮轮廓曲线的场合。图 3-30(c)所示结构中凸轮与轮毂可以分开，利用凸轮上的三个圆弧槽可调节凸轮和轮毂间的相对角度，从而调整凸轮推动从动件运动的起始位置。图 3-30(d)所示结构中凸轮由两个轮片组成，调整它们的错开度可以改变从动件在最高位置（行程终点）停留时间的长短。图 3-30(e)所示结构中凸轮 3 制成开口形状，并与开口垫片 4 配合使用，既便于装拆，又能避免从动件陷于缺口中，用于要求经常拆换凸轮的场合，但传递转矩不能太大。图 3-30(f)所示结构中凸轮 1 由螺母 3 锁紧，靠键 6 和端面细齿离合器 7 传递扭矩，当凸轮需做周向调速时，只要松开螺母 3 即可，每次调整至少一个齿，约 3.6°或 6°，适用于凸轮需要定期更换且受力较大的场合。

2）凸轮在轴上的固定

　　如图 3-31 所示，凸轮在轴上的固定，可采用紧定螺钉、键及销钉等。图 3-31(a)所示方式中，初调时用紧定螺钉定位，再用锥销固定，安装后不能再调整。在图 3-31(b)所示方式中，采用开槽锥形套固定，调速的灵活性大，但传递的转矩不能太大。

2. 滚子结构

　　图 3-32 所示为滚子的三种结构。滚子与销轴的滑动配合，一般选用 H8/f8。当滚子直径较小时，可选用滚动轴承作为滚子。对尺寸大的滚子，当载荷较大且有冲击时，不宜采用滚动轴承作为滚子。

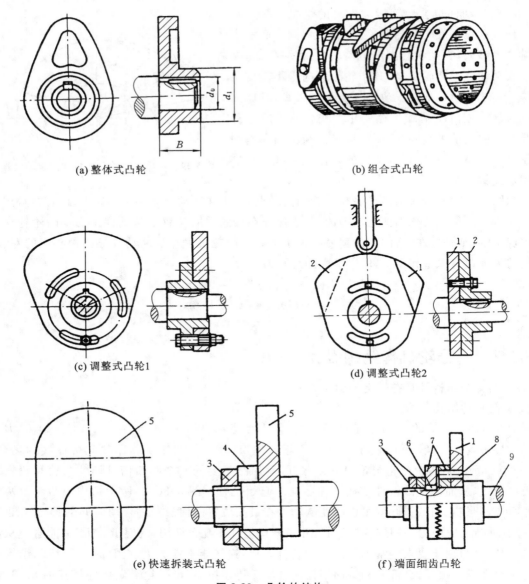

(a) 整体式凸轮　　　　　　　　　　(b) 组合式凸轮

(c) 调整式凸轮1　　　　　　　　　　(d) 调整式凸轮2

(e) 快速拆装式凸轮　　　　　　　　(f) 端面细齿凸轮

图 3-30　凸轮的结构

1—凸轮(片);2—带毂凸轮(片);3—螺母;4—开口垫片;5—开口凸轮;6—键;7—端面细齿离合器;8—销;9—分配轴

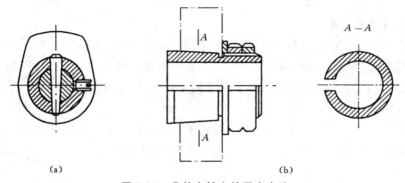

(a)　　　　　　　　　　　　　　(b)

图 3-31　凸轮在轴上的固定方法

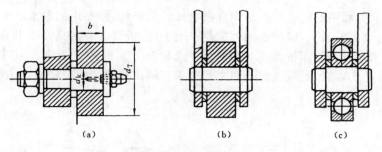

图 3-32　滚子的三种结构

滚子轴销直径 d_k 一般为

$$d_k = \left(\frac{1}{3} \sim \frac{1}{2}\right)d_T$$

式中: d_T 为滚子直径。在低速、轻载工作情况下,材料可选用 45 钢,调质处理。如按一般精度要求,可取向径极限偏差为 ± 0.2 mm,表面粗糙度 $Ra = 0.8$ μm。

图 3-33 所示为一盘形凸轮的工作图。

θ		p/mm
0°	360°	30.00
10°	350°	31.38
20°	340°	32.77
30°	330°	34.16
40°	320°	35.55
50°	310°	36.84
60°	300°	38.38
70°	290°	39.72
80°	280°	41.11
90°	270°	42.50
100°	260°	43.89
110°	250°	45.28
120°	240°	46.67
130°	230°	48.06
140°	220°	49.44
150°	210°	50.83
160°	200°	52.22
170°	190°	53.61
180°		55.00

技术条件

1. 凸轮材料为 20Cr,工作表面渗碳深度为 $1.2 \sim 1.5$ mm,淬火 $56 \sim 60$ HRC;

2. 向径的极限偏差为 ± 0.15 mm。

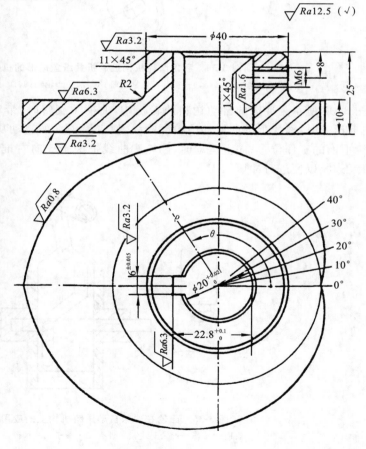

图 3-33　盘形凸轮的工作图

3.3.5　凸轮机构的应用

凸轮机构结构简单、紧凑,具有多用性和灵活性,广泛应用于各种机械中。

图 3-34 所示为利用凸轮机构控制折叠纸盒成形的机构,粘贴用的胶水已在前道工序中涂好。纸盒装在金属成形器上,成形器的外端是一个平面,折臂 3、6 的运动由装在垂直凸轮轴 1 上的两个凸轮 12、13 控制,而折臂 4、5 则受水平凸轮轴 8 上的两个凸轮 9、10 控制,这两个凸轮轴靠锥齿轮传动实现同步,从而保证四个折臂随着轴 1 和轴 8 的旋转按顺序动作。

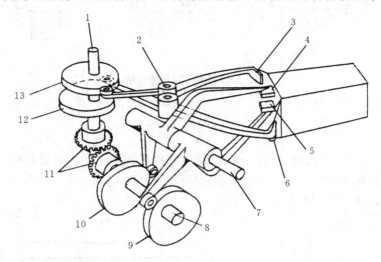

图 3-34 利用凸轮机构控制折叠纸盒成形的机构
1—垂直凸轮轴;2—销轴;3,4,5,6—折臂;7—回转轴;8—水平凸轮轴;9,10,12,13—凸轮;11—锥齿轮

图 3-35 所示为冲床的自动送料凸轮机构,曲柄 1 旋转时,带动连杆 2 使滑块 3 上、下运动:向下运动时,滑块上的曲线即凸轮廓曲线,使带滚子 5 的直动从动构件 6 把工件左移送到冲头 7 下面的工作位置;向上运动时,凸轮廓曲线把滚子 5 向右推移,构件 6 从冲头 7 下退出并保持不动,以便进行冲压加工。

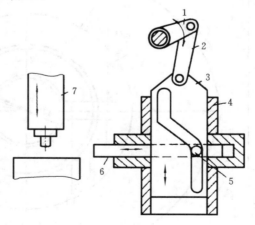

图 3-35 凸轮在冲床自动送料机构上的应用
1—曲柄;2—连杆;3—滑块;4—外壳;5—滚子;6—构件;7—冲头

图 3-36 所示为 DVD 激光视盘机的光盘装卸机构示意图,它主要由主凸轮、圆柱升降凸轮和芯座等组成。图 3-36(a)所示为装盘过程示意图,当托盘 9 载着光盘 10 移入机内后,加载电动机逆时针方向转动,此时主凸轮 7 上的三个齿与圆柱升降凸轮 6 上的齿啮合,带动升降凸轮转动,升降凸轮的转动迫使芯座 2 中的升降销 5 沿着升降凸轮中的凹槽向上移动,从而使

芯座上升。芯座在上升过程中逐渐抬起托盘中的光盘,并最终将光盘紧压在夹持器 11 与主轴盘 4 之间。此时主凸轮上的托盘关闭检测柱 8 触及到位检测开关,使加载电动机停转,至此完成装盘过程。图 3-36(b)所示为装盘完成后的情形。卸盘时加载电动机顺时针转动,升降销沿着升降凸轮中的凹槽向下移动,芯座也随之向下倾斜。当升降销下降至底部时,光盘已完全回落至托盘上,随着主凸轮的继续转动,光盘将随着托盘向外打开,至此完成卸盘过程。

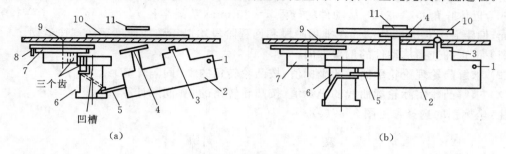

（a）　　　　　　　　　　　　　　　　　　　　　　　（b）

图 3-36　DVD 激光视盘机的光盘装卸机构

1—销钉;2—芯座;3—激光头;4—主轴盘;5—升降销;6—圆柱升降凸轮;

7—主凸轮;8—托盘关闭检测柱;9—托盘;10—光盘;11—夹持器

3.3.6　凸轮机构的设计过程

设计凸轮机构时,一般应首先根据运动要求及其他条件进行从动件运动规律的设计,并在此基础上,确定凸轮机构的基本尺寸,然后设计凸轮的轮廓曲线,并进行凸轮机构的结构设计,绘出凸轮的工作图。有时,根据工作要求还要进行凸轮机构的强度校核。

用几何法设计凸轮机构简单易行,但由于设计精度不高,故一般只在速度比较低、要求不高的凸轮机构设计中应用。对于高速凸轮机构和精度要求较高的情况,必须采用解析法。随着计算机技术的发展及计算机辅助设计(CAD)和计算机辅助制造(CAM)的普遍应用,工程技术人员可将设计的初始参数直接输入计算机,计算机便可进行凸轮机构的几何尺寸计算和绘图;还可采用计算机仿真技术,动态仿真所设计的凸轮机构的工作情况;并可与制造系统连成一体,采用数控加工,从而提高产品质量,缩短产品更新换代的周期。

凸轮机构的具体设计过程如下。

(1) 根据使用场合和工作条件选择凸轮机构的类型。

(2) 根据工作要求选择或设计从动件的运动规律。

(3) 确定基本尺寸:①根据机构的结构条件,如根据强度选择凸轮轴的半径 r_s,再初选基圆半径 r_b;②如果是偏置从动件,应根据传力性能及从动件的工作行程方向,确定凸轮的合理转向及从动件的偏置方位;③如果是摆动从动件,应根据结构选定摆杆长度 l 及凸轮转动中心至摆杆摆动中心的中心距 a;④根据从动件的结构、强度等条件初选滚子半径或平底长度。

(4) 建立凸轮机构轮廓曲线的方程:①建立凸轮机构的理论轮廓曲线的方程;②建立凸轮机构的实际轮廓曲线的方程。

(5) 编写程序框图,根据程序框图编制程序,写出程序标识符说明,然后上机调试并运行程序,最后打印出结果。根据计算出的结果可在绘图机上绘出凸轮轮廓,也可采用仿真技术在计算机上显示出所设计的凸轮轮廓。

(6) 校验压力角及轮廓是否有变尖及失真的现象。如存在不合理现象,应修改基本尺寸,再进行计算,直到合理为止。

凸轮机构计算机辅助设计的目标是,保证凸轮机构在既满足对从动件提出的运动要求又具有良好动力特性的情况下,结构尽可能紧凑。还可采用优化设计的方法,设计出各方面性能最佳的凸轮机构。

例 3-4 设计一直动偏置滚子从动件盘形凸轮机构的凸轮轮廓曲线。已知该凸轮以等角速度逆时针转动,角速度 $\omega=10$ rad/s;推程运动角 $\Phi=60°$,远休止角 $\Phi_s=30°$,回程运动角 $\Phi'=60°$,近休止角 $\Phi'_s=210°$;从动件的行程 $h=30$ mm,基圆半径 $r_b=60$ mm,滚子半径 $r_r=10$ mm,偏距 $e=20$ mm;从动件在推程阶段和回程阶段均以正弦加速度运动规律运动。

（1）请正确选择从动件的偏置方向；

（2）求解凸轮理论轮廓曲线的坐标值（按凸轮转角的 $10°$ 间隔计算）；

（3）求解凸轮实际轮廓曲线的坐标值（按凸轮转角的 $10°$ 间隔计算）。

注:坐标系的选择参见图 3-37(a)。

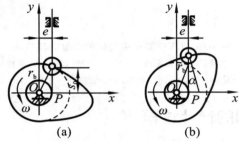

图 3-37 凸轮轮廓曲线设计

解 （1）由压力角表达式(3-12),得

$$\tan\alpha=\frac{\dfrac{\mathrm{d}s}{\mathrm{d}\varphi}\mp e}{s_0+s}$$

为减小压力角,由图 3-37(b)可知,应采用右偏置,即

$$\tan\alpha=\frac{\dfrac{\mathrm{d}s}{\mathrm{d}\varphi}-e}{s_0+s}$$

（2）由式(3-18),得该凸轮机构的理论轮廓曲线方程为

$$x=(s_0+s)\sin\varphi+e\cos\varphi$$

$$y=(s_0+s)\cos\varphi-e\sin\varphi$$

$$s_0=\sqrt{r_b^2-e^2}$$

在推程阶段（$\varphi\in[0,60°]$）： $\qquad s=\dfrac{h}{\Phi}\varphi-\dfrac{h}{2\pi}\sin\left(\dfrac{2\pi}{\Phi}\varphi\right)$

在远休止期（$\varphi\in[60°,90°]$）： $\qquad s=30$ mm

在回程阶段（$\varphi\in[90°,150°]$）： $\qquad s=h-\dfrac{h}{\Phi'}\varphi+\dfrac{h}{2\pi}\sin\left(\dfrac{2\pi}{\Phi'}\varphi\right)$

在近休止期（$\varphi\in[150°,360°]$）： $\qquad s=0$

（3）由式(3-21)、式(3-22),得该凸轮机构的实际轮廓曲线方程为

$$x_a=x+r_r\frac{\dfrac{\mathrm{d}y}{\mathrm{d}\varphi}}{\sqrt{\left(\dfrac{\mathrm{d}x}{\mathrm{d}\varphi}\right)^2+\left(\dfrac{\mathrm{d}y}{\mathrm{d}\varphi}\right)^2}}$$

$$y_\mathrm{a} = y - r_\mathrm{r} \frac{\dfrac{\mathrm{d}x}{\mathrm{d}\varphi}}{\sqrt{\left(\dfrac{\mathrm{d}x}{\mathrm{d}\varphi}\right)^2 + \left(\dfrac{\mathrm{d}y}{\mathrm{d}\varphi}\right)^2}}$$

$$\frac{\mathrm{d}x}{\mathrm{d}\varphi} = (s_0 + s)\cos\varphi - e\sin\varphi + \frac{\mathrm{d}s}{\mathrm{d}\varphi}\sin\varphi$$

$$\frac{\mathrm{d}y}{\mathrm{d}\varphi} = -(s_0 + s)\sin\varphi - e\cos\varphi + \frac{\mathrm{d}s}{\mathrm{d}\varphi}\cos\varphi$$

$$\varphi \in [0°, 60°], \quad \frac{\mathrm{d}s}{\mathrm{d}\varphi} = \frac{h}{\Phi} - \frac{h}{\Phi}\cos\left(\frac{2\pi}{\Phi}\varphi\right)$$

$$\varphi \in [60°, 90°], \quad \frac{\mathrm{d}s}{\mathrm{d}\varphi} = 0$$

$$\varphi \in [90°, 150°], \quad \frac{\mathrm{d}s}{\mathrm{d}\varphi} = \frac{h}{\Phi'} + \frac{h}{\Phi'}\cos\left(\frac{2\pi}{\Phi'}\varphi\right)$$

$$\varphi \in [150°, 360°], \quad \frac{\mathrm{d}s}{\mathrm{d}\varphi} = 0$$

将已知参数和尺寸数据代入上述各式中,利用计算机编程后部分运算结果如表 3-5 所示。

表 3-5　部分运算结果

凸轮转角 φ	理论轮廓曲线坐标 x	理论轮廓曲线坐标 y	实际轮廓曲线坐标 x_a	实际轮廓曲线坐标 y_a
0°	20.000	56.569	16.667	47.141
20°	40.148	51.828	40.182	41.828
40°	47.196	48.976	63.111	39.839
60°	84.971	25.964	75.407	23.042
80°	88.726	−4.664	78.741	−4.139
100°	80.929	−34.578	72.432	−29.305
120°	51.980	−53.105	49.765	−43.353
140°	21.597	−56.852	20.009	−46.979
160°	0.554	−59.997	0.462	−49.998
360°	20.000	56.569	16.667	47.141

习　　题

第 3 章数字资源

3-1　在图 3-38 所示的对心尖顶移动从动件盘形凸轮机构中,已知凸轮为一偏心圆盘,圆盘半径为 R,由凸轮回转轴心 O 到圆盘中心 A 的距离为 l_{OA}。试求:

(1) 凸轮的基圆半径 r_b;

(2) 从动件的行程 h;

(3) 从动件的位移 s 的表达式。

3-2　在移动从动件盘形凸轮机构中,已知推程运动角为 $\Phi = \pi/2$,从动件对应的行程 $h = 50\ \mathrm{mm}$,试计算等速运动、等加速等减速运动、余弦加速度运动、正弦加速度运动这四种运动规律的最大类速度 $(\mathrm{d}s/\mathrm{d}\varphi)_{\max}$ 和最大类加速度 $(\mathrm{d}^2 s/\mathrm{d}\varphi^2)_{\max}$ 的值。

3-3　一对心滚子移动从动件盘形凸轮机构,已知凸轮的基圆半径 r_b＝50 mm,滚子半径 r_r＝3 mm,凸轮以等角速度 ω 顺时针转动。当凸轮转过 $\varPhi$＝180°时,从动件以等加速等减速运动规律上升 h＝40 mm;凸轮再转 $\varPhi'$＝150°时,从动件以余弦加速度运动规律下降回原处;当凸轮转过其余角度时,从动件静止不动。试用解析法计算 φ＝60°、φ＝240°,凸轮实际轮廓曲线上该点的坐标值。

3-4　题 3-3 中的各项条件不变,只是将对心改为偏置,其偏距 e＝12 mm,从动件偏在凸轮中心的左边,试用图解法设计其凸轮的轮廓曲线。

3-5　试用解析法求题 3-4 中凸轮转角 φ＝60°时,凸轮实际轮廓曲线上该点的坐标值。

3-6　图 3-39 所示为尖顶摆动从动件盘形凸轮机构。已知凸轮回转中心 O 与摆动从动件回转中心 A 的距离 l_{OA}＝50 mm,摆动从动件的长度 l_{AB}＝40 mm,凸轮的基圆半径 r_b＝20 mm,从动件的最大摆角 ψ_{max}＝30°。从动件的运动规律如下:当凸轮逆时针转过 150°时,从动件等速外摆 30°;当凸轮再转过 30°时,从动件静止不动;当凸轮继续转过 150°时,从动件以等加速等减速运动规律退回原位;凸轮转过其余角度时,从动件静止不动。试用解析法计算出 φ＝75° 及 φ＝200°时凸轮轮廓曲线上该点的坐标值。

3-7　图 3-40 所示为滚子摆动从动件盘形凸轮机构。凸轮为一半径为 R 的偏心圆盘,圆盘的转动中心在点 O,几何中心在点 C,凸轮转向如图所示。试在图上作出从动件处于初始位置时的机构图,并在图上标出图示位置时凸轮转过的转角 φ 和从动件摆过的摆角 ψ。

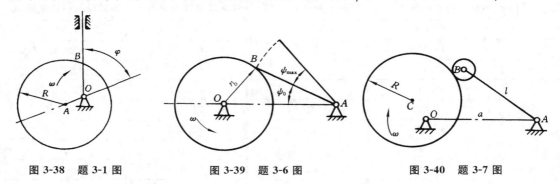

图 3-38　题 3-1 图　　　　　图 3-39　题 3-6 图　　　　　图 3-40　题 3-7 图

3-8　图 3-41 所示为偏置移动滚子从动件盘形凸轮机构。该凸轮为绕点 A 转动的偏心圆盘,圆盘的圆心在点 O。试在图上:

(1) 作出凸轮的理论轮廓曲线;

(2) 画出凸轮的基圆和凸轮机构的初始位置;

(3) 当从动件推程作为工作行程时,标出凸轮的合理转向;

(4) 用反转法作出当凸轮沿 ω 方向(逆时针方向)从初始位置转过 150°时的机构运动简图,并标出该位置上从动件的位移和凸轮机构的压力角;

(5) 标出从动件的行程 h、推程运动角 $\varPhi$、回程运动角 $\varPhi'$。

3-9　图 3-42 所示为凸轮机构的初始位置,试用反转法直接在图上标出:

(1) 凸轮按 ω 方向转过 45°时从动件的位移;

(2) 凸轮转过 45°时凸轮机构的压力角。

3-10　图 3-43 中的 C 处所示为滚子摆动从动件盘形凸轮机构的初始位置。试在图上:

(1) 作出凸轮的理论轮廓曲线和基圆半径;

(2) 用反转法找到当摆杆 AB 在推程阶段摆过摆角 ψ＝10°时从动件滚子与凸轮的接触

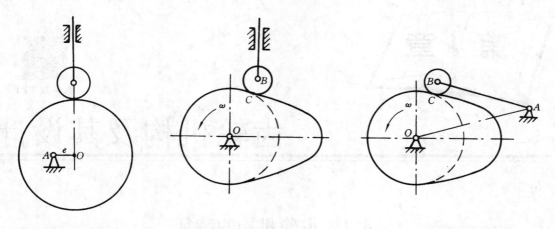

图 3-41　题 3-8 图　　　　　　　图 3-42　题 3-9 图　　　　　　　图 3-43　题 3-10 图

点,并标出凸轮相应转过的转角。

3-11　有一滚子半径为 r_r 的滚子从动件盘形凸轮机构。其凸轮的理论轮廓曲线为 η,实际轮廓曲线为 η',用铣刀半径为 r_c 的铣刀在数控铣床上铣削该凸轮(见图 3-44)。已知凸轮的理论轮廓曲线上点的坐标 (x,y) 及 $x=x(\varphi)$, $y=y(\varphi)$ 的表达式。试写出铣刀中心的运动轨迹的方程式。

3-12　试用解析法并编程求解移动滚子从动件盘形凸轮机构凸轮的理论轮廓曲线与实际轮廓曲线的坐标值,计算间隔取 $10°$,并校核此凸轮机构的压力角。已知其基圆半径 $r_b=45$ mm,滚子半径 $r_r=10$ mm,从动件偏在凸轮中心之右,偏距 $e=20$ mm,凸轮逆时针等速转动。当凸轮转过 $90°$ 时,从动件以正弦加速度运动规律上升 20 mm;凸轮再转过 $90°$ 时,从动件以余弦加速度运动规律下降到原位;凸轮转过一周中的其余角度时,从动件静止不动。

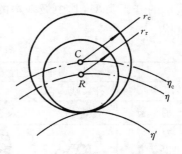

图 3-44　题 3-11 图

3-13　有一对心平底移动从动件盘形凸轮机构。已知凸轮的基圆半径 $r_b=50$ mm,凸轮以等角速度 ω 顺时针方向转动;从动件的行程 $h=40$ mm,从动件在推程阶段以等加速等减速运动规律运动,推程运动角 $\Phi=180°$。试求出平底与凸轮的接触点到导路线的最大距离 l_{max},并求出 $\varphi=\pi/6$ 及 $\varphi=\pi/2$ 时凸轮轮廓曲线上点的直角坐标值。

3-14　已知一尖顶移动从动件盘形凸轮机构的凸轮以等角速度 ω 顺时针方向转动;从动件的行程 $h=50$ mm,从动件在推程阶段的运动规律为 $s=\dfrac{h}{2}\left(1-\cos\dfrac{\pi\varphi}{\varphi}\right)$,推程运动角 $\varphi=90°$;从动件的导路与凸轮中心之间的偏距 $e=10$ mm;凸轮机构的许用压力角 $[\alpha]=40°$。试求:

(1) 当从动件的推程为工作行程时从动件正确的偏置方位;

(2) 按许用压力角计算出凸轮的最小基圆半径 r_b(计算间隔为 $\Delta\varphi=15°$);

(3) 进行凸轮机构的结构设计,绘出凸轮工作图。

3-15　试简述凸轮机构强度校核的作用,并编程对题 3-3 中的凸轮机构进行强度校核(有关材料和法向力 F 可自定)。

齿轮机构及其设计

4.1 齿轮机构的特征

齿轮机构的主要优点是:能传递两个平行轴、相交轴或交错轴间的回转运动和转矩,能保证传动比恒定不变,能传递足够大的动力;运动精度和传动效率高,工作可靠,寿命长,结构紧凑。因此,它是机械传动中最重要、应用最广泛的一种传动形式。其主要缺点是:制造精度要求高,制造费用高,精度低时振动和噪声大,不宜用于轴间距离较大的传动。

由两个齿轮组成的定轴齿轮机构,可根据两齿轮的轴线位置和齿形特点分成如表 4-1 所示的若干类型,其中最基本的是传递平行轴间运动的直齿圆柱齿轮机构和斜齿圆柱齿轮机构。

表 4-1 由两个齿轮组成的定轴齿轮机构

两轴线平行的圆柱齿轮机构					齿轮-齿条
外 啮 合			内 啮 合		直 齿
直 齿	斜 齿	人 字 齿	直 齿	斜 齿	
两轴线相交的锥齿轮机构		两轴线交错的齿轮机构			斜 齿
直 齿	曲 齿	交错轴斜齿轮	蜗杆传动	准双曲面齿轮	
					螺 旋 齿

4.1.1 齿廓啮合基本定律

一对齿轮传递转矩和运动的过程,是通过这对齿轮主动轮上的齿廓与从动轮上的齿廓依次相互接触来实现的。两齿轮传动时,其瞬时传动比的变化规律与两轮齿廓曲线的形状(简称齿廓形状)有关,齿廓形状不同,两轮瞬时传动比的变化规律也不同。

对齿轮传动的基本要求是传动准确、平稳,即要求在传动过程中,瞬时传动比保持不变。当主动轮以等角速度 ω_1 回转时,一般要求从动轮以某一等角速度 ω_2 回转,否则将产生加速度和惯性力。这种惯性力不仅影响齿轮的寿命,而且还会引起机器的振动和噪声,影响工作精度。那么,轮齿的齿廓形状应符合什么样的条件,才能满足瞬时传动比保持不变的要求呢? 下面就对齿廓曲线与齿轮传动比的关系进行分析,以阐明对齿轮齿廓设计的基本要求。

瞬时传动比定义为主、从动轮瞬时角速度的比值,用 i_{12} 表示,即

$$i_{12} = \frac{\omega_1}{\omega_2}$$

图 4-1 所示为一对相啮合的齿轮齿廓,设 O_1、O_2 为两轮的转动中心,E_1、E_2 为两轮相互啮合的一对齿廓。若两齿廓某一瞬时在任意点 K 接触,齿轮 1 为主动件,以瞬时角速度 ω_1 绕 O_1 顺时针转动,带动齿轮 2 以瞬时角速度 ω_2 绕 O_2 逆时针转动,则在此瞬时两轮在点 K 的速度分别为

$$v_{K1} = \omega_1 \overline{O_1K}(方向 \perp \overline{O_1K})$$
$$v_{K2} = \omega_2 \overline{O_2K}(方向 \perp \overline{O_2K})$$

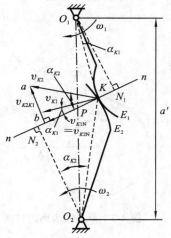

由于两轮的齿廓是刚体,且连续接触,因此其速度 v_{K1} 和 v_{K2} 在公法线上的速度分量应相等,即 $v_{K1N} = v_{K2N}$。其相对速度的方向应垂直于齿廓接触处的公法线 $n—n$(即 $ab \perp n—n$)。过点 K 作两齿廓的公法线 $n—n$ 交连心线 O_1O_2 于点 P。由理论力学中的三心定理可知,点 P 是两齿轮的相对瞬心,根据瞬心是两构件上相对速度为零的重合点,即瞬心也是两构件在该瞬时具有相同绝对速度的重合点。两构件在任一瞬时的相对运动都可看成绕该瞬心的相对转动,故有

图 4-1　一对相啮合的齿轮齿廓

$$v_P = \omega_1 \overline{O_1P} = \omega_2 \overline{O_2P}$$

由此可得

$$i_{12} = \frac{\omega_1}{\omega_2} = \frac{\overline{O_2P}}{\overline{O_1P}} \tag{4-1}$$

式(4-1)表明,要使两轮的瞬时传动比恒定不变,比值 $\overline{O_2P}/\overline{O_1P}$ 应为常数。因两轮中心距 $\overline{O_1O_2}$ 为定长,若要满足上述要求,则必须使点 P 为连心线上的一个固定点。此固定点 P 称为节点。分别以 O_1 和 O_2 为圆心,可作出过节点 P 的两个相切的圆,称为节圆,其半径分别用 r'_1 和 r'_2 表示。

由此得齿廓啮合的基本定律:要使两齿轮传动的瞬时传动比为一常数,必须满足不论两齿廓在何位置接触,过接触点所作的齿廓公法线与连心线都相交于一固定点的条件。

由齿廓啮合的基本定律,可得出如下结论。

(1)理论上,凡能满足齿廓啮合基本定律的一对齿廓(称为共轭齿廓)曲线,均可作为齿轮机构的齿廓曲线,并能实现瞬时传动比恒定不变的要求。实际上,可作为共轭齿廓的曲线有无限多条,只要给定一个齿轮的齿廓曲线,就可以根据啮合基本定律,求出与其共轭的另一条齿廓曲线。但是,齿廓曲线的选择,除了应满足瞬时传动比恒定不变的要求,还应考虑制造、安装

和强度等要求。在齿轮机构中,通常采用渐开线、摆线和圆弧等作为齿轮的齿廓曲线。其中以渐开线齿廓应用最广。

（2）一对齿轮的传动过程,可以看作其对节圆做纯滚动的过程,因而其外啮合中心距恒等于其节圆半径之和。

（3）只有当一对齿轮相互啮合传动时才存在节圆,单个齿轮不存在节圆。

（4）变传动比齿轮机构的节点 P 不再是一个定点,而是按一定规律在连心线上移动,节点 P 在两轮转动平面上的轨迹不是两个圆,而是两条封闭曲线(如在椭圆齿轮传动机构中,这两条封闭曲线是两个椭圆),一般称该封闭曲线为节线。

4.1.2　渐开线齿廓

1. 渐开线的形成

如图 4-2 所示,当直线 $n—n$ 沿一圆周做相切纯滚动时,直线 $n—n$ 上任一点 K 在与该圆固连的平面之上的相应轨迹 $\overparen{K_0K}$,称为该圆的渐开线。这个圆称为渐开线的基圆,其半径用 r_b 表示。直线 $n—n$ 称为渐开线的发生线。角 θ_K 称为渐开线 $\overparen{K_0K}$ 的展角。

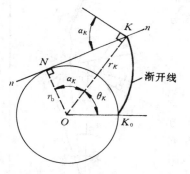

图 4-2　渐开线齿廓的性质

2. 渐开线齿廓的性质

由渐开线的形成可知,渐开线齿廓具有如下性质。

（1）发生线沿基圆滚过的长度等于基圆上被滚过的弧长,即 $\overline{NK}=\overparen{NK_0}$。

（2）渐开线上任一点的法线必切于基圆,切于基圆的直线必为渐开线上某一点的法线。

（3）如图 4-2 所示,发生线与基圆的切点 N 是渐开线在点 K 的曲率中心,线段 $\overline{NK}$ 是渐开线在点 K 处的曲率半径(用 ρ_K 表示)。渐开线上愈接近基圆的点的曲率半径愈小,在基圆上的点 K_0 的曲率半径等于零。

（4）渐开线的形状取决于基圆的大小。如图 4-2 所示,渐开线上的任一点 K 的曲率半径 $\rho_K=\overline{NK}=\sqrt{r_K^2-r_b^2}$,因此,基圆愈大,点 K 的曲率半径就愈大,渐开线就愈平直;当基圆直径无穷大时,渐开线成为斜直线。齿条的齿廓曲线就是由直线形成的渐开线。

（5）基圆内无渐开线。

（6）在不考虑摩擦力、重力和惯性力的条件下,一对齿廓相互啮合时,轮齿在接触点 K 所受的正压力方向(沿法线 $n—n$ 的方向)与受力点线速度方向(齿轮绕轴心 O 转动时,齿廓上点 K 的线速度与 OK 垂直)之间所夹的锐角,称为齿轮齿廓在该点的压力角。图 4-2 中的 α_K 就是渐开线上点 K 的压力角。由图 4-2 可知

$$\cos\alpha_K = r_b/r_K \qquad (4-2)$$

式中:r_b 为渐开线的基圆半径;r_K 为渐开线上点 K 的向径。

由式(4-2)知,渐开线齿廓上各点具有不同的压力角,点 K 离圆心 O 愈远(即 r_K 愈大),其压力角也愈大。当 $r_K=r_b$ 时,$\alpha_K=0$,即渐开线在基圆上的压力角等于零。

3. 渐开线的方程式

根据渐开线的性质,可导出渐开线的极坐标方程式。如图 4-2 所示,以基圆中心为极坐标

系的原点，以渐开线起点 K_0 的向径 $\overrightarrow{OK_0}$ 为极坐标轴，则渐开线上任一点 K 的极坐标可用展角 θ_K 和向径 r_K 确定。由图 4-2 可得

$$\tan\alpha_K = \frac{\overline{NK}}{\overline{ON}} = \frac{\widehat{NK_0}}{r_b} = \frac{r_b(\alpha_K + \theta_K)}{r_b} = \alpha_K + \theta_K$$

或

$$\theta_K = \tan\alpha_K - \alpha_K$$

由此可知，展角 θ_K 是随压力角 α_K 的大小而变化的，只要知道渐开线上某点的压力角 α_K，则该点的展角 θ_K 便可求出，即展角 θ_K 为压力角 α_K 的渐开线函数，用 $\mathrm{inv}\alpha_K$ 表示，即有

$$\theta_K = \mathrm{inv}\alpha_K = \tan\alpha_K - \alpha_K$$

由式(4-2)有

$$r_K = \frac{r_b}{\cos\alpha_K}$$

综合上述两式，可得渐开线的极坐标参数方程为

$$\left. \begin{aligned} r_K &= r_b/\cos\alpha_K \\ \theta_K &= \mathrm{inv}\alpha_K = \tan\alpha_K - \alpha_K \end{aligned} \right\} \tag{4-3}$$

给定基圆半径 r_b，应用式(4-3)并以 α_K 为参量，便可绘出所需的渐开线。为了计算方便，人们已将不同压力角 α_K 的渐开线函数列成表格(称为渐开线函数表，详见有关参考文献)，供设计时查用。

4.2 渐开线直齿圆柱齿轮机构

4.2.1 外啮合标准直齿圆柱齿轮机构的基本参数和尺寸

1. 基本尺寸的名称和符号

图 4-3 所示为一直齿圆柱齿轮的一部分，轮齿两侧具有相互对称的齿廓。为了便于齿轮的设计与计算，先给出如下基本术语。

1) 齿数

在齿轮的整个圆周上轮齿的总数称为齿数，常用 z 表示。

2) 齿槽宽

如图 4-3 所示，齿轮上两相邻轮齿之间的空间称为齿间或齿槽。一齿槽两侧齿廓间在任意圆周上的弧长，称为该圆上的齿槽宽(简称齿宽)，用 e_i 表示。

3) 齿厚

如图 4-3 所示，在任意半径的圆周上，一个轮齿两侧齿廓间的弧长，称为该圆上的齿厚，用 s_i 表示。

4) 齿距

如图 4-3 所示，相邻两齿同侧两齿廓间在某一圆上的弧长，称为该圆上的齿距，用 p_i 表示。在同一圆周上，齿距等于齿厚和齿槽宽之和，即

$$p_i = s_i + e_i$$

5) 顶隙(径向间隙)

图 4-4 所示为一对相啮合齿轮的简图，从图中可看出，一对相啮合齿轮有节圆、中心距和顶隙。顶隙是指一对相啮合齿轮中，一齿轮的齿根圆与另一齿轮齿顶圆之间在连心线上度量

的距离,用 c 来表示。留有一定的顶隙是为了避免一齿轮的齿顶与另一齿轮的齿槽相抵触发生干涉,同时也便于储存润滑油。

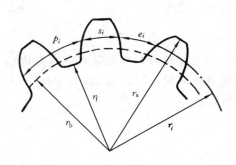

图 4-3　齿轮的基本参数

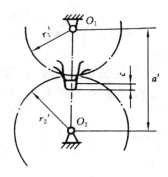

图 4-4　一对齿轮啮合的简图

2. 基本参数和尺寸

1) 模数与分度圆

（1）模数。

设一齿数为 z 的齿轮,其任一圆上的直径为 d_i,该圆上的齿距为 p_i,则有 $d_i=2r_i=\dfrac{p_i z}{\pi}$（见图 4-3）,式中,$z$ 为正整数,π 为无理数。若选 p_i（有理数）作为基本参数,则直径 d_i 为无理数,这不符合工程设计和制造的要求。为了便于设计、制造和检测,人为地把 p_i/π 规定为一简单的有理数,并把这个比值称为模数,用 m_i 来表示,即

$$m_i = \frac{p_i}{\pi}$$

（2）分度圆。

虽然以 m_i 为基本参数可使 d_i 不是无理数,但一个齿轮在不同直径的圆周上,其模数大小是不同的。为了使基本参数具有单一化的确定性,在齿轮计算中必须规定一个圆作为尺寸计算的基准圆,这个圆就称为分度圆,其直径和半径分别用 d 和 r 表示。

我国国家标准规定,分度圆上的模数和压力角为标准值。因为一种模数和压力角的齿轮,需要用一把专用的刀具进行加工,为了协调齿轮设计和刀具生产之间的矛盾,各国均制定了相应的标准。我国国家标准规定的压力角标准值为 $20°$,模数的标准系列如表 4-2 所示。

表 4-2　标准模数系列　　　　　　　　　　　　　　　　　　单位:mm

第一系列	1　1.25　1.5　2　2.5　3　4　5　6　8　10　12　16　20　25　32　40　50
第二系列	1.125　1.375　1.75　2.25　2.75　3.5　4.5　5.5　(6.5)　7　9　11　14　18　22　28　36　45

注：① 优先采用第一系列,括号内的数值尽量不用;② 在采用英制单位的国家,以径节来计算齿轮基本尺寸,径节 p 是齿数 z 与分度圆直径 d 之比,即 $d=z/p$。径节与模数之间具有如下关系:$m=25.4/p$。

分度圆是齿轮上一个人为约定的用于计算的基准圆,通常,分度圆就是齿轮上具有标准模数和标准压力角的圆。任何一个齿轮都有且仅有一个分度圆,其直径为

$$d = mz \tag{4-4}$$

以后,凡未说明是哪个圆上的模数、齿距、齿厚、齿槽宽和压力角,都是指分度圆上的,并分

别用 m、p、s、e 和 α 表示。若是其他圆上的参数则需指明。

齿数、模数和压力角是齿轮尺寸计算中的三个基本参数,模数大,则齿轮的轮齿大;模数一定时,齿数多,则齿轮的轮齿大。

2) 基圆、齿顶圆和齿根圆

(1) 基圆。

基圆的大小是决定渐开线形状的唯一因素。由式(4-2),基圆直径 d_b 为

$$d_b = d\cos\alpha = mz\cos\alpha \tag{4-5}$$

基圆上的齿距(或称基节)可由下式求得:

$$p_b = \frac{\pi d_b}{z} = \pi m\cos\alpha \tag{4-6}$$

(2) 齿顶圆和齿根圆。

齿顶圆和齿根圆的含义如图 4-3 所示,一般分别处于分度圆的两侧。分度圆与齿顶圆之间的径向距离称为齿顶高,用 h_a 表示。分度圆与齿根圆之间的径向距离称为齿根高,用 h_f 表示。齿顶圆与齿根圆之间的径向距离称为齿高,用 h 表示。齿顶圆直径、齿根圆直径和齿高分别为

$$d_a = d + 2h_a \tag{4-7}$$

$$d_f = d - 2h_f \tag{4-8}$$

$$h = h_a + h_f \tag{4-9}$$

4.2.2　外啮合标准直齿圆柱齿轮机构的几何尺寸计算

1. 标准齿轮

模数和压力角为标准值,分度圆上的齿厚(s)与齿槽宽(e)相等,齿顶高(h_a)与模数的比值及齿根高(h_f)与模数的比值均等于标准值的齿轮,称为标准齿轮。

根据我国基本齿廓标准(GB/T 1356—2001),标准齿轮参数间的关系为

$$s = e = \frac{1}{2}p = \frac{1}{2}\pi m, \quad c = c^* m$$

$$h_a = h_a^* m, \quad h_f = (h_a^* + c^*)m$$

式中:c 为顶隙;h_a^* 为齿顶高系数;c^* 为顶隙系数。

齿顶高系数和顶隙系数亦均已标准化,其值为

$$h_a^* = 1, \quad c^* = 0.25$$

2. 标准齿轮传动的中心距

中心距是齿轮传动的基本尺寸,齿轮箱体上轴承孔的尺寸就是由中心距决定的。为了使一对渐开线标准齿轮传动平稳,在确定其中心距时,应保证相啮合的两轮齿的齿侧无间隙存在。

一对齿轮啮合传动时,两齿轮的中心距总等于做相对滚动的两节圆的半径之和。当要求相啮合的两轮齿齿侧无间隙存在时,一齿轮轮齿的节圆齿厚必须等于另一齿轮轮齿的节圆齿槽宽,故齿轮机构的无侧隙传动条件为 $s_1' = e_2'$,$s_2' = e_1'$。

由于一对模数相等、无侧隙啮合的标准齿轮分度圆上的齿厚和齿槽宽相等,即 $s_1 = e_1 = s_2 = e_2 = \pi m/2$,因此,当两轮的分度圆相对滚动时,其齿侧间隙为零,此时,分度圆与节圆重合。

因而,一对无侧隙啮合的标准齿轮,其标准中心距(简称为中心距,用 a 表示)的计算式为

$$a = r'_1 + r'_2 = r_1 + r_2 = \frac{m}{2}(z_1 + z_2)$$

3. 几何尺寸计算

外啮合标准直齿圆柱齿轮几何尺寸计算的有关公式如表 4-3 所示。

表 4-3　外啮合标准直齿圆柱齿轮几何尺寸的计算公式

名　　称	符　　号	计　算　公　式
模数	m	根据齿轮强度等要求选择的标准值
压力角	α	$\alpha = 20°$
分度圆直径	d	$d_1 = mz_1,\quad d_2 = mz_2$
齿顶高	h_a	$h_a = h_a^* m$
齿根高	h_f	$h_f = (h_a^* + c^*)m$
齿高	h	$h = h_a + h_f$
顶隙	c	$c = c^* m$
齿顶圆直径	d_a	$d_{a1} = d_1 + 2h_a,\quad d_{a2} = d_2 + 2h_a$
齿根圆直径	d_f	$d_{f1} = d_1 - 2h_f,\quad d_{f2} = d_2 - 2h_f$
基圆直径	d_b	$d_{b1} = d_1 \cos\alpha,\quad d_{b2} = d_2 \cos\alpha$
齿距	p	$p = \pi m$
齿厚	s	$s = \dfrac{p}{2}$
齿槽宽	e	$e = \dfrac{p}{2}$
标准中心距	a	$a = \dfrac{1}{2}(z_1 + z_2)m$

4.2.3　渐开线直齿圆柱齿轮机构的啮合传动

1. 能实现恒定的瞬时传动比传动

如图 4-5 所示,设两渐开线齿廓 E_1、E_2 在任意点 K_1 相啮合。过点 K_1 作这对齿廓的公法线 N_1N_2 与两轮的连心线交于点 P。由渐开线的性质可知,此公法线 N_1N_2 必与两基圆相切,即 N_1N_2 必为两基圆的内公切线。因在传动过程中,两基圆为定圆,而两定圆在同一方向的内公切线只有一条,故两齿廓无论在何处啮合,过啮合点所作的两齿廓的公法线与两基圆的内公切线重合。由此可知,两齿廓在所有啮合点上的公法线都通过连心线上的定点 P。因而有

$$i_{12} = \frac{\omega_1}{\omega_2} = \frac{\overline{O_2P}}{\overline{O_1P}} = 常数$$

这就证明了渐开线齿廓能保证实现恒定的瞬时传动比传动。

由图 4-5,两轮的瞬时传动比还可以写成

$$i_{12} = \frac{\omega_1}{\omega_2} = \frac{\overline{O_2P}}{\overline{O_1P}} = \frac{r'_2}{r'_1} = \frac{r_{b2}}{r_{b1}} = \frac{r_2 \cos\alpha}{r_1 \cos\alpha} = \frac{z_2}{z_1} \tag{4-10}$$

式中:r'_1、r'_2 分别为两轮的节圆半径;r_{b1}、r_{b2} 分别为两轮的基圆半径。

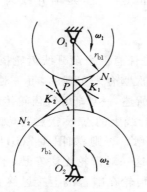

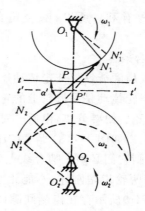

图 4-5　能实现恒定的瞬时传动比传动　　　　图 4-6　中心距的可分性

2. 中心距具有可分性

渐开线圆柱齿轮机构的又一啮合特性是两轮中心距的变化不影响传动的瞬时角速比,这一特性称为中心距的可分性。

由式(4-10)知,两轮的瞬时角速比不仅与两轮的节圆半径成反比,而且与基圆半径成反比。如图 4-6 所示,两轮中心距的变化只改变两轮的节圆半径,齿轮制成后,其基圆就已确定,不因中心距的变化而有所改变。因此,即使两轮的实际中心距与设计中心距有点偏差,也不会改变其瞬时角速比。这是渐开线齿廓啮合的一大优点,有很大的实用价值。实际工作中,由于制造和安装误差,以及轴承磨损等原因,齿轮的实际中心距与设计中心距往往不相等,但因渐开线齿廓啮合具有中心距的可分性,故仍可保持定传动比传动。

3. 啮合线是两基圆上的一条内公切线

如前所述,两渐开线齿廓在任何位置啮合时,过啮合点所作的齿廓公法线均为直线 N_1N_2(见图 4-5)。因此,在渐开线齿廓啮合过程中,其每个瞬时的接触点都在直线 N_1N_2 上。两齿廓啮合点在与机架相固连的坐标系中的轨迹称为啮合线。所以,啮合线与两齿廓接触点的公法线始终重合,也是两基圆的一条内公切线。

4. 啮合角是随中心距而定的常数

如图 4-6 所示,两齿廓在啮合过程中,过节点所作的两节圆的内公切线 $t—t$ 与两齿廓接触点的公法线所夹的锐角,称为啮合角,一般用 α' 表示。

一对渐开线齿廓的啮合角,在数值上等于该对齿廓在节点接触时的压力角,其值可按下式计算:

$$\cos\alpha' = \frac{r_{b1}}{r'_1} = \frac{r_{b2}}{r'_2}$$

由上式可知,啮合角与齿轮的基圆和节圆半径有关。一对安装好的渐开线圆柱齿轮,其节圆和基圆的位置确定不变,因而啮合角在渐开线齿廓的啮合过程中是恒定不变的。但因中心距加大时,节圆半径随之加大,所以,啮合角随中心距的变化而改变,标注中心距时,其啮合角数值上等于分度圆压力角。

齿轮传动时,两齿廓间的正压力沿齿廓接触点的公法线方向作用,因啮合过程中啮合角为一不变的常数,故两齿廓间的正压力方向在啮合过程中始终保持不变。当主动轮上的驱动力矩 T_1 为常数时,作用在从动齿轮齿廓上的正压力的方向和大小均不变,这对支撑齿轮的轴承的受力情况十分有利。所以,啮合角在啮合过程中恒定不变,是渐开线齿轮传动的又一优点。

5. 正确啮合条件

一对渐开线齿廓能够保证定传动比传动,但并不是任意两个渐开线齿轮搭配起来都可以正确地传动。齿轮传动是靠齿轮上的轮齿一对对地依次啮合来实现的,每一对齿只能在有限的区间内啮合,随后便要分离,由后一对齿接替。如前所述,一对渐开线齿轮传动时,其啮合点都应在啮合线上。如图 4-7(a)所示,当前一对齿在啮合线上的点 K 接触时,如果后一对齿也处于啮合线上,则它们必须在啮合线上的另一点 K' 接触。否则,如图 4-7(b)所示,将会出现齿廓重叠(由于两轮齿是刚体,不能相互嵌入,势必使这一对齿轮无法安装,不能进行正常啮合),或如图 4-7(c)所示存在齿侧间隙(使得当前一对齿轮在啮合线上接触终止时,下一对轮齿不能及时地进行接触,不能保证实现定传动比传动),这些都是不允许的。

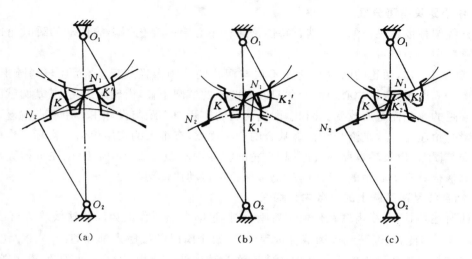

图 4-7　正确啮合条件

为了满足这一要求,必须使轮 1 和轮 2 上相邻两齿同侧齿廓的法向距离(称为齿轮的法节)相等。

由图 4-7(a)可知,$\overline{K'K}$ 既是齿轮 1 的法节,又是齿轮 2 的法节。因此,只有两齿轮的法节相等,它们才能正确啮合。根据渐开线的性质,齿轮的法节与其端面基圆齿距(基节)在数值上相等,于是得 $p_{b1} = p_{b2}$。

由式(4-6)有

$$\left.\begin{array}{l} p_{b1} = \pi m_1 \cos\alpha_1 \\ p_{b2} = \pi m_2 \cos\alpha_2 \end{array}\right\}$$

由此得渐开线齿轮传动的正确啮合条件为

$$m_1 \cos\alpha_1 = m_2 \cos\alpha_2 \tag{4-11}$$

由于齿轮的模数和压力角都已标准化了,故为满足式(4-11),应使

$$\left.\begin{array}{l} m_1 = m_2 = m \\ \alpha_1 = \alpha_2 = \alpha \end{array}\right\} \tag{4-12}$$

式(4-12)表明,一对渐开线齿轮的正确啮合条件是:两轮的模数和压力角必须分别相等。

6. 连续传动条件

1）一对渐开线直齿圆柱齿轮机构的啮合传动过程

图 4-8 所示为一对渐开线齿轮的啮合传动,设齿轮 1 为主动轮,齿轮 2 为从动轮,转向如图所示。在正常情况下,当两轮齿开始啮合时,主动轮的根部齿廓与从动轮的齿顶一定相接触。又因为齿廓接触点必在啮合线上,所以一对轮齿在啮合线上的起点,就是从动轮 2 的齿顶圆与啮合线 $N_1 N_2$ 的交点 B_2。随着啮合传动的进行,接触点便由点 B_2 沿着啮合线向 N_2 的方向移动,直到主动轮 1 的齿顶与从动轮 2 的齿根部齿廓相接触(如图中虚线所示位置)时,两齿廓即将脱离在啮合线 $N_1 N_2$ 上的接触。所以,一对轮齿在啮合线上啮合的终止点就是主动轮 1 的齿顶圆与啮合线 $N_1 N_2$ 的交点 B_1。线段 $\overline{B_2 B_1}$ 是一对轮齿啮合点在与机架固连的坐标系上的实际轨迹,称为实际啮合线。若将两轮的齿顶圆加大,则点 B_1 和 B_2 将分别趋近啮合线与两基圆的切点 N_2 和 N_1,因基圆内没有渐开线,所以,两轮齿顶圆与啮合线的交点不得超过点 N_1 和 N_2。线段 $\overline{N_1 N_2}$ 是理论上可能的最长啮合线段,称为理论啮合线。

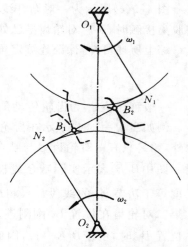

图 4-8　齿轮的啮合过程

2）重合度

在直齿圆柱齿轮传动中,为了避免冲击、振动,以及减小噪声,要求它们能保持连续定角速比传动。下面分析一下满足正确啮合条件的一对渐开线齿轮是否都能保持连续定角速比传动的问题。如图 4-9(a) 所示的一对渐开线齿轮,当主动轮 1 的齿顶与从动轮 2 的齿根部在啮合线上的点 B_1 接触时,其后面的一对轮齿还没有接触,于是当主动轮 1 再继续等速转动时,前一对轮齿将不再在啮合线 $N_1 N_2$ 上接触,而是主动轮 1 的齿顶尖角在从动轮 2 的齿廓上滑过去,推动从动轮 2 减速转动,直到后一对轮齿在啮合线上的点 B_2(从动轮齿顶圆与 $N_1 N_2$ 的交点)接触时,才又做定角速比啮合,此时前一对轮齿便脱离接触。这种现象是齿轮传动所不允许的。产生这种现象的原因是实际啮合线的长度 $\overline{B_1 B_2}$ 小于齿轮的法节(即 $\overline{B_1 B_2} < p_n$),致使前一对轮齿到达啮合线上脱离接触的位置时,后一对轮齿还未能在啮合线上进入接触。

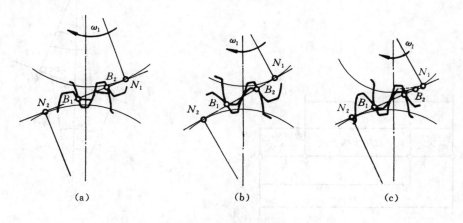

（a）　　　　　　　　　　　（b）　　　　　　　　　　　（c）

图 4-9　连续传动条件

图 4-9(b)所示为一对恰好能保证连续定角速比传动的渐开线齿轮的工作情况,当前一对轮齿在点 B_1 即将脱离接触时,由于 $\overline{B_1B_2}=p_n$,因此后一对轮齿刚好在点 B_2 开始接触。因此当主动轮 1 再继续等速转动时,前一对轮齿虽已脱离接触,但后一对轮齿已经在啮合线上正常地啮合,因而可保证从动轮 2 按定角速比等速转动。

图 4-9(c)所示为一对渐开线齿轮为 $\overline{B_1B_2}>p_n$ 的啮合情况。此时前一对轮齿在点 B_1 即将脱离接触时,后一对轮齿早已处于接触状态,因此就能保证连续定角速比传动。

综上所述可知,保证连续定角速比传动的条件为 $\overline{B_1B_2}\geqslant p_n$,或写为

$$\varepsilon_\alpha = \frac{\overline{B_1B_2}}{p_n} \geqslant 1 \tag{4-13a}$$

一般称比值 ε_α 为齿轮传动的重合度,重合度的大小表明同时参与啮合的轮齿对数的多少。例如当 $\varepsilon_\alpha=1$ 时,表示在齿轮传动过程中,除了在点 B_2 和点 B_1 接触瞬间有两对轮齿相啮合外,始终只有一对轮齿参与啮合。当 $\varepsilon_\alpha=1.3$ 时,可用图 4-10 来说明这对齿轮的啮合情况。图中 $\overline{B_1B_2}$ 表示实际啮合线长度,即 $\overline{B_1B_2}=\varepsilon_\alpha p_n=1.3p_n$。从点 B_1 和点 B_2 开始分别量取长度等于法节 p_n 的线段 $\overline{B_1K}$ 和 $\overline{B_2K'}$。假如第一对轮齿在位置 K' 接触,由于 $\overline{B_2K'}=p_n$,因此第二对轮齿在位置 B_2 刚刚进入啮合,在此以后,为两对轮齿同时啮合。当第一对轮齿到达位置 B_1 时,由于 $\overline{B_1K}=p_n$,因此第二对轮齿到达位置 K。当第一对轮齿自点 B_1 脱开后,由于第三对轮齿还未进入啮合,因此,此时只有一对轮齿相啮合。当第二对轮齿到达 K' 时,第三对轮齿又进入点 B_2,随之又是两对轮齿相啮合。如此不断循环下去。所以,由图 4-10 可知,$\overline{B_1K}$ 和 $\overline{B_2K'}$ 为双对轮齿啮合区,其长度各为 $0.3p_n$;而 $\overline{KK'}$ 为单对轮齿啮合区,其长度为 $0.7p_n$。

从理论上分析,只要重合度 $\varepsilon_\alpha=1$ 就能保证一对齿轮连续定角速比啮合。但因齿轮的制造、安装不可避免地会有误差,为了确保一对齿轮连续定角速比啮合,应使所设计的一对齿轮的重合度 ε_α 的值大于 1。在实际应用中,根据不同的情况,应使 $\varepsilon_\alpha\geqslant[\varepsilon_\alpha]$,其中 $[\varepsilon_\alpha]$ 为重合度许用值,根据齿轮机构的使用要求和制造精度不同,$[\varepsilon_\alpha]$ 可取不同的值。常用的 $[\varepsilon_\alpha]$ 推荐值如表 4-4 所示。

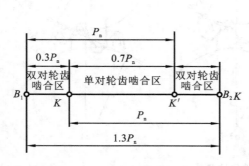

图 4-10　重合度的物理意义

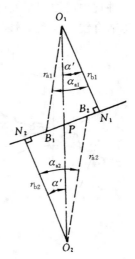

图 4-11　重合度与基本参数的关系

表 4-4　常用的[ε_α]推荐值

使用场合	一般机械	汽车、拖拉机	金属切削机床
[ε_α]	1.4	1.1～1.2	1.3

3）重合度与基本参数的关系

如图 4-11 所示，$\overline{B_1B_2}=\overline{B_1P}+\overline{PB_2}$，而

$$\overline{B_1P}=\overline{B_1N_1}-\overline{PN_1}=\frac{mz_1}{2}\cos\alpha(\tan\alpha_{a1}-\tan\alpha')$$

$$\overline{B_2P}=\overline{B_2N_2}-\overline{PN_2}=\frac{mz_2}{2}\cos\alpha(\tan\alpha_{a2}-\tan\alpha')$$

将 $\overline{B_1B_2}=\overline{B_1P}+\overline{PB_2}$ 代入式(4-13a)，可得

$$\varepsilon_\alpha=\frac{\overline{B_1B_2}}{p_n}=\frac{1}{2\pi}\left[z_1(\tan\alpha_{a1}-\tan\alpha')+z_2(\tan\alpha_{a2}-\tan\alpha')\right] \tag{4-13b}$$

式中：α_{a1}、α_{a2} 分别为齿轮 1、2 的齿顶圆压力角，其计算式为

$$\cos\alpha_{a1}=r_{b1}/r_{a1},\quad\cos\alpha_{a2}=r_{b2}/r_{a2}$$

由上述可知，一对标准直齿圆柱齿轮传动在满足无侧隙啮合条件的情况下，重合度 ε_α 与模数无关。而齿数增多，重合度增大。当齿数 z 趋向无穷多（即齿轮变为齿条）时，可求出直齿圆柱齿轮传动重合度的极限值 $\varepsilon_{\alpha max}=1.981$。由此可知，直齿圆柱齿轮在啮合传动中，不可能保证总是有两对齿啮合，因此直齿圆柱齿轮机构的承载能力有限。

4.2.4　渐开线齿廓的切削加工原理

齿轮轮齿加工的方法很多，可分为仿形法（见图 4-12）和范成法（见图 4-13）两类。对轮齿加工方法的研究不是本课程的任务，但为了讲清楚变位齿轮的基本概念，这里简单介绍范成法中齿条刀切削加工直齿圆柱外齿轮的原理。

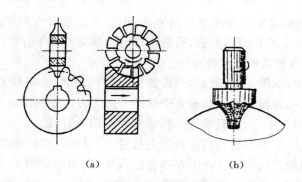

（a）　　　　　　　　　　　　　　（b）

图 4-12　渐开线齿廓的仿形法加工

1. 渐开线直齿圆柱齿轮齿条传动

1）渐开线齿条的几何特点

如图 4-14 所示，当渐开线齿轮的齿数增至无穷多时，其圆心将位于无穷远处，这时齿轮上的各圆均变为直线，渐开线齿廓也变成斜直线。这种齿数为无穷多的齿轮，称为齿条。渐开线齿条的同侧齿廓是一系列互相平行的直线。在齿条上取一条用于确定轮齿尺寸的基准直线，该基准直线与齿条的齿顶线平行，且其上齿厚与齿槽宽相等，此基准直线称为分度线，位于齿

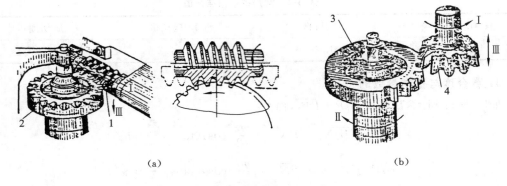

(a) (b)

图 4-13　渐开线齿廓的范成法加工

1—右旋滚刀；2,3—被切齿轮；4—齿轮插刀

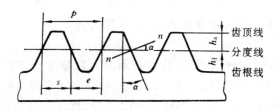

图 4-14　渐开线齿条

顶线与齿根线之间。分度线的垂线与齿廓直线的夹角 α 称为齿条的齿形角。与渐开线齿轮相比，渐开线齿条有如下几何特征。

（1）由于齿条齿廓是斜直线，因此齿廓上各点的法线是平行的，而且在传动时齿条做直线移动，齿廓上各点速度方向都相同，故齿条齿廓上各点压力角均相等，且数值上等于齿条的齿形角。

（2）由于齿条的同侧齿廓是互相平行的直线，因此与齿条分度线平行的任一直线上的齿距和模数都等于分度线上的齿距和模数，只是齿厚与齿槽宽不等于分度线上的齿厚与齿槽宽。

2）渐开线齿轮齿条传动的啮合特点

在齿轮齿条传动中，如图 4-15 所示，当齿轮做定轴转动时，齿条做直线移动，其移动方向与分度线平行，可将它视为回转中心在垂直于移动方向无穷远处的齿轮，故齿轮齿条传动的回转中心连线为过齿轮回转中心 O_1 且垂直于齿条移动方向的直线。

在图 4-15(a)中，点 K 为齿轮和齿条齿廓的接触点，过该点作公法线 n—n，它既与齿轮基圆相切，又垂直于齿条的直线齿廓。由于在啮合过程中，齿轮的基圆大小和位置均不改变，齿条齿廓直线方位也不改变，因此过各瞬时接触点所作齿廓公法线为一固定直线 n—n，它与固定的中心连线必交于固定点 P（即节点），所以齿轮齿条啮合传动能满足齿廓啮合基本定律。

若图 4-15(a)所示为一标准齿轮和齿条做无侧隙啮合传动，则此时齿轮的节圆与分度圆重合，齿条节线与分度线重合。若将齿条远离齿轮回转中心一段距离再与齿轮啮合（见图 4-15(b)），则此时齿条齿廓直线的方位未变，齿轮基圆的大小和位置也未变，显然两齿廓接触点的公法线位置及节点位置也不变，因此齿轮齿条啮合也具有中心距的可变性。

由以上分析可知，齿轮齿条的啮合特点如下。

（1）无论齿条远离还是靠近齿轮回转中心进行啮合传动，其啮合角始终不变，且数值上等

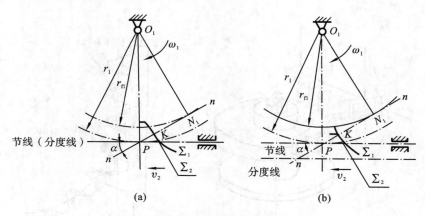

图 4-15　齿轮齿条传动

于齿条齿廓的齿形角 α。

（2）齿轮的节圆与分度圆始终重合，但齿条的分度线与节线的相对位置随着齿条与齿轮回转中心距离的变化而不同。

（3）设 v_2 为齿条的移动速度，ω_1 为齿轮的角速度，则 $\dfrac{v_2}{\omega_1}=r_1=\dfrac{1}{2}mz_1$。

2. 齿条刀切齿原理

范成法是利用一对齿轮啮合传动原理来加工齿廓的，其中一齿轮作为刀具，另一齿轮则作为被切齿轮坯。当刀具对被切齿轮坯做确定的相对运动时，刀具就可在与齿轮坯固连的坐标系上切出被加工齿轮轮齿的齿廓。

图 4-16 所示为一标准齿条刀（下面简称齿条刀）的齿廓，它与齿条基本相同，只是齿顶增加了 c^*m 的高度（目的是切出被切齿轮的径向间隙）。因齿条刀的分度线等分其齿高，故又称为中线。刀顶线与直线齿廓之间的过渡处不是直线，而是以半径为 ρ 的圆角刀刃，它不能切出渐开线齿廓，只能切出齿根部分的过渡曲线。而刀顶线是用来切制被切齿轮的齿根圆的。

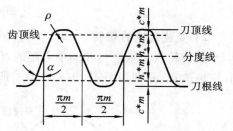

图 4-16　标准齿条刀的齿廓

3. 用齿条刀切制轮齿

图 4-17 所示为齿条刀切齿的工作原理图。

1）标准齿轮的切制

如图 4-18 所示，齿条刀分度线与齿轮坯分度圆相切，它们之间保持纯滚动。由于切齿相当于无侧隙啮合，因此被切齿轮分度圆齿厚必等于齿条刀分度线上的齿槽宽，而被切齿轮分度圆齿槽宽必等于齿条刀分度线上的齿厚。因为刀具分度线上的齿厚等于齿槽宽，所以被切齿轮齿厚等于齿槽宽，即 $s=e$。此外，由分度圆与分度线相切并做纯滚动可知，被切齿轮的齿根高等于齿条刀顶线至分度线的距离 $(h_a^*+c^*)m$。因为齿轮坯的齿顶圆是预先按标准齿轮的齿顶圆直径加工好了的，切齿时，齿条刀根线与被切齿轮齿顶圆之间保持 c^*m 的径向间隙，故被切齿轮齿顶高等于 h_a^*m。这样，切出的齿轮必定为标准齿轮。

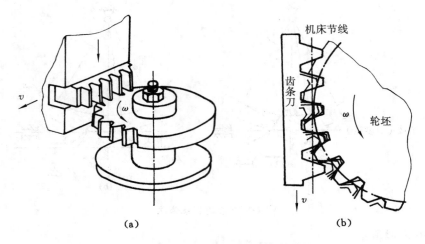

(a)   (b)

图 4-17   齿条刀切齿的工作原理图

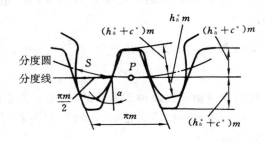

图 4-18   切制标准齿轮

2）变位齿轮的切制

由齿轮齿条啮合传动的中心距的可变性可知，齿条刀分度线相对于被切齿轮分度圆可能有三种位置，分别如图 4-19(a)(b)(c)所示。

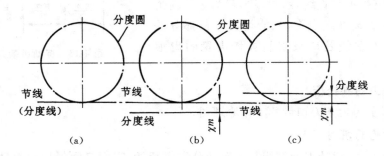

图 4-19   齿条刀分度线相对于被切齿轮分度圆的位置

当齿条刀分度线位于图 4-19(a)所示的位置时，如上所述，可切制出标准齿轮。

当齿条刀分度线远离齿轮回转中心，处于图 4-19(b)所示位置时，由于被切齿轮分度圆的大小和位置未变，只是齿轮分度圆沿着与齿条刀分度线平行的另一条节线做纯滚动，同时齿条刀齿廓方位未变，因此被切齿轮的压力角、模数仍等于齿条刀的压力角、模数。但由于此时齿条刀节线上的齿槽宽大于齿厚，因此切出的齿轮分度圆上的齿厚大于齿槽宽，即 $s>e$。又由于齿条刀顶线远离被切齿轮中心，因此切出的齿轮根圆加大了。此时齿轮的齿顶圆与齿条刀切深无关,而由齿轮坯的外径所确定,故为了保持齿轮的齿高不变,齿顶圆需相应地加大。因此,切出的齿轮齿顶高 $h_a > h_a^* m$,齿根高 $h_f < (h_a^* + c^*)m$。这种由改变齿条刀分度线与被切齿轮分度圆的相对位置,从而使切出齿轮的 $\dfrac{h_a}{m}$、$\dfrac{h_f}{m}$ 不等于标准值,且分度圆上齿厚 s 不等于齿槽宽 e 的齿轮,称为变位齿轮。

图 4-19(c)表示齿条刀分度线靠近齿轮回转中心,其分度线与被切齿轮分度圆相切,此时切出的齿轮也是变位齿轮,只是 $s < e$, $h_a < h_a^* m$, $h_f > (h_a^* + c^*)m$。

齿条刀分度线由切制标准齿轮的位置沿齿轮坯径向远离或靠近齿轮中心所移动的距离称为径向变位量(简称变位量),用 $\Delta = \chi m$ 表示(其中 m 为模数,χ 为变位系数),并且规定:

(1)齿条刀分度线远离齿轮中心所切出的齿轮称为正变位齿轮,其变位系数取正值(即 $\chi > 0$);

(2)齿条刀分度线靠近齿轮中心所切出的齿轮称为负变位齿轮,其变位系数取负值(即 $\chi < 0$)。

图 4-20 所示为用同一把齿条刀切出的齿数相同的标准齿轮、正变位齿轮及负变位齿轮的轮齿。它们的齿廓是相同基圆上的渐开线,只是取作齿廓的渐开线部位相对齿轮中心的远近不同而已。由于同一条渐开线上不同部位的曲率不同,因此正变位齿轮、标准齿轮、负变位齿轮的轮齿两侧渐开线收拢的程度不同。图中的三个齿轮是在分度圆处相重合,且左侧齿廓重叠的条件下绘出的。由该图可以清楚地看出变位齿轮与标准齿轮的异同。

4. 不产生齿廓根切的条件

如图 4-21 所示,用范成法切制轮齿时,有时刀具会把轮齿根部已切制好的渐开线齿廓再切去一部分,这种现象称为齿廓根切。齿廓根切将削弱齿根强度,减小重合度。

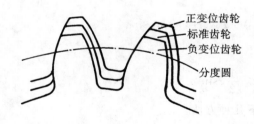
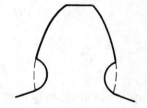

图 4-20　标准齿轮与变位齿轮的异同　　　　　图 4-21　齿廓根切现象

1)产生根切的原因

要避免根切现象的产生,必须先了解产生根切的原因,现以齿条刀切削齿轮为例加以说明。

如图 4-22(a)所示,齿轮分度圆与齿条刀节线相切于点 P,过点 P 作刀刃的垂线(即啮合线)与齿轮的基圆相切于点 N。若刀刃由位置 I 开始进入切削,当刀刃移至位置 II 时,齿廓渐开线部分便全部切出。当齿条刀的齿顶线与啮合线的交点正好在点 N 时,则齿条刀和被切齿轮继续运动,刀刃即与切好的渐开线齿廓相分离,因而不会产生根切。然而当刀具齿顶线与啮合线的交点超过点 N 时,则不但超过点 N 的刀刃不能范成渐开线齿廓(因为基圆内无渐开线),而且刀具由位置 II 继续移动时,会将根部已切制好的渐开线齿廓再切去一部分,形成图 4-21 所示的齿形。也就是说,齿廓根切产生的原因是,齿条刀直线齿廓部分的齿顶线与啮合线的交点超过了啮合极限点(即理论啮合线的端点)。

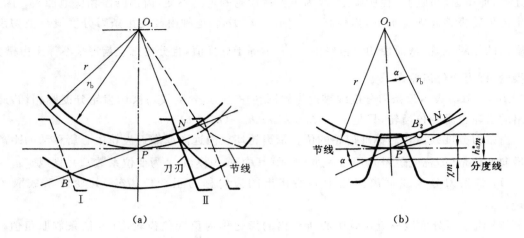

图 4-22   不产生根切的条件

2) 避免根切的方法

由以上分析可知,要避免根切,就应使齿条刀的齿顶线与啮合线的交点不超过啮合线与齿轮基圆的切点 N。要达到这一目的,可利用渐开线齿廓啮合的中心距可变性,将齿条刀向远离被切齿轮回转中心的方向移动一个距离(即采用齿轮变位的方法);也可通过适当选择其他基本参数的值来避免根切。

由如图 4-22(b)可知,齿条刀切齿不会产生根切的条件为

$$\overline{PB_2} \leqslant \overline{PN_1}$$

而

$$\overline{PB_2} = \frac{(h_a^* - \chi)m}{\sin\alpha}, \quad \overline{PN_1} = \frac{1}{2}mz\sin\alpha$$

所以

$$h_a^* - \chi \leqslant \frac{1}{2}z\sin^2\alpha \tag{4-14}$$

由式(4-14)可知,要避免根切,可采用以下几种方法。

(1) 采用变位齿轮。由式(4-14)可得

$$\chi \geqslant h_a^* - \frac{1}{2}z\sin^2\alpha \tag{4-15}$$

由此可知,当齿条刀的齿顶线与啮合线的交点 B 刚好在点 N_1 处时,被切齿轮刚好不会产生根切。此时即相当于将式(4-15)取为等式,这样求出的变位系数称为标准齿轮不产生根切的最小变位系数(简称最小变位系数),并用 $\chi_{\min}$ 表示,其计算公式为

$$\chi_{\min} = h_a^* - \frac{1}{2}z\sin^2\alpha$$

当 $h_a^* = 1, \alpha = 20°$ 时,由上式可求得

$$\chi_{\min} = 1 - \frac{z}{17} = \frac{17 - z}{17} \tag{4-16}$$

进行齿轮设计时,不产生根切的条件是限制单个齿轮变位系数最小值的条件。

(2) 采用足够多的齿数。由式(4-14)可得

$$z \geqslant \frac{2(h_a^* - \chi)}{\sin^2\alpha} \tag{4-17}$$

当 $h_a^* = 1, \alpha = 20°, \chi = 0$（标准齿轮）时，由式（4-17）可得

$$z_{\min} = 17$$

由以上分析可知，当 $z < 17$ 时，会产生根切，即标准齿轮不产生根切的最少齿数为 $z_{\min} = 17$。

（3）改变齿顶高系数和压力角。由式（4-14）可知，减小齿顶高系数 h_a^* 时，可避免根切，但这将减小重合度；增大分度圆压力角 α 时，也可避免根切，但这将增大齿廓间正压力；同时，若选用非标准的 h_a^* 和 α，则均要采用非标准的刀具来切制齿轮。所以，一般情况下，不采用这种方法来避免根切。

4.2.5　变位齿轮机构传动的类型

根据一对齿轮变位系数的不同，变位齿轮传动可分为下列三种类型。

1. 零传动

若一对齿轮的变位系数之和等于零，则这对齿轮传动称为零传动，零传动又可分为下列两种情况。

1）标准齿轮传动

这种传动的两轮均为标准齿轮，即 $\chi_1 = \chi_2 = 0$，其分度圆齿厚 s 等于分度圆齿槽宽 e，齿顶高 h_a 及齿根高 h_f 均为标准值，实际中心距 a' 等于标准中心距 a，啮合角 α' 等于分度圆压力角 α。为了避免根切，两轮的齿数都必须大于最少齿数 $z_{\min}$。

2）等移距变位齿轮传动

这种齿轮传动（或称高度变位齿轮传动）的实际中心距 a' 等于标准中心距 a，两轮的变位系数的绝对值相等，但其中一个为正变位，另一个为负变位，即 $\chi_1 = -\chi_2 \neq 0, \chi_1 + \chi_2 = 0$。由于小齿轮的齿数较少，容易发生根切，因此这种齿轮传动中的小齿轮应采用正变位齿轮，而大齿轮则应采用负变位齿轮。

等移距变位齿轮传动与标准齿轮传动相比，其主要优点是：①可以制造出齿数少于 $z_{\min}$ 而无根切的齿轮，所以传动比一定时，两轮的齿数和可相应地减小；②可使两轮轮齿的抗弯强度趋于相等，相对地提高了齿轮传动的承载能力和使用寿命。但也存在如下的缺点：①两轮必须成对设计、制造和使用；②重合度略有减小；③小齿轮齿顶容易变尖。故设计这种齿轮时，应验算其齿顶厚 s_{a1}。

2. 正传动

若一对齿轮的变位系数之和大于零，即 $\chi_1 + \chi_2 > 0$，则这对齿轮传动便称为正传动。由于 $\chi_1 + \chi_2 > 0$，因此当 $z_1 + z_2 < 2z_{\min}$ 时，可采用这类传动。其啮合角 α' 大于分度圆压力角 α，节圆大于分度圆，实际中心距 a' 大于标准中心距 a。两轮的齿顶高、齿根高及全齿高都为非标准值。

正传动与标准齿轮传动相比有如下特点：

（1）可以减小齿轮机构的尺寸；

（2）可使齿轮传动的承载能力相对提高；

（3）适当选择 χ_1 及 χ_2，可以凑配给定的中心距；

（4）必须成对设计、制造和使用；

（5）重合度较小，而且正变位太大时齿顶可能变尖，所以采用这类传动时，应验算其重合度 ε_a 及小齿轮的齿顶厚 s_{a1}。

3. 负传动

若一对齿轮的变位系数之和小于零，即 $\chi_1 + \chi_2 < 0$，则这对齿轮传动便称为负传动。由于 $\chi_1 + \chi_2 < 0$，要使两轮的轮齿都不发生根切，则两齿轮的齿数和应大于最少齿数 z_{min} 的两倍。

这种传动的啮合角 α' 小于分度圆压力角 α，实际中心距 a' 小于标准中心距 a。由于其节圆小于分度圆，因此两分度圆相交。两轮的齿顶高、齿根高和全齿高都为非标准值。

负传动的轮齿强度较低，亦须成对设计、制造和使用，故一般不宜采用负传动，只有在实际中心距 a' 小于标准中心距 a 的场合中，才不得不采用这种传动来凑配中心距。

正传动和负传动除了齿顶高和齿根高为非标准值外，它们的啮合角也不等于分度圆压力角，即啮合角发生了变化，所以这两种传动又称为角变位齿轮传动。

4.2.6 渐开线直齿圆柱齿轮基本参数的选择

在齿轮设计中，选择的基本参数不同，将影响齿轮尺寸的大小以及工作性能的好坏，因此，必须合理地选择基本参数，以期减小齿轮的尺寸，提高齿轮的工作性能。

1. 模数 m 的选择

齿轮模数的选择由齿轮抗弯强度决定。模数越大，齿根厚度越大，齿轮抗弯强度就越高。但是当中心距一定时，应在满足抗弯强度的条件下取较小的模数。因为当中心距一定时，模数小，两齿轮的齿数和可以增加，从而增大齿轮的重合度，提高传动平稳性，减小两齿面间的相对滑动速度。

2. 齿数的选择

按照传动比 $i_{12}\left(=\dfrac{n_1}{n_2}=\dfrac{z_2}{z_1}\right)$ 确定齿数时，应考虑以下几点。

（1）保证所得传动比与给定齿轮传动比之间的偏差 Δi_{12} 不超过允许偏差 $[\Delta i]$。

（2）当模数一定时，为减小机构尺寸，应尽可能取较小的齿数；但对于标准齿轮，为避免根切，齿轮齿数应大于不发生根切的最小齿数，即 $z > z_{min} = 17$。

（3）为增大齿轮根部和顶部的厚度，以及减小齿轮啮合时两齿面间的相对滑动速度，可取较多的齿数。

（4）当中心距一定时，为增大齿轮的重合度，提高传动平稳性，减小齿轮啮合时两齿面间的相对滑动速度，应在保证足够的抗弯强度的条件下选取较多的齿数。

（5）对于承受循环交变载荷的齿轮传动，两齿轮的齿数最好为互质数。

例 4-1　试设计一对外啮合渐开线直齿圆柱齿轮，已知传动比 $i_{12} = 2.03$，标准中心距 $a = 150$ mm，模数 $m = 3$ mm。若将中心距较标准中心距增大 1.5 mm，求齿顶间隙 c'，节圆半径 r_1'、r_2' 及啮合角 α'。

解　因为 $a = r_1 + r_2 = \dfrac{1}{2}m(z_1 + z_2) = 150$ mm，$i_{12} = \dfrac{z_2}{z_1} = 2.03$，由此解出

$$z_1 = 33.0033, \quad z_2 = 66.997$$

如取 $z_1 = 33$，$z_2 = 67$，则可求得以下参数：

分度圆直径　　　　　　　　$d_1 = z_1 m = 33 \times 3$ mm $= 99$ mm

　　　　　　　　　　　　　$d_2 = z_2 m = 67 \times 3$ mm $= 201$ mm

基圆直径　　　　　　　　　$d_{b1}=d_1\cos\alpha=99\text{ mm}\times\cos20°=93.02\text{ mm}$

　　　　　　　　　　　　　$d_{b2}=d_2\cos\alpha=201\text{ mm}\times\cos20°=188.94\text{ mm}$

齿顶圆直径　　　　　　　$d_{a1}=d_1+2h_a=(99+2\times3)\text{ mm}=105\text{ mm}$

　　　　　　　　　　　　$d_{a2}=d_2+2h_a=(201+2\times3)\text{ mm}=207\text{ mm}$

齿根圆直径　　　　　　　$d_{f1}=d_1-2h_f=(99-2\times3.75)\text{ mm}=91.5\text{ mm}$

　　　　　　　　　　　　$d_{f2}=d_2-2h_f=(201-2\times3.75)\text{ mm}=193.5\text{ mm}$

若将安装中心距较标准中心距增大 1.5 mm，则应有

$$a'=a+1.5\text{ mm}=151.5\text{ mm}$$

因为 $a'=r'_1+r'_2$，$\quad i_{12}=\dfrac{r'_1}{r'_2}=\dfrac{z_2}{z_1}$，故可分别求得节圆半径，为

$$r'_1=\frac{a'}{1+i_{12}}=\frac{151.5}{1+\dfrac{67}{33}}\text{ mm}=50\text{ mm}$$

$$r'_2=a'-r'_1=(151.5-50)\text{ mm}=101.5\text{ mm}$$

啮合角为

$$\alpha'=\arccos\frac{r_{b2}}{r'_2}=\arccos\frac{94.47}{101.5}=21.5°$$

齿顶间隙为

$$c'=(a'-a)+c=[(151.5-150)+0.25\times3]\text{ mm}=2.25\text{ mm}$$

此例说明，中心距的分离使啮合角发生了变化。此例还介绍了节圆半径的求法。

例 4-2　如图 4-23 所示的齿轮齿条传动，已知齿轮的回转轴线到齿条的分度线的距离 $h=29$ mm，齿条的模数 $m=$ 4 mm，压力角 $\alpha=20°$，齿顶高系数 $h_a^*=1$，顶隙系数 $c^*=$ 0.25。试确定齿轮的齿数 z，并计算齿轮的分度圆直径 d。

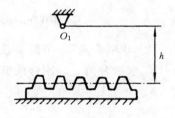

解　如果齿条是标准安装，齿轮又是标准齿轮时，齿条的分度线应切于齿轮的分度圆，此时齿轮回转轴线到齿条分度线的距离 $h'=r$。而

图 4-23　齿轮齿条传动

$$r=zm/2$$

将已知的数据代入上式可得

$$z=14.5$$

但齿数应是整数，因而可判定该齿轮是变位齿轮，即齿条的分度线相对齿轮的分度圆向下移动了 χm 的距离，于是可知

$$h=r+\chi m=zm/2+\chi m=29\text{ mm}$$

下面将齿数 z 圆整后，在 h 不改变的条件下，可根据上式求得变位系数 χ。

（1）选取 $z=15$，可求得 $\chi=-0.25$。而不产生根切的最小变位系数为

$$\chi_{min}=\frac{17-z}{17}=\frac{17-15}{17}=0.118$$

显然，$\chi<\chi_{min}$，即所求得的变位系数 χ 不满足以上条件。

（2）选取 $z=14$，可求得 $\chi=0.25$。而不产生根切的最小变位系数为

$$\chi_{min}=\frac{17-14}{17}=0.176$$

显然，$\chi > \chi_{\min}$，即所求得的变位系数 χ 满足以上条件。

（3）最后取 $z = 14$，并求得分度圆直径为

$$d = zm = 56 \text{ mm}$$

例 4-3　已知一对外啮合渐开线标准直齿圆柱齿轮的参数为：$z_1 = 40$，$z_2 = 60$，$m = 5$ mm，$\alpha = 20°$，$h_a^* = 1$，$c^* = 0.25$。

（1）求这对齿轮标准安装时的重合度 ε_a；

（2）若将这对齿轮安装得刚好能够连续传动，求这时的啮合角 α'、节圆半径 r_1' 和 r_2'、两轮齿廓在节圆处的曲率半径 ρ_1' 和 ρ_2'。

解　分析：①标准齿轮标准安装时，啮合角等于压力角，由此可求出重合度，而重合度的大小实质上表明了同时参与啮合的轮齿对数的平均值；②刚好能够连续传动时，$\varepsilon_a = 1$，则可利用重合度计算公式求出啮合角及节圆半径。

（1）求重合度 ε_a。

齿顶圆压力角为

$$\alpha_{a1} = \arccos\left(\frac{d_{b1}}{d_{a1}}\right) = 26.49°$$

$$\alpha_{a2} = \arccos\left(\frac{d_{b2}}{d_{a2}}\right) = 24.58°$$

重合度为

$$\varepsilon_a = \frac{1}{2\pi}\left[z_1(\tan\alpha_{a1} - \tan\alpha) + z_2(\tan\alpha_{a2} - \tan\alpha)\right]$$

$$= \frac{1}{2\pi}\left[40(\tan 26.49° - \tan 20°) + 60(\tan 24.58° - \tan 20°)\right] = 1.75$$

（2）求啮合角 α'、节圆半径 r_1' 和 r_2'、曲率半径 ρ_1' 和 ρ_2'。

① 求啮合角 α'。刚好能够连续传动时，即 $\varepsilon_a = 1$，则

$$\varepsilon_a = \frac{1}{2\pi}\left[z_1(\tan\alpha_{a1} - \tan\alpha') + z_2(\tan\alpha_{a2} - \tan\alpha')\right] = 1$$

$$\tan\alpha' = (z_1\tan\alpha_{a1} + z_2\tan\alpha_{a2} - 2\pi)/(z_1 + z_2)$$

$$= (40\tan 26.49° + 60\tan 24.58° - 2\pi)/(40 + 60) = 0.411$$

啮合角为　　　　　　　　　　　　　　　$\alpha' = 22.35°$

② 求节圆半径 r_1'、r_2'。由渐开线性质中任意圆上压力角的公式可得

$$r_1' = \frac{r_{b1}}{\cos\alpha'} = \frac{5 \times 40 \times \cos 20°}{2\cos 22.35°} \text{ mm} = 101.6 \text{ mm}$$

$$r_2' = \frac{r_{b2}}{\cos\alpha'} = \frac{5 \times 60 \times \cos 20°}{2\cos 22.35°} \text{ mm} = 152.4 \text{ mm}$$

③ 求曲率半径 ρ_1'、ρ_2'。由渐开线曲率半径的性质可得

$$\rho_1' = r_1'\sin\alpha' = 101.6 \times \sin 22.35° \text{ mm} = 38.63 \text{ mm}$$

$$\rho_2' = r_2'\sin\alpha' = 152.4 \times \sin 22.35° \text{ mm} = 57.95 \text{ mm}$$

例 4-4　用齿条刀具加工齿轮，刀具的参数如下：$m = 2$ mm，$\alpha = 20°$，$h_a^* = 1$，$c^* = 0.25$，刀具移动的速度 $v_刀 = 7.6$ mm/s，齿轮毛坯的角速度 $\omega = 0.2$ rad/s，毛坯中心到刀具中线的距离 $l = 40$ mm。试求：

（1）被加工齿轮齿数 z；

（2）变位系数 χ。

解　分析：①用齿条刀具范成加工齿轮的运动条件为 $v_刀 = r\omega$，由此可求被加工齿轮的齿数；②用齿条刀具范成加工齿轮时的位置条件为 $l = r + \chi m$，由此可求被加工齿轮的变位系数。

（1）求齿数 z。

$$v_刀 = r\omega = mz\omega/2$$

$$z = \frac{2v_刀}{m\omega} = \frac{2 \times 7.6}{2 \times 0.2} = 38$$

（2）求变位系数 χ。

$$r = \frac{mz}{2} = \frac{2 \times 38}{2} \text{ mm} = 38 \text{ mm}$$

$$\chi = \frac{l - r}{m} = \frac{40 - 38}{2} = 1$$

例 4-5　在一对外啮合的渐开线直齿圆柱齿轮传动中，已知：$z_1 = 12$，$z_2 = 28$，$m = 5$ mm，$h_a^* = 1$，$\alpha = 20°$。要求小齿轮刚好无根切，试问在无侧隙啮合条件下：实际中心距 $a' = 100$ mm 时，应采用何种类型的齿轮传动？变位系数 χ_1、χ_2 各为多少？

解　分析：如实际中心距 a' 等于标准中心距 a 时，传动类型为等移距齿轮传动，则可用最小变位系数公式确定变位系数。

标准中心距　　　　$a = \dfrac{m(z_1 + z_2)}{2} = \dfrac{5 \times (12 + 28)}{2} \text{ mm} = 100 \text{ mm}$

因　　　　　　　　　　　　　　　　$a = a'$

且　　　　　　　　　　$z_1 + z_2 > 2z_{min}$，　　$z_1 < z_{min}$

故可采用等移距齿轮传动。

变位系数为

$$\chi_1 = (17 - z_1)/17 = (17 - 12)/17 = 0.294, \quad \chi_2 = -0.294$$

4.3　渐开线斜齿圆柱齿轮机构

4.3.1　斜齿圆柱齿轮齿面的形成与啮合特点

在前面研究直齿圆柱齿轮（直齿轮）时，是仅就齿轮的端面（即垂直于齿轮轴线的平面）来讨论的。当一对直齿轮相啮合时，从端面看两轮的齿廓曲线接触于一点。但齿轮总是有宽度的，故实际上是两轮的齿廓齿面沿一条平行于齿轮轴的直线 KK' 相接触，如图 4-24（a）所示，KK' 与发生面在基圆柱上的切线 NN' 平行（即平行于齿轮的轴线）。当发生面沿基圆柱做纯滚动时，直线 KK' 在空间形成的轨迹就是一个渐开面，即直齿轮的齿廓曲面。

当一对直齿轮互相啮合时，两轮齿面的接触线为平行于其轴线的直线，如图 4-24（b）所示。这种齿轮的啮合特点是，沿整个齿宽同时进入啮合并沿整个齿宽同时脱离啮合。因此，直齿圆柱齿轮的传动平稳性较差，冲击噪声大，不适用于高速传动。为了克服这种缺点，改善啮合性能，工程中采用斜齿圆柱齿轮机构。

斜齿圆柱齿轮（斜齿轮）齿面的形成原理和直齿圆柱齿轮的情况相似，所不同的是发生面上的直线 KK' 与直线 NN' 不平行，即与齿轮轴线不平行，而是与基圆柱母线 NN' 成一夹角

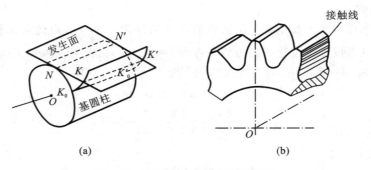

图 4-24　渐开线直齿轮齿面的形成

β_b，如图 4-25(a)所示。故当发生面沿基圆柱做纯滚动时，直线 KK' 上的每一点都依次从基圆柱面的接触点开始展成一条渐开线，而直线 KK' 上各点所展成的渐开线的集合就是斜齿轮的齿面。由此可知，斜齿轮齿廓曲面与齿轮端面(与基圆柱轴线垂直的平面)上的交线(即端面上的齿廓曲线)仍是渐开线。而且由于这些渐开线有相同的基圆柱，因此它们的形状都是一样的，只是展成的起始点不同而已，即起始点依次处于螺旋线 $K_0K'_0$ 上的各点。所以其齿面为渐开螺旋面。由此可见，斜齿圆柱齿轮的端面齿廓曲线仍为渐开线。螺旋角 β_b 越大，轮齿偏斜也越厉害，但若 $\beta_b=0$，斜齿轮就成为直齿轮了。因此，可将直齿圆柱齿轮看成斜齿圆柱齿轮的一个特例。从端面看，一对渐开线斜齿轮传动就相当于一对渐开线直齿轮传动，所以它也满足齿廓啮合基本定律。

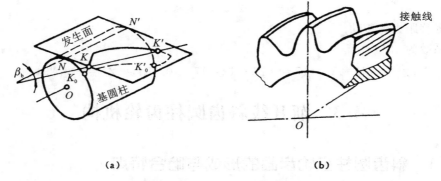

图 4-25　渐开线斜齿轮齿面的形成

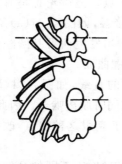

图 4-26　斜齿圆柱齿轮传动

　　斜齿圆柱齿轮传动和直齿圆柱齿轮传动一样，仅限于传递两平行轴之间的运动。如果两斜齿轮分度圆上的螺旋角不是大小相等且方向相反，则这样的一对斜齿轮还可以用来传递既不平行又不相交的两轴之间的运动。为了便于区别，把用于传递两平行轴之间的运动的齿轮传动，称为斜齿圆柱齿轮传动，如图 4-26 所示；把用于传递两交错轴之间的运动的齿轮传动，称为交错轴斜齿轮传动。斜齿圆柱齿轮传动中的两轮齿啮合为线接触，而交错轴斜齿轮传动中的两轮齿啮合为点接触。

　　一对斜齿圆柱齿轮啮合时，齿面上的接触线是由一个齿轮的一端齿顶(或齿根)处开始逐渐由短变长,再由长变短,至另一端的齿根(或齿顶)处终止,如图 4-25(b)所示。这样就减少了传动时的冲击和噪声,提高了传动的平稳性,故斜齿轮适用于重载、高速传动。

4.3.2　斜齿圆柱齿轮的基本参数

1. 端面参数与法面参数的关系

斜齿圆柱齿轮的齿面是一渐开螺旋面,其端面齿形和垂直于螺旋线方向的法面齿形是不相同的。由于制造斜齿轮时常用齿条形刀具或盘形齿轮铣刀切齿,且在切齿时刀具是沿着螺旋线方向进刀的,因此就必须按齿轮的法面参数来选择刀具。故工程中通常规定斜齿轮法面上的参数为标准值,但在计算斜齿轮的基本尺寸时却需按端面参数计算,因此,有必要建立端面参数与法面参数之间的换算关系。

1) 模数

如图 4-27 所示,以斜齿轮分度圆柱面展开图的一部分来说明端面参数与法面参数的关系。图中 p_t 为端面齿距,p_n 为法面齿距,β 为分度圆柱螺旋角,由图可得

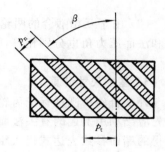

图 4-27　端面参数与法面参数的关系

$$p_n = p_t \cos\beta \qquad (4\text{-}18)$$

而

$$p_t = \pi m_t, \qquad p_n = \pi m_n$$

故

$$m_n = m_t \cos\beta \qquad (4\text{-}19)$$

式中:m_t 为端面模数;m_n 为法面模数。

2) 齿顶高系数

不论从法面还是端面来看,斜齿轮的齿顶高和齿根高都是相等的,故有

$$h_a = h_{at}^* m_t = h_{an}^* m_n$$

$$h_f = (h_{at}^* + c_t^*) m_t = (h_{an}^* + c_n^*) m_n$$

由此可得

$$h_{at}^* = h_{an}^* \cos\beta, \qquad c_t^* = c_n^* \cos\beta \qquad (4\text{-}20)$$

式中:h_{at}^* 和 c_t^* 分别为端面齿顶高系数和顶隙系数;h_{an}^* 和 c_n^* 分别为法面齿顶高系数和顶隙系数。

3) 压力角

为了便于分析斜齿轮的端面压力角 α_t 与法面压力角 α_n 的关系,现用斜齿条来说明。如图 4-28(a)所示,在直齿条上,法面和端面是重合的,所以 $\alpha_n = \alpha_t = \alpha$。

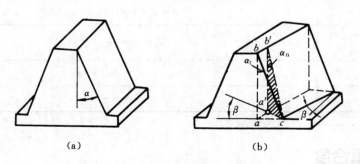

(a)　　　　　　　　　　(b)

图 4-28　端面压力角与法面压力角

如图 4-28(b)所示,在斜齿条上由于轮齿方向与端面的垂线间有一夹角 β,因此法面和端面就不重合了。图中$\triangle abc$ 在端面上,而$\triangle a'b'c$ 在法面上,因这两个三角形的高相等,即$\overline{ab}=\overline{a'b'}$,故由几何关系可得

$$\overline{ac}/\tan\alpha_t = \overline{a'c}/\tan\alpha_n$$

在$\triangle aa'c$ 中,$\overline{a'c}=\overline{ac}/\cos\beta$,于是有

$$\tan\alpha_n = \tan\alpha_t/\cos\beta \qquad (4\text{-}21)$$

2. 正确啮合条件

要使一对斜齿轮能正确啮合,除像直齿轮一样必须保证两轮的模数和压力角分别相等外,还应当使两轮轮齿的倾斜方向一致。因此,斜齿轮传动的正确啮合条件可表述如下。

(1) 两外啮合斜齿轮的螺旋角应大小相等、方向相反,若其中一轮为右旋齿轮,则另一轮应为左旋齿轮,即

$$\beta_1 = -\beta_2$$

(2) 由于互相啮合的两轮螺旋角的大小相等,因此由式(4-19)和式(4-21)可知,其法面模数和法面压力角也分别相等,即

$$m_{n1} = m_{n2} = m_n, \quad \alpha_{n1} = \alpha_{n2} = \alpha_n$$

3. 基本尺寸计算

外啮合斜齿圆柱标准齿轮机构的基本尺寸计算,可采用直齿圆柱齿轮的有关公式,不过,首先应当利用上述的有关法面参数与端面参数关系的公式,由法面参数求得端面参数,然后将求得的端面参数表达式代入相关的直齿圆柱齿轮基本尺寸计算公式中,这样得到的外啮合斜齿圆柱标准齿轮传动的基本尺寸计算公式如表 4-5 所示。

表 4-5　外啮合斜齿圆柱标准齿轮传动的基本尺寸计算公式

待　求　量	计　算　公　式
中心距	$a=\dfrac{1}{2}m_n(z_1+z_2)/\cos\beta$
分度圆直径	$d_1=m_n z_1/\cos\beta, \quad d_2=m_n z_2/\cos\beta$
齿顶高	$h_{a1}=h_{a2}=h_{an}^* m_n$
齿顶圆直径	$d_{a1}=\dfrac{m_n z_1}{\cos\beta}+2h_{an}^* m_n$
	$d_{a2}=\dfrac{m_n z_2}{\cos\beta}+2h_{an}^* m_n$
齿根圆直径	$d_{f1}=\dfrac{m_n z_1}{\cos\beta}-2(h_{an}^*+c_n^*)m_n$
	$d_{f2}=\dfrac{m_n z_2}{\cos\beta}-2(h_{an}^*+c_n^*)m_n$
全齿高	$h=h_a+h_f=(2h_{an}^*+c_n^*)m_n$
端面齿厚	$s_{t1}=s_{t2}=\dfrac{1}{2}\pi m_n/\cos\beta$
端面齿距	$p_t=\pi m_n/\cos\beta$
法面齿距	$p_n=\pi m_n$

注:已知量为 z_1、z_2、m_n、α_2、h_{an}^*、c_n^*、β(两轮旋向)。

4.3.3　重合度

为了便于说明斜齿圆柱齿轮机构的重合度,现将斜齿圆柱齿轮传动与具有相同端面尺寸

的一对直齿圆柱齿轮传动进行对比。图 4-29(a)分别表示直齿圆柱齿轮传动和斜齿轮传动的啮合面。对于直齿圆柱齿轮传动，轮齿前端在点 B_2 处开始，沿整个齿宽同时进入啮合；轮齿前端在点 B_1 处终止啮合时，也将沿整个齿宽同时脱离啮合，所以其重合度为 $\varepsilon_\alpha = \overline{B_1 B_2}/p_n$。

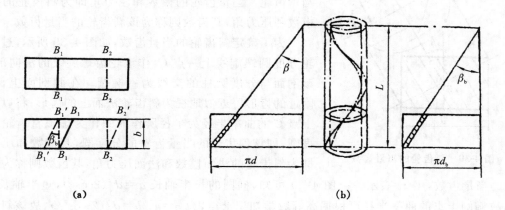

图 4-29　重合度

对于斜齿圆柱齿轮传动，轮齿前端也在点 B_2 处开始进入啮合，但这时不是整个齿宽同时进入啮合，而是由轮齿的前端先进入啮合，随着齿轮的转动，才逐渐达到沿全齿宽接触。当轮齿前端在点 B_1 处终止啮合时，也是轮齿的前端先脱离接触，轮齿后端还继续啮合，待轮齿后端到达终止点 B_1' 后，轮齿才完全脱离啮合。由图 4-29(a)可知，斜齿圆柱齿轮传动实际的啮合区比直齿圆柱齿轮传动的啮合区增大了 $b\tan\beta_b$，故斜齿圆柱齿轮传动的重合度大于直齿圆柱齿轮传动的重合度，其增大量为

$$\varepsilon_\beta = \frac{b\tan\beta_b}{p_{nt}}$$

式中：p_{nt} 为端面法节。

如图 4-29(b)所示，由于 $\tan\beta_b = \dfrac{\pi d_b}{L} = \left(\dfrac{\pi d}{L}\right)\cos\alpha_t$（式中，$L$ 为螺旋线导程），而 $\dfrac{\pi d}{L} = \tan\beta$，因此 $\tan\beta_b = \tan\beta\cos\alpha_t$。而 $p_{nt} = \pi m_n \cos\alpha_t/\cos\beta$，故有

$$\varepsilon_\beta = \frac{b\sin\beta}{\pi m_n} \tag{4-22}$$

因此斜齿圆柱齿轮传动的重合度为

$$\varepsilon_r = \varepsilon_\alpha + \varepsilon_\beta \tag{4-23}$$

式中：ε_α 为端面重合度，其值等于与斜齿圆柱齿轮端面齿廓相同的直齿圆柱齿轮传动的重合度；ε_β 为轴向重合度，它是由于轮齿齿向的倾斜而增加的重合度。由此可知，斜齿圆柱齿轮传动的重合度随齿轮宽度和螺旋角的增大而增大。因而 ε_r 可以大于 2，这是斜齿圆柱齿轮传动较平稳、承载能力较大的原因之一。

4.3.4　斜齿圆柱齿轮的当量齿数

在用仿形法加工斜齿轮时（见图 4-30），铣刀是沿垂直于其法面方向进刀的，故应按法面上的齿形来选择铣刀；在计算轮齿的强度时，由于力是作用在法面内，因此也需要知道法面的齿形。由前述可知，渐开线齿轮的齿形取决于其基圆半径 r_b 的大小，在模数、压力角一定的情

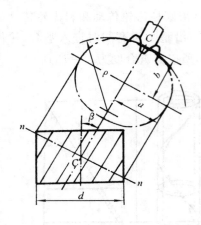

图 4-30　斜齿轮的当量齿数

况下,基圆的半径取决于齿数,即齿形与齿数有关。因此,在研究斜齿轮的法面齿形时,可以虚拟一个与斜齿轮的法面齿形相当的直齿轮,这个虚拟的直齿轮称为该斜齿轮的当量齿轮。当量齿轮的模数和压力角即为斜齿轮的法面模数和压力角,其齿数则称为该斜齿轮的当量齿数。

为了确定斜齿轮的当量齿数,如图 4-30 所示,过斜齿轮分度圆螺旋线上一点 C,作该轮齿螺旋线的法向剖面,该剖面与分度圆柱的交线为一椭圆。在此剖面上,点 C 附近的齿形可近似地视为斜齿轮法面上的齿形;将以椭圆上点 C 的曲率半径为半径所作的圆作为虚拟直齿轮的分度圆,即该斜齿轮的当量齿轮的分度圆,其模数和压力角即为斜齿轮的法面模数和法面压力角,其齿数则称为该斜齿轮的当量齿数,用 z_v 表示。由图 4-30 可知,椭圆的长半轴长 $a=d/(2\cos\beta)$,短半轴长 $b=d/2$,故椭圆上点的曲率半径可根据高等数学知识求得,为 $\rho=a^2/b=d/(2\cos^2\beta)$,故该斜齿轮的当量齿数为

$$z_v = \frac{2\rho}{m_n} = \frac{d}{m_n\cos^2\beta} = \frac{m_t z}{m_n\cos^2\beta} = \frac{z}{\cos^3\beta} \tag{4-24}$$

4.3.5　斜齿圆柱齿轮传动的特点

(1) 一对斜齿圆柱齿轮啮合时,斜齿轮齿面上的接触线为倾斜的直线,如图 4-25(b)所示。在传动过程中,其轮齿是逐渐进入和逐渐脱离啮合的,故传动平稳,冲击和噪声小。

(2) 斜齿圆柱齿轮传动的重合度较大,并随齿宽和螺旋角的增大而增大,因此,同时啮合的齿数较多,每对轮齿分担的载荷较小,故承载能力高,运动平稳,适用于高速传动。

(3) 由式(4-24)可知,斜齿轮不发生根切的最少齿数为 $z_{min}=(z_v)_{min}\cos^3\beta$,而 $(z_v)_{min}$ 是直齿轮不发生根切的最少齿数,故斜齿轮的最少齿数比直齿轮的少,斜齿轮的结构更紧凑。

(4) 斜齿轮在工作时会产生轴向推力 F_a(见图 4-31(a)),因此必须采用向心推力轴承。此外,轴向推力 F_a 是有害分力,它将增加传动中的摩擦损失。为了克服这一缺点,可以采用图 4-31(b)所示的人字齿轮。这种齿轮的左右两排轮齿完全对称,所以两个轴向推力互相抵消。人字齿轮的缺点是制造比较困难。

由上述可知,螺旋角 β 的大小对斜齿轮传动的质量有很大的影响。若 β 太小,则斜齿轮的优点不突出;若 β 太大,又会产生很大的轴向推力。所以,对直齿轮和斜齿轮,一般取 $\beta\approx8°\sim15°$;对人字齿轮,一般取 $\beta=25°\sim40°$。

例 4-6　设计一对斜齿圆柱齿轮,其传动比 $i_{12}=3$,法面模数 $m_n=3$ mm,中心距 $a=91.39$ mm,试确定该对齿轮的齿数 z_1、z_2 和螺旋角 β。

解　当 $\beta=0$ 时,由

$$i_{12} = \frac{z_2}{z_1}, \quad a = \frac{1}{2}\left(\frac{m_n}{\cos\beta}\right)(z_1+z_2)$$

可解得

$$z_1 = 15.23, \quad z_2 = 45.69$$

按 $i_{12}=3$ 并将齿数取整,可得

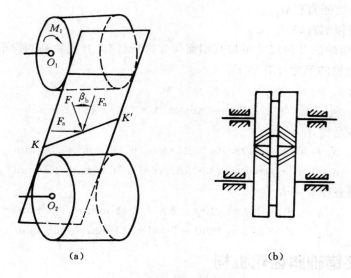

图 4-31　斜齿轮的受力分析

$$z_1 = 15, \quad z_2 = 45$$

为保证中心距不变,可根据斜齿圆柱齿轮中心距计算公式求得

$$\beta = \arccos[(z_1 + z_2)m_n/(2a)] = \arccos[(15+45) \times 3/(2 \times 91.39)] = 10°$$

该例说明,在斜齿轮机构中,可利用改变螺旋角 β 的方法来凑中心距。

例 4-7　某机器上有一对标准安装的外啮合渐开线标准直齿圆柱齿轮机构,已知: $z_1 = 20, z_2 = 40, m = 4$ mm, $h_a^* = 1$。为了提高传动的平稳性,用一对标准斜齿圆柱齿轮来替代,并保持原中心距、模数(法面)、传动比不变,要求螺旋角 $\beta < 20°$。试设计这对斜齿圆柱齿轮的齿数 z_1、z_2 和螺旋角 β,并计算小齿轮的齿顶圆直径 d_{a1} 和当量齿数 z_{v1}。

解　分析:①根据已知条件,可求出直齿轮传动的中心距;②在保持原中心距、模数、传动比不变的条件下,由螺旋角 $\beta < 20°$ 求出齿数。

(1)确定 z_1、z_2、β。

直齿轮传动的中心距　　　　$a = m(z_1 + z_2)/2 = 120$ mm

斜齿轮传动的中心距　　　　$a = m_n(z_1 + z_2)/(2\cos\beta) = 120$ mm

通过分析可知,要保持原中心距,则 $z_1 < 20$ (且为整数), $i_{12} = z_2/z_1 = 2$,故有 $z_1 = 19, 18, 17, \cdots; z_2 = 38, 36, 34, \cdots$

当 $z_1 = 19, z_2 = 38$ 时:　$\beta = 18.195°$。

当 $z_1 = 18, z_2 = 36$ 时:　$\beta = 25.84°$。

当 $z_1 = 17, z_2 = 34$ 时:　$\beta = 31.788°$。

由于 $\beta < 20°$,因此这对斜齿圆柱齿轮的 $z_1 = 19, z_2 = 38, \beta = 18.195°$。

(2)计算 d_{a1}、z_{v1}。

$$d_{a1} = d_1 + 2h_a = (m_n z_1/\cos\beta) + 2h_a^* m_n = 88 \text{ mm}$$

$$z_{v1} = z_1/\cos^3\beta = 22.16$$

例 4-8　一对外啮合标准斜齿圆柱齿轮传动,已知: $m_n = 4$ mm, $z_1 = 24, z_2 = 48, a = 150$ mm。试求:

(1)螺旋角 β;

（2）两轮的分度圆直径 d_1、d_2；

（3）两轮的齿顶圆直径 d_{a1}、d_{a2}。

解　分析：斜齿轮的几何尺寸可按其端面尺寸进行计算，且齿顶高和齿根高在法面或端面都是相同的。斜齿轮的尺寸计算如下。

（1）求螺旋角 β。

$$\beta = \arccos[m_n(z_1 + z_2)/2a] = \arccos[4 \times (24 + 48)/2 \times 150] = 16.26°$$

（2）求分度圆直径 d_1、d_2。

$$d_1 = m_n z_1/\cos\beta = (4 \times 24)/\cos16.26° \text{mm} = 100 \text{ mm}$$

$$d_2 = m_n z_2/\cos\beta = (4 \times 48)/\cos16.26° \text{mm} = 200 \text{ mm}$$

（3）求齿顶圆直径 d_{a1}、d_{a2}。

$$d_{a1} = d_1 + 2h_a = (100 + 2 \times 1 \times 4) \text{ mm} = 108 \text{ mm}$$

$$d_{a2} = d_2 + 2h_a = (200 + 2 \times 1 \times 4) \text{ mm} = 208 \text{ mm}$$

4.3.6　交错轴斜齿轮机构

交错轴斜齿轮机构是用来传递两交错轴之间的运动的。就其单个齿轮而言，就是斜齿圆柱齿轮。

1. 交错轴斜齿轮传动的正确啮合条件

图 4-32 所示为一对交错轴斜齿轮(1、2)传动，两轮的分度圆柱相切于点 P，两轮轴线在两轮分度圆公切面上的投影之间的夹角 Σ 为两轮的轴交角。当如图 4-32(a)所示的两斜齿轮的螺旋角 β_1 和 β_2 方向相同时，其轴交角为 $\Sigma = \beta_1 + \beta_2$；当如图 4-32(c)所示的两斜齿轮的螺旋角方向相反时，其轴交角为 $\Sigma = |\beta_1| - |\beta_2|$。一对交错轴斜齿轮传动时，其轮齿是在法面内相啮合的，因此两轮的法面模数及压力角必须分别相等。它与平行轴斜齿轮传动不同的是，在交错轴斜齿轮传动中两轮的螺旋角不一定相等，所以其两轮的端面模数和端面压力角也不一定相等。

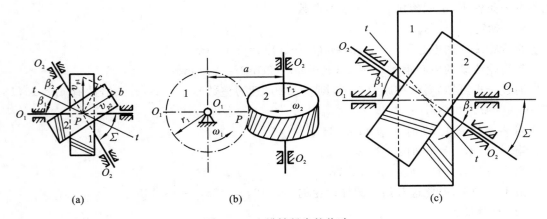

图 4-32　交错轴斜齿轮传动

综上所述，交错轴斜齿轮传动的正确啮合条件是：

（1）$m_{n1} = m_{n2}$，$\alpha_{n1} = \alpha_{n2}$；

（2）$\Sigma = |\beta_1| \pm |\beta_2|$。

2. 传动比

设两轮的齿数分别为 z_1、z_2，其端面模数分别为 m_{t1}、m_{t2}，因 $z_1 = \dfrac{d_1}{m_{t1}}$，$z_2 = \dfrac{d_2}{m_{t2}}$，$m_{t1} = \dfrac{m_{n1}}{\cos\beta_1}$，

$m_{t2} = \dfrac{m_{n2}}{\cos\beta_2}$，$m_{n1} = m_{n2}$，所以两轮的传动比为

$$i_{12} = \frac{\omega_1}{\omega_2} = \frac{z_2}{z_1} = \frac{d_2 \cos\beta_2}{d_1 \cos\beta_1} \tag{4-25}$$

3. 中心距

如图 4-32(b)所示，过点 P 作两交错轴斜齿轮轴线的公垂线，此公垂线的长度就是交错轴斜齿轮传动的中心距 a，即

$$a = r_1 + r_2 = \frac{m_n}{2}\left(\frac{z_1}{\cos\beta_1} + \frac{z_2}{\cos\beta_2}\right) \tag{4-26}$$

4. 交错轴斜齿轮机构的特点

（1）当要满足两轮中心距的要求时，可用选取两轮螺旋角的方法来凑其中心距。

（2）在两轮分度圆直径不变时，可用改变齿轮螺旋角的方法来得到不同的传动比。

（3）交错轴斜齿轮传动时，相互啮合的齿廓为点接触，而且齿廓间的相对滑动速度大，造成轮齿磨损较快，机械效率也较低。所以，交错轴斜齿轮传动一般不宜用于高速、重载传动的场合，仅用于仪表或载荷不大的辅助传动中。

4.4　直齿锥齿轮机构

4.4.1　直齿锥齿轮齿面的形成与特点

1. 直齿锥齿轮齿面的形成

直齿锥齿轮传动用于传递两相交轴间的运动和动力，其轮齿分布在圆锥体上。对应于直齿圆柱齿轮传动中的五对圆柱，直齿锥齿轮传动中有五对圆锥：节圆锥、分度圆锥、齿顶圆锥、齿根圆锥和基圆锥。此外，在直齿圆柱齿轮传动中，用中心距 a 表示两回转轴线间的位置关系；而在锥齿轮传动中，则用轴交角 Σ 来表示两回转轴线间的位置关系。

渐开线直齿锥齿轮齿面的形成与渐开线直齿圆柱齿轮齿面的形成相似。如图 4-33(a)所示，扇形平面与基圆锥相切于 NO'，扇形平面的半径 R 与基圆锥的锥距相等。当扇形平面沿基圆锥做相切纯滚动时，该平面上的点 K 将在空间中形成一条渐开线 K_0K，由于点 K 到锥顶 O' 的距离是不变的，因此渐开线 K_0K 在以 O' 为圆心、$\overline{O'K}$ 为半径的球面上。因而，该渐开线称为球面渐开线。同理，直线 $O'K$ 上的点 K' 则在以 $\overline{K'O'}$ 为半径的球面所形成的相应球面渐开线上。因而，直线 KK' 上的各点就形成不同半径的球面上的球面渐开线。这些半径逐渐减小的球面渐开线的集合，就组成了球面渐开曲面。如图 4-33(b)所示，球面渐开曲面是向锥顶逐渐收缩的，离锥顶愈近，其球面渐开线曲率半径愈小。这种球面渐开曲面与直齿圆柱齿轮的渐开曲面有类似的特性，如切于基圆锥的平面是球面渐开曲面的法面，基圆锥内无球面渐开曲面等。

2. 背锥齿廓

球面渐开线无法展成平面，致使锥齿轮的设计和制造遇到许多困难。因而，不得不采用下述的近似齿廓代替。

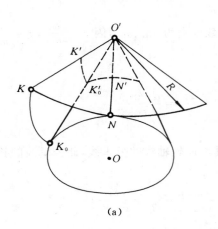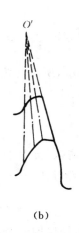

(a)　　　　　　　　　　　　　　(b)

图 4-33　直齿锥齿轮齿廓

图 4-34(a)所示为一对直齿锥齿轮的轴剖面，$\triangle O'P_1P$ 与 $\triangle O'P_2P$ 分别代表齿轮 1 和 2 的节圆锥剖面，δ'_1 和 δ'_2 为其节锥角，r'_1 和 r'_2 为其大端的节圆半径。作圆锥 O_1P_1P 和 O_2P_2P 分别与大端球面相切于大端节圆处。这种切于球面的圆锥称为背锥。现自球心 O' 作射线，将大端上球面渐开线齿廓投影于背锥之上，然后将背锥展开在平面上，得到以背锥母线长 r'_{v1} 和 r'_{v2} 为节圆半径的一对扇形齿轮，如图 4-34(b)所示，由此便得到在平面上表示的锥齿轮大端的近似齿廓。此齿廓不是渐开线，但一般将它近似地认为是圆的渐开线。

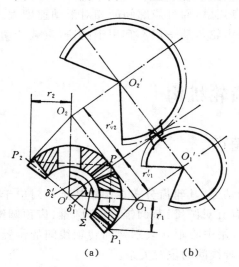

(a)　　　　　(b)

图 4-34　当量齿数

3. 当量齿数

若将扇形齿轮补足为完整的圆形齿轮，则称它为当量齿轮，其齿数称为当量齿数，用 z_{v1} 和 z_{v2} 表示，而扇形齿轮的齿数(即锥齿轮的真实齿数)为 z_1 和 z_2。由图 4-34(a)可知，它们之间有以下关系：

$$r'_{v1} = \frac{r'_1}{\cos\delta'_1}, \quad r'_{v2} = \frac{r'_2}{\cos\delta'_2}$$

因为

$$r_1 = z_1 m/2, \quad r_2 = z_2 m/2$$
$$r_{v1} = z_{v1} m/2, \quad r_{v2} = z_{v2} m/2$$

故有

$$z_{v1} = z_1/\cos\delta'_1, \quad z_{v2} = z_2/\cos\delta'_2 \tag{4-27}$$

由于 $\cos\delta'_1$ 和 $\cos\delta'_2$ 恒小于 1，因此 $z_{v1} > z_1$，$z_{v2} > z_2$，且 z_{v1} 和 z_{v2} 一般不是整数。由以上分析可知，直齿锥齿轮背锥上的齿廓可用当量齿数为 z_v 的假想直齿锥齿轮的齿廓来近似表示；且不发生根切的最少齿数及齿轮的强度校核均按当量齿数计算。

4.4.2　直齿锥齿轮的基本尺寸

1. 模数

直齿锥齿轮的实际齿数,不论在大端还是在小端都是相同的,但在分度圆锥上,大端和小端的直径却不相等,所以,它们的模数不相等,大端的模数大,小端的模数小。在齿轮设计和制造中,为了使直齿锥齿轮的计算相对误差小,以及便于确定机构的最大尺寸,一般均用大端模数来计算直齿锥齿轮的基本尺寸。因此,在锥齿轮中,其节圆、分度圆、齿顶圆、齿根圆和基圆的直径均指其大端上的。

由背锥所得的当量齿轮可知,一对直齿锥齿轮的正确啮合条件是 $m_1\cos\alpha_1 = m_2\cos\alpha_2$;此外,为了保证安装成轴交角为 Σ 的一对直齿锥齿轮能实现节圆锥顶点重合,且齿面成线接触,应当满足 $\delta'_1 + \delta'_2 = \Sigma$ 的条件。因此,直齿锥齿轮的正确啮合条件为

$$\left.\begin{array}{l} m_1 = m_2 = m \\ \alpha_1 = \alpha_2 = \alpha \\ \delta'_1 + \delta'_2 = \Sigma \end{array}\right\} \tag{4-28}$$

式中:m 和 α 分别为大端上的模数和压力角。

2. 节锥角

设两锥齿轮的角速度分别为 ω_1 和 ω_2,则其传动比(又称角速比)$i_{12} = \dfrac{\omega_1}{\omega_2} = \dfrac{z_2}{z_1}$。因为一对锥齿轮啮合传动时,其节圆锥做纯滚动,所以

$$i_{12} = \frac{\omega_1}{\omega_2} = \frac{\overline{O_2 P}}{\overline{O_1 P}} = \frac{\overline{OP}\sin\delta'_2}{\overline{OP}\sin\delta'_1} = \frac{\sin\delta'_2}{\sin\delta'_1} \tag{4-29}$$

为了便于齿轮箱体的轴孔加工,一般 $\delta'_1 + \delta'_2 = \Sigma = 90°$。故若将 $\Sigma = 90°$ 代入式(4-29),则可得

$$\tan\delta'_1 = \frac{1}{i_{12}} = \frac{z_1}{z_2}$$

$$\tan\delta'_2 = i_{12} = \frac{z_2}{z_1}$$

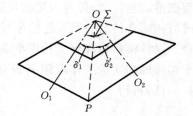

图 4-35　节锥角

由图 4-35 可知,当 $\Sigma = 90°$ 时,节锥距 R(即 $\overline{OP}$ 的长度)为

$$R = \sqrt{r_1^2 + r_2^2} = \frac{m}{2}\sqrt{z_1^2 + z_2^2} \tag{4-30}$$

式中:δ'_1、δ'_2 为节锥角;r_1、r_2 为大端分度圆半径。

3. 顶锥角和根锥角

如图 4-36 所示为标准直齿锥齿轮传动,其中节圆锥角 δ' 等于分度圆锥角 δ。因为在实际使用锥齿轮时,其大端和小端均采用背锥齿廓,其齿高是沿背锥母线方向度量的,而齿顶圆和齿根圆的直径又是在垂直于齿轮回转轴线方向度量的,故有

$$d_a = d + 2h_a\cos\delta \tag{4-31}$$

$$d_f = d - 2h_f\cos\delta \tag{4-32}$$

其中　　　　　　　　　　$d = mz, \quad h_a = h_a^* m, \quad h_f = (h_a^* + c^*)m$

锥齿轮的齿顶圆锥角与两锥齿轮啮合传动时对顶隙的要求有关。图 4-36(a)所示为一对收缩顶隙锥齿轮传动,其顶隙由轮齿的大端向小端逐渐缩小。这时两齿轮的齿顶圆锥、齿根圆

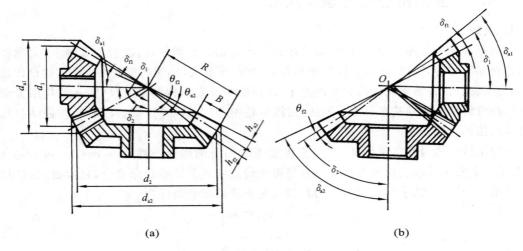

图 4-36　收缩顶隙和等顶隙锥齿轮传动

锥、分度圆锥、节圆锥、基圆锥的锥顶都重合于一点。由图 4-36(a)可知

$$\delta_a = \delta + \theta_a, \quad \delta_f = \delta - \theta_f$$

$$\tan\theta_a = h_a/R, \quad \tan\theta_f = h_f/R$$

式中：δ_a 为顶锥角；θ_a 为齿顶角；δ_f 为根锥角；θ_f 为齿根角。

　　收缩顶隙锥齿轮传动的缺点是：当轮齿由大端向小端逐渐缩小时，其小端的齿根圆角半径及齿顶厚也随之缩小，因此影响齿轮的强度。为了改善这一缺点，可采用图 4-36(b)所示的等顶隙锥齿轮传动，即两齿轮的顶隙由齿轮大端到小端都是相等的。因两齿轮的齿顶圆锥的母线与相啮合的另一锥齿轮的齿根圆锥的母线平行，所以，其锥顶不再与另外四个圆锥的锥顶重合。这种锥齿轮降低了轮齿小端的齿高，因此，不仅减小了小端齿顶变尖的可能性，而且可使小端齿廓的实际工作段距离相对缩短，齿根的圆角半径加大，从而增加了齿轮的强度。由图 4-36(b)可得

$$\left.\begin{array}{l} \delta_{a1} = \delta + \theta_{f2}, \quad \delta_{a2} = \delta_2 + \theta_{f1} \\ \delta_f = \delta - \theta_f, \quad \tan\theta_f = h_f/R \end{array}\right\} \tag{4-33}$$

4. 基本尺寸计算

　　根据上述内容，可将标准直齿锥齿轮($\Sigma = 90°$)传动机构的基本尺寸计算公式列于表 4-6 中，国家标准规定，$\alpha = 20°$，$h_a^* = 1$，$c^* = 0.2$。

表 4-6　标准直齿锥齿轮($\Sigma = 90°$)传动机构的几何参数及尺寸计算

名　称	代　号	计 算 公 式	
		小 齿 轮	大 齿 轮
分度圆锥角	δ	$\delta_1 = \arctan\dfrac{z_1}{z_2}$	$\delta_2 = 90 - \delta_1$
齿顶高	h_a	$h_{a1} = h_{a2} = h_a^* m$	
齿根高	h_f	$h_{f1} = h_{f2} = (h_a^* + c^*)m$	
分度圆直径	d	$d_1 = mz_1$	$d_2 = mz_2$

续表

名　　称	代　号	计　算　公　式	
		小　齿　轮	大　齿　轮
齿顶圆直径	d_a	$d_{a1}=d_1+2h_a\cos\delta_1$	$d_{a2}=d_2+2h_a\cos\delta_2$
齿根圆直径	d_f	$d_{f1}=d_1-2h_f\cos\delta_1$	$d_{f2}=d_2-2h_f\cos\delta_2$
锥距	R	$R=\dfrac{m}{2}\sqrt{z_1^2+z_2^2}$	
齿顶角	θ_a	收缩顶隙传动：$\tan\theta_{a2}=\tan\theta_{a1}=h_a/R$ 等顶隙传动：$\theta_{a1}=\theta_{f2}$，　$\theta_{a2}=\theta_{f1}$	
齿根角	θ_f	$\tan\theta_{f1}=\tan\theta_{f2}=h_f/R$	
分度圆齿厚	s	$s=\dfrac{\pi m}{2}$	
顶隙	c	$c=c^*m$	
当量齿数	z_v	$z_{v1}=z_1/\cos\delta_1$	$z_{v2}=z_2/\cos\delta_2$
顶锥角	δ_a	收缩顶隙传动：$\delta_{a1}=\delta_1+\theta_{a1}$，　$\delta_{a2}=\delta_2+\theta_{a2}$ 等顶隙传动：$\delta_{a1}=\delta_1+\theta_{f2}$，　$\delta_{a2}=\delta_2+\theta_{f1}$	
根锥角	δ_f	$\delta_{f1}=\delta_1-\theta_{f1}$	$\delta_{f2}=\delta_2-\theta_{f2}$

4.5　变位齿轮设计

4.5.1　外啮合圆柱变位齿轮传动

标准齿轮能实现齿轮间的互换，而且设计计算简单。标准齿轮是除模数（m）和压力角（α）为标准值外，分度圆上的齿厚（s）与齿距（p）之比，以及齿顶高（h_a）、齿根高（h_f）分别与模数（m）之比值均为标准值的一种齿轮。

我国基本齿廓标准（GB/T 1357—2008）中规定：

$$s=\frac{1}{2}p=e,\quad h_a=h_a^*m,\quad h_f=(h_a^*+c^*)m$$

式中：e 为分度圆上的齿槽宽；h_a^* 为齿顶高系数，$h_a^*=1$；c^* 为顶隙系数，$c^*=0.25$。

随着现代机器使用条件愈来愈多样化、复杂化，标准齿轮已难以满足各种实际工况的要求，而且标准齿轮受其参数限制，影响齿轮传动潜力的发挥。为了摆脱这种限制，使齿轮设计更加合理，传动质量更好，人们曾以多种方法来修正标准齿轮，其中变位修正的方法获得了最广泛的应用。这种被修正的标准齿轮称为变位齿轮，是一种非标准齿轮。它除 m、α 仍为标准值外，s/p、h_a/m、h_f/m 中至少有一项不是标准值。

变位齿轮的主要用途如下。

（1）在齿数、模数和压力角一定的条件下，若所要求的实际中心距 $a' \neq \frac{m}{2}(z_1 + z_2)$，但相差不大时，为了使一对齿轮能正常啮合，就得采用变位齿轮。

（2）采用正变位齿轮传动，可以提高轮齿的强度。

（3）一对相互啮合的标准齿轮，当其齿数相差较大时，由渐开线的性质可知，小齿轮的齿根厚与大齿轮的齿根厚相差较大，因此大、小齿轮轮齿的抗弯能力有较大的差异。若将小齿轮设计成正变位齿轮，则能使小齿轮的齿根厚加大，从而可达到大、小齿轮轮齿抗弯强度大致相等（等强度）的目的。

（4）齿轮变位还可以用于修复已磨损的大齿轮，以节省材料和加工费用。

在圆柱齿轮设计中，齿轮的基本尺寸计算一般均以齿条插刀加工外齿轮轮齿过程的方法来说明轮齿几何尺寸的形成，并推导其计算公式。

4.5.2 直齿圆柱变位齿轮传动

1. 计算公式

一对圆柱齿轮传动的基本尺寸主要是五对圆（即基圆、分度圆、节圆、齿根圆、齿顶圆）的尺寸。因为中心距等于两节圆半径之和，所以，也可以说是四对圆的尺寸和一个中心距。

由图 4-20 可知，用相同齿条刀（即 m、α、h_a^*、c^*）切出齿数相同的标准齿轮和变位齿轮，它们的齿距、分度圆和基圆相同，但它们的齿厚（齿槽宽）、齿顶圆（齿顶高）、齿根圆（齿根高）不同。由于齿厚影响中心距，因此一对相啮合的变位齿轮的中心距也可能不等于标准中心距。现将直齿圆柱变位齿轮传动有关尺寸的计算介绍如下。

1）分度圆齿厚

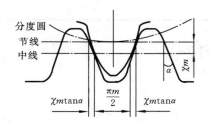

图 4-37　正变位齿轮的切制

如图 4-37 所示，用齿条刀切制正变位齿轮时，被切齿轮的分度圆与齿条刀的节线做纯滚动，被切齿轮分度圆齿厚等于齿条刀节线上的齿槽宽，而此时齿条刀节线上的齿槽宽比中线上的齿槽宽大 $2\chi m \tan\alpha$，故变位齿轮分度圆齿厚为

$$s = \pi m/2 + 2\chi m \tan\alpha = m(\pi/2 + 2\chi \tan\alpha) \quad (4\text{-}34)$$

式中 χ 为代数值，故该式也可用于负变位齿轮分度圆齿厚计算。对于正变位齿轮，χ 值为正，齿厚增大；对于负变位齿轮，χ 值为负，齿厚减小。

2）渐开线齿轮传动的中心距

由 $r_b = r\cos\alpha = r'\cos\alpha'$ 得

$$r_1' = r_1 \frac{\cos\alpha}{\cos\alpha'} = \frac{1}{2}mz_1 \frac{\cos\alpha}{\cos\alpha'}, \quad r_2' = r_2 \frac{\cos\alpha}{\cos\alpha'} = \frac{1}{2}mz_2 \frac{\cos\alpha}{\cos\alpha'}$$

$$a' = r_1' + r_2' = \frac{1}{2}m(z_1 + z_2) \frac{\cos\alpha}{\cos\alpha'} = a \frac{\cos\alpha}{\cos\alpha'} \quad (4\text{-}35)$$

式中：r_b、r、r' 分别为基圆、分度圆、节圆半径；α、α' 分别为分度圆压力角、节圆压力角；a' 为渐开线齿轮传动安装中心距；m 为模数；z 为齿数；a 为标准渐开线齿轮中心距，$a = \frac{1}{2}m(z_1 + z_2)$。

一对相啮合齿轮的中心距是齿轮传动的重要参数。但渐开线齿廓啮合具有中心距可变性，当中心距 a' 变化时，节圆压力角 α' 也相应变化，它仍然满足式（4-35）中的关系，故用式

(4-35)计算中心距要规定一个先决条件。一对已加工好的齿轮,虽然可以使用稍大的中心距,但这时会有较大的侧隙,从而引起轮齿间的冲击。为了避免由此引起的冲击,就要求一对齿轮做无侧隙的啮合传动。所以,工程界共同规定,齿轮传动设计时,按无侧隙啮合的条件计算一对齿轮的公称中心距。于是将无侧隙啮合的中心距称为正确安装中心距(或称为名义中心距)。所谓无侧隙啮合,就是指一对齿轮啮合传动时,一齿轮齿厚的两侧齿廓和与其相啮合齿轮齿槽的两侧齿廓,在左、右两条啮合线上均紧密相切接触。如图 4-38 所示,由于一对齿轮啮合传动时,两齿轮的节圆做无滑动的纯滚动,因此,齿轮 1 转过了一个节圆齿槽宽 e'_1,齿轮 2 相应转过了一个节圆齿厚 s'_2。所以,实现无侧隙啮合传动的条件是:一齿轮的节圆齿厚等于相啮合的另一齿轮的节圆齿槽宽,即 $s'_1 = e'_2$ 或 $s'_2 = e'_1$。这一结论也可由图 4-39 通过渐开线性质证明。

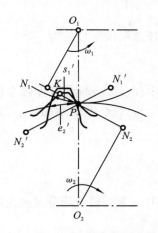

图 4-38　无侧隙啮合传动

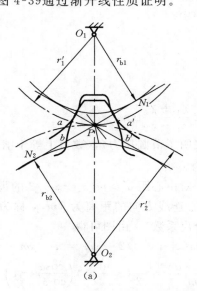

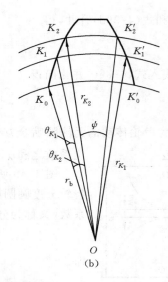

图 4-39　无侧隙啮合传动的条件

　　实际上,一对齿轮在啮合传动时,为了便于在相互啮合的齿廓间进行润滑,以及避免因轮齿发热膨胀和制造误差所引起的挤轧现象,两齿轮啮合轮齿间总要有一定的侧隙。但为了避免轮齿间的冲击,这种侧隙一般很小,通常是由制造时齿厚取负偏差来实现的。但是在计算齿轮公称尺寸时,都是按侧隙为零处理。

　　由式(4-35)可知,在已知 z_1、z_2、m、α 的条件下,要求出中心距 a' 就需先求出啮合角 α'。下面就根据无侧隙啮合条件 $s'_1 = e'_2$ 或 $s'_2 = e'_1$,求出 α'。

　　考虑一对相啮合齿轮节圆做纯滚动,节圆齿距相等,即 $p'_1 = p'_2 = p'$,所以

$$p' = s'_1 + e'_1 = s'_1 + s'_2 \tag{4-36a}$$

由图 4-39(b)可知

$$s_{K_2} = r_{K_2}\psi$$

而

$$\psi = \angle K_1 O K'_1 - 2\angle K_1 O K_2 = s_{K_1}/r_{K_1} - 2(\theta_{K_2} - \theta_{K_1})$$

$$= s_{K_1}/r_{K_1} - 2(\mathrm{inv}\alpha_{K_2} - \mathrm{inv}\alpha_{K_1})$$

则任意圆齿厚公式为

$$s_k = s\frac{r_k}{r} - 2r_k(\mathrm{inv}\alpha_k - \mathrm{inv}\alpha) \tag{4-36b}$$

式中：r、s、α 分别为分度圆半径、齿厚、压力角；r_k、s_k、α_k 分别为任意圆半径、齿厚、压力角。

将式(4-36b)中的 r_k、s_k、α_k 分别代换为节圆半径 r'、节圆齿厚 s'、节圆压力角 α'，即

$$\left.\begin{array}{c} s'_1 = \dfrac{s_1 r'_1}{r_1} - 2r'_1(\mathrm{inv}\alpha' - \mathrm{inv}\alpha) \\[2ex] s'_2 = \dfrac{s_2 r'_2}{r_2} - 2r'_2(\mathrm{inv}\alpha' - \mathrm{inv}\alpha) \end{array}\right\} \tag{4-36c}$$

其中：s 为变位齿轮分度圆齿厚，见式(4-34)；

$$r'_1 = r_1\frac{\cos\alpha}{\cos\alpha'}, \quad r'_2 = r_2\frac{\cos\alpha}{\cos\alpha'}$$

而

$$r_1 = mz_1/2, \quad r_2 = mz_2/2$$

$$p' = p\frac{\cos\alpha}{\cos\alpha'} \tag{4-36d}$$

将式(4-36a)和式(4-36d)合并，得

$$p = \frac{\cos\alpha}{\cos\alpha'} = s'_1 + s'_2 \tag{4-36e}$$

将以上各式代入式(4-36e)并化简得

$$\mathrm{inv}\alpha' = \mathrm{inv}\alpha + 2\frac{\chi_1 + \chi_2}{z_1 + z_2}\tan\alpha \tag{4-36f}$$

式(4-36f)称为齿轮传动的无侧隙啮合方程，它表明了节圆压力角(数值上等于啮合角)α' 与变位系数之和 $\chi_1 + \chi_2$ 的关系。

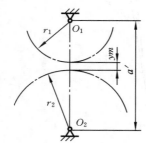

图 4-40 所示为一对中心距 $a' > m(z_1 + z_2)/2$ 的齿轮传动。两齿轮分度圆圆周沿中心连线方向的距离为 ym，y 称为中心距变动系数(又称为分度圆分离系数)。由图可得

$$a' = m(z_1 + z_2)/2 + ym = a + ym \tag{4-37a}$$

即

$$y = \frac{(a' - a)}{m} = \frac{1}{2}(z_1 + z_2)\left(\frac{\cos\alpha}{\cos\alpha'} - 1\right) \tag{4-37b}$$

图 4-40　中心距变动系数

将 y 作为代数值，式(4-37b)也适用于 $a' < m(z_1 + z_2)/2$ 的情况，即两分度圆相割的情况，此时中心距 a' 小于标准中心距 a，故 y 为负值。

3) 齿根圆和齿顶圆的直径

(1) 齿根圆直径。

齿根圆是由齿条刀顶线切出的，故当齿条刀远离被切齿轮中心的距离为 χm 时，齿根圆半径 r_f 就加大 χm。图 4-41 中虚线表示标准齿轮齿槽，其齿根圆半径 $r'_f = m(z/2 - h_a^* - c^*)$。实线表示正变位齿轮齿槽，其齿根圆半径为 r_f，其直径为

$$d_{f1} = mz_1 - 2m(h_a^* + c^*) + 2m\chi_1 = mz_1 - 2m(h_a^* + c^* - \chi_1) \tag{4-38a}$$

$$d_{f2} = mz_2 - 2m(h_a^* + c^* - \chi_2) \tag{4-38b}$$

(2) 齿顶圆直径。

在齿轮设计中，齿顶圆直径的计算原则是：保证一对齿轮在无侧隙啮合条件下，具有标准顶隙 $c^* m$。如图 4-42 所示，中心距 a' 是在无侧隙啮合条件下求出的。由图可知

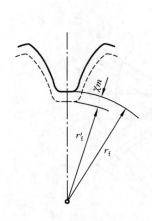

图 4-41 齿根圆

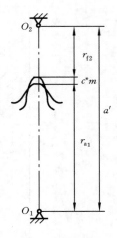

图 4-42 齿顶圆

$$d_{a1} = 2r_{a1} = 2(a' - r_{f2} - c^* m)$$

将式(4-37)和式(4-38)代入,可得

$$d_{a1} = m(z_1 + z_2) + 2my - m(z_2 - 2h_a^* - 2c^* + 2\chi_2) - 2mc^*$$
$$= mz_1 + 2mh_a^* + 2\chi_1 m - 2\chi_2 m - 2\chi_1 m + 2ym$$
$$= mz_1 + 2m(h_a^* + \chi_1) - 2m(\chi_1 + \chi_2 - y)$$

对无侧隙啮合齿轮传动,令 $\chi_1 + \chi_2 - y = \sigma$,并将 σ 称为齿高变动系数。可以证明,在渐开线外啮合圆柱齿轮传动中,当 $\chi_1 + \chi_2 \neq 0$ 时,总有 $\chi_1 + \chi_2 > y$,故 σ 恒为正值,所以可得

$$d_{a1} = mz_1 + 2m(h_a^* + \chi_1 - \sigma) \tag{4-39a}$$

同理可得

$$d_{a2} = mz_2 + 2m(h_a^* + \chi_2 - \sigma) \tag{4-39b}$$

式(4-39a)中:$m(h_a^* + \chi_1 - \sigma)$ 就是齿轮 1 的齿顶高 h_{a1}。若为了保证全齿高不变,其齿顶高应等于 $m(h_a^* + \chi_1)$,但为了保证无侧隙啮合和具有标准顶隙,只得将齿顶高减少 σm。因此,在变位齿轮啮合中,其全齿高为

$$h = (2h_a^* + c^* - \sigma)m \tag{4-40}$$

由式(4-40)可知,当 $\chi_1 + \chi_2 - y = \sigma$ 不等于零时,变位齿轮的全齿高要比标准齿轮的全齿高小 σm。

当 $\chi_1 + \chi_2 = 0$ 时,由式(4-37b)知 $y = 0$,故 $\sigma = \chi_1 + \chi_2 - y = 0$,因此,只有 $\chi_1 + \chi_2 \neq 0$ 的变位齿轮传动中齿轮的全齿高才比标准齿轮的全齿高小 σm。

现在再来说明,在渐开线外啮合圆柱齿轮传动中,当 $\chi_1 + \chi_2 \neq 0$ 时,总有 $\chi_1 + \chi_2 > y$。

为了保证齿轮无侧隙啮合,就需缩短一个距离,使之变成如图 4-43 所示的无侧隙啮合,这时的中心距由 $\overline{O_1 O_2} = \frac{1}{2} m(z_1 + z_2) + (\chi_1 + \chi_2)m$ 变为 $\overline{O_1' O_2'} = a' = a + ym$。由于 $\overline{O_1' O_2'} > \overline{O_1 O_2}$,因此 $\chi_1 + \chi_2 > y$。若令 $\overline{O_1' O_2'} - \overline{O_1 O_2} = \sigma m$,则 $\sigma = \chi_1 + \chi_2 - y$。中心距缩小了 σm,为了保证具有标准顶隙,齿高就要减少 σm。

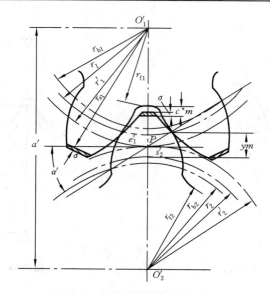

图 4-43　齿顶高降低的原因

2. 计算步骤

计算变位齿轮传动的基本尺寸时,给定的已知数据不同,其计算步骤也有所不同。一般所给定的已知数据可归纳为两种:① 已知变位系数;② 已知中心距。其计算步骤如表 4-7 所示。

表 4-7　外啮合直齿圆柱等移距(高度)变位齿轮传动的基本尺寸计算

待　求　量	计　算　公　式	
变位系数和中心距	$a=\dfrac{1}{2}m(z_1+z_2)$	$a=\dfrac{1}{2}m(z_1+z_2)$
	选定 χ_1 和 χ_2	$\cos\alpha'=a\cos\alpha/a'$
	$\mathrm{inv}\alpha'=\mathrm{inv}\alpha+2\dfrac{\chi_1+\chi_2}{z_1+z_2}\tan\alpha$	$\chi_\Sigma=\dfrac{(z_1+z_2)(\mathrm{inv}\alpha'-\mathrm{inv}\alpha)}{2\tan\alpha}$
	$a'=a\cos\alpha/\cos\alpha'$	选定 χ_1,得 $\chi_2=\chi_\Sigma-\chi_1$
角速比	$i_{12}=\omega_1/\omega_2=d_2'/d_1'=d_{b2}/d_{b1}=d_2/d_1=z_2/z_1$	
节圆直径	$d_1'=2a'/(1+i_{12})$,　　$d_2'=2a'i_{12}/(1+i_{12})$	
分度圆直径	$d_1=mz_1$,　　$d_2=mz_2$	
基圆直径	$d_{b1}=mz_1\cos\alpha$,　　$d_{b2}=mz_2\cos\alpha$	
中心距变动系数	$y=(a'-a)/m$ 或 $y=(z_1+z_2)(\cos\alpha/\cos\alpha'-1)/2$	
齿高变动系数	$\sigma=\chi_1+\chi_2-y$	
齿顶高	$h_{a1}=m(h_a^*+\chi_1-\sigma)$,　　$h_{a2}=m(h_a^*+\chi_2-\sigma)$	
齿顶圆直径	$d_{a1}=mz_1+2m(h_a^*+\chi_1-\sigma)$,　　$d_{a2}=mz_2+2m(h_a^*+\chi_2-\sigma)$	
齿根高	$h_{f1}=m(h_a^*+c^*-\chi_1)$,　　$h_{f2}=m(h_a^*+c^*-\chi_2)$	
齿根圆直径	$d_{f1}=mz_1-2m(h_a^*+c^*-\chi_1)$,　　$d_{f2}=mz_2-2m(h_a^*+c^*-\chi_2)$	
全齿高	$h=h_a+h_f=m(2h_a^*+c^*-\sigma)$	
分度圆齿厚	$s_1=m(\pi/2+2\chi_1\tan\alpha)$,　　$s_2=m(\pi/2+2\chi_2\tan\alpha)$	

待　求　量	计　算　公　式
齿距	$p = \pi m$
法节和基节	$p_n = p_b = \pi m \cos\alpha$

注:在变位系数和中心距的计算中,左右两栏计算式分别对应第一种已知条件为 z_1、z_2、m、α、h_a^*、c^* 的情况和第二种已知条件为 z_1、z_2、m、α、h_a^*、c^*、a' 的情况。

若已知数据为 i_{12}、m、α、h_a^*、c^*、a',则可用以下方法求出齿数。根据

$$a' = \frac{1}{2}m(z_1 + z_2)\frac{\cos\alpha}{\cos\alpha'} = \frac{1}{2}mz_1(1 + i_{12})\frac{\cos\alpha}{\cos\alpha'},$$

令 $\alpha' \approx \alpha$,得 $z_1 \approx \dfrac{2a'}{m(1 + i_{12})}$,则

$$z_2 = i_{12}z_1$$

若 z_1 和 z_2 不是整数,则均去掉小数点后的数并向小值取整。至此,即可按表 4-7 中第二种已知条件的步骤进行计算。

3. 变位齿轮传动的尺寸特点

1) 单个齿轮

(1) 正变位齿轮(即 $\chi > 0$ 的齿轮):它与标准齿轮相比分度圆齿厚加大,齿顶高加大(齿顶圆直径加大),齿根高减小(齿根圆直径加大)。

(2) 负变位齿轮(即 $\chi < 0$ 的齿轮):它与标准齿轮相比分度圆齿厚减小,齿顶高减小(齿顶圆直径减小),齿根高加大(齿根圆直径减小)。

(3) 零变位齿轮(即 $\chi = 0$ 的齿轮):它与标准齿轮相比只有齿顶高减小(齿顶圆直径减小)。

(4) 标准齿轮:它是除 m、α 为标准值外,s/p、h_a/m、h_f/m 均为标准值的齿轮。

标准齿轮也是一种 $\chi = 0$ 的齿轮,但 $\chi = 0$ 的齿轮不一定是标准齿轮。如在 $\chi_1 + \chi_2 \neq 0$ 的变位齿轮传动中,设 $\chi_1 \neq 0$,$\chi_2 = 0$,由于有齿高降低,齿轮 2 的齿顶高 $h_{a2} = (h_a^* - \sigma)m$,其 h_a/m 就不是标准值,所以对于齿轮 2 来说,虽然 $\chi_2 = 0$,但它不是标准齿轮。

(5) 齿条:它只有一种标准形式,在分度线上 $s = e$,且 h_a/m 和 h_f/m 为标准值。

2) 一对相啮合的齿轮

(1) 正角度变位齿轮传动(简称正传动),见本章 4.2.5 节所述。

(2) 负角度变位齿轮传动(简称负传动),见本章 4.2.5 节所述。

(3) 等移距变位齿轮传动(或称高度变位齿轮传动)。

$\chi_1 + \chi_2 = 0$,两齿轮的变位系数大小相等,符号相反,即 $\chi_1 = -\chi_2$,故称为等移距变位齿轮传动。$\chi_1 + \chi_2 = 0$,在无侧隙条件下,分度圆与节圆重合,两分度圆相切,则有 $\alpha' = \alpha$,$a' = a$,$y = 0$,$\sigma = 0$。将 $\chi_1 = -\chi_2$ 代入表 4-7 中第一种已知条件的计算式,可得表 4-8。这种变位齿轮传动中齿轮的齿顶高和齿根高与标准齿轮的不同,而啮合角与标准齿轮传动的相同,故称为高度变位齿轮传动。

表 4-8　外啮合直齿圆柱高度变位齿轮传动的基本尺寸计算

待　求　量	计　算　公　式
变位系数	选定 χ_1,且 $\chi_2 = -\chi_1$

待 求 量	计 算 公 式
中心距	$a'=a=m(z_1+z_2)/2$
角速比	$i_{12}=\omega_1/\omega_2=d'_2/d'_1=d_{b2}/d_{b1}=d_2/d_1=z_2/z_1$
节圆直径	$d'_1=2a'/(1+i_{12})$, $\quad d'_2=2a'i_{12}/(1+i_{12})$
分度圆直径	$d_1=mz_1$, $\quad d_2=mz_2$
基圆直径	$d_{b1}=mz_1\cos\alpha$, $\quad d_{b2}=mz_2\cos\alpha$
齿顶高	$h_{a1}=m(h_a^*+\chi_1)$, $\quad h_{a2}=m(h_a^*+\chi_2)$
齿顶圆直径	$d_{a1}=mz_1+2m(h_a^*+\chi_1)$, $\quad d_{a2}=mz_2+2m(h_a^*+\chi_2)$
齿根高	$h_{f1}=m(h_a^*+c^*-\chi_1)$, $\quad h_{f2}=m(h_a^*+c^*-\chi_2)$
齿根圆直径	$d_{f1}=mz_1-2m(h_a^*+c^*-\chi_1)$, $\quad d_{f2}=mz_2-2m(h_a^*+c^*-\chi_2)$
全齿高	$h=h_a+h_f=m(2h_a^*+c^*)$
分度圆齿厚	$s_1=m(\pi/2+2\chi_1\tan\alpha)$, $\quad s_2=m(\pi/2+2\chi_2\tan\alpha)$
齿距	$p=\pi m$
法节和基节	$p_n=p_b=\pi m\cos\alpha$

注：z_1、z_2、m、α、h_a^*、c^* 为已知量。

（4）标准齿轮传动。

$\chi_1=\chi_2=0$，即 $\chi_1+\chi_2=0$，在无侧隙条件下，分度圆与节圆重合，两分度圆相切，则有 $a'=a,a'=a,y=0,\sigma=0$。将 $\chi_1=\chi_2=0$ 代入表 4-7 的计算式中可得出它的计算式。所以，标准齿轮传动是高度变位齿轮传动的一种特例。

（5）标准齿轮齿条传动。

变位系数 $\chi=0$ 时，齿轮是标准齿轮，在无侧隙啮合条件下，齿轮分度圆与节圆重合，齿条分度线与节线重合，齿轮回转中心至齿条分度线的垂直距离为 $mz/2$。

（6）变位齿轮齿条传动。

变位系数 $\chi\neq0$ 时，齿轮是变位齿轮，则有 $d_a=mz+2(h_a^*+\chi)m$，$d_f=mz-2(h_a^*+c^*-\chi)m$，在无侧隙啮合条件下，齿轮分度圆与节圆重合，齿条分度线与节线相距 χm 的距离，齿轮回转中心至齿条分度线的垂直距离为 $mz/2+\chi m$。

4.5.3　选择变位系数的限制条件

变位齿轮传动设计的难点是合理选择变位系数，变位系数选择的要求如下。

1. 保证必要的重合度

重合度的计算公式参见式(4-13b)，相关内容在本章 4.2.3 节中已介绍，此处从略。

2. 保证轮齿加工时不根切

相关内容在本章 4.2.4 节中已介绍，此处从略。

3. 保证足够的渐开线齿廓工作段

传统的齿轮设计文献均认为齿廓根切是单个齿轮变位系数最小值的限制条件。当 $\alpha=$

$20°,h_a^*=1$ 时，就用 $\chi_{\min}=(17-z)/17$ 来计算其值。但当齿轮齿数较多时，若采用 $\chi=\chi_{\min}$，会出现齿轮齿顶圆小于基圆，其齿廓全是非渐开线的曲线。

若取 $d_a=d_b$，即 $z+2(h_a^*+\chi-\sigma)=z\cos\alpha$，并取 $h_a^*=1,\alpha=20°,\sigma=0,\chi=\chi_{\min}=(17-z)/17$，则 $z=69.76$。若取 $z=70,m=1\ \text{mm},h_a^*=1,\alpha=20°,\sigma=0,\chi=\chi_{\min}=-3.11765$，则 $d_b=65.778\ \text{mm}>d_a=65.764\ 7\ \text{mm}$。若改取 $z=71$，则 $d_b=66.718>d_a=66.647\ \text{mm}$。由此可知，对于 $h_a^*=1,\alpha=20°,z\geqslant70$ 的齿轮，不能用 $\chi_{\min}=(17-z)/17$ 来限制最小变位系数，而必须用渐开线齿廓长度满足齿轮传动的需要来限制最小变位系数。

通常可用重合度来度量一对齿轮传动中齿轮渐开线齿廓长度是否足够。而在一对外啮合渐开线直齿圆柱齿轮传动（见图 4-44）的重合度计算公式 $\varepsilon=\overline{B_1B_2}/p_b$ 中，$\overline{B_1B_2}=\overline{N_1B_1}+\overline{N_2B_2}$ $-\overline{N_1N_2}=\sqrt{r_{a1}^2-r_{b1}^2}+\sqrt{r_{a2}^2-r_{b2}^2}-(r_{b1}+r_{b2})\tan\alpha'$，是在点 B_1、B_2 处于线段 N_1N_2 范围内推导出来的。计算 ε 必须在 $\alpha'>0$ 和 $r_{a1}>r_{b1},r_{a2}$ $>r_{b2}$ 的条件下进行，当 α' 很小时，也要防止出现点 B_1、B_2 不在线段 N_1N_2 范围内的情况，故对于负变位最大的齿轮传动，在使用重合度计算公式前，必须先检查点 B_1、B_2 是否在线段 N_1N_2 范围内。

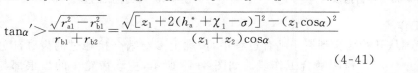

图 4-44　渐开线齿廓的长度

对齿数多且负变位量大的齿轮需要讨论齿廓渐开线长度是否满足齿轮传动的需要，故设计时需对这种齿轮进行核算。

设齿轮 2 为齿数多且变位量大的齿轮。当 $r_{a2}>r_{b2}$ 时，其齿顶圆与啮合线的交点 B_2 不会超出点 N_1，有时还可能在线段 PN_2 上（见图 4-44），但当 $\chi_1+\chi_2$ 较小使啮合角 α' 较小时，齿轮 1 的齿顶圆与啮合线的交点 B_1 可能超出点 N_2，所以，应保证点 B_1 不超出点 N_2。

要使点 B_1 在线段 N_1N_2 范围内（即点 B_1 不超出点 N_2），则要求 $\overline{N_1B_1}<\overline{N_1N_2}$，而 $\overline{N_1B_1}=\sqrt{r_{a1}^2-r_{b1}^2}$，$\overline{N_1N_2}=(r_{b1}+r_{b2})\tan\alpha'$，所以

$$\tan\alpha'>\frac{\sqrt{r_{a1}^2-r_{b1}^2}}{r_{b1}+r_{b2}}=\frac{\sqrt{[z_1+2(h_a^*+\chi_1-\sigma)]^2-(z_1\cos\alpha)^2}}{(z_1+z_2)\cos\alpha}$$

$$(4-41)$$

因啮合角 α' 随 $\chi_1+\chi_2$ 减小而减小，故式（4-41）要求所采用的 $\chi_1+\chi_2$ 不要太小。

在用式（4-41）保证点 B_1 在线段 N_1N_2 范围内之后，还应要求 $r_{a2}>\overline{O_2B_1}\geqslant r_{b2}$，即要求齿轮 1 齿顶与齿轮 2 齿根部在点 B_1 啮合时，是在齿轮 2 齿顶圆与基圆之间的渐开线齿廓上。也就是说，点 B_1 应在点 B_2 右边且在点 N_2 左边，即 $\overline{N_2B_2}>\overline{N_2B_1}$。

由 $r_{a2}>\overline{O_2B_1}\geqslant r_{b2}$ 和 $\overline{O_2B_1}=\sqrt{a'^2+r_{a1}^2-2a'r_{a1}\cos(\alpha_{a1}-\alpha')}$，经化简得

$$z_2+2(h_a^*+\chi_2-\sigma)>$$

$$\sqrt{\left[\frac{(z_1+z_2)\cos\alpha}{\cos\alpha'}\right]^2+[z_1+2(h_a^*+\chi_1-\sigma)]^2-\left[\frac{(z_1+z_2)\cos\alpha}{\cos\alpha'}\right][z_1+2(h_a^*+\chi_1-\sigma)]\cos(\alpha_{a1}-\alpha')}$$

$$\geqslant z_2\cos\alpha$$

$$(4-42)$$

在满足式（4-41）、式（4-42）的条件下，若重合度又满足要求，就能保证齿轮渐开线齿廓长度满足齿轮传动的需要。

由上述可知，对于齿数不多的齿轮，不产生齿廓根切是限制单个齿轮负变位系数的条件；对于齿数较多的齿轮，渐开线齿轮齿廓长度满足齿轮传动的需要是限制其负变位系数的条件。

4. 保证啮合时不干涉

1）过渡曲线

图 4-45 所示为一个没根切的渐开线轮齿。从轮齿一边的外形分析可知，它由四段曲线组成：齿顶圆弧、渐开线齿廓、过渡曲线和齿根圆弧。过渡曲线是渐开线齿廓与齿根圆弧之间的一段光滑连接的曲线。其中除齿顶圆弧是切齿前已制成的以外，其余三段均由切齿刀具所切成。现以齿条刀切齿为例，说明其切制情况。

如图 4-46 所示，采用齿顶高增加了顶隙参数的齿条刀齿廓齿顶圆弧段来切制齿轮齿根和过渡圆弧，刀具齿廓的斜直线刀刃切出渐开线齿廓。点 N_2 为啮合线与基圆的相切点，刀具从啮合线上的点 B_1（被切齿轮齿顶圆与啮合线交点）开始，直切到点 B_2（齿条刀的齿顶线与啮合线交点）为止。被切齿廓上点 B_2 至齿顶的曲线为渐开线齿廓。而由点 B_2 到齿根圆弧的一段曲线则为刀具的齿顶圆弧所切出的过渡曲线。图 4-46 所示的位置为刀具上齿顶圆弧与直线齿廓的相切点，正好是在切削齿轮上过渡曲线与渐开线的相切点，该点在齿轮上称为过渡点。根据不同参数，被切齿轮的过渡曲线有的全部位于基圆之外，有的跨越基圆内外，还有的全部位于基圆之内。

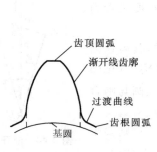

图 4-45 轮齿形状

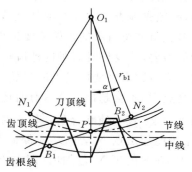

图 4-46 轮齿加工过程

2）齿廓啮合工作段

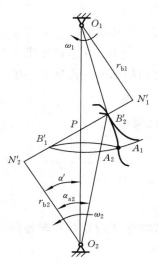

图 4-47 齿廓啮合工作段

一对相啮合齿廓从开始啮合到终止啮合过程中，齿廓上参与啮合接触过的齿廓部分称为齿廓啮合工作段。如图 4-47 所示，主动齿轮 1 的齿根部与从动齿轮 2 的齿顶在点 B_2' 处接触并开始啮合，随着齿轮转动，在主动齿轮 1 的齿廓上，接触点逐渐向齿顶移动，A_1 为轮齿顶尖点。图中，$\overparen{B_2'A_1}$ 曲线为齿轮 1 的齿廓实际参与啮合的工作段，而点 B_2' 以下的齿廓不参与啮合，点 B_2' 是齿轮 1 上齿廓工作段的起始点。作出齿轮 1 齿顶圆与啮合线交点 B_1'，再以点 O_2 为圆心、$\overline{O_2B_1'}$ 为半径作弧与齿轮 2 的齿廓相交于点 A_2，则齿轮 2 的齿廓工作段为 $\overparen{B_2'A_2}$。

3）过渡曲线干涉

一对齿轮啮合传动时，如果一齿轮渐开线齿顶与相啮合齿轮齿根部的过渡曲线相接触，由于过渡曲线比相应的渐开线凸起（见图 4-45），因此在无侧隙条件下，两齿轮会卡住不动，这种现象称为过渡曲线干涉；若有足够的侧隙，由于过渡曲线不是渐开线，角速比也会变化。故设计中，应避免过渡曲线进入齿廓工作段。

由图4-46和图 4-47 可知,要避免在齿轮 1 齿根部产生过渡曲线干涉,就应使齿轮 1 的齿廓工作段的起始点 B_2 位于齿廓渐开线段内,即

$$\overline{O_1 B_2'} \geqslant \overline{O_1 B_2}$$

对于渐开线上的点,因为

$$\overline{O_1 B_2} = \sqrt{r_{b1}^2 + \overline{N_1 B_2}^2}, \quad \overline{O_1 B_2'} = \sqrt{r_{b1}^2 + \overline{N_1' B_2'}^2}$$

所以

$$\overline{N_1' B_2'} \geqslant \overline{N_1 B_2}$$

根据不产生根切的条件(式 4-14),可得

$$\overline{N_1 B_2} = \overline{PN_1} - \overline{PB_2} = z_1 m \sin\alpha / 2 - (h_a^* - \chi_1) m / \sin\alpha$$

由图 4-47 可得

$$\overline{N_1' B_2'} = \overline{N_1' N_2'} - \overline{N_2' B_2'} = (z_1 + z_2) m \cos\alpha \tan\alpha' / 2 - z_2 m \cos\alpha \tan\alpha_{a2} / 2$$
$$= [(z_1 + z_2)\tan\alpha' - z_2 \tan\alpha_{a2}] m \cos\alpha / 2$$

因此,齿轮 1 齿根部不产生过渡曲线干涉的条件为

$$z_2(\tan\alpha_{a2} - \tan\alpha') - z_1(\tan\alpha' - \tan\alpha) \leqslant 4(h_a^* - \chi_1) / \sin 2\alpha \qquad (4\text{-}43a)$$

同理,齿轮 2 齿根部不产生过渡曲线干涉的条件为

$$z_1(\tan\alpha_{a1} - \tan\alpha') - z_2(\tan\alpha' - \tan\alpha) \leqslant 4(h_a^* - \chi_2) / \sin 2\alpha \qquad (4\text{-}43b)$$

式中:α_{a1}、α_{a2} 分别为齿轮 1、2 的齿顶圆压力角;α' 为啮合角。

由式(4-43)可知,在无侧隙啮合条件下,是否产生过渡曲线干涉与模数无关。

5. 保证足够的齿顶厚

为了保证齿轮的齿顶强度,齿顶厚不能太小:对于软齿面,要求 $s_a/m \geqslant 0.25$;对于硬齿面,要求 $s_a/m \geqslant 0.4$。

将任意圆齿厚公式中的 r_k、s_k、α_k 代换为 r_a、s_a、α_a,则得

$$\left. \begin{array}{l} s_a = s r_a / r - 2 r_a (\mathrm{inv}\alpha_a - \mathrm{inv}\alpha) \\[2mm] s_a/m = [z + 2(h_a^* + \chi - \sigma)][(\pi/2 + 2\chi\tan\alpha)/z - (\mathrm{inv}\alpha_a - \mathrm{inv}\alpha)] \\[2mm] \cos\alpha_a = \dfrac{z \cos\alpha}{z + 2(h_a^* + \chi - \sigma)} \end{array} \right\} \qquad (4\text{-}44)$$

由式(4-44)可知,齿数和变位系数的选择对齿顶厚影响较大:齿数 z 越多,s_a/m 越大;变位系数 χ 越大,s_a/m 越小。故齿顶厚是限制单个齿轮变位系数最大值的条件。对于标准齿轮和负变位齿轮,其齿顶厚度都是足够的。对于正变位齿轮,它的分度圆齿厚虽然加大了一些,但是随着齿顶圆的加大,齿顶厚收缩很快,故对正变位齿轮应验算其齿顶厚。

4.5.4　变位系数的选择

1. 选择变位系数的基本原则

在现代变位齿轮设计中,一般均依据齿轮传动的工作条件,针对最有可能产生的主要失效形式,在满足限制条件的情况下,根据齿轮质量指标选用最佳的变位系数。

有些变位齿轮的设计中,要先选定变位齿轮传动的类型,再进一步选择 χ_1 和 χ_2 值。下面简述四种类型的性能特点。

(1)正角度变位齿轮传动(简称正传动)。其 $\chi_1 + \chi_2 > 0$,因此 $\alpha' > \alpha$。而啮合角 α' 的增大,使实际啮合点 B_1 和 B_2 远离理论啮合极限点 N_1 和 N_2,故两齿轮根部的相对滑动减少,从而

减轻了轮齿的磨损。当啮合角增大后,节点处两齿轮齿廓的曲率半径 ρ_1 和 ρ_2 相应增大,从而提高了齿轮的接触强度。同时,还可使两齿轮均采用正变位系数,或者小齿轮的正变位系数大于大齿轮的负变位系数的绝对值,因而使小齿轮的齿根部厚度增大,从而提高齿轮的抗弯强度。采用正传动还可以使齿数和 $z_1+z_2<2z_{min}$,从而可减小齿轮传动的尺寸。虽然采用正传动,其重合度会稍减小,但优点较多,故应优先选用。

(2) 负角度变位齿轮传动(简称负传动)。其 $\chi_1+\chi_2<0$,因此 $\alpha'<\alpha$。正传动的优点正是负传动的缺点,故应尽量少选用负传动,它仅在 $a'<m(z_1+z_2)/2$,为了配凑中心距时采用。

(3) 等移距变位齿轮传动(又称高度变位齿轮传动)。其 $\chi_1=-\chi_2$。一般是小齿轮采用正变位系数,大齿轮采用负变位系数,使实际啮合线 B_1B_2 向大齿轮一侧移动一段距离,从而使大、小齿轮的滑动磨损和抗弯强度等指标接近相等。此外,还可使小齿轮的齿数 $z_1<z_{min}$,而不产生齿廓根切,故高度变位齿轮传动适用于 $a'=m(z_1+z_2)/2$,且大、小齿轮的齿数相差较大的场合。此外,它还常用于修复标准齿轮传动中已磨损了的大齿轮,即对大齿轮作负变位切制,重新配制正变位的小齿轮。

(4) 标准齿轮传动。其 $\chi_1=\chi_2=0$。无侧隙啮合的中心距 $a=m(z_1+z_2)/2$,故标准齿轮传动一般用于 $a'=m(z_1+z_2)/2$,且 $z_2\approx z_1\geqslant z_{min}$ 的场合。

2. 变位系数选择方法

对于选择变位系数的问题,人们曾做过大量的研究工作,有的国家还制定了标准,有的列出计算公式,有的制出表格,有的制出线图,但是这些方法大多只侧重少数限制条件和啮合质量指标,如接触强度、耐磨损性和抗胶合性等,以致难以达到选出最合理的变位系数的目的。为了正确合理地选择变位系数,人们制成了选择变位系数的封闭图册,相关文献中介绍了封闭图的原理及用法。同时也可采用优化设计方法确定变位系数。

例 4-9 已知一对齿轮的参数为 $m=10$ mm,$\alpha=20°$,$h_a^*=1$,$c^*=0.25$,$a'=310$ mm,$i_{12}=2$。试确定其传动类型。

解 假设传动类型为标准齿轮传动,则

$$m(z_1+z_2)/2 = 10(z_1+z_2)/2 = a' = 310 \text{ mm}$$

$$i_{12} = z_2/z_1 = 2$$

联立解得 $z_1=20.7$,$z_2=41.4$。为保证 $i_{12}=2$,取 $z_1=21$,$z_2=42$ 或 $z_1=20$,$z_2=40$ 两个方案。

方案一: $a=[10\times(21+42)/2]$ mm$=315$ mm$>a'=310$ mm,要采用负传动。

方案二: $a=[10\times(20+40)/2]$ mm$=300$ mm$<a'=310$ mm,要采用正传动。

方案二较优,所以采用 $z_1=20$,$z_2=40$,因此得

$$\alpha' = \arccos(300\cos20°/310) = 24.58°$$

$$\chi_1+\chi_2 = (20+40)\times(\text{inv}24.58°-\text{inv}20°)/(2\tan20°) = 1.113$$

由相关文献查封闭图曲线,取 $\chi_1=0.55$,$\chi_2=0.563$,该变位系数能保证不产生齿廓根切,不产生过渡曲线干涉,齿顶厚足够,重合度足够。

例 4-10 已知一对齿轮的参数为 $z_1=12$,$z_2=31$,$m=4$ mm,$\alpha=20°$,$h_a^*=1$,$c^*=0.25$。试在综合考虑质量指标的条件下,选定变位系数 χ_1、χ_2,并求出齿轮传动中心距 a',分度圆直径 d_1、d_2,顶圆直径 d_{a1}、d_{a2} 和全齿高 h。

解 综合考虑限制条件和质量指标,再通过相关文献介绍的优化设计方法求得变位系数

$\chi_1 = 0.6, \chi_2 = 0.2$。先求出

$$a = \frac{1}{2}m(z_1 + z_2) = [4 \times (12 + 31)/2] \text{ mm} = 86 \text{ mm}$$

$$\text{inv}\alpha' = \text{inv}20° + 2 \times (0.6 + 0.2)\tan20°/(12 + 31) = 0.028\,447\,458$$

$$\alpha' = 24.59°$$

$$a' = a\cos\alpha/\cos\alpha' = (86\cos20°/\cos24.59°) \text{ mm} = 88.87 \text{ mm}$$

若中心距取整数为 $a' = 89$ mm，则得

$$\alpha' = \arccos(86\cos20°/89) = 24.767°$$

$$\chi_1 + \chi_2 = (12 + 31) \times (\text{inv}24.767° - \text{inv}20°)/(2\tan20°) = 0.84$$

取 $\chi_1 = 0.6, \chi_2 = 0.24$。于是得

$$d_1 = mz_1 = 48 \text{ mm}, \quad d_2 = mz_2 = 124 \text{ mm}$$

$$y = (a' - a)/m = 0.75, \quad \sigma = \chi_1 + \chi_2 - y = 0.09$$

$$d_{a1} = mz_1 + 2m(h_a^* + \chi_1 - \sigma) = 60.08 \text{ mm}$$

$$d_{a2} = mz_2 + 2m(h_a^* + \chi_2 - \sigma) = 133.2 \text{ mm}$$

$$h = m(2h_a^* + c^* - \sigma) = 8.64 \text{ mm}$$

例 4-11　设有一对外啮合渐开线标准直齿圆柱齿轮传动，已知模数 $m = 3$ mm，齿数 $z_1 = 33$、$z_2 = 67$。试计算这对齿轮的基本几何尺寸。若安装中心距较这对齿轮的标准中心距大 1.5 mm，试提出解决方案，并计算变化后的这对齿轮的基本几何尺寸（假定大、小齿轮的变位系数平均分配）。

解　具体的设计步骤如下。

（1）计算标准齿轮的基本几何尺寸。

分度圆直径　　　　　　　　$d_1 = mz_1 = 3 \times 33 \text{ mm} = 99 \text{ mm}$

$$d_2 = mz_2 = 3 \times 67 \text{ mm} = 201 \text{ mm}$$

基圆直径　　　　　$d_{b1} = d_1\cos\alpha = 99 \times \cos20° \text{ mm} = 93.02 \text{ mm}$

$$d_{b2} = d_2\cos\alpha = 201 \times \cos20° \text{ mm} = 188.94 \text{ mm}$$

齿顶圆直径　　　　$d_{a1} = d_1 + 2h_a = (99 + 2 \times 3) \text{ mm} = 105 \text{ mm}$

$$d_{a2} = d_2 + 2h_a = (201 + 2 \times 3) \text{ mm} = 207 \text{ mm}$$

齿根圆直径　　　　$d_{f1} = d_1 - 2h_f = (99 - 2 \times 3.75) \text{ mm} = 91.5 \text{ mm}$

$$d_{f2} = d_2 - 2h_f = (201 - 2 \times 3.75) \text{ mm} = 193.5 \text{ mm}$$

标准中心距　　$a = (z_1 + z_2)m/2 = [(33 + 67) \times 3/2] \text{ mm} = 150 \text{ mm}$

（2）计算中心距增大后齿轮的基本几何尺寸。

若安装中心距较标准中心距增大，应采用变位齿轮传动，这时有

$$a' = a + 1.5 = (150 + 1.5) \text{ mm} = 151.5 \text{ mm}$$

由 $a' = a\cos\alpha/\cos\alpha'$，可求得啮合角为

$$\cos\alpha' = a\cos\alpha/a' = 150 \times \cos20°/151.5 = 0.930\,39$$

由此得　　　　　　　　　　　　　　$\alpha' = 21.504°$

由无侧隙啮合公式 $\text{inv}\alpha' = \text{inv}\alpha + 2[(\chi_1 + \chi_2)/(z_1 + z_2)]\tan\alpha$，可求得

$\chi_\Sigma = \chi_1 + \chi_2 = (z_1 + z_2)(\text{inv}\alpha' - \text{inv}\alpha)/(2\tan\alpha)$

$\quad = (33 + 67)(\tan21.504° - 21.504° \times \pi/180° - \tan20° + 20° \times \pi/180°)/(2 \times \tan20°)$

$\quad = 0.518$

若将变位系数平均分配,则得

$$\chi_1 = 0.518/2 = 0.259, \quad \chi_2 = 0.259$$

中心距变动系数 y 和齿高变动系数 σ 分别为

$$y = (a' - a)/m = (151.5 - 150)/3 = 0.5$$

$$\sigma = \chi_1 + \chi_2 - y = 0.259 + 0.259 - 0.5 = 0.018$$

分度圆直径

$$d_1 = mz_1 = 3 \times 33 \text{ mm} = 99 \text{ mm}$$

$$d_2 = mz_2 = 3 \times 67 \text{ mm} = 201 \text{ mm}$$

基圆直径

$$d_{b1} = d_1 \cos\alpha = 99 \times \cos 20° \text{ mm} = 93.02 \text{ mm}$$

$$d_{b2} = d_2 \cos\alpha = 201 \times \cos 20° \text{ mm} = 188.94 \text{ mm}$$

齿顶圆直径

$$d_{a1} = mz_1 + 2m(h_a^* + \chi_1 - \sigma) = [3 \times 33 + 2 \times 3 \times (1 + 0.259 - 0.018)] \text{ mm} = 106.446 \text{ mm}$$

$$d_{a2} = mz_2 + 2m(h_a^* + \chi_2 - \sigma) = [3 \times 67 + 2 \times 3 \times (1 + 0.259 - 0.018)] \text{ mm} = 208.446 \text{ mm}$$

齿根圆直径

$$d_{f1} = mz_1 - 2m(h_a^* + c^* - \chi_1) = [3 \times 33 - 2 \times 3 \times (1 + 0.25 - 0.259)] \text{ mm} = 93.054 \text{ mm}$$

$$d_{f2} = mz_2 - 2m(h_a^* + c^* - \chi_2) = [3 \times 67 - 2 \times 3 \times (1 + 0.25 - 0.259)] \text{ mm} = 195.054 \text{ mm}$$

中心距 　　　$a' = a\cos\alpha/\cos\alpha' = (150\cos 20°/\cos 21.504°) \text{ mm} = 151.5 \text{ mm}$

例 4-12 用标准齿条型刀具(其参数为 $m = 5 \text{ mm}, \alpha = 20°, h_a^* = 1, c^* = 0.25$)切制了一对渐开线直齿圆柱标准齿轮(其齿数 $z_1 = 20, z_2 = 80$)。试求两齿轮齿廓实际工作段上的最大曲率半径。

解 由渐开线性质可知,实际工作齿廓上的最大曲率半径位于齿轮齿顶处。

(1) 计算两轮齿顶圆半径。

$$r_{a1} = \frac{z_1 m + 2h_a^* m}{2} = \frac{20 \times 5 + 2 \times 5 \times 1}{2} \text{ mm} = 55 \text{ mm}$$

$$r_{a2} = \frac{z_2 m + 2h_a^* m}{2} = \frac{80 \times 5 + 2 \times 5 \times 1}{2} \text{ mm} = 205 \text{ mm}$$

(2) 计算两轮齿顶圆上的压力角。

$$\alpha_{a1} = \arccos \frac{z_1 \cos\alpha}{z_1 + 2h_a^*} = \arccos \frac{20 \times \cos 20°}{20 + 2 \times 1} = 31.32°$$

$$\alpha_{a2} = \arccos \frac{z_2 \cos\alpha}{z_2 + 2h_a^*} = \arccos \frac{80 \times \cos 20°}{80 + 2 \times 1} = 23.54°$$

(3) 计算最大曲率半径。

$$\rho_{a1} = r_{a1} \sin\alpha_{a1} = 55 \times \sin 31.32° = 28.59 \text{ mm}$$

$$\rho_{a2} = r_{a2} \sin\alpha_{a2} = 205 \times \sin 23.54° = 81.878 \text{ mm}$$

例 4-13 某机床中有一对外啮合渐开线直齿圆柱齿轮传动,已知齿数 $z_1 = 17, z_2 = 118$,模数 $m = 5 \text{ mm}$,压力角 $\alpha = 20°$,齿顶高系数 $h_a^* = 1$。现已发现小齿轮轮齿折断,拟将其报废;大齿轮磨损较轻(测量知,沿齿厚方向的磨损量为 0.75 mm),拟修复使用,并要求新设计小齿轮的齿顶厚尽可能大些。应如何设计这对齿轮?

解 修复旧齿轮时中心距不能改变,故采用等移距变位齿轮传动。

标准中心距 　　　$a = r_1 + r_2 = \frac{1}{2}m(z_1 + z_2) = 337.5 \text{ mm}$

此时修复大齿轮,选择等移距变位齿轮传动,即对大齿轮采用负变位,使其齿厚 s 变小,小齿轮采用正变位,保证齿厚尽可能大,$\sum\chi=\chi_1+\chi_2=0$,中心距不变。

齿轮变位后分度齿厚会改变,齿厚不再等于齿槽宽,变位齿轮分度圆齿厚公式为

$$s_2'=s_2+2\chi_2 m\tan\alpha$$

由已知大齿轮磨损量为 0.75 mm,可得

$$2\chi_2 m\tan\alpha>0.75$$

解得

$$|\chi_2|>0.2061$$

取 $\chi_1=-\chi_2=0.21$ 进行齿轮设计。

例 4-14　某产品需配置一对外啮合渐开线直齿圆柱齿轮传动,已知 $m=4$ mm,压力角 $\alpha=20°$,传动比 $i_{12}=2$,齿数和 $z_1+z_2=36$,实际安装中心距 $a'=75$ mm。

(1)采用何种类型传动方案最佳?其齿数 z_1、z_2 各为多少?

(2)求该对齿轮传动的变位系数之和 $\chi_1+\chi_2$,并定性说明确定变位系数 χ_1、χ_2 时应考虑哪些因素。

附注:

$$\mathrm{inv}\alpha'=\frac{2(\chi_1+\chi_2)}{z_1+z_2}\tan\alpha+\mathrm{inv}\alpha$$

$$\mathrm{inv}\alpha'=\tan\alpha'-\alpha',\quad \mathrm{inv}20°=0.014904$$

解　(1)按标准齿轮计算中心距。

$$a=m(z_1+z_2)/2=4\times36/2\ \mathrm{mm}=72\ \mathrm{mm}$$

为满足实际中心距 $a'=75$ mm,采用正传动为最佳方案。

由 $z_1+z_2=36$ 与 $i_{12}=z_2/z_1=2$ 联立可得:$z_1=12$,$z_2=24$。

(2)因为

$$\alpha'=\arccos(a\cos\alpha/a')=25.56°$$

于是可得

$$\mathrm{inv}\alpha'=\tan\alpha'-\alpha'=0.033671$$

故

$$\chi_1+\chi_2=(\mathrm{inv}\alpha'-\mathrm{inv}\alpha)(z_1+z_2)/2\tan\alpha=0.9281$$

(3)确定 χ_1、χ_2 时应考虑:不产生根切,齿顶厚 $>0.25m$,重合度 $\varepsilon>[\varepsilon]$,不产生过渡曲线干涉。

例 4-15　已知一对变位齿轮,其参数为 $m=3$ mm,$\alpha=20°$,$h_a^*=1$,$c^*=0.25$,$z_1=z_2=40$,$a'=121.5$ mm,$\chi_2=0$。试确定齿轮 1 的变位系数 χ_1,并计算两轮的齿根圆半径,齿顶圆半径和齿全高。

解　设这一对齿轮采用标准中心距安装,标准中心距为

$$a=r_1+r_2=\frac{1}{2}m(z_1+z_2)=120\ \mathrm{mm}$$

因已知中心距为 121.5 mm >120 mm(标准中心距),故这对齿轮采用正变位传动,其啮合角为

$$\alpha'=\arccos(a\cos\alpha/a')=21.52°$$

按无侧隙啮合方程有

$$\chi_1+\chi_2=\frac{z_1+z_2}{2\tan\alpha}(\mathrm{inv}\alpha'-\mathrm{inv}\alpha)=0.524$$

按题意有 $\chi_2=0$,所以 $\chi_1=0.524$,轮 1 与轮 2 的齿根圆半径、齿顶圆半径和齿全高分别为

齿根圆半径

$$r_{f1}=\frac{m}{2}(z_1-2h_a^*-2c^*+2\chi_1)=57.82 \text{ mm}$$

$$r_{f2}=\frac{m}{2}(z_2-2h_a^*-2c^*+2\chi_2)=56.25 \text{ mm}$$

齿顶圆半径

$$r_{a1}=a'-r_{f2}-c^*m=64.50 \text{ mm}$$

$$r_{a2}=a'-r_{f1}-c^*m=62.93 \text{ mm}$$

齿全高

$$h=r_{a2}-r_{f2}=r_{a1}-r_{f1}=6.68 \text{ mm}$$

4.5.5　斜齿圆柱变位齿轮传动

1. 基本尺寸计算

斜齿圆柱齿轮的变位量,不论从法面还是从端面来看都是相同的,所以 $\chi_t m_t=\chi_n m_n$,则 $\chi_t=\chi_n\cos\beta$(式中:β 为斜齿圆柱齿轮的分度圆柱螺旋角;χ_t 和 χ_n 分别为端面和法面的变位系数)。

一对斜齿圆柱变位齿轮,在端面上就相当于一对直齿圆柱变位齿轮,所以,只要将已知的斜齿圆柱变位齿轮的法面参数 m_n、α_n、h_{an}^*、c_n^*、χ_{n1}、χ_{n2} 换算成端面参数 m_t、α_t、h_{at}^*、c_t^*、χ_{t1}、χ_{t2},就可代入直齿圆柱变位齿轮传动的基本尺寸计算公式(见表 4-7),即可计算出斜齿圆柱变位齿轮传动的基本尺寸。

2. 选择变位系数的限制条件

1)重合度

斜齿圆柱齿轮传动的重合度由端面重合度和轴面重合度之和组成,即

$$\varepsilon=\varepsilon_\alpha+\varepsilon_\beta=\varepsilon_\alpha+b\sin\beta/(\pi m_n) \tag{4-45}$$

式中:ε_α 为端面重合度,其值等于与斜齿圆柱齿轮传动端面参数相同的直齿圆柱齿轮传动的重合度;ε_β 为轴面重合度,它与齿宽 b 和分度圆柱螺旋角 β 成正比。通常 ε_α、ε_β 均大于 1,因此,在斜齿圆柱齿轮传动中,重合度不是选择变位系数的限制条件,而是影响传动质量的指标。

2)齿廓根切

将端面参数代入式(4-17),可得斜齿圆柱标准齿轮不产生齿廓根切的最少齿数为

$$z_{min}=2h_{at}^*/\sin^2\alpha_t=2h_{an}^*\cos\beta(1+\cos^2\beta/\tan^2\alpha_n) \tag{4-46a}$$

式中:$h_{an}^*=1$,$\alpha_n=20°$。由式(4-46a)可知,β 愈大,则 z_{min} 愈小。如取 $\beta=15°$,则 $z_{min}=15.5$。

将端面参数代入式(4-14),可得斜齿圆柱齿轮不产生齿廓根切的端面最小变位系数为

$$\chi_{t min}=h_{at}^*-z\sin^2\alpha_t/2=h_{an}^*\cos\beta-z/[2(1+\cos^2\beta/\tan^2\alpha_n)] \tag{4-46b}$$

法面最小变位系数为

$$\chi_{n min}=h_{an}^*-z/[2\cos\beta(1+\cos^2\beta/\tan^2\alpha_n)] \tag{4-46c}$$

式中:$h_{an}^*=1$,$\alpha_n=20°$。由式(4-46c)可知,β 愈大,则最小变位系数愈小。

3. 齿顶厚和过渡曲线干涉

斜齿圆柱变位齿轮的齿顶厚和过渡曲线干涉的校核,均可通过将端面参数代入直齿圆柱变位齿轮的计算公式(式(4-43a)、式(4-43b)、式(4-44))中进行。

斜齿圆柱齿轮传动也可以采用高度变位和角度变位传动。若采用正传动,可增大齿轮的综合曲率半径及齿根厚度,但会使重合度减小,缩短轮齿接触线长度,会使承载能力降低。另

外,配凑中心距可用改变螺旋角的办法来实现。因此,斜齿圆柱齿轮较少采用角度变位传动,一般多用标准齿轮,但有时为了使两齿轮抗弯强度相等或减少滑动,也可采用高度变位传动。有时,一批齿轮若采用标准齿轮或高变位齿轮,则各对斜齿轮必须采用不同的螺旋角来凑配中心距,这样,切齿时每加工一个斜齿轮,都要调整一次滚刀轴的倾斜角,为了减少刀具的调整次数,各对斜齿轮往往采用相同的螺旋角,利用角度变位来凑配中心距。

习　　题

第 4 章数字资源

4-1　(1)要使一对齿轮的传动比保持不变,其齿廓应符合什么条件? (2)啮合角和压力角在什么情况下相等? 渐开线直齿圆柱齿轮中,在齿顶圆与齿根圆之间的齿廓上,等式 $r_b = r\cos\alpha_i$ 成立吗? (3)根据渐开线性质,基圆内没有渐开线,渐开线齿轮的齿根圆一定要设计得比基圆大吗? 在什么条件下渐开线齿轮的齿根圆与基圆相等? (4)如果一渐开线在基圆半径 $r_{b1} = 50$ mm 的圆上发生,试求渐开线上展角为 $20°$ 处的曲率半径与向径。

4-2　图 4-48 所示为同一基圆所形成的任意两条反向渐开线,试证它们之间的公法线长度处处相等。

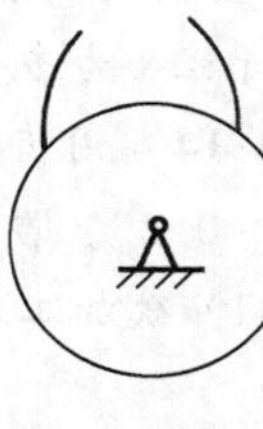

4-3　已知两个渐开线直齿圆柱齿轮的齿数 $z_1 = 20, z_2 = 40$,它们都是标准齿轮,而且 $m、\alpha、h_a^*、c^*$ 均相同。试用渐开线齿廓的性质说明这两个齿轮的齿顶厚度哪一个较大,基圆上的齿厚哪一个较大。

4-4　已知一渐开线齿轮与一直线齿廓齿轮相啮合传动。渐开线齿

图 4-48　题 4-2 图

轮的基圆半径为 $r_{b1} = 40$ mm,直线齿廓齿轮的相切半径为 $r_2 = 20$ mm,两轮的中心距 $\overline{O_1O_2} = 100$ mm。试求当直线齿廓处于与两轮连心线成 $30°$ 角时两轮的传动比,并说明两轮是否做定传动比传动。

4-5　已知一对渐开线直齿圆柱齿轮传动。其标准中心距 $a = 300$ mm,基圆半径 $r_{b1} = 94$ mm,$r_{b2} = 188$ mm,主动齿轮 1 上的驱动力矩 $M_1 = 1.88$ N·m,它沿顺时针方向转动。试求出主动齿轮 1 作用于从动齿轮 2 齿廓上的正压力的大小和方向(按比例画图,并在图上标出力的方向)。

4-6　一对已切制好的渐开线外啮合直齿圆柱标准齿轮,$z_1 = 20, z_2 = 40, m = 2$ mm,$\alpha = 20°, h_a^* = 1, c^* = 0.25$。试说明在标准中心距 $a = 60$ mm 和中心距 $a' = 61$ mm 两种情况中,哪些尺寸不同。

4-7　已知一对渐开线外啮合直齿圆柱标准齿轮的模数 $m = 5$ mm,压力角 $\alpha = 20°$,标准中心距 $a = 350$ mm,角速比 $i_{12} = 9/5$。试求两齿轮的齿数、分度圆直径、齿顶圆直径、齿根圆直径、基圆直径。

4-8　已知一对渐开线外啮合直齿圆柱标准齿轮的标准中心距 $a = 160$ mm,齿数 $z_1 = 20$,$z_2 = 60$,试求模数和两齿轮的分度圆直径、基圆直径、齿距及齿厚。

4-9　一对外啮合渐开线直齿圆柱标准齿轮,已知 $z_1 = 30, z_2 = 60, m = 4$ mm,$\alpha = 20°, h_a^* = 1$,试按比例精确作图画出无侧隙啮合时的实际啮合线 $\overline{B_1B_2}$ 的长度,根据量得的 $\overline{B_1B_2}$ 计算重合度,并用重合度计算公式进行对比校核计算。

4-10　何谓实际啮合线、理论啮合线? 为什么必须使 $\varepsilon \geqslant 1$? 如果 $\varepsilon < 1$,将发生什么现象? 渐开线标准齿轮的齿数为什么不能太少? 标准齿轮的最少齿数为多少? 一对渐开线标准直齿

轮啮合传动,其模数愈大,重合度是否也愈大?

4-11 已知一对齿轮机构的安装位置,当采用一对标准直齿圆柱齿轮,其 $z_1=19,z_2=42$, $m=4$ mm, $\alpha=20°,h_a^*=1$,此时刚好能保证连续传动,试求:

(1) 实际啮合线 $\overline{B_1B_2}$ 的长度;

(2) 齿顶圆周上的压力角 α_{a1}、α_{a2};

(3) 啮合角 α';

(4) 两轮的节圆半径 r'_1、r'_2;

(5) 两分度圆在连心线 O_1O_2 方向上的距离 Δy。

4-12 已知一直齿圆柱标准齿轮,测出其齿顶圆直径为 96 mm,齿数 $z=30$,试求其模数 m。

4-13 试问"一个圆柱直齿轮上的齿厚等于齿间距的圆称为分度圆"的说法正确吗? 渐开线齿轮啮合时,齿廓间的相对运动在一般位置时是纯滚动吗? 渐开线齿轮齿条啮合时,其齿条相对齿轮做远离圆心的平移时,啮合角如何变化? 已知一齿条与标准齿轮相啮合,当齿轮转一圈时,齿条的行程 $s=201$ mm。若将齿条相对齿轮中心向外移 0.5 mm,此时齿轮转一圈,齿条的行程 s 为多少?

4-14 用齿条型刀具加工一个齿数为 $z=16$ 的齿轮,刀具参数为 $m=4$ mm, $\alpha=20°,h_a^*=1,c^*=0.25$。在加工齿轮时,刀具的移动速度 $v_刀=2$ mm/s。试求:

(1) 欲加工成标准齿轮时,刀具中线与轮坯中心的距离 l 为多少? 轮坯转动的角速度为多少?

(2) 欲加工出 $\chi=1.2$ 的变位齿轮时,刀具中线与轮坯中心的距离 l 为多少? 轮坯转动的角速度为多少? 并计算所加工出的齿轮的齿根圆半径 r_f、基圆半径 r_b 和齿顶圆半径 r_a。

(3) 若轮坯转动的角速度不变,而刀具的移动速度改为 $v_刀=3$ mm/s,则加工出的齿轮的齿数 z 为多少?

4-15 用参数为 $m=4$ mm, $\alpha=20°,h_a^*=1,c^*=0.25$ 的标准齿条刀切制一对 $z_1=48,z_2=24,\chi_1=-0.2,\chi_2=0.2$ 的直齿圆柱外齿轮。试问:

(1) 用齿条刀切齿时,在两齿轮分度圆上做纯滚动的刀具的节线,在刀具上是否为同一条直线?

(2) 切出的两轮齿廓形状是否相同?

(3) 两轮的基本尺寸有何异同?

4-16 用参数为 $m=5$ mm, $\alpha=20°,h_a^*=1,c^*=0.25$ 的标准齿条刀切制一对 $z_1=20,z_2=80$ 的直齿圆柱外齿轮,试求两齿轮做无侧隙啮合传动时:

(1) 大齿轮齿廓上实际工作段中的最大曲率半径 ρ_2;

(2) 小齿轮齿廓上实际工作段中的最小曲率半径 ρ_1。

4-17 模数、压力角及齿顶高系数均为标准值的齿轮是否一定为标准齿轮? 变位系数 $\chi=0$ 的齿轮是否一定为标准齿轮? 什么条件下采用变位齿轮? 变位齿轮与标准齿轮相比,分度圆齿厚发生了怎样的变化?

4-18 一对外啮合渐开线标准斜齿轮,已知 $z_1=16,z_2=40,m_n=8$ mm,螺旋角 $\beta=15°$,齿宽 $b=30$ mm,试求其无侧隙啮合的中心距 a 和轴向重合度 ε_β,说明齿轮 1 是否会发生根切,并根据渐开线标准直齿轮不发生根切的最少齿数的公式,导出斜齿圆柱齿轮不发生根切的最少齿数的公式。

4-19　一对渐开线外啮合圆柱齿轮,已知 $z_1 = 21, z_2 = 22, m = 2$ mm,中心距 $a' = 44$ mm。若不采用变位齿轮,而用标准斜齿圆柱齿轮凑中心距,斜齿圆柱齿轮的螺旋角 β 应为多少?

4-20　斜齿圆柱齿轮传动的正确啮合条件是什么? 斜齿圆柱齿轮的分度圆直径 $d = zm_n$,对吗? 一个直齿圆柱齿轮和一个斜齿圆柱齿轮能否正确啮合? 一对相互啮合的渐开线斜齿圆柱齿轮的端面模数是否一定相等?

4-21　一个标准圆柱斜齿轮减速器,已知 $z_1 = 22, z_2 = 77, m_n = 2$ mm, $h^*_{an} = 1, \beta = 8°6'34''$, $\alpha_n = 20°, c^*_n = 0.25$。

(1) 试述螺旋角取 $\beta = 8°6'34''$ 的理由;

(2) 计算小齿轮的尺寸($r、r_a、r_f、r_b$)及中心距 a。

4-22　一对标准圆柱斜齿轮传动,已知 $z_1 = 10, z_2 = 14, \alpha_n = 20°, m_n = 20$ mm, $h^*_{an} = 1$, $c^*_n = 0.25, \beta = 33°4'58''$,齿宽 $b = 140$ mm,试求其重合度。

4-23　一对标准锥齿轮机构,已知 $z_1 = 16, z_2 = 63, m = 14$ mm, $\alpha = 20°, h^*_a = 1$,两轴交角 $\Sigma = 90°$,求两齿轮的分度圆、齿顶圆和齿根圆的直径,以及锥距、分度圆锥角、齿顶角、齿根角的大小和当量齿数。

4-24　直齿锥齿轮传动的正确啮合条件是什么? 直齿锥齿轮的当量齿数是否一定为整数? 是否要圆整成整数?

4-25　一对渐开线等顶隙标准直齿锥齿轮,已知 $z_1 = 16, z_2 = 30, m = 10$ mm, $\alpha = 20°$, $h^*_a = 1, c^* = 0.2, \Sigma = 90°$,试求其分度圆、齿顶圆和齿根圆的直径,以及顶锥角和根锥角的大小。

4-26　已知 $\Sigma = 90°$ 的一对渐开线标准直齿锥齿轮,其齿数 $z_1 = 14, z_2 = 39$,试问小齿轮是否发生根切? 并根据渐开线标准直齿轮不发生根切的最少齿数的公式导出直齿锥齿轮不发生根切的最少齿数的公式。

4-27　什么是变位齿轮? 它有哪几种类型?

4-28　什么是变位量、变位系数及最小变位系数?

4-29　用同一把插齿刀切制同齿数的变位齿轮与标准齿轮时,这两个齿轮相比哪些尺寸变了,哪些尺寸没变? 为什么?

4-30　为什么要使用变位齿轮? 变位系数的正负是怎样规定的?

4-31　一个标准齿轮可以和一个变位齿轮正确啮合吗?

4-32　试设计一对渐开线直齿圆柱齿轮传动,已知 $m = 2$ mm, $\alpha = 20°, h^*_a = 1, c^* = 0.25$, $i_{12} = 2$(不允许有误差), $a' = 51.87$ mm。要求:

(1) 正确选取并确定齿数 $z_1、z_2$;

(2) 确定这对齿轮的传动类型及啮合角 α';

(3) 若大齿轮 z_2 不变位,即 $\chi_2 = 0$,试确定小齿轮 z_1 的变位系数 χ_1,并计算两齿轮的主要尺寸 $d_1、d_2、d_{a1}、d_{a2}、d_{f1}、d_{f2}$。

注:无侧隙公式为
$$\text{inv}\alpha' = \frac{2(\chi_1 + \chi_2)}{z_1 + z_2}\tan\alpha + \text{inv}\alpha$$

α	20°	21°	22°	23°
invα	0.014 904	0.017 345	0.020 054	0.023 049

4-33　试设计一对直齿圆柱齿轮传动,已知 $m = 4$ mm, $\alpha = 20°, z_1 = 24, z_2 = 38$,安装中心

距 $a'=125$ mm,大齿轮的变位系数 $\chi_2=0$,求:

(1) 啮合角 α',齿轮的分度圆直径 d_1、d_2 和节圆直径 d'_1、d'_2;

(2) 齿轮的齿顶圆直径 d_{a1}、d_{a2} 和齿根圆直径 d_{f1}、d_{f2},齿轮的分度圆齿厚 s_1、s_2。

4-34　采用标准齿条刀加工渐开线直齿圆柱齿轮,已知刀具齿形角 $\alpha=20°$,齿距为 4π mm,加工时刀具移动速度 $v=60$ mm/s,轮坯转动角速度 $\omega=1$ rad/s。

(1) 试求被加工齿轮的参数:模数 m、压力角 α、齿数 z、分度圆直径 d、基圆直径 d_b。

(2) 如果刀具中线与齿轮毛坯轴心的距离 $l=58$ mm,试问:这样加工出来的齿轮是正变位还是负变位齿轮? 变位系数是多少?

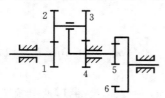

图 4-49　题 4-35 图

4-35　如图 4-49 所示为由三对齿轮和转臂组成的行星轮系,已知各齿轮参数为 $z_1=20$,$z_2=14$,$z_3=13$,$z_4=20$,$z_5=18$,$z_6=36$,模数 $m=2$ mm,压力角 $\alpha=20°$。为使各齿轮加工时不产生根切,试分别确定两对齿轮 z_1 与 z_2、z_3 与 z_4 的传动类型。

4-36　已知一对齿轮的参数为 $z_1=z_2=12$,$m=10$ mm,$\alpha=20°$,$h_a^*=1$,实际中心距为 130 mm。试问:这对齿轮是标准的还是变位的? 若是变位齿轮,其变位系数为多少?

4-37　已知一对齿轮的参数为 $z_1=10$,$z_2=25$,$\alpha=20°$,$m=10$ mm,$h_a^*=1$,实际中心距为 176 mm,试问:这对齿轮要不要采用变位齿轮? 变位系数如何确定?

4-38　如图 4-50 所示为由两对齿轮组成的定轴轮系,已知实际中心距为 220 mm,各齿轮的参数为 $\alpha=20°$,$h_a^*=1$,$m=5$ mm,$z_1=59$,$z_2=27$,$z'_2=25$,$z_3=63$。试问:各齿轮要不要变位? 计算其变位系数。

4-39　某由三对齿轮组成的定轴轮系如图 4-51 所示,已知各齿轮的参数为 $z_1=20$,$z_2=40$,$z_3=45$,$z_4=34$,$z_5=15$,$z_6=24$,各齿轮的 $m=4$ mm,$\alpha=20°$,$h_a^*=1$,齿轮 1、2 为标准齿轮。试问:其他两对齿轮要不要变位? 其变位系数应为多少?

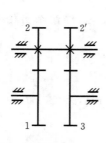

图 4-50　题 4-38 图

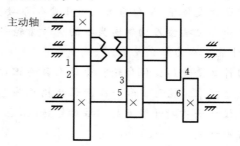

图 4-51　题 4-39 图

第 5 章

齿轮系及其设计

5.1 齿轮系传动比计算

5.1.1 定轴齿轮系及其传动比

当齿轮系运转时,若其中各齿轮的轴线相对于机架的位置都是固定不变的,则该齿轮系称为定轴齿轮系。

1. 传动比大小的确定

一对齿轮(见图 5-1)的传动比 i_{12},是指两齿轮的角速度 ω_1 和 ω_2 之比,其值等于两齿轮的齿数之反比,即

$$i_{12} = \frac{\omega_1}{\omega_2} = \frac{z_2}{z_1}$$

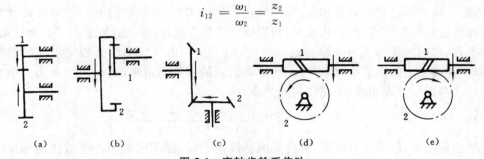

(a)   (b)   (c)   (d)   (e)

图 5-1 定轴齿轮系传动

以图 5-2 所示的齿轮系为例,设轮 1 为首轮,轮 5 为末轮,已知各轮的齿数为 $z_1, z_2, \cdots,$ z_5,角速度为 $\omega_1, \omega_2, \cdots, \omega_5$,当要求的传动比为 i_{15} 时,可先求得各对啮合齿轮的传动比如下:

$$i_{12} = \frac{\omega_1}{\omega_2} = \frac{z_2}{z_1}, \quad i_{2'3} = \frac{\omega_{2'}}{\omega_3} = \frac{z_3}{z_{2'}}$$

$$i_{34} = \frac{\omega_3}{\omega_4} = \frac{z_4}{z_3}, \quad i_{4'5} = \frac{\omega_{4'}}{\omega_5} = \frac{z_5}{z_{4'}}$$

其中,齿轮 2 与 2′、4 与 4′各为同一轴上的齿轮,所以 $\omega_{2'} = \omega_2$,$\omega_{4'} = \omega_4$。将以上各式等号两边分别连乘,得

$$i_{12} i_{2'3} i_{34} i_{4'5} = \frac{\omega_1}{\omega_2} \cdot \frac{\omega_{2'}}{\omega_3} \cdot \frac{\omega_3}{\omega_4} \cdot \frac{\omega_{4'}}{\omega_5}$$

$$= \frac{z_2 z_3 z_4 z_5}{z_1 z_{2'} z_3 z_{4'}}$$

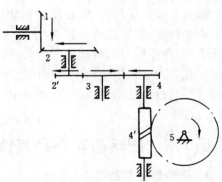

图 5-2 定轴齿轮系

约去相等的角速度,可得

$$i_{15} = \frac{\omega_1}{\omega_5} = \frac{z_2 z_3 z_4 z_5}{z_1 z_{2'} z_{3'} z_{4'}} \tag{5-1a}$$

设轮 1 为首轮,轮 k 为末轮,则可用相同的方法,推导出定轴齿轮系传动比的一般公式为

$$i_{1k} = \frac{\omega_1}{\omega_k} = \frac{n_1}{n_k} = \frac{\text{所有从动轮齿数的连乘积}}{\text{所有主动轮齿数的连乘积}} \tag{5-1b}$$

式中:n_1、n_k 分别为首、末两轮的转速。

2. 首、末两轮转向关系的确定

一对相啮合齿轮的首、末轮转向关系与齿轮类型有关,可用标注箭头的方法来确定首、末轮的转向关系。如在图 5-1 中,设首轮 1 的转向已知,一对外啮合的圆柱齿轮的转向是相反的,故表示它们转向的箭头方向也是相反的(见图 5-1(a));而一对内啮合的圆柱齿轮的转向是相同的,故表示它们转向的箭头方向也是相同的(见图 5-1(b));对于锥齿轮啮合传动,其首、末轮的转向可用两个相对或相反的箭头表示(见图 5-1(c));对于蜗杆蜗轮传动,为了确定蜗轮的转向,首先要判断蜗杆的旋向。对于右旋蜗杆(见图 5-1(d)),需用右手定则确定蜗杆、蜗轮的相对运动关系。确定方法是,将右手的四个指头顺着蜗杆的转向空握起来,则大拇指沿蜗杆轴线的指向即表示蜗轮固定时,蜗杆沿轴线的方向移动。但因蜗杆一般不能沿轴向移动,故蜗杆推动蜗轮向相反的方向转动,如图 5-1(d)中弧线箭头所示。对于左旋蜗杆,类似地可用左手定则来确定蜗杆转向(见图 5-1(e))。

在实际机器中,首、末轮的轴线相互平行的齿轮系应用较为普遍。对于这种齿轮系,由于其首、末轮的转向不是相同就是相反,因此规定:当首、末两轮转向相同时,在其传动比计算公式的齿数比前冠以"＋"号;转向相反时,则冠以"－"号。这样,该公式既表示了传动比的大小,又表示了首、末轮的转向关系。根据这一规定,对于全部由平行轴圆柱齿轮组成的定轴齿轮系,可以不在齿轮上画出箭头,而在传动比计算公式的齿数比前乘以$(-1)^m$(m 为外啮合齿轮的对数),这样也可以表明首、末轮转向的关系,即

$$i_{1k} = \frac{\omega_1}{\omega_k} = (-1)^m \frac{z_2 \cdot z_3 \cdot z_4 \cdot \cdots \cdot z_k}{z_1 \cdot z_{2'} \cdot z_{3'} \cdot \cdots \cdot z_{(k-1)'}} \tag{5-2}$$

但是必须指出:如果轮系中首、末两轮的轴线不平行,便不能采用在齿数比前标注"＋"或"－"号的方法来表示它们的转向关系。这时,它们的转向关系只能采用在图上打箭头的方式来表示。

如图 5-2 所示的轮系,在传动比计算过程中,可以看出,轮 3 同时与轮 2 和轮 4 啮合,而且对于轮 2 而言,轮 3 是从动轮,对于轮 4 而言,轮 3 又是主动轮。因而,轮 3 的齿数在式(5-1a)的分子、分母中同时出现而被约去,这说明轮 3 的齿数的多少并不影响该轮系传动比的大小,它仅仅起着改变从动轮转向的作用。轮系中的这种齿轮常称为过桥齿轮或惰轮。图 5-2 中各轮的箭头是根据已知首轮转向,沿着传动路线逐对确定各轮转向画出来的(若未给出首轮转向,可自定一转向)。

5.1.2　周转齿轮系及其传动比

1. 周转齿轮系的特点

在齿轮运转时,若其中至少一个齿轮的几何轴线绕另一个齿轮的固定几何轴线运动,则该齿轮系称为周转齿轮系。周转齿轮系由行星轮、中心轮、转臂和机架组成。

周转齿轮系(见图 5-3)中的行星轮一方面绕自身的几何轴线 O_2 回转(自转),另一方面又

随同转臂 H 绕几何轴线 O_1 回转（公转）。因而，行星轮不是做单一的回转运动。但若把支撑行星轮轴线的转臂相对固定，则周转齿轮系就转化成定轴齿轮系。

2. 周转齿轮系传动比的计算

由于周转齿轮系中的行星轮既有自转又有公转，因此周转齿轮系各构件间的传动比便不能直接用求定轴齿轮系传动比的公式求解。求解周转齿轮系传动比的方法较多，下面仅介绍反转固定转臂法。

图 5-4 所示为一单排内外啮合的周转齿轮系（见图 5-3(b)）的正视图。以 ω_1、ω_3 和 ω_H 分别表示中心轮 1、3 和转臂 H 的绝对角速度，推导公式时假设它们均同向转动，但解题时，如遇反向转动者，则应代入负值进行计算。

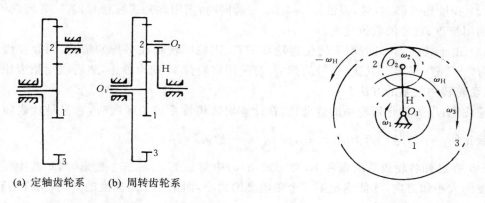

（a）定轴齿轮系　　（b）周转齿轮系

图 5-3　定轴齿轮系与周转齿轮系的异同　　　　　　　**图 5-4　反转固定转臂法**

为使转臂相对固定，可给整个周转齿轮系加上一个与转臂 H 的角速度大小相等、方向相反的公共角速度 $-\omega_H$。根据相对运动原理可知，这样做并不影响轮系中任意两构件的相对运动关系，但这时原来运动的转臂 H 却变为相对静止的机架。于是，原来的周转齿轮系就转化为假想的定轴齿轮系。这种假想的定轴齿轮系称为原周转齿轮系的转化齿轮系（或称转化机构）。转化前后各构件的角速度如表 5-1 所示。

表 5-1　转化前后各构件的角速度

构 件 名 称	周转齿轮系中各构件的绝对角速度	转化齿轮系中各构件的角速度
转臂 H	ω_H	$\omega_H^H = \omega_H - \omega_H = 0$
中心轮 1	ω_1	$\omega_1^H = \omega_1 - \omega_H$
中心轮 3	ω_3	$\omega_3^H = \omega_3 - \omega_H$

既然周转齿轮系的转化齿轮系为定轴齿轮系，故此转化齿轮系的传动比就可以按定轴齿轮系的传动比计算方法求解。对于图 5-3 所示的周转齿轮系，齿轮 1、3 在转化机构中的传动比为

$$i_{13}^H = \frac{\omega_1^H}{\omega_3^H} = \frac{\omega_1 - \omega_H}{\omega_3 - \omega_H} = -\frac{z_3}{z_1}$$

式中：齿数比前的"−"号，表示在转化机构中齿轮 1 与齿轮 3 的转向相反。

上式包含了周转齿轮系中各构件的角速度与各轮齿数之间的关系。由于齿数是已知的，故在 ω_1、ω_3 及 ω_H 三个参数中，若已知任意两个参数，就可确定第三个参数，从而可求出周转齿

轮系中任意两齿轮的传动比。

根据上述原理,不难写出周转齿轮系传动比的一般计算公式。设周转齿轮系中任意两齿轮为 1、k,该两轮在转化机构中的传动比 i_{1k}^{H} 的计算式为

$$i_{1k}^{H} = \frac{\omega_1^{H}}{\omega_k^{H}} = \frac{\omega_1 - \omega_H}{\omega_k - \omega_H} = \pm \frac{z_2 \cdot z_3 \cdot \cdots \cdot z_k}{z_1 \cdot z_{2'} \cdot \cdots \cdot z_{k-1'}} \tag{5-3}$$

对式(5-3)作以下说明。

(1) 式(5-3)为代数方程,只适用于转化齿轮系的首、末轮与转臂的回转轴线平行(或重合)且由圆柱齿轮或其他类型齿轮组成的周转齿轮系。但对于如图 5-5 所示的首、末轮回转轴线不平行的周转齿轮系,不能用式(5-3)求解(其求解方法可参看有关文献)。

(2) 在推导式(5-3)时,假设 ω_1、ω_k、ω_H 三者同向;当用此公式解题时,若三者转向不同,就应分别用带正、负号的数值代入。

(3) 由于式(5-3)只适用于转化齿轮系的首、末轮回转轴线平行的情况,因此在齿数比前一定有"＋"或"－"号。其正、负号的判定,可采用将转臂 H 视为静止,然后按定轴齿轮系判别主、从动轮转向关系的方法。

应注意:i_{1k}^{H} 为转化齿轮系的传动比,在计算周转齿轮系的角速度时,它只是代表转化齿轮系齿数比的一个符号。因为 $i_{1k}^{H} = \frac{\omega_1^{H}}{\omega_k^{H}}$,而 $i_{1k} = \frac{\omega_1}{\omega_k}$,故 $i_{1k}^{H} \neq i_{1k}$。

(4) 在已知各轮齿数的条件下,对于式(5-3)中的 ω_1、ω_k、ω_H 三个变量,须知其中任意两个角速度的大小和方向,才能确定第三个角速度的大小,而第三个角速度的方向(构件的转向)应由计算结果的正、负号确定。

(5) 在周转齿轮系中,如果有一个中心轮固定,该齿轮系自由度为 1,称为行星齿轮系;如果两个中心轮均不固定,该齿轮系自由度为 2,称为差动齿轮系。

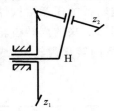

图5-5　首、末轮回转轴线不平行的周转齿轮系

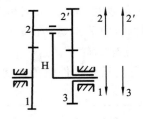

图 5-6　周转齿轮系

例 5-1　如图 5-6 所示的齿轮系中,已知齿数 $z_1 = 30$,$z_2 = 20$,$z_{2'} = 25$,$z_3 = 25$,两中心轮的转速 $n_1 = 100$ r/min,$n_3 = 200$ r/min。试分别求出 n_1、n_3 同向和反向两种情况下转臂的转速 n_H。

解　由式(5-3)可知

$$i_{13}^{H} = \frac{n_1 - n_H}{n_3 - n_H} = \frac{z_2 z_3}{z_1 z_{2'}} \tag{a}$$

齿数比之前的正号(已省略)是由转化齿轮系用画箭头的方法确定的,仅表示转化齿轮系中各轮转向的关系,不是周转齿轮系中各齿轮的真实转向。

(1) 当 n_1 与 n_3 同向,即当 $n_1 = 100$ r/min,$n_3 = 200$ r/min 时,将 n_1、n_3 之值代入式(a)可得

$$\frac{100 - n_H}{200 - n_H} = \frac{z_2 z_3}{z_1 z_{2'}} = \frac{20 \times 25}{30 \times 25}$$

解得　　　　　　　$n_H = -100$ r/min　　("－"表示 n_H 与 n_1 转向相反)

（2）当 n_1 与 n_3 反向，即 $n_1 = 100$ r/min，$n_3 = -200$ r/min 时，将 n_1、n_3 之值代入式（a），可得

$$\frac{100 - n_H}{-200 - n_H} = \frac{20 \times 25}{30 \times 25}$$

解得　　　　　　　　$n_H = 700$ r/min　（"+"省略，表示 n_H 与 n_1 转向相同）

例 5-2　如图 5-6 所示，两中心轮的转速大小与例 5-1 中的相同，且 n_1 与 n_3 同向，只是齿轮齿数改为 $z_1 = 24$，$z_2 = 26$，$z_{2'} = 25$，$z_3 = 25$。试求转臂的转速 n_H。

解　将已知齿数和转速代入式（a），可得

$$\frac{100 - n_H}{200 - n_H} = \frac{z_2 z_3}{z_1 z_{2'}} = \frac{26 \times 25}{24 \times 25}$$

解得　　　　　　　　$n_H = 1\ 400$ r/min　（n_H 与 n_1 转向相同）

由例 5-2 可见，将各齿轮的转速值代入式（a）时必须考虑正、负号问题，在周转齿轮系传动比计算中所求转速的方向，需由计算结果的正、负号来决定，不能在图形中直观判断；齿数的改变，不仅改变了 n_H 的大小，而且还改变了其转向，这一点是与定轴齿轮系有较大区别的。

例 5-3　图 5-7 所示周转齿轮系中，已知各轮齿数为 $z_1 = 48$，$z_2 = 48$，$z_{2'} = 18$，$z_3 = 24$，又 $n_1 = 250$ r/min，$n_3 = 100$ r/min，转向如图所示。试求转臂 H 的转速 n_H 的大小及方向。

解　该齿轮系是由锥齿轮 1、2、2′、3、转臂 H，以及机架所组成的差动齿轮系，1、3、H 的几何轴线互相重合，根据式（5-3），有

$$i_{13}^H = \frac{n_1^H}{n_3^H} = \frac{n_1 - n_H}{n_3 - n_H} = -\frac{z_2 z_3}{z_1 z_{2'}} = -\frac{48 \times 24}{48 \times 18} = -\frac{4}{3}$$

式中，齿数比前的"—"号表示在该齿轮系的转化机构中，齿轮 1、3 的转向相反，它是通过在图上画箭头的方法确定的。

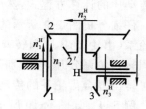

图 5-7　周转齿轮系

将已知的 n_1、n_3 值代入上式。由于 n_1 和 n_3 的实际转向相反，因此一个取正值，另一个取负值。现取 n_1 为正，n_3 为负，则

$$\frac{n_1 - n_H}{n_3 - n_H} = \frac{250 - n_H}{-100 - n_H} = -\frac{4}{3}$$

得到

$$n_H = \frac{350}{7} \text{ r/min} = 50 \text{ r/min}$$

其结果为正，表明转臂 H 的转向与齿轮 1 的转向相同，与齿轮 3 的转向相反。

由于行星轮的角速度矢量与转臂的角速度矢量不平行，因此不能用代数法相加减，即如果要计算行星轮绕转臂转动的相对角速度，$\omega_2^H \neq \omega_2 - \omega_H$，则需要利用矢量合成的方法来求解，此处不详述。

由式　　　　　　　　$$i_{1k}^H = \frac{n_1 - n_H}{n_k - n_H}$$

可得　　　　　　　　$$n_H = \frac{n_k i_{1k}^H - n_1}{i_{1k}^H - 1} \qquad (5-4)$$

由式（5-4）可知，影响转臂转速 n_H 正、负号的因素有：① i_{1k}^H 的大小，它由各轮齿数所决定；② i_{1k}^H 的正、负号，它由齿轮系的类型所决定；③ n_1 和 n_k 的正、负号，它由 n_1 和 n_k 的转向所决定；④ n_1 和 n_k 的大小。

如图 5-8 所示的周转齿轮系，虽然其行星轮数很多，但若给整个周转齿轮系加上一 ω_H 的转动，该周转齿轮系就成为一个串联定轴齿轮系，故仍是单一的周转齿轮系。

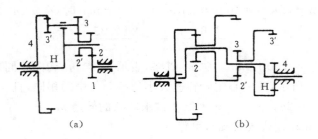

图 5-8　有多个行星轮的周转齿轮系

5.1.3　复合齿轮系及其传动比

　　既含有定轴齿轮系,又含有周转齿轮系或者含有多个周转齿轮系的传动齿轮系,称为复合齿轮系,如图 5-9 所示。

　　计算复合齿轮系的传动比时,显然不能将其视为定轴齿轮系或单一的周转齿轮系来计算,而应该将其所包含的各定轴齿轮系和各周转齿轮系分开,并分别列出定轴齿轮系和周转齿轮系传动比的计算方程式,然后联立求解。

　　仔细分析图 5-9 所示的齿轮系可知,它们是由定轴齿轮系(由轮 1、2 和机架组成)和周转齿轮系(由轮 2′、3、4 和转臂 H、机架组成)组合而成的。求解时,只需将其所含的定轴齿轮系和周转齿轮系分开,再分别列出定轴齿轮系和周转齿轮系的传动比计算公式,最后联立求解,便可得出复合齿轮系的传动比。

　　例 5-4　如图 5-10 所示的齿轮系中,已知各轮齿数 $z_1=24$,$z_2=33$,$z_{2'}=21$,$z_3=78$,$z_{3'}=18$,$z_4=30$,$z_5=78$,转速 $n_1=1\,500$ r/min。试求转速 n_5。

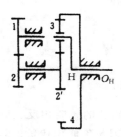

图 5-9　复合齿轮系

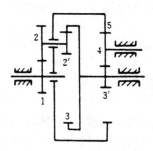

图 5-10　封闭式复合齿轮系

　　解　(1)拆分齿轮系。

　　在计算复合齿轮系的传动比时,关键是先拆分出周转齿轮系,剩下的几何轴线不动而互相啮合的齿轮便组成了定轴齿轮系。

　　周转齿轮系与定轴齿轮系的本质区别是周转齿轮系中有行星轮。因此,首先根据周转轮的轴线的运动特点,找出行星轮,然后再找出支撑行星轮轴线的转臂(但应注意转臂不一定呈简单的杆状),最后找出与行星轮相啮合,其几何轴线又与转臂回转轴线重合的中心轮,直到不能再从中拆分出周转齿轮系为止。拆完周转齿轮系后,所余下的齿轮必能组成一个或多个定轴齿轮系。

　　因此,齿轮 1-2-2′-3-H(5)是一个周转齿轮系,3′-4-5 是一个定轴齿轮系。

（2）分别列出传动比计算公式。

$$\frac{n_1 - n_H}{n_3 - n_H} = -\frac{z_2 z_3}{z_1 z_{2'}} = -\frac{33 \times 78}{24 \times 21} = -\frac{143}{28} \tag{a}$$

$$\frac{n_3}{n_5} = -\frac{z_4 z_5}{z_{3'} z_4} = -\frac{78}{18} = -\frac{13}{3} \tag{b}$$

其中，
$$n_H = n_5$$

（3）联立解方程式。

将根据定轴齿轮系传动比计算公式（b）得出的角速度代入周转齿轮系传动比计算公式（a）中（代入时要注意正、负号），得

$$\frac{1500 - n_5}{-\left(\frac{13}{3}\right)n_5 - n_5} = -\frac{143}{28}$$

解得
$$n_5 = \frac{31500}{593} \text{ r/min} \quad (n_5 \text{ 与 } n_1 \text{ 转向相同})$$

图 5-10 所示为一封闭式复合齿轮系，它是以自由度为 2 的周转齿轮系为基础，并用一定轴齿轮系将周转齿轮系中的转臂和一个中心轮的轴线联系起来构成的。它是一个自由度为 1 的复合齿轮系，故只要已知一个构件的转速，便可确定其他各构件的转速。

图 5-11 所示的齿轮系是由两个单一周转齿轮系组合而成的，因此需要列出两个周转齿轮系传动比计算公式求解其传动比。

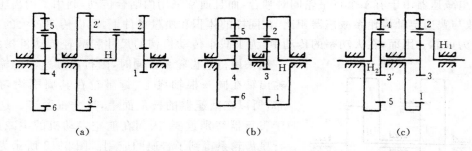

（a）　　　　　　　　　（b）　　　　　　　　　（c）

图 5-11　由两个单一周转齿轮系组合而成的复合齿轮系

例 5-5　在图 5-12(a)所示的周转齿轮系中，已知各轮齿数 $z_1 = z_{2'} = 19$，$z_2 = 57$，$z_{2''} = 20$，$z_3 = 95$，$z_4 = 96$，以及主动轮 1 的转速 $n_1 = 1\,920$ r/min。试求轮 4 的转速 n_4 的大小和方向。

解　该齿轮系有三个中心轮和一个转臂，若用 K 表示中心轮，则可称之为 3K 型复合齿轮系。若给整个齿轮系加上 $-\omega_H$ 的转动，便可将它转化为定轴齿轮系。为了考虑所有齿轮对齿轮系的影响，仍需分别列出传动比计算公式。

齿轮 1-2-2′-3 组成周转齿轮系，其转化齿轮系的传动比计算公式为

$$i_{13}^H = \frac{n_1 - n_H}{n_3 - n_H} = -\frac{z_2 z_3}{z_1 z_{2'}} \tag{a}$$

齿轮 1-2-2″-4 组成周转齿轮系，其转化机构的传动比的表达式为

$$i_{14}^H = \frac{n_1 - n_H}{n_4 - n_H} = -\frac{z_2 z_4}{z_1 z_{2''}} \tag{b}$$

将已知转速及齿数代入式（a）、式（b）中并联立解得
$$n_4 = -5 \text{ r/min} \quad (n_4 \text{ 与 } n_1 \text{ 转向相反})$$

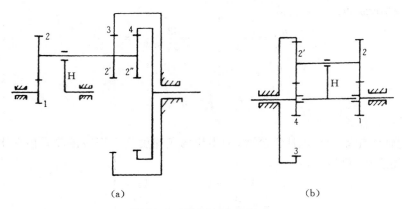

$$(a) \qquad\qquad (b)$$

图 5-12　3K 型复合齿轮系

3K 型复合齿轮系还有其他形式(见图 5-12(b)),但其特征都是具有三个中心轮和一个转臂,所以只要列出两个周转齿轮系的传动比计算公式,通过联立求解即可计算其传动比。

5.2　齿轮系的应用

齿轮系在生产实际中有多种应用,现分述如下。

1. 在体积较小及质量较小的条件下,实现大功率传动

行星减速器由于有多个行星轮同时啮合,而且通常采用内啮合传动,利用了内齿轮中部的空间,故与普通定轴齿轮系减速器相比,在同样的体积和质量条件下,可以传递较大的功率,工作也更为可靠。因而,在大功率的传动中,为了减小传动机构的尺寸和减轻传动机构的质量,

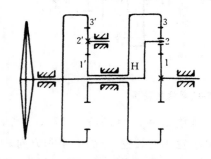

图 5-13　螺旋桨发动机主减速器

广泛采用行星齿轮系。同时,因行星减速器的输入轴和输出轴在同一根轴线上,行星轮在其周围均匀对称分布,所以在减速器的横剖面上,尺寸很紧凑。这一点对于飞行器特别重要,因而在航空发动机的主减速器中,行星齿轮系得到了普遍的应用。图 5-13 所示为某涡轮螺旋桨发动机主减速器的传动简图。这个齿轮系的右部是一个由中心轮 1、3,行星轮 2 和转臂 H 组成的自由度为 2 的差动齿轮系,左部是一个定轴齿轮系。定轴齿轮系将差动齿轮系的内齿轮 3 与转臂 H 的运动联系(封闭)起来,所以整个齿轮系是自由度为 1 的封闭式复合齿轮系。该齿轮系有四个行星轮 2,六个中间惰轮 $2'$(图中均只画出一个)。动力自小齿轮 1 输入后,分两路从转臂 H 和内齿轮 3 输往左部,最后在转臂 H 与内齿轮 $3'$ 的接合处汇合,输往螺旋桨。由于采用了多个行星轮,加上功率分路传递,因此在较小的外廓尺寸下(它的径向外廓尺寸由内齿圈 3 和 $3'$ 的外廓尺寸确定,约为 430 mm),该齿轮系传递功率达 2 850 kW。整个齿轮系的减速比 i_{1H} 为 11.45。

2. 获得较大的传动比

利用行星齿轮系可以获得较大的传动比,而且机构很紧凑。如图 5-14 所示的行星齿轮系,只用了四个齿轮($z_1 = 100, z_2 = 101, z_{2'} = 100, z_3 = 99$),其传动比可达 $i_{H1} = 10\ 000$。现作如下计算。

根据式(5-3)得

$$i_{13}^{H} = \frac{n_1 - n_H}{n_3 - n_H} = \frac{z_2 \cdot z_3}{z_1 \cdot z_{2'}} = \frac{101 \times 99}{100 \times 100} = \frac{9\ 999}{10\ 000}$$

$$i_{1H} = \frac{n_1}{n_H} = 1 - \frac{9\ 999}{10\ 000} = \frac{1}{10\ 000}$$

即
$$i_{H1} = 10\ 000$$

这就是说,在转臂 H 转 10 000 转时,齿轮 1 才转 1 转,可见其传动比很大。但应指出的是:图 5-14 所示行星齿轮系的减速比越大,传动的机械效率就越低,故这种类型的齿轮系只适用于辅助装置的传动机构,不宜用于大功率的传动机构。

同时,这种大传动比的行星齿轮系由于在增速时一般都具有自锁性,因此不能用于增速传动机构。

3. 实现运动的合成

对于自由度为 2 的差动齿轮系来说,它的三个基本构件都是运动的,因此,只有给定其中任意两个基本构件的运动,才能确定第三个基本构件的运动。这就是说,第三个基本构件的运动为另两个基本构件运动的合成。

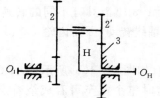

图 5-14　大传动比行星齿轮系

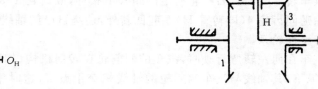

图 5-15　运动的合成

图 5-15 所示的自由度为 2 的差动齿轮系是实现运动合成的一个例子。在该齿轮系中,因 $z_1 = z_3$,故有

$$i_{13}^{H} = \frac{n_1 - n_H}{n_3 - n_H} = -\frac{z_3}{z_1} = -1$$

或
$$n_H = \frac{1}{2}(n_1 + n_3) \tag{5-5a}$$

式(5-5a)表明,转臂 H 的转速 n_H 是轮 1 及轮 3 转速的合成。若设轮 1 为从动件,则式(5-5a)可改写为

$$n_1 = 2n_H - n_3 \tag{5-5b}$$

因为齿轮系中的齿轮转角有正、负之分,故可利用图 5-15 所示的齿轮系完成代数量的加、减运算。

该齿轮系可用来实现运动的合成,在机床、机械式计算机、补偿调整装置等中得到了广泛的应用。

4. 实现运动的分解

自由度为 2 的差动齿轮系不仅能将两个独立的转动合成为一个转动,而且还可以将一个主动构件的转动按所需的比例分解为另外两个从动构件的转动。现以汽车后轴的差速器为例来说明这个问题。

图 5-16(a)所示为装在汽车后轴上的差动齿轮系(常称差速器)。发动机通过传动轴驱动齿轮 5,齿轮 4 上固连着转臂 H,转臂 H 上装有行星轮 2。在此齿轮系中,齿轮 1、2、3 及转臂 H 组成一差动齿轮系。

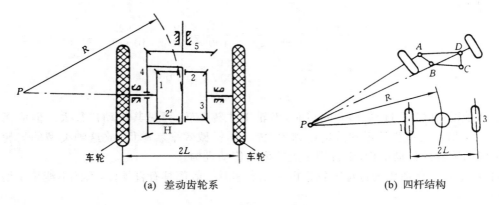

(a)　差动齿轮系　　　　　　　　　　　　(b)　四杆结构

图 5-16　汽车后轴用差速器的传动简图

当汽车沿直线行驶时,两个后轮所走的路程相同,故后轮 1、3 的转速要求相等,即 $n_1 = n_3$。运动由齿轮 5 传给齿轮 4,而齿轮 1、2、3 和齿轮 4 成为一个整体,随齿轮 4 一起转动。此时行星轮 2 不绕自己的轴线转动。

当汽车转弯时,左、右两轮所走的路程不相等,故齿轮 1、3 应当具有不同的转速。此时行星轮 2 除随同齿轮 4(即转臂 H)一起回转外,还绕自己的轴线转动,因而齿轮 1、2、3 及转臂 H 组成一行星齿轮系。

设汽车在向左转弯行驶时,汽车的两前轮在转向机构(如图 5-16(b)所示的 ABCD 四杆机构)的操纵下,其轴线与汽车两后轮的轴线相交于点 P,这时整个汽车可看成绕着点 P 回转。又设轮子在地面上不打滑,则两个后轮的转速应与弯道半径成正比,故由图 5-16(b)可得

$$\frac{n_1}{n_3} = \frac{R-L}{R+L} \tag{5-6a}$$

式中:R 为弯道平均半径;L 为半轮距。

又因在差动齿轮系中,$n_{\mathrm{H}} = n_4$,且有

$$\frac{n_1 - n_4}{n_3 - n_4} = -1 \tag{5-6b}$$

于是联立式(5-6a)、式(5-6b)求解可得

$$\left.\begin{array}{l} n_1 = \dfrac{R-L}{R} n_4 \\[2mm] n_3 = \dfrac{R+L}{R} n_4 \end{array}\right\} \tag{5-6c}$$

此即说明,当汽车转弯时,可利用此差速器将主轴的一个转动分解为两个后轮的两种不同的转动。

5.实现变速传动

利用自由度为 2 的差动齿轮系还可以实现变速传动。图 5-17 所示为用于炼钢转炉变速倾动装置中的差动齿轮系。根据生产要求,希望在装料的过程中炉体倾动快,而在出钢和出渣的过程中炉体倾动慢,这一变速要求可以通过该差动齿轮系来实现。如图 5-17 所示,整个齿轮系中包括一个由中心轮 1、3,行星轮 2 和转臂 H 组成的差动齿轮系。中心轮 1、3 分别由交流电动机 M_1 和 M_2 通过定轴齿轮系驱动,而转臂 H 则通过定轴齿轮系输出运动。电动机 M_1 和 M_2 通过同向旋转或反向旋转,或 M_1 开动、M_2 制动,或 M_2 开动、M_1 制动,可以得到四种不同的输出转速,从而满足生产的要求。

这种变速装置比起用定轴齿轮系通过滑移换挡变速可靠得多,同时比起用电动机调速,又省去了复杂的电气控制系统。

6. 实现换向传动

在主动轴转向不变的条件下,利用齿轮系可改变从动轴的转向。图 5-18 所示为汽车四挡变速箱传动简图。利用此齿轮系既可变速,又能使运动反向。图中,Ⅰ 为输入轴,Ⅱ 为输出轴,4、6 为滑移齿轮,A、B 为齿套离合器,齿轮 1、2 始终处于啮合状态。这种四挡变速箱可使输出轴得到四种转速。

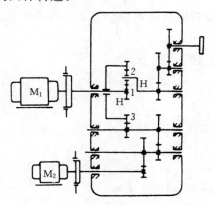

图 5-17　转炉变速倾动装置的传动简图 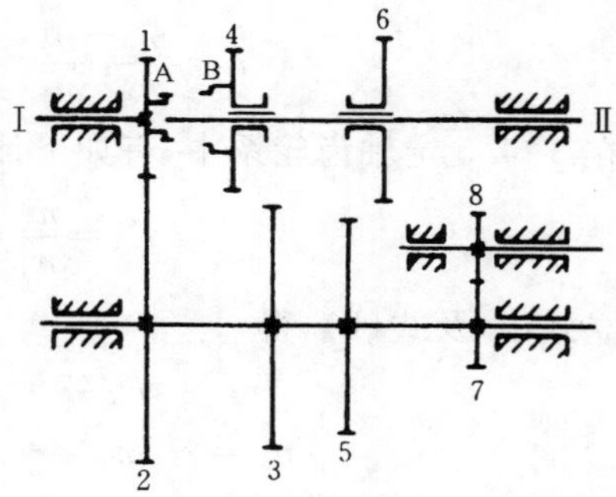　　　　**图 5-18　汽车四挡变速箱传动简图**

当齿轮 6 与 8 啮合时,齿轮 3 与 4 及离合器 A 与 B 均脱离,使输出轴 Ⅱ 的转向改变,此即变速箱的倒挡,从而实现了换向运动。

例 5-6　在图 5-19 所示的组合机床走刀机构中,若已知 $z_1=50$,$z_2=100$,$z_3=40$,$z_4=40$,$z_5=39$,试求 i_{13}。

解　(1) 拆分轮系。3-4-4′-5-2(H) 组成周转齿轮系,1-2(H) 组成定轴齿轮系。

(2) 分列方程,联立求解。

$$i_{35}^{\mathrm{H}} = \frac{n_3 - n_{\mathrm{H}}}{n_5 - n_{\mathrm{H}}} = \frac{z_4 z_5}{z_3 z_{4'}}$$

因为　　　　$n_5 = 0,\quad n_2 = n_{\mathrm{H}}$

故得　　　　$\dfrac{n_3}{n_{\mathrm{H}}} = \dfrac{n_3}{n_2} = 1 - \dfrac{z_4 z_5}{z_3 z_{4'}}$

$$i_{12} = \frac{n_3}{n_2} = -\frac{z_2}{z_1} \qquad (\text{b})$$

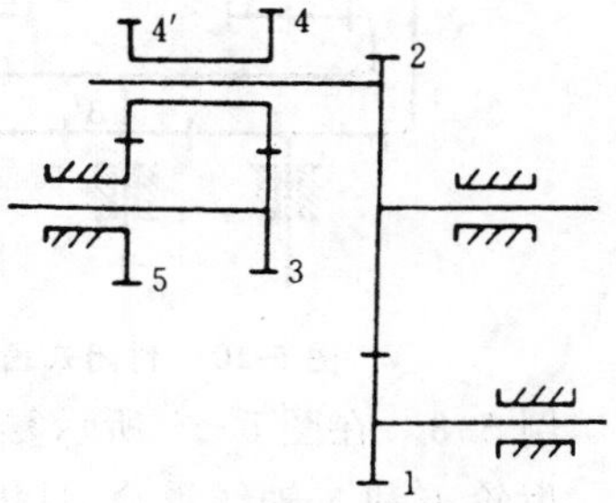

将式(b)代入式(a)得

$$i_{13} = \frac{n_1}{n_3} = -\frac{z_2}{z_1} \Big/ \left(1 - \frac{z_4 z_5}{z_3 z_{4'}}\right) \qquad (\text{c})$$

图 5-19　组合机床走刀机构图

将已知齿数代入式(c)解得

$$i_{13} = -41 \quad (n_1 \text{ 与 } n_3 \text{ 转向相反})$$

如果将 $z_{4'}$ 和 z_5 的齿数互换,即 $z_{4'}=39$,$z_5=41$,其余条件不变,其计算结果为 $i_{13}=39$(n_1 与 n_3 转向相同)。由此说明,该齿轮系在不改变结构类型,只改变齿数的情况下也可实现换向传动。

例 5-7　在图 5-20 所示的封闭式齿轮系中,设各齿轮的模数均相同,且为标准传动,若已

知其齿数 $z_1 = z_{2'} = z_{3'} = z_{6'} = 20$，$z_2 = z_4 = z_6 = z_7 = 40$，试问：

(1) 齿轮 3、5 的齿数应如何确定？

(2) 当齿轮 1 的转速 $n_1 = 980$ r/min 时，齿轮 3 及齿轮 5 的运动情况各如何？

解　(1) 确定齿数。根据同轴条件及各齿轮模数均相同的条件，可得

$$z_3 = z_1 + z_2 + z_{2'} = 20 + 40 + 20 = 80$$
$$z_5 = z_{3'} + 2 z_4 = 20 + 2 \times 40 = 100$$

(2) 计算齿轮 3、5 的转速。

图 5-20 所示齿轮系为封闭式齿轮系，在作运动分析时应将其划分为如下两部分来计算。

① 在 1-2(2')-3-5 差动齿轮系中，有如下计算式：

$$i_{13}^5 = \frac{n_1 - n_5}{n_3 - n_5} = -\frac{z_2 z_3}{z_1 z_{2'}} = -\frac{40 \times 80}{20 \times 20} = -8 \tag{a}$$

② 在 3'-4-5 定轴齿轮系中，有如下计算式：

$$i_{3'5} = \frac{n_{3'}}{n_5} = -\frac{z_5}{z_{3'}} = -\frac{100}{20} = -5 \tag{b}$$

联立式(a)及式(b)，得

$$n_5 = n_1/49 = 980/49 \text{ r/min} = 20 \text{ r/min}$$
$$n_3 = -5n_5 = -5 \times 20 \text{ r/min} = -100 \text{ r/min}$$

故：$n_3 = -100$ r/min，与 n_1 反向；$n_5 = 20$ r/min，与 n_1 同向。

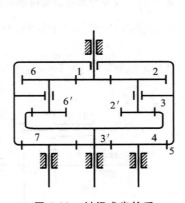

图 5-20　封闭式齿轮系

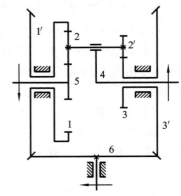

图 5-21　复合齿轮系

例 5-8　在图 5-21 所示复合齿轮系中，$z_5 = z_2 = 25$，$z_{2'} = 20$，组成齿轮系的各齿轮模数相同。齿轮 1' 和 3' 轴线重合，且齿数相同。求齿轮系传动比 i_{54}。

解　(1) 求齿数 z_1 和 z_3。

因为齿轮 1 和齿轮 5 同轴线，所以有：$r_1 - r_2 = r_5 + r_2$。

由于各齿轮模数相同，则有：$z_1 = z_5 + 2z_2 = 25 + 2 \times 25 = 75$。

因为齿轮 3 和齿轮 5 同轴线，所以有：$r_5 + r_2 = r_{2'} + r_3$。

由于各齿轮模数相同，则有：$z_3 = z_5 + z_2 - z_{2'} = 25 + 25 - 20 = 30$。

(2) 拆分齿轮系。

① 由齿轮 1、2-2'、3 及系杆 4 组成差动齿轮系，有

$$i_{13}^4 = \frac{n_1 - n_4}{n_3 - n_4} = -\frac{z_2 z_3}{z_1 z_{2'}} = -\frac{25 \times 30}{75 \times 20} = -\frac{1}{2} \tag{a}$$

② 由齿轮 1、2、5 及系杆 4 组成差动齿轮系，有

$$i_{15}^4 = \frac{n_1 - n_4}{n_5 - n_4} = -\frac{z_5}{z_1} = -\frac{25}{75} = -\frac{1}{3} \tag{b}$$

③齿轮 1′、6、3 组成定轴齿轮系,齿轮 1′和 3′轴线重合,且齿数相同,有

$$i_{1'3'} = \frac{n_{1'}}{n_{3'}} = \frac{n_1}{n_3} = -\frac{z_{3'}}{z_{1'}} = -1, \quad n_3 = -n_1 \tag{c}$$

采用画箭头法判别 $i_{1'3'}$ 的符号。

(3) 联立求解方程。

将式(c)代入式(a):
$$n_1 - n_4 = -\frac{1}{2}(-n_1 - n_4)$$

解得
$$n_1 = 3n_4 \tag{d}$$

将式(d)代入式(b):
$$3n_4 - n_4 = -\frac{1}{3}(n_5 - n_4)$$

解得 $i_{54} = \frac{n_5}{n_4} = -5$,即齿轮 5 和系杆 4 转向相反。

5.3　行星轮系设计

行星轮系是一种共轴式传动装置,即轮系中的中心轮及转臂的轴线是重合的。在生产实际中,为了使行星轮系中的惯性力相互平衡,减轻轮齿上的载荷,以减小中心轮轴承上的作用力,行星轮系一般采用有多个行星轮的对称结构,即几个完全相同的行星轮均匀地分布在中心轮的周围。

对于只有一个行星轮的行星轮系,各轮齿数应满足以下两个条件:① 实现给定的传动比,即满足传动比条件;② 两中心轮及转臂的轴线重合,即满足同心条件。

装有多个行星轮的行星轮系还须满足以下两个条件:① 装在转臂上的所有行星轮能严格均匀地装入两中心轮之间,即满足装配条件;② 相邻两行星轮的齿顶不能相碰,即满足邻接条件。

下面以图 5-22 所示的单排 2K-H 型(自由度 $F=1$,K(即 k)为中心轮数($k=2$),H 为转臂)行星轮系(简称 NGW 型,N 为内齿轮,G 为行星轮,W 为外齿轮)为例,介绍行星轮系设计。

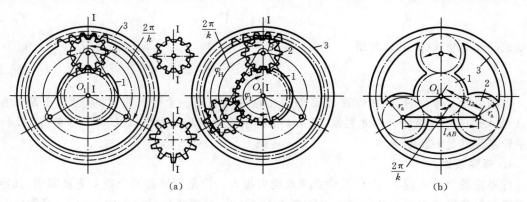

图 5-22　单排 2K-H 型行星轮系的设计

1. 传动比条件

当行星轮系传动比 $i_{1H} = \omega_1 / \omega_H$ 给定时,由齿轮系传动比计算式可得

$$i_{1H} = 1 - i_{13}^H = 1 + \frac{z_3}{z_1}$$

所以
$$z_3 = (i_{1H} - 1)z_1 \tag{5-7}$$

2. 同心条件

行星轮系要求两中心轮 1、3 及转臂 H 的几何轴线重合,换句话说,中心轮 1 与行星轮 2 的中心距 a_{12} 等于中心轮 3 与行星轮 2 的中心距 a_{23},即 $a_{12} = a_{23}$。

根据正确啮合条件,1、2 及 3 三个齿轮的模数应相等,若三个齿轮均采用标准齿轮传动或高度变位齿轮传动,则有

$$\frac{m(z_1 + z_2)}{2} = \frac{m(z_3 - z_2)}{2}$$

由此可得
$$z_2 = \frac{z_3 - z_1}{2} = \frac{z_1(i_{1H} - 2)}{2} \tag{5-8}$$

上述为 NGW 型行星轮系所要满足的同心条件。式(5-8)表明,两中心轮的齿数同时为偶数或同时为奇数。

3. 装配条件

对于装有多个行星轮的行星轮系,要求装在转臂上的所有行星轮能严格均匀地装入两中心轮之间。假设行星轮的个数为 k,在图 5-22(a)所示的行星轮系中,有三个行星轮($k = 3$),其均布行星轮之间的夹角为 $2\pi/k = 2\pi/3$,在调整中心轮 1、3 的相对位置后,总能在图示位置 A 处装入第一个行星轮,装上第一个行星轮后,将中心轮 3 固定,让转臂 H 带着第一个行星轮转到位置 B,这时转臂转过的角度为 $\varphi_H = 2\pi/k$,而中心轮 1 相应的转角 φ_1 是由行星轮系的传动比决定的。因为

$$i_{1H} = \frac{\omega_1}{\omega_H} = \frac{\varphi_1}{\varphi_H} = 1 + \frac{z_3}{z_1}$$

所以
$$\varphi_1 = \varphi_H \left(1 + \frac{z_3}{z_1}\right) = \frac{2\pi}{k}\left(1 + \frac{z_3}{z_1}\right) \tag{5-9a}$$

若这时在位置 A 又能装入第二个行星轮,则中心轮 1 在位置 A 的轮齿相位应与其回转 φ_1 角之前在该位置时的轮齿相位完全相同,也就是说,角 φ_1 必须能被中心轮 1 的齿距角 $2\pi/z_1$ 整除,即刚好是 N 个轮齿所对的中心角,故

$$\varphi_1 = N\left(\frac{2\pi}{z_1}\right) \tag{5-9b}$$

联立式(5-9a)与式(5-9b),解得
$$N = \frac{z_1 + z_3}{k} \tag{5-9c}$$

当满足以上条件时,则在位置 A 必然又出现开始装第一个行星轮时的状态,于是可在位置 A 装入第二个行星轮。以此类推,直至 k 个行星轮全部装完为止,式(5-9c)即单排 2K-H 型行星轮系应满足的装配条件。

4. 邻接条件

行星轮的个数 k 越多,则行星轮系承载能力越大。但是行星轮的个数 k 有极限值,其原因是相邻两行星轮的齿顶不能相碰。由图 5-22(b)可见,相邻两行星轮的中心距 l_{AB} 必须大于行星轮的齿顶圆直径。若采用标准齿轮,则

$$2(r_1 + r_2)\sin\frac{\pi}{k} > 2(r_2 + h_a^* m)$$

将 $r_1 = \frac{1}{2}mz_1$、$r_2 = \frac{1}{2}mz_2$ 代入上式,整理后得

$$z_2 < \frac{z_1 \sin \frac{\pi}{k} - 2h_{\mathrm{a}}^*}{1 - \sin \frac{\pi}{k}} \tag{5-10}$$

式(5-10)即单排 2K-H 型行星轮系应满足的邻接条件。

为了便于设计时选择各轮齿数,通常把前三个条件合并为总配齿公式,则由式(5-7)～式(5-9c)得

$$z_1 : z_2 : z_3 : N = z_1 : \frac{z_1(i_{1\mathrm{H}} - 2)}{2} : z_1(i_{1\mathrm{H}} - 1) : \frac{z_1 i_{1\mathrm{H}}}{k} \tag{5-11}$$

5.4　其他行星传动简介

5.4.1　渐开线少齿差行星传动

图 5-23 所示为渐开线少齿差行星传动的简图。该传动由固定中心轮(内齿轮)1、行星轮 2、转臂 H、等角速比机构3,以及输出轴 V 组成。由于它的基本构件是中心轮 1(K)、转臂 H 及一根带输出机构的输出轴 V,因此也称为 K-H-V 型行星轮系。它与前述各种行星轮系的不同在于,当用于减速时,转臂 H 为主动件,输出的是行星轮的绝对转动,而不是中心轮或转臂的绝对运动。因为中心轮 1 与行星轮 2 的齿廓均为渐开线,且齿数相差很少(一般为 1～4),故称之为渐开线少齿差行星传动。

其传动比可根据式(5-3)计算:

$$i_{21}^{\mathrm{H}} = \frac{n_2 - n_{\mathrm{H}}}{n_1 - n_{\mathrm{H}}} = 1 - i_{2\mathrm{H}} = \frac{z_1}{z_2}$$

得到

$$i_{2\mathrm{H}} = \frac{n_2}{n_{\mathrm{H}}} = 1 - \frac{z_1}{z_2} = -\frac{z_1 - z_2}{z_2}$$

所以当转臂主动、行星轮从动时,传动比为

$$i_{\mathrm{H2}} = i_{\mathrm{HV}} = \frac{n_{\mathrm{H}}}{n_2} = -\frac{z_2}{z_1 - z_2}$$

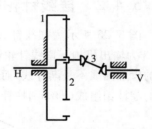

图 5-23　渐开线少齿差行星传动的简图

上式表明,齿数差 $z_1 - z_2$ 很小时,传动比 i_{HV} 很大。当 $z_1 - z_2 = 1$ 时,得一齿差行星传动,其传动比 $i_{\mathrm{HV}} = -z_2$。

由于行星轮是做复合平面运动的,它既有自转,又有公转,因此要用一根轴直接实现行星轮的运动输出是不可能的,而必须在行星轮轴与输出轴 V 之间安装一个能实现等角速比传动的输出机构。目前应用最为广泛的是孔销式输出机构。图 5-24 所示为孔销式输出机构示意图,图中 O_2、O_3 分别为行星轮和输出轴圆盘的中心。行星轮 2 上均匀地开有 6 个圆孔(常采用6～12 个),其中一个中心为 A。在输出轴的圆盘 3 上,在半径相同的圆周上,均布有相同数量的圆柱销,其一个中心为 B,这些圆柱销对应地插入行星轮的上述圆孔中。行星轮上销孔的半径为 r_{k},输出轴上销套的半径为 r_{x},设计时取转臂的偏距为 e(齿轮 1、2 的中心距),当 $e = r_{\mathrm{k}} - r_{\mathrm{x}}$ 时,O_2、O_3、A、B 将构成平行四边形 $O_2 A B O_3$。在运动过程中,位于行星轮上的 $O_2 A$ 和位于输出轴圆盘上的 $O_3 B$ 始终保持平行,使得输出轴 V 与行星轮等速同向转动。

渐开线少齿差行星传动的优点是传动比大(一级减速传动可达 100),结构简单,体积小,

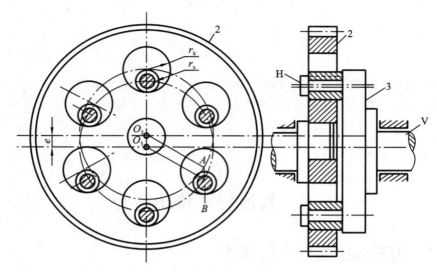

图 5-24　孔销式输出机构示意图

重量轻,运转平稳,齿形易加工,装卸方便,效率高。所以,它广泛应用于很多工业部门,如冶金和石油化工等行业。但由于齿数差少,易产生齿廓重叠干涉现象,因此必须采用具有很大啮合角(38°~56°)的变位传动,从而导致较大的轴承压力。此外,还需要一个输出机构,致使其传递的功率和传动效率受到一些限制,所以这种行星传动一般只用于中、小功率传动。

5.4.2　摆线针轮行星传动

图 5-25 所示为摆线针轮行星传动的示意图。其中,1 为针轮,2 为摆线行星轮,H 为转臂,3 为输出机构。摆线针轮行星传动的原理与渐开线少齿差行星齿轮传动基本相同,只是行星轮的齿廓曲线不是渐开线,而是外摆线;中心内齿轮采用了针轮,即由固定在机壳上带有滚动销套的圆柱销组成(即小圆柱针销),摆线针轮行星传动由此而得名。其输出机构采用孔销式机构。

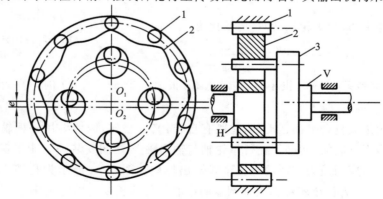

图 5-25　摆线针轮行星传动的示意图

摆线针轮行星传动的行星轮与中心轮的齿数只差一齿,故属于一齿差 K-H-V 行星轮系,其传动比为

$$i_{HV} = i_{H2} = \frac{n_H}{n_2} = -\frac{z_2}{z_1 - z_2} = -z_2$$

摆线针轮行星传动具有如下特点:传动比大,结构紧凑;不存在齿顶相碰和齿廓重叠的干

涉问题;同时啮合的齿数多(理论上有一半的轮齿处于啮合状态),故传动平稳,承载能力高;啮合角小于渐开线一齿差行星齿轮传动的啮合角,因而减轻了轴承载荷,有较高的传动效率;需要使用专门的设备制造,加工及安装精度要求高,成本较高。

摆线针轮行星传动目前在军工、矿山、冶金、造船、化工等工业部门均有广泛的应用。

5.4.3　谐波齿轮传动

谐波齿轮传动是利用行星轮系传动原理发展起来的一种新型传动。图 5-26 所示为谐波齿轮传动的示意图。它由三个基本构件组成,即具有内齿的刚轮 1、具有外齿的柔轮 2 和激波器(又称波发生器)H。与行星传动一样,在这三个构件中必须有一个是固定的,而其余两个,一个为主动件,另一个为从动件。通常将波发生器作为主动件,而刚轮和柔轮之一为从动件,另一个为固定件。

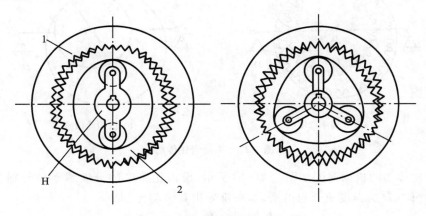

图 5-26　谐波齿轮传动的示意图

谐波齿轮传动的工作原理是:波发生器的长度比未变形的柔轮内圆直径大,当波发生器装入柔轮内圆时,迫使柔轮产生弹性变形而呈椭圆状,于是椭圆形柔轮的长轴端附近的齿与刚轮齿完全啮合,短轴端附近的齿与刚轮齿完全脱开。在柔轮其余各处,有的齿处于啮合状态,有的齿处于啮出状态。当波发生器连续转动时,柔轮长短轴的位置不断变化,使柔轮的齿依次进入啮合,然后再依次退出啮合,从而实现啮合传动。在传动过程中,柔轮产生的弹性变形波近似于谐波,故称之为谐波齿轮传动。

谐波齿轮传动的啮合过程和行星齿轮传动类似,其传动比的计算按照周转齿轮系的计算方法得到。

(1)当刚轮 1 固定,波发生器 H 为主动件、柔轮 2 为从动件时,有

$$i_{21}^{H}=\frac{n_2-n_H}{n_1-n_H}=1-i_{2H}=\frac{z_1}{z_2}$$

$$i_{H2}=\frac{n_H}{n_2}=-\frac{z_2}{z_1-z_2}$$

(2)当柔轮 2 固定,波发生器 H 为主动件、刚轮 1 为从动件时,传动比为

$$i_{H1}=\frac{n_H}{n_1}=\frac{z_1}{z_1-z_2}$$

上面两式中,齿数差是根据波发生器转一周柔轮变形时与刚轮同时啮合的区域的数目(变形波数)来确定的。目前多用双波(有两个啮合区)和三波(有三个啮合区)传动。

谐波齿轮传动具有如下特点:传动比大,且变化范围宽;在传动比很大的情况下,仍具有较高的效率;结构简单,体积小,重量轻;齿面相对速度低,齿面之间接近于面接触,故磨损小,运动平稳;由于多齿啮合的平均效应,运动精度高。但是柔轮易发生疲劳损坏,启动力矩较大。

谐波齿轮行星传动广泛应用在军工机械、精密机械、自动化机械等传动系统中。

5.4.4 平动齿轮传动

平动齿轮传动机构示意图如图 5-27(a)所示,平行四边形 $ABCD$ 的连杆 BC 与齿轮 z_1 固接在一起,齿轮中心 O_1 位于连杆轴线上,随同连杆 BC 做无自转的平动。两齿轮的中心距 $\overline{O_1O_2}=\overline{AB}=\overline{CD}$,且 O_1O_2 与 AB、CD 平行。

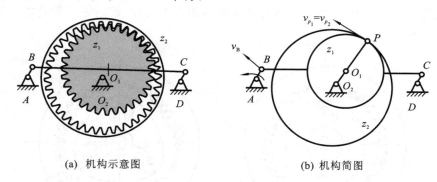

(a) 机构示意图 (b) 机构简图

图 5-27 平动齿轮传动

平动齿轮传动的机构简图如图 5-27(b)所示,设齿轮 1、2 的分度圆半径分别为 r_1、r_2,利用两齿轮的瞬心 P 为速度重合点的概念,可推导出其传动比,即

$$v_{P_1}=v_{P_2},\quad v_{P_1}=v_B=\omega_1 l_{AB}=\omega_1 l_{O_1O_2}=\omega_1(r_2-r_1)$$

$$v_{P_2}=\omega_2 r_2$$

$$\omega_1(r_2-r_1)=\omega_2 r_2$$

$$i_{12}=\frac{\omega_1}{\omega_2}=\frac{r_2}{r_2-r_1}=\frac{z_2}{z_2-z_1}$$

当齿数差很小时,平动齿轮传动可获得较大传动比。

第 5 章数字资源

习 题

5-1 在图 5-28 所示齿轮系中,已知各轮齿数 $z_1=20$,$z_{1'}=24$,$z_2=30$,$z_{4'}=20$,$z_5=80$,$z_{5'}=50$,$z_6=18$,$z_{6'}=30$。试问:齿数比 $z_{2'}/z_4$ 应为多少该齿轮系才能进行传动?

5-2 在图 5-29 所示齿轮系中,已知各轮齿数 $z_1=28$,$z_2=15$,$z_{2'}=15$,$z_3=35$,$z_{5'}=1$,$z_6=100$,被切蜗轮的齿数为 60,滚刀为单头。试确定齿数比 $z_{3'}/z_5$ 和滚刀的旋向(说明:用滚刀切制蜗轮相当于蜗杆蜗轮传动)。

5-3 在图 5-30 所示齿轮系中,已知各轮齿数 $z_1=z_2=z_3$,转臂的角速度 $\omega_H=10$ rad/s。试求轮 2 和轮 3 的角速度 ω_2 和 ω_3。

5-4 在图 5-31 所示齿轮系中,已知各轮齿数 $z_1=24$,$z_2=20$,$z_3=18$,$z_{3'}=28$,$z_4=110$。试求传动比 i_{H1}。

5-5 在图 5-32 所示齿轮系中,已知各轮齿数 $z_1=60$,$z_2=z_{2'}=30$,$z_3=z_{3'}=40$,$z_4=120$,轮 1 的转速 $n_1=30$ r/min(转向如图所示)。试求转臂 H 的转速 n_H。

5-6 在图 5-33 所示齿轮系中,已知各轮齿数 $z_1=40$,$z_2=30$,$z_{2'}=20$,$z_3=30$。试求传动比 i_{H1}。

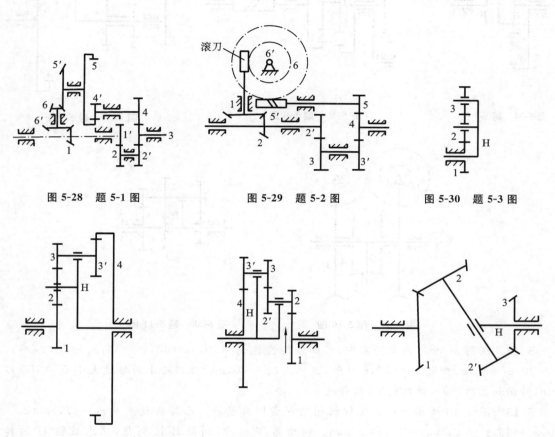

图 5-28 题 5-1 图   图 5-29 题 5-2 图   图 5-30 题 5-3 图

图 5-31 题 5-4 图   图 5-32 题 5-5 图   图 5-33 题 5-6 图

5-7 在图 5-34 所示齿轮系中,已知各轮齿数 $z_1=18$,$z_2=38$,$z_{2'}=50$,$z_3=70$。试求传动比 i_{H1}(说明:构件上的内齿轮 2 和中心轮 1 组成一对内啮合齿轮,其上的外齿轮 $2'$ 和中心轮 3 组成一对内啮合齿轮)。

5-8 在图 5-35 所示齿轮系中,已知各轮齿数 $z_1=20$,$z_2=40$,$z_3=20$,$z_4=80$,$z_{4'}=60$,$z_5=50$,$z_{5'}=55$,$z_6=65$,$z_{6'}=1$,$z_7=60$,轮 1、3 的转速大小 $n_1=n_3=3\,000$ r/min(转向如图所示)。试求转速 n_7。

5-9 在图 5-36 所示齿轮系中,已知各轮齿数 $z_1=20$,$z_{1'}=50$,$z_2=30$,$z_{2'}=50$,$z_3=30$,$z_{3'}=20$,$z_4=100$,$z_5=60$。试求传动比 i_{14}。

5-10 在图 5-37 所示齿轮系中,已知各轮齿数 $z_1=1$(右旋),$z_2=99$,$z_{2'}=z_4$,$z_{4'}=100$,$z_5=1$(右旋),$z_{5'}=100$,$z_{1'}=101$,轮 1 的转速大小 $n_1=100$ r/min(转向如图所示)。试求转臂 H 的转速 n_H。

5-11 在图 5-38 所示齿轮系中,已知各轮齿数 $z_1=20$,$z_2=20$,$z_{2'}=40$,$z_{2''}=20$,$z_3=20$,$z_4=30$,试求传动比 i_{13}。

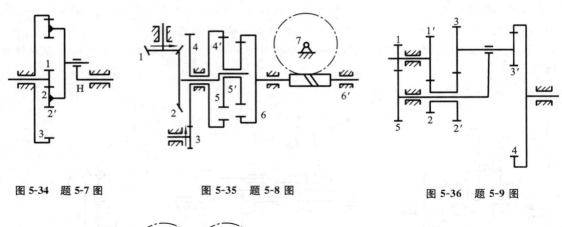

图 5-34　题 5-7 图　　　　图 5-35　题 5-8 图　　　　图 5-36　题 5-9 图

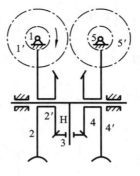
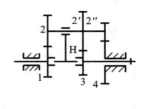

图 5-37　题 5-10 图　　　　图 5-38　题 5-11 图

5-12　在图 5-39 所示齿轮系中，已知各轮齿数 $z_1=20, z_2=40, z_3=35, z_{3'}=30, z_{3''}=1,$ $z_4=20, z_5=75, z_{5'}=80, z_6=30, z_7=90, z_8=30, z_9=20, z_{10}=50$，轮 1 的转速大小 $n_1=100$ r/min(转向如图所示)。试求轮 10 的转速 n_{10}。

5-13　图 5-40 所示为矿山运输机的行星齿轮减速器。已知齿数 $z_1=z_3=17, z_2=z_4=$ $39, z_{3'}=18, z_7=152, n_1=1\,450$ r/min。制动器 T 松开，制动器 K 刹住，试求鼓轮 H 的转速 n_H。

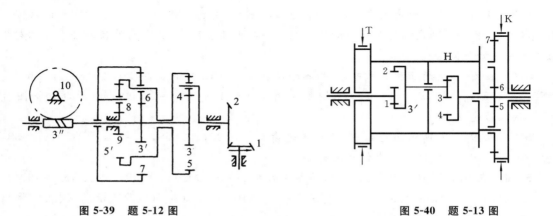

图 5-39　题 5-12 图　　　　图 5-40　题 5-13 图

5-14　图 5-41 所示为车削球面轴瓦的专用设备。齿轮 1 连在固定的芯轴上，主轴空套在芯轴上，当电动机驱动主轴旋转时，轮 3 既随主轴公转，又相对主轴自转。通过螺旋机构和滑块摇杆机构使刀架绕点 O 摆动,同时刀架又随主轴转动,因此刀尖便车出轴瓦的球面内孔。已知 $z_1=z_{2'}=25$, $z_2=z_3=100$,丝杠为右旋螺纹,螺距 $l=4$ mm。试问:主轴 H 按图示箭头方向回转 1 转时,轮 3 向哪个方向转?相对主轴转多少转?滑块向上还是向下移动?移动距离为多少?

5-15　在图 5-42 所示镗床的镗杆进给机构中,已知 $z_1=60$, $z_4=z_{3'}=z_2=30$,螺杆的导程 $h=6$ mm,右旋。设所有齿轮的模数均相同,当被切工件的右旋螺纹的导程 $h'=2$ mm 时,齿轮 $2'$ 和 3 的齿数 $z_{2'}$ 和 z_3 各为多少?

5-16　如图 5-43 所示的行星齿轮系,已知其传动比 $i_{1H}=4.5$,试确定该齿轮系各轮齿数 z_1、z_2、z_3 和均布的行星轮个数 k。

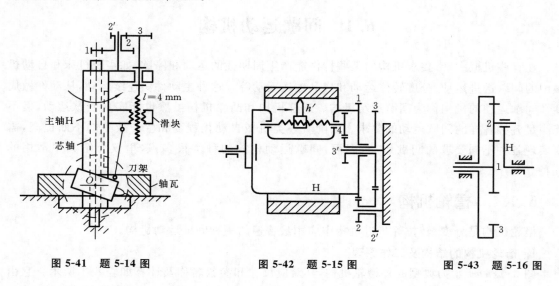

图 5-41　题 5-14 图　　　　　　图 5-42　题 5-15 图　　　　　　图 5-43　题 5-16 图

其他常用机构

6.1 间歇运动机构

在有些机械中,常要求机构的某些构件能产生周期性的运动和停歇,如实现机床和自动机械中的间歇送进运动、分度转位运动和成品输送运动等。这种主动件做连续运动,从动件做周期性间歇运动的机构称为间歇运动机构。连杆机构和凸轮机构虽然也能实现间歇运动,但不能满足各种各样的间歇运动的要求。而随着各类机械自动化程度和生产效率的不断提高,需要实现各种不同要求的间歇运动,因而,间歇运动机构的种类很多,这里仅介绍其中常用的几种。

6.1.1 槽轮机构

槽轮机构是分度、转位等步进机构中应用最普遍的一种间歇运动机构。

1. 槽轮机构的结构及工作原理

图 6-1(a)所示为典型的外槽轮机构,其对应尺寸和参数名称及计算如表 6-1 所示。它由带圆销 G 的拨盘 1、开有若干个径向开口槽的槽轮 2 和机架组成。主动件拨盘 1 以等角速度 ω_1 连续回转,当圆销 G 进入槽轮的槽中时,拨盘通过圆销驱使槽轮转动;当拨盘上的圆销脱开

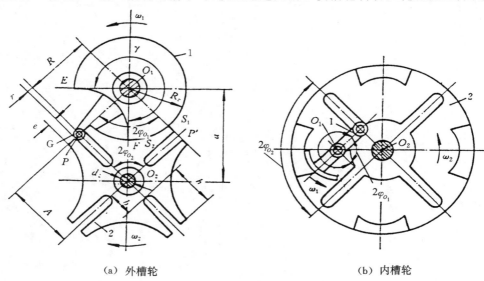

（a）外槽轮   （b）内槽轮

图 6-1 槽轮机构的类型

槽轮后仍继续转动时,槽轮静止不动。这样,就把拨盘的连续回转运动转换成槽轮的单向间歇运动。为了保证圆销脱开槽轮之后槽轮停止不动,拨盘通常带有定位盘。定位盘是一个带有缺口的圆盘,其半径和槽轮上两槽之间的凹面圆弧轮廓(定位弧 S_1、S_2)的半径一致。当拨盘上的圆销进入槽中,槽轮开始转动时,定位盘的圆弧面与槽轮上的定位弧面脱离接触,定位盘上的缺口可保证槽轮适时转动;当圆销开始退出径向槽的瞬时,拨盘上的圆弧面与槽轮上的定位弧面刚好贴合,从而使得当拨盘继续转动时,槽轮却静止不动。带有缺口的圆盘圆弧所对的中心角 γ 称为锁止弧张开角。当槽轮的停歇位置需要高精度定位时,还必须安装有专门设置的定位装置,如图 6-2 中所示的定位销 8 就是用来精确定位的。

表 6-1　外槽轮机构的基本尺寸计算公式(已知参数:z、K、a)

名　　称	符　　号	计　算　公　式
圆销中心的回转半径	R	$R=a\sin\dfrac{\pi}{z}$
圆销半径	r	$r\approx R/6$
槽顶高	A	$A=a\cos\dfrac{\pi}{z}$
槽底高	b	$b\leqslant a-(R+r)$ 或 $b=a-(R+r)-(3\sim5)$ mm
槽深	h	$h=A-b$
槽顶侧壁厚	e	$e=(0.6\sim0.8)r$,但不小于 3 mm
锁止弧半径	R_r	$R_r=R-r-e$
外凸锁止弧张开角	γ	$\gamma=\dfrac{2\pi}{K}-2\varphi_{O_1}=2\pi\left(\dfrac{1}{K}+\dfrac{1}{z}-\dfrac{1}{2}\right)$

　　槽轮机构有两种形式:一种是外槽轮机构,如图 6-1(a)所示,其主动拨盘 1 与槽轮 2 转向相反;另一种为内槽轮机构,如图 6-1(b)所示,其主动拨盘 1 与槽轮 2 转向相同。

　　槽轮机构的特点是结构简单、工作可靠。在设计合理的前提下,圆销进入和退出啮合时槽轮的运动较为平稳。但槽轮在运转中有较大的动载荷,槽数越少,动载荷就越大,故不适用于高速场合。又由于槽轮每次转过的角度与槽轮的槽数有关,如欲改变转角,需要改变槽轮的槽数,重新设计槽轮机构,因此槽轮机构多用于不要求经常调整转角的转位运动中。此外,因制造工艺、机构尺寸等条件的限制,槽轮的槽数不宜过多,故每次的运动转角较大。

　　槽轮机构在各种自动机械中应用很广泛。如在电影放映机和轻工机械中常采用槽轮转位机构。图 6-2 所示为六角自动车床的转位机构,其中 1 为拨盘,2 为槽轮,3 为定位销,4 为刀盘。

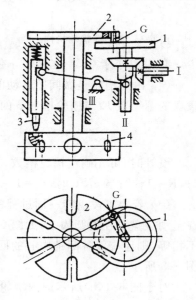

图 6-2　六角自动车床的转位机构

2. 槽轮机构的设计

1) 槽轮槽数和拨盘圆销数的选择

由于槽轮的运动是周期性的间歇运动,对于槽轮的径向槽为对称均匀分布的槽轮机构,槽轮每转动一次和停歇一次构成一个运动循环。在一个运动循环中,槽轮 2 的运动时间 t_2 与拨盘 1 的运动时间 t_1 之比可用来衡量槽轮的运动时间在一个间歇周期中所占的比例,称为运动系数,用 τ 来表示。

为了避免或减轻槽轮在启动和停止时的碰撞或冲击,圆销 G 在进入槽和退出槽的瞬时,圆销中心的线速度方向必须沿着槽轮径向槽的中心线方向,以使槽轮在启动和停止时的瞬时速度为零,即 $O_1P \perp O_2P, O_1P' \perp O_2P'$,如图 6-1(a)所示。由图中的几何关系可得

$$2\varphi_{O_1} + 2\varphi_{O_2} = \pi$$

即

$$2\varphi_{O_1} = \pi - 2\varphi_{O_2} = \pi - (2\pi/z)$$

式中:z 为槽轮的槽数。

当主动件拨盘以等角速度 ω_1 转动时,槽轮转动一次所需的时间 $t_2 = 2\varphi_{O_1}/\omega_1$。对于图 6-3 所示的对称均匀分布着 K 个圆销(图中 $K=2$)的拨盘,当拨盘转过 $2\pi/K$ 角度时完成槽轮的一个运动循环,即一个运动循环所需的时间 $t_1 = 2\pi/(K\omega_1)$,则有

$$\tau = \frac{t_2}{t_1} = \frac{2\varphi_{O_1}}{2\pi/K} = \frac{K(z-2)}{2z} \tag{6-1}$$

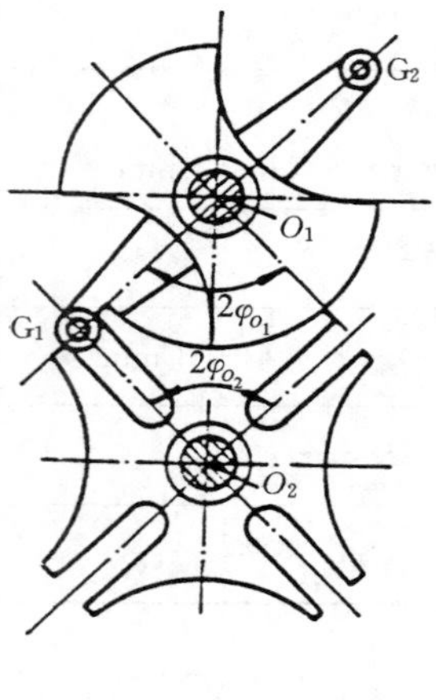

分析式(6-1),可以总结出设计槽轮机构时应注意的内容。

(1) 为了保证拨盘能驱动槽轮,运动系数 τ 应大于零,故槽轮的槽数 z 应大于或等于 3。

(2) 运动系数 τ 将随着 z 的增加而增大,即增加槽数 z,会使槽轮在一个间歇运动周期内的运动时间增长。但在有的机器中,槽轮运动时间正是机器工艺过程中的辅助时间,故为了缩短工艺辅助时间,槽轮槽数不宜过多。

图 6-3   多销的槽轮机构

(3) 对于 $K=1$ 的单销外槽轮机构,槽轮的槽数无论取多少,τ 值总是小于 0.5。若要求 τ 值大于 0.5,则应增加圆销数 K。

(4) 由于槽轮是做间歇转动的,必须有停歇时间,所以运动系数 τ 总应小于 1。因此,主动拨盘的圆销数 K 与槽轮槽数 z 的关系应为

$$K < \frac{2z}{z-2} \tag{6-2}$$

设计时,可先确定槽轮槽数,然后按上式选择圆销数。例如,当 $z=3$ 时,$K=1\sim5$;当 $z=4$ 时,$K=1\sim3$;当 $z \geqslant 6$ 时,$K=1\sim2$。

(5) 若要求拨盘转一周过程中,槽轮 N 次停歇时间互不相等,则可将圆销不均匀地布置在主动拨盘等径的圆周上,如图 6-4 所示。若还要求拨盘转一周过程中槽轮 N' 次运动时间互不相等,则还应使各圆销中心的回转半径互不相等,同时,槽轮的径向槽也应作相应的改变,如图 6-5 所示。

对于图 6-1(b)所示的内槽轮机构,由于主动拨盘 1 的圆销在槽轮完成一次转动所对应的转角 $2\varphi_{O_1}$ 总是大于 π,因此内槽轮机构的圆销只能有一个(即 $K=1$)。同理,可以求得内槽轮机构的运动系数为

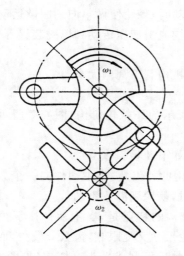

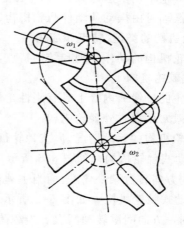

图 6-4 圆销非均匀分布的槽轮机构 　　图 6-5 运动与停歇均有特殊要求的槽轮机构

$$\tau = \frac{t_2}{t_1} = \frac{2\varphi_{O_1}}{2\pi} = \frac{z+2}{2z} \tag{6-3}$$

由式(6-3)可知,内槽轮机构的运动系数 τ 总大于 0.5。而为了保证槽轮有停歇时间,要求 τ 必须小于 1,故槽轮槽数 $z \geqslant 3$。

2）槽轮机构的基本尺寸计算

根据运动要求和槽轮机构所允许的安装尺寸、动力特性、承受载荷的大小等因素,选择槽轮的槽数 z、圆销数 K、槽轮机构的中心距 a 等槽轮机构的主要尺寸参数后,可按表 6-1 所列公式(对照图 6-1(a))计算外槽轮机构的基本尺寸。

例 6-1 某自动机床上装有均布双销六槽的外槽轮机构。若主动件拨盘的转速为 24 r/min,求槽轮在一个运动循环中每次运动和停歇的时间 $t_{2'}$。

解 已知 $\omega_1 = \frac{2\pi}{60}n_1 = \frac{4}{5}\pi$ rad/s,$K=2$,$z=6$,则 $\tau = \frac{K(z-2)}{2z} = \frac{2}{3}$。

一个运动循环时间 　　　　　　　$t_1 = \frac{2\pi}{K\omega_1} = \frac{2\pi}{2 \times \frac{4}{5}\pi}$ s $= \frac{5}{4}$ s

每一循环中槽轮的运动时间 　　　$t_2 = \tau t_1 = \frac{2}{3} \times \frac{5}{4}$ s $= \frac{5}{6}$ s

每一循环中槽轮的静止时间 　　　$t_{2'} = t_1 - t_2 = \frac{5}{12}$ s

6.1.2 棘轮机构

1. 棘轮机构的工作原理

图 6-6 所示为机械中常用的棘轮机构。该机构由主动件 1、驱动棘爪 2、棘轮 3、制动爪 4 及机架组成,弹簧 5 用来使制动爪 4 和棘轮 3 保持接触。主动件空套在与棘轮固连的从动轴 O 上,并与驱动棘爪用转动副相连。当主动件沿逆时针方向摆动时,驱动棘爪便插入棘轮的齿槽中,使棘轮跟着转过一定角度,此时,制动爪在棘轮的齿背上滑动。当主动件沿顺时针方向转动时,制动爪便阻止棘轮发生顺时针方向转动,而驱动棘爪却能够在棘轮齿背上滑过,所以,

这时棘轮便静止不动。这样,当主动件做连续的往复摆动时,棘轮便做单向的间歇运动。而主动件的往复摆动可由摆动从动件凸轮机构、曲柄摇杆机构或由液压传动和电磁装置等得到。

2. 棘轮机构的类型、特点和应用

按照棘轮机构的动作原理和结构特点,常用的棘轮机构有下列两大类。

1) 齿式棘轮机构

这类棘轮的外缘或内缘上具有刚性轮齿。图 6-6 所示为外棘轮机构,图 6-7 所示为内棘轮机构。一般常用齿式外棘轮机构。

根据棘轮机构的运动情况,齿式棘轮机构又可分为如下几种。

(1) 单动式棘轮机构。如图 6-6 所示,这种棘轮机构的特点是,当主动件向一个方向摆动时,棘轮沿同方向转过某一角度;而当主动件反向摆动时,棘轮则静止不动。

(2) 双动式棘轮机构。如图 6-8 所示,这种棘轮机构的特点是,当主动件往复摆动一次时,棘轮沿同一方向间歇转动两次。当载荷较大,且棘轮尺寸又受限制,齿数 z 较少,而使摆杆摆角小于齿距角时,需采用双动式棘轮机构。该机构的棘爪可制成平头撑杆式(见图 6-8(a))或钩头拉杆式(见图 6-8(b))。

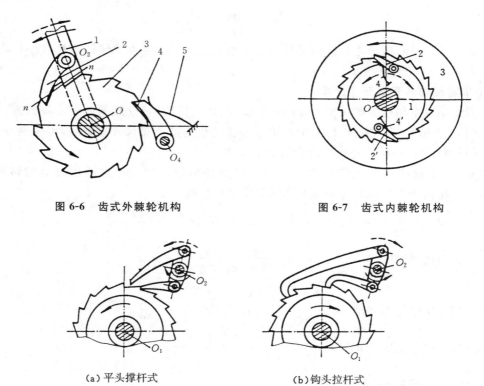

图 6-6　齿式外棘轮机构　　　　　　　图 6-7　齿式内棘轮机构

(a) 平头撑杆式　　　　　　　　　(b) 钩头拉杆式

图 6-8　双动式棘轮机构

单动式、双动式棘轮机构的棘轮齿形可采用图 6-6 所示的不对称梯形及图 6-8 所示的三角形。

(3) 可变向的棘轮机构。图 6-9(a)所示的棘轮齿形采用对称的梯形,与之配用的棘爪为特殊的对称形状。这种棘轮机构的特点是,当棘爪处于实线位置时,棘轮可以实现逆时针单向间歇转动;而当棘爪翻转到图示虚线位置时,棘轮即可得到顺时针方向的单向间歇转动。图

6-9(b)所示为另一种可变向的棘轮机构,其棘轮齿形为矩形,棘爪齿面为楔形斜面。这样,当棘爪安放在图示位置时,棘轮将沿逆时针方向做单向间歇转动;若将棘爪提起并绕自身轴线转过 180°后放下,则棘轮可实现顺时针方向的单向间歇转动;若将棘爪提起并绕自身轴线转过 90°后搁置在壳体的平台上,使棘爪和棘轮脱开,则棘爪随主动件往复摆动时,棘轮静止不动。这种棘轮机构常用于实现工作台的间歇送进运动,例如,用于牛头刨床中实现工作台横向送进运动。

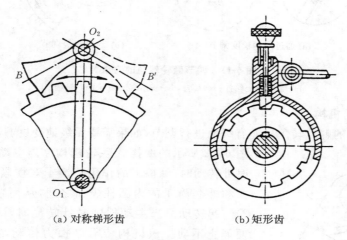

(a) 对称梯形齿　　　　　　　　(b) 矩形齿

图 6-9　可变向的棘轮机构

利用棘轮机构除可实现间歇送进、制动和转位分度等运动以外,还能实现超越运动,即从动件可以超越主动件而转动。图 6-10 所示自行车后轴上的棘轮机构便是一种超越机构,即利用其超越作用而使后轮轴 5 在滑坡时可以超越链轮 3 而转动。

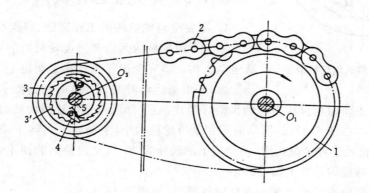

图 6-10　自行车后轴上的棘轮机构

1,3—链轮;2—链条;4—棘爪;5—后轮轴

齿式棘轮机构具有结构简单、制造方便和运动可靠等优点。其缺点是,棘爪在棘轮齿面滑行时,将引起噪声和齿尖磨损;传动平稳性差,不适用于高速场合;棘轮转角也只能以齿距角为单位有级调整。需要调节棘轮转角时,可采用图 6-11 所示的两种方法:一种方法是,调整曲柄长度来改变装有驱动棘爪的摇杆摆角(见图 6-11(a));另一种方法是,在棘轮上装一遮板(见图 6-11(b)),改变遮板的位置,使棘爪行程的一部分在遮板上滑过而不与棘轮的齿接触,而当棘爪插入棘轮齿槽后才推动棘轮转动,从而在不改变摇杆摆角大小的情况下改变棘轮转角。

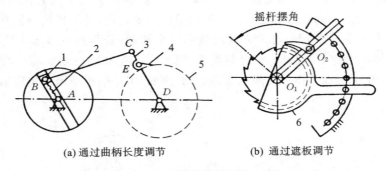

(a) 通过曲柄长度调节　　　　　　(b) 通过遮板调节

图 6-11　调节棘轮转角的方法

1—螺母;2—丝杠;3—摇杆;4—棘爪;5—棘轮;6—遮板

2) 摩擦式棘轮机构

齿式棘轮机构的棘轮转角只能有级地进行调节,如果需要无级地变更棘轮的转角,可采用图 6-12 所示的摩擦式棘轮机构。当主动件(外套筒 1)逆时针转动时,摩擦力的作用使滚子 3 楔紧在棘轮 2 的支承面和外套筒 1 的内圆柱表面之间,从而带动从动件(棘轮 2)一起转动。当主动件顺时针转动时,滚子松开,棘轮 2 便静止不动。该机构依靠摩擦力传动,故棘轮的转角不如齿式棘轮机构的准确;但噪声小,棘轮的转角可以无级调整。

有关棘轮机构的设计可参阅相关机械设计手册。

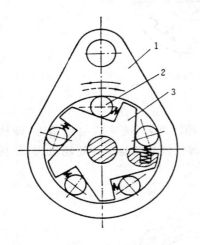

图 6-12　摩擦式棘轮机构

6.1.3　不完全齿轮机构

1. 不完全齿轮机构的工作原理、特点和应用

不完全齿轮机构是由普通齿轮机构演变而成的一种间歇运动机构。不完全齿轮机构在主动轮上只做出一个齿或几个齿,并根据运动时间和停歇时间的要求,在从动轮上分段做出若干组与主动轮轮齿相啮合的齿槽。因此,当主动轮做整周连续回转时,从动轮便得到间歇的单向转动。在图 6-13(a)所示的不完全齿轮机构中,主动轮 1 每转 1 周,从动轮 2 只转 1/4 周。当从动轮处于停歇位置时,从动轮上的锁止弧 S_2 与主动轮上的锁止弧 S_1 密合,以保证从动轮停歇在确定的位置上而不游动。

不完全齿轮机构有外啮合和内啮合两种形式,如图 6-13 所示。

不完全齿轮机构与其他间歇运动机构相比,其优点是结构简单,容易制造。此外,主动轮转一周,从动轮停歇的次数和每次停歇的时间,以及每次转动的转角等,允许选择的范围比棘轮机构和槽轮机构的大,因而设计灵活。其缺点是,从动轮在转动开始和终止时,角速度有突变,冲击较大,故一般只适用于低速、轻载的工作条件。如果用于高速场合,则需要安装瞬心线附加板来改善其动力特性。

不完全齿轮机构常用于多工位自动机和半自动机工作台的间歇转位,以及计数机构和某些要求间歇运动的进给机构中。

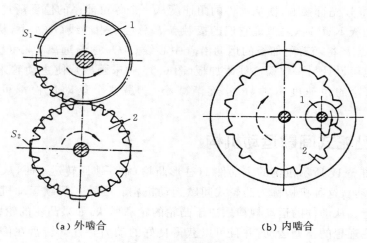

　　（a）外啮合　　　　　　　　　　　　　　（b）内啮合

图 6-13　不完全齿轮机构

2. 不完全齿轮机构的传动过程

　　不完全齿轮机构传动过程中，当首齿进入啮合及末齿退出啮合时，其轮齿不在两基圆的内公切线上接触传动，因而在此期间不能保持定传动比传动。如图 6-14 所示，在开始传动时，主动轮 1 的首齿齿廓与从动轮 2 的首齿齿顶尖 E 相接触时（点 E 不在实际啮合线上），轮 1 开始推动轮 2 转动，轮 2 的齿顶尖 E 转到点 B_2 的过程都是轮 2 的齿顶尖 E 在轮 1 齿廓上向轮 1 根部滑动的过程。在这个过程中，从动轮做加速转动，以后两轮齿的接触点在啮合线 B_1B_2 上移动时，从动轮便做等速转动，后续的各对齿传动都与普通齿轮传动一样。但当主动轮最后一个齿（末齿）与轮 2 的齿廓接触点处于两基圆内公切线上的点 B_1 以后，由于无后续齿，两轮的传动靠轮 1 的齿顶尖 C 沿着轮 2 的齿廓向轮 2 齿顶滑动，并推动轮 2 做减速转动，直到两轮接触点到达两轮齿顶圆交点 D 才脱开接触。轮 1 再继续转动时，轮 2 却停歇不动，从而完成了一个运动循环。

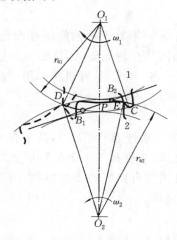

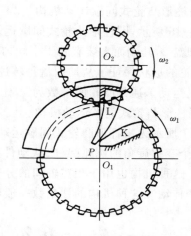

图 6-14　不完全齿轮机构的传动过程　　　　图 6-15　带瞬心线附加板的不完全齿轮机构

　　从上面的接触传动过程的分析可知，普通的不完全齿轮机构在开始和终止接触时，速度有突变，因而产生了冲击。为了减小冲击，以适应速度较高的间歇运动场合，可安装如图 6-15 所示的瞬心线附加板 K 和 L，附加板分别固定在轮 1 和轮 2 上。其作用是，在首齿接触传动之前,让附加板 K 和 L 先行接触,使从动件的角速度从一个尽可能小的值逐渐过渡到所需的值。为此,在设计附加板 K、L 时,要保证它们的接触点 P 总位于中心线 O_1O_2 上,从而成为构件 1、2 的瞬心 P_{12},且点 P 将随着附加板的运动沿着中心线 O_1O_2 逐渐远离中心 O_1 向两轮的节点 P 移动。同样,也可设计另一块瞬心线附加板(图 6-15 中未画出),使主动轮末齿在啮合线上退出啮合时从动轮的角速度由常数 ω_2 逐渐减小,于是整个运动过程都可保持速度变化平稳。

6.1.4　凸轮式间歇运动机构

图 6-16 和图 6-17 所示机构的主动件 1(柱形凸轮)做等速回转运动时,从动件 2(转盘)做单向间歇回转运动。这种机构称为凸轮式间歇运动机构。凸轮式间歇运动机构的优点是:运转可靠,传动平稳。从动件的运动规律取决于凸轮的轮廓形状,如果凸轮的轮廓曲线槽设计得合理,就可以实现理想的预期运动,并且可以获得良好的动力特性。转盘在停歇时的定位,由凸轮的曲线槽完成而不需要附加定位装置,但对凸轮的加工精度要求较高。

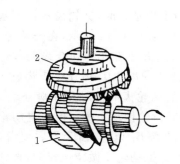

图 6-16　圆柱形凸轮式间歇运动机构

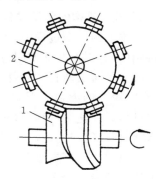

图 6-17　蜗杆形凸轮式间歇运动机构

凸轮式间歇运动机构的常用形式有以下两种。

(1)圆柱形凸轮式间歇运动机构。

如图 6-16 所示,圆柱形凸轮式间歇运动机构的主动件为一带有螺旋槽的圆柱凸轮 1,从动件为一圆盘 2,其端面上装有若干个均匀分布的柱销。当圆柱凸轮回转时,柱销依次进入沟槽,圆柱凸轮的形状保证了从动圆盘每转过一个销距便动、停各一次。这种机构多用于两相错轴间的分度运动。通常凸轮的槽数为 1,柱销数一般取 $z \geqslant 6$。

(2)蜗杆形凸轮式间歇运动机构。

图 6-17 所示为蜗杆形凸轮式间歇运动机构。主动件为一蜗杆形的凸轮 1,其上有一条凸脊,犹如一个变螺旋角的圆弧蜗杆;从动件为一圆盘 2,其圆周上装有若干个呈辐射状均匀分布的滚子。这种机构也用于相错轴间的分度运动。这种机构具有良好的动力特性,所以适用于高速精密传动。这种机构的柱销数一般取 $z \geqslant 6$,但不宜过多。

6.2　广　义　机　构

信息工程及相关领域科学技术的迅速发展,使含液、气、声、光、电、磁等工作原理的机构应用日益广泛,一般将这类机构统称为广义机构。广义机构由于利用了一些新的工作介质或工作原理,因而比传统机构更简便地实现了运动或动力转换。广义机构还可以实现传统机构难以完成的运动。广义机构是一种工作原理与结构都较新颖的创新机构。广义机构种类繁多，通常按工作原理不同分为液、气动机构，电磁机构，振动及惯性机构，光电机构等，还可按机构形式及用途不同分为微位移机构、微型机构、信息机构、智能机构等。

6.2.1　电磁机构

电磁机构是通过电与磁的相互作用来完成所需动作的。最常见的电磁机构可以十分方便地实现回转运动、往复运动、振动等，广泛应用于继电器机构、传动机构、仪器仪表机构中。这类机构的主要特点是用电和磁来产生驱动力，可十分方便地控制和调节执行机构的动作。

1. 电磁传动机构

电磁传动机构通常都有电磁铁，由通电线圈产生磁场，控制磁场的产生和变化即可实现所需的动作，下面分别介绍几种电磁传动机构。

1）电磁回转机构

如图 6-18 所示，当手柄 1 绕定轴 B 转动时，电磁铁依次接入，利用线圈 2 的交变磁化作用驱动电枢 3 绕定轴 A 转动。

2）电锤机构

如图 6-19 所示，当电流通过电磁铁 1 时，两个线圈的交变磁化作用使锤头 2 做往复直线运动。通直流电的电锤有一快速电流转向器，且每分钟冲击次数用电压进行调解。通交流电的电锤每分钟有恒定的冲击次数，该冲击次数由所提供电流的频率来确定。

3）电磁气动传动机构

如图 6-20 所示，在气缸 1 里有两个与活塞杆连接的活塞 2，活塞杆上有两个滚子 3。星形凸轮 5 和轴 a 固接，凸轮 4 放在活塞杆的切口内，轴 a 装在壳体中，两者绕定轴 A 转动。在气缸 1 的两端装有电磁阀 5 和 6，电磁阀的线圈接入控制电路。在没有激励时，两个阀使气缸 1 的两个腔室与大气相通。假如激励左边电磁阀 5 的线圈，则电磁阀 5 向下动作，使气缸 1 的左腔室与压缩空气的储气罐相通；在压缩空气的压力下，电磁阀 2 向右移动。这时，左边的滚子 3 作用在凸轮 4 上，使凸轮 4 和轴 a 顺时针转动，转动持续到左边的滚子稳定在凸轮的两个突点之间时才停止。这时，右边的滚子稍低于凸轮的突出点。当激励右边电磁阀 6 的线圈时，电磁阀 6 向下动作，使气缸 1 的右腔室与压缩空气的储气罐相通，断开左边电磁阀的线圈，使活塞向左移动。在右边滚子 3 的作用下，凸轮 4 和轴 a 逆时针转动。

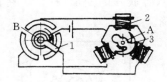

图 6-18　电磁回转机构

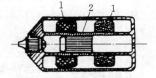

图 6-19　电锤机构

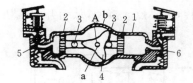

图 6-20　电磁气动传动机构

2. 变频调速器

由电动机理论可知，交流电动机的同步转速为

$$n_1 = \frac{60 f_1}{P} \tag{6-4}$$

故异步交流电动机的转速为

$$n_1 = n_1(1-S) = \frac{60f_1}{P}(1-S) \tag{6-5}$$

式中：f_1 为供电电源频率；P 为电动机极数；S 为转差率。

由式(6-4)和式(6-5)可知，当连续改变供电电源的频率 f_1 时，就可平稳地改变电动机的同步转速，从而改变其对应的电动机转速，这一方法称为变频调速。因为在变频调速中，电动机从高速至低速的转差率都很小，故变频调速的效率和功率因数都很高。因此变频调速是交流电动机调速的一种理想方法，已广泛地应用在各类机电设备中。变频调速器已取代许多种机械变速器。变频调速是由变频器来实现的，通常需同时改变频率和电压，可用功率已达 10 kW 以上。变频调速具有调速范围广、调速精度高等优点。在高速传动机械(如磨床、高速镗床等)、低速大容量设备的驱动、大容量同步电动机的低频启动、高耗能设备中，以及特殊条件与环境下均可优先采用变频调速。

3. 继电器机构

继电器机构主要用来在指定或要求的时间内实现所要求的动作。而继电器的作用是实现电路的闭合与断开，从而起到可控开关的作用。继电器可以是电磁铁式的，也可以是气液式的，或温控式的。下边分别介绍几种继电器机构。

1) 线圈式快速动作继电器机构

如图 6-21 所示，磁铁芯 3 带有两块衔铁 1 和 2。衔铁 1 被固定，间隙 a 大于间隙 b。线圈 5 绕在衔铁 1 上，在电源 6 的作用下其内有电流通过。磁铁芯 3 被线圈激励，两线圈在衔铁 1 和 2 上所产生的磁通 ϕ_1、ϕ_2 被叠加。当线圈 4 的电流较小时，所有的磁通都通过衔铁 1。但如果电流增大，衔铁 1 被强制磁化，则磁通 ϕ_1 在衔铁 2 上快速分流，快速吸引衔铁 2，并关闭触点 c、d。继电器动作的速度，可以通过改变线圈 5 的电流或间隙 a 进行调节。

2) 凸轮式火灾报警信号发生机构

如图 6-22 所示，凸轮 1 顺时针转动，其上安装着绝缘块 b。左端固定的簧片 2 上带有触头 a。如图所示，停止时触头 a 位于绝缘块 b 的上方，开关断开。随着凸轮的转动，在凸轮外圆周上的齿可将开关设置为 ON、OFF 状态，在圆弧 $\overset{\frown}{xx}$ 部分为常闭 ON 状态，报警铃将连续鸣响。如果让齿的个数与机器的序号对应，则出现故障的机器会响铃报警。

3) 杠杆式温度继电器机构

如图 6-23 所示，双金属片 2 的一端固定在刀口 3 所支持的杠杆 1 上。当周围的温度较低时，杠杆 1 位于图示位置，与触点 b 接触。如果温度升高，由于双金属片的变形，杠杆 1 将回转，与触点 a 接触，从而开关被切换。刀口 3 能保证开关切换准确。

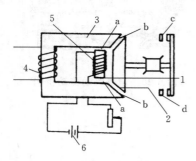
图 6-21　快速动作继电器机构

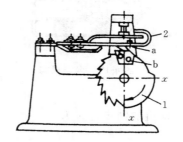
图 6-22　火灾报警信号发生机构

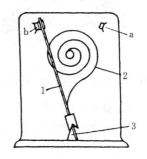
图 6-23　温度继电器机构

6.2.2　振动机构

利用振动产生运动和动力的机构称为振动机构。用来产生振动的方式有电磁式、机械式、音叉式或超声波式等。振动机构有以下几种。

1. 电磁振动机构

电磁振动机构在轻工业中获得了广泛应用。对于各种小型产品(如钟表元件、无线电元件、小五金制品)、粉粒料(如味精、洗衣粉、食盐、糖等),以及易碎物品(如玻璃和陶瓷制品等),电磁振动机构都可以作为有效的送料机构。电磁振动送料机构与其他送料机构相比,具有如下一些优点:

(1) 结构简单,质量较小;

(2) 送料速度容易调节;

(3) 物料移动平稳;

(4) 消耗功率小;

(5) 适用范围广。

振动送料机构工作部件的运动规律,不仅与构件的形状有关,而且与机构的动力参数有关,如弹性件的质量和刚度、驱动干扰力的特性、阻尼因素等。

生产中采用的振动送料机构有直槽振动料斗和圆盘振动料斗两种。前者实现直线振动送料,后者实现转动送料。

图 6-24 所示为一圆盘电磁振动送料机构。该机构圆周上装有 4 个电磁激振器,每个电磁激振器均呈倾斜安装。用电磁激振器产生的电磁激振力强迫漏斗 4 及底座 1 产生垂直运动和绕垂直轴的扭转振动。图中,2 为板簧,3 为衔铁,5 为线圈,6 为铁芯,7 为橡胶减振器。振动频率通常为 3 000 次/min,双振幅为 0.5～1.5 mm。机器在近似共振状态下工作。

2. 音叉振动机构

图 6-25 所示为音叉振动机构,当音叉 1 振动时,它轮流地接通电磁铁 2 和 3。当电磁铁激励时,它的两极把轮 4 的突出部 a 和 b 吸引过来,致使轮 4 绕轴 A 回转某一个角度;这时,突出部 c 和 d 接近电磁铁 3 的两极。如果继续接通电磁铁,则它的两极吸引突出部 c 和 d,轮子又沿相同的方向回转。

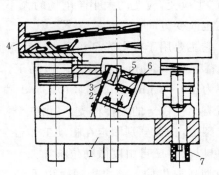

图 6-24　圆盘电磁振动送料机构

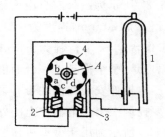

图 6-25　音叉振动机构

3. 超声波振动机构

图 6-26 所示为超声波振动机构。图 6-26(a)所示为利用驻波的超声波机构原理图。沿轴向共振的数个超声波振子 5 的端部 A 与一倾斜圆盘 1 接触,振子端部进行往复运动,其与

斜圆盘接触点处的周向分力使得斜圆盘回转。对每个振子而言,驱动力的作用时间仅是振动周期的 1/2 以下。这种形式的超声波驱动器,其能量转换效率高,但是振子端部和斜圆盘接触处的磨耗大。图 6-26(b)所示为驱动器结构示意图,图中 2 是振动片,3 是超声波发生器,4 是振子,它们和斜板 1 等一起组成一个超声波驱动器。

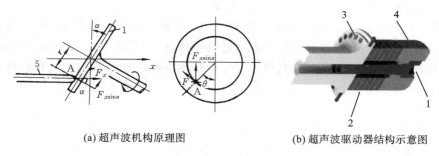

(a) 超声波机构原理图　　　　　　　　(b) 超声波驱动器结构示意图

图 6-26　超声波振动机构

6.2.3　微位移机构

微位移机构通常是指工作时产生的工作位移小于毫米级的机构。这类机构有极高的灵敏度和精度。微位移机构的核心部件是微位移器,通常根据产生微位移的原理分为机械式和机电式两种。

压电、电致伸缩微位移机构是利用某些种类的介质在电场作用下产生的伸缩效应工作的,属于新型微位移机构,其特点是结构体积小,精度高,定位精度可达 $0.01~\mu m$。它是一种非常有效的微位移机构,在计算机芯片制造业中应用极为广泛。另外,目前已成功地研制出采用压电、电致伸缩微位移机构的微型机器人。

电介质在电场的作用下产生两种效应:压电效应和电致伸缩效应。电介质在电场的作用下,由于感应极化作用而引起应变,应变与电场方向无关,应变的大小与电场大小的平方成正比,这个现象称为电致伸缩效应。而压电效应是指电介质在机械应力作用下产生电极化,电极化的大小与应力大小成正比,电极化的方向随应力方向的变化而改变。在微位移器件中应用的是逆压电效应,即电介质在外界电场作用下,产生应变,应变的大小与电场的大小成正比,应变的方向与电场的方向有关,即电场反向时应变也改变方向。

图 6-27 所示为一个三自由度微动工作台。它主要用于投影光刻机和电子束曝光机,粗动工作台行程为 120 mm,速度为 100 mm/s,定位精度为 $\pm 5~\mu m$。三自由度微动工作台被固定在粗动工作台上,x、y 行程为 $\pm 8~\mu m$,定位精度为 $\pm 0.05~\mu m$、$\pm 0.55 \times 10^{-3}$ rad。微动工作台的工作原理是:整个微动工作台面由四个两端带有柔性铰链的柔性杆支承,由三个筒状压电器件驱动,压电器件安装在两端带有柔性铰链的支架上,支架分别固定在粗动工作台和微动工作台上,只要控制三个压电器件上的外加电压,便可以获得三自由度微动位移。

图 6-28 所示为用于微型机械装配作业的微型抓取机构。该机构通过由手臂 3 和弹性关节 2 组合而成的多关节"杆"机构,将压电晶体激励器 4 的微量伸缩(无负荷状态下约为 3 μm/150 V)放大,以实现钳爪 1 的开闭。该多关节机构是从 0.15 mm 厚的镀青铜板上用刻蚀方法制造出来的,每个钳爪有一片多关节机构,钳爪全长为 23 mm,质量为 4 g,所能夹持工件的最大质量约为 80 mg。

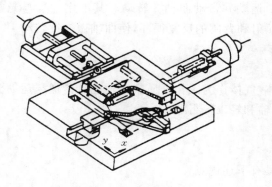

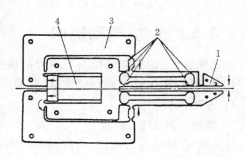

图 6-27　三自由度微动工作台　　　　　　　　图 6-28　微型抓取机构

6.2.4　光电机构

光电机构是一类利用光的特性进行工作的机构,在自动控制领域内应用极为广泛。通常它是由各类光学传感器(如光电开关、CCD 等)加上各种机械式或机电式机构组成的。更广义的光电机构还包括红外成像仪与红外夜视仪等。因含有光学传感器的光电机构(如红外自动门、机床自动保护光电机构、计数及检测光电机构等)主要用于数据采集与控制,故本书不做重点介绍。下面介绍几种利用光电特性工作的机构。

1. 光电动机

图 6-29 所示为一光电动机的原理图,其受光面一般是太阳能电池,三只太阳能电池组成三角形,与电动机的转子结合起来。太阳能电池提供电动机转动的能量,电动机一转动,太阳能电池也跟着转动,动力就由电动机转轴输出。由于受光面连成一个三角形,因此光的照射方向改变也不影响光电动机的启动。这样,光电动机就将光能转变为机械能。

2. 光化学回转活塞式行星电动机

图 6-30 所示为根据光化学原理将 NO_2 分子数的变化转变为机械能的机构——光化学回转活塞式行星电动机。

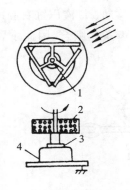

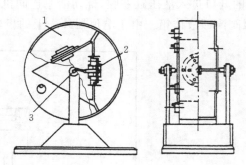

图 6-29　光电动机　　　　　　　　图 6-30　光化学回转活塞式行星电动机

1—转子轴;2—太阳能电池;3—滑环;4—定子

用丙烯酸树脂制成的圆筒形容器的内部被分隔成三部分作为反应室 1,室内装有 NO_2。反应室 1 的内侧壁上各装有一曲柄滑块机构。介质受光照射后,由于光化学作用,NO_2 的浓度发生变化而引起反应室压力变化,使活塞 2 运动并带动曲轴 3 转动。其工作过程与光电动机相似,转动的各反应室自动地经过太阳光照射和背阴的反复循环,使曲轴做连续转动。

6.2.5 液动、气动机构

液动机构、气动机构是以具有压力的液体、气体作为工作介质来实现能量传递与运动变换的机构,广泛应用于矿山、冶金、建筑、交通运输和轻工等行业。

1. 液动机构

1)液动机构的优、缺点

液压传动与机械传动、气动传动等相比具有下述优点:

(1)易无级调速,调速范围大;

(2)体积小,质量小,输出功率大;

(3)工作平稳,易实现快速启动、制动、换向等动作;

(4)控制方便;

(5)易实现过载保护;

(6)由于液压元件能自润滑,磨损小,因此工作寿命长;

(7)液压元件易标准化、模块化、系列化。

液压传动具有下述缺点:

(1)由于油液的压缩性和泄漏性影响,传动不准确;

(2)由于液体对温度敏感,因此液动机构不宜在变温或低温环境下工作;

(3)由于效率低,因此液动机构不宜用于远距离传动;

(4)液动机构制造精度要求高。

2)液动机构应用实例

图 6-31 所示为机械手手臂伸缩液动机构。其数控装置发出指令脉冲,使步进电动机带动电位器的动触头转动一个角度 θ。如果为顺时针转动,动触头偏离电位器中点,在其上的引出端便产生与指令信号成比例的微弱电压 U_1,经放大器放大为 U_2 作为信号电压输入电液伺服阀的控制线圈,使电液伺服阀产生一个与输入电流成比例的开口量。这时,液体以一定的流量 q 经阀的开口进入液压缸左腔,推动活塞连同机械手手臂向右移动 x。液压缸右腔的液体经电液伺服阀流回液体箱。由于电位器外壳上的齿轮与手臂上的齿条相啮合,因此手臂向右移动

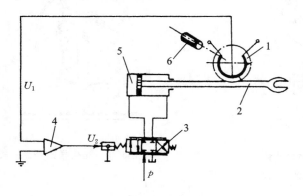

图 6-31 机械手手臂伸缩液动机构

1—电位器;2—手臂;3—电液伺服阀;4—放大器;5—液压缸;6—步进电动机

的同时,电位器便逆时针转动。当电位器的中点与动触头重合时,动触头引出端无电压输出,放大器输出端的电压为零,电液伺服阀的控制线圈无电流通过,阀口关闭,手臂停止移动;反之,当指令脉冲的顺序相反,则步进电动机逆时针转动,手臂向左移动。手臂的运动速度取决于指令脉冲的频率,而其行程则取决于指令脉冲的数量。

图 6-32(a)所示为行程放大机构,其摆动液压缸驱动连杆机构,可实现较大的行程和增速,常用于电梯、高低位升降台等机械产品中。

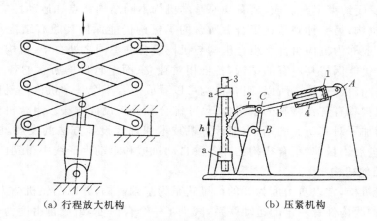

（a）行程放大机构　　　　　　　　　（b）压紧机构

图 6-32　行程放大机构和压紧机构

图 6-32(b)所示为压紧机构,活塞 1 在绕定轴 A 转动的液压缸 4 内往复移动,活塞杆 b 和绕定轴 B 转动的扇形齿轮 2 组成转动副 C,扇形齿轮 2 与在定导轨 a 内往复移动的齿条 3 相啮合,齿条 3 向下移动可实现压紧动作。

2. 气动机构

1）气动机构的特点

气动机构具有下述优点:

(1) 工作介质为空气,易获取和排放,不污染环境;

(2) 空气黏度小,故压力损失小,适合远距离输送和集中供气;

(3) 比液压传动响应快,动作迅速;

(4) 适合在恶劣的工作环境下工作;

(5) 易实现过载保护;

(6) 易标准化、模块化、系列化。

2）气动机构应用实例

图 6-33 为一种比较简单的可移动式气动通用机械手的结构示意图。该机械手由真空吸头 1、水平缸 2、垂直缸 3、齿轮齿条副 4、回转缸 5 及小车等组成。它可在三个坐标内工作,一般用于装卸质轻、片薄的工件,只要更换适当的手指部件,还能完成其他工作。该机械手的工作循环是:垂直缸上升→水平缸伸出→回转缸转位→回转缸复位→回转缸退回→垂直缸下降。

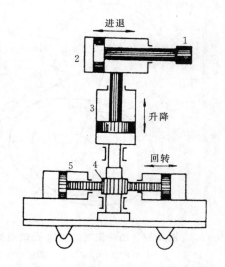

图 6-33　通用机械手的结构示意图

6.3　具有其他功能的机构

6.3.1　组合机构

由不同的机构组合而成的复杂机构或机构系统有两种不同的情况:一种是将两种和几种基本机构通过封闭约束组合而成,具有与原基本机构不同结构特点和运动性能的复合式机构,一般称为组合机构;另一种则是在组合后所含的子机构仍能保持其原有结构和各自相对独立的机构系统,一般称为机构组合。组合机构与机构组合的不同之处在于:机构组合中所含的子机构,在组合中仍能保持其原有的结构,各自相对独立;而组合机构所含的各子机构不能保持相对独立,而是"有机"连接。所以,组合机构可以看成由若干个基本机构"有机"连接的独特机构,每种组合机构具有各自特有的型组合、尺寸综合和分析设计方法。组合机构的结构和设计计算较复杂,增加了对其研究的困难,但计算机技术和现代设计方法的发展,极大地推动了组合机构的研究进展。目前,组合机构已在各种自动机械和自动生产线中得到广泛的应用。

1. 齿轮-凸轮机构

齿轮-凸轮机构,常以自由度为 2 的行星轮系为基础机构,并以凸轮机构为附加机构,从而使行星轮系中的两构件有一定的运动联系,减少了一个自由度,组成自由度为 1 的封闭式组合机构,如图 6-34 所示。它也常用于机械传动校正装置中的补偿机构。如图 6-35 所示的误差校正机构,是一种有运动反馈的齿轮-凸轮机构。其基础机构是两自由度的蜗轮蜗杆机构,凸轮机构为反馈的附加机构,蜗杆的输入运动带动蜗轮转动,蜗轮与凸轮相固接,通过凸轮从动件推动蜗杆做轴向移动 S_1,使蜗轮产生附加转动,从而使误差得到校正。

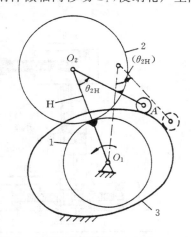

图 6-34　凸轮固定的齿轮-凸轮机构
1—中心轮;2—行星轮;3—固定凸轮

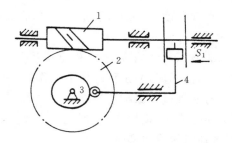

图 6-35　有运动反馈的齿轮-凸轮机构
1—蜗杆;2—蜗轮;3—凸轮;4—从动件

2. 齿轮-连杆机构

齿轮-连杆机构能实现较复杂的运动规律和轨迹,是种类最多、应用最广的一种组合机构。图 6-36 所示为行星轮系-连杆机构,行星轮 2 上点 B 运动时可以画出各种各样的内摆线。若选择恰当的大、小齿轮的节圆半径之比($R/r = K$)或齿数比,可使内摆线获得多种形式的曲线。

利用齿轮-连杆机构能实现较复杂的运动规律和轨迹的特性,在行星轮上连接一些连杆、滑块或导路,可使输出构件 4 在一侧做近似停歇运动。如图 6-36 所示的机构,能在两侧做近似停歇运动。

3. 凸轮-连杆机构

凸轮-连杆机构通常用于实现从动件预定的运动轨迹和运动规律。封闭式凸轮-连杆机构的组合原理是,将简单的连杆机构与可实现任意给定运动规律的凸轮机构组合起来,克服凸轮机构的压力角与机构尺寸成反比而造成机构尺寸大的缺点,以改善凸轮机构传递动力的性能,使机构结构紧凑。

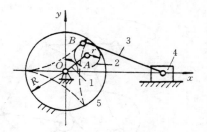

图 6-36 行星轮系-连杆机构
1—曲柄;2—行星轮;3—连杆;
4—滑块;5—中心轮

图 6-37 所示为巧克力包装机中托包用的凸轮-连杆机构。主动曲柄 OA 回转时,点 B 被强制在凸轮凹槽中运动,从而使托杆按图示的运动规律运动:机构在托包时慢进,不托包时快退。在此组合机构中,只要凸轮轮廓线设计得当,就可以使托杆达到上述要求。

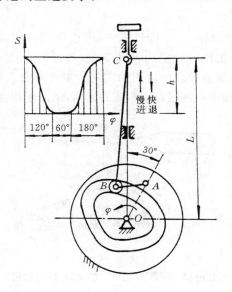

图 6-37 凸轮-连杆机构

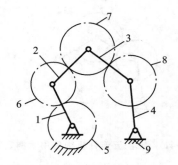

图 6-38 齿轮-五连杆机构应用示例之一
1,4—连架杆;2,3—连杆;5—中心轮;6,7,8—行星轮;9—机架

4. 组合机构的应用

组合机构的应用主要可归结为如下几个方面。

(1) 能实现两连架杆多对对应位置的运动要求。如图 6-38 所示的齿轮-五连杆机构,在实现构件 1 和 4 的 9 对对应位置时,与自由度为 1 的基本机构——铰链四杆机构相比,设计变量多,故能满足多对精确位置的设计要求。

(2) 能实现给定的复杂输出函数和复杂的运动规律。如图 6-39 所示的组合机构在点 M 能实现特定的位移与运动规律的要求。

(3) 能实现周期性停歇摆动或移动及逆转或反向。如图 6-40 所示的齿轮-连杆机构,可实现近似停歇运动。在图 6-40 所示的机构中,利用行星轮 2 上点 M 的运动轨迹与圆弧相似的性质,使构件 5 摆动到右极端位置时能有较长时间的停歇。

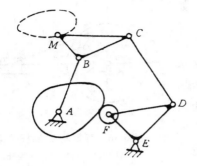

图 6-39　凸轮-连杆机构应用示例

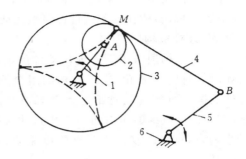

图 6-40　齿轮-连杆机构应用示例

1—曲柄；2—行星轮；3—中心轮；4—连杆；5—摇杆；6—机架

（4）能实现大摆角、大位移输出。单一的基本机构的摆动角度或位移输出往往受到限制，组合机构则可以放大单个机构的摆动角度或位移，从而避免出现传动角过小或过大等不利情况。

（5）能近似实现给定的轨迹。在图 6-41 所示的齿轮-五连杆机构中，用连杆 A、B 上的点 M 来实现给定的轨迹时，因为它们与铰链四杆机构相比有较多的设计变量，故能满足较多给定轨迹上的点。图 6-42 所示的齿轮-连杆机构是在钢材轧制中应用的实例。主动齿轮 A 的转动同时带动齿轮 B 和 C 转动，使连杆上的点 M 能按图中点画线所示轨迹的运动，从而轧制钢材。

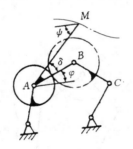

图 6-41　齿轮-五连杆机构应用示例之二

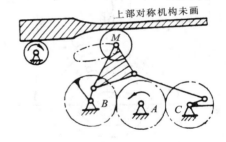

图 6-42　振摆式轧机上的齿轮-连杆机构

6.3.2　机构组合

1．机构的串联式组合

1）构件固接式串联

若将前一个机构的输出构件与后一个机构的输入构件固接，串联组合成一个新的复合机构，则称之为构件固接式串联组合，如图 6-43 所示。

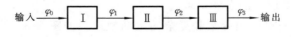

图 6-43　机构固接式串联组合

不同类型机构的串联组合有各种不同的效果。下面举数例说明常见的几种情况。

（1）将匀速运动机构作为前置机构与另一机构串联，则可改变机构输出运动的速度和周期。例如，齿轮机构与曲柄滑块机构串联，就可获得这种效果。

（2）将一个非匀速运动机构作为前置机构与工作机构串联，则可改变机构的速度特性。图 6-44 所示的机构是由一个双曲柄机构（杆 1、2、3 及机架 8）和六杆机构（杆 3、4、5、6，滑块 7 及机架 8）串联组合而成的。对比六杆机构位移曲线 $S=g(\varphi)$ 和机构组合位移曲线 $S=g[f(\varphi)]$（其中 $f(\varphi)$ 为双曲柄机构的输出位移函数）的形状（见图 6-45），可以看到，组合而成的机构滑块下降行程的低速工作段速度比六杆机构的要低。这样，就满足了某些压力机在工作过程（滑块下降行程）中需要有较低速度的要求。

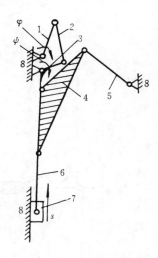

图 6-44　双曲柄机构与
六杆机构串联

（3）由若干个子机构串联组合可得到传力性能较好的机构系统。例如，槽轮机构动力性能较差，但若将一个转动导杆机构串接在槽轮机构之前，则可改善槽轮机构的动力性能。图 6-46 所示为转动导杆机构与槽轮机构串联而成的机构系统。当曲柄 2 做匀速回转运动时，导杆 1 做非匀速回转运动。两机构的相位关系用角 δ 表示，当 $180°<\delta<225°$ 时，导杆的低速区间位于槽轮转位运动的减速部分，可使机构输出运动的减速特性有显著改善。

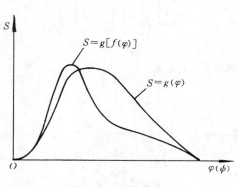

图 6-45　位移曲线

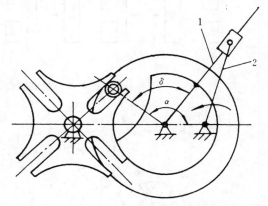

图 6-46　转动导杆机构与槽轮机构串联

2）轨迹点串联

若前一个基本机构的输出为平面运动构件上某一点 M 的轨迹，通过轨迹点 M 与后一个机构相连，则这种连接方式称为轨迹点串联。例如，图 6-47 所示为织布机开口机构系统。当曲柄滑块机构 1、2、3（见图 6-47(a)）画出一条连杆曲线，在 M 点串接一个转动导杆机构 3、4、5，且输入构件滑块 4 上的点 M 沿曲线运动时，构件 5 就能实现每转 180°后停歇的运动要求。

2. 机构的并联式组合

以一个多自由度机构作为基础机构，将一个或几个自由度为 1 的机构（可称为附加机构）的输出构件接入基础机构，这种组合方式称为并联组合。图 6-48 所示为并联组合的几种常见连接方式的框图。最常见的并联组合而成的机构有共同的输入（见图 6-48(b)(c)(d)）；有的并联组合机构也有两个或多个不同输入（见图 6-48(a)）；还有一种并联组合机构的输入运动是通过本机构组合的输出构件回授的（见图 6-48(e)）。

图 6-49(a)所示为铁板传送机构，其基础机构是一个具有两个自由度的行星机构Ⅲ，两个附加机构为齿轮机构Ⅰ及曲柄摇杆机构Ⅱ（见图 6-49(b)）。该组合机构的输入构件为齿轮 1

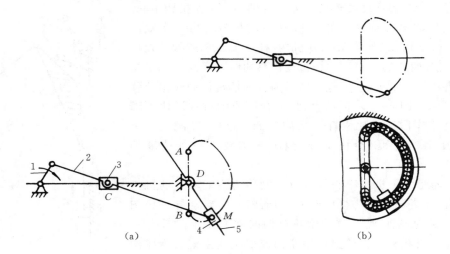

图 6-47 织布机开口机构系统

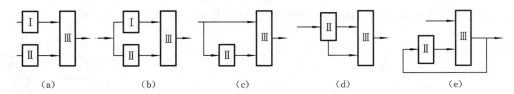

(a)　　　　(b)　　　　(c)　　　　(d)　　　　(e)

图 6-48 并联组合的几种常见连接方式的框图

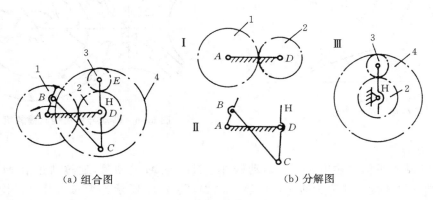

(a)组合图　　　　　　　(b)分解图

图 6-49 铁板传送机构

(或曲柄 AB),输出构件为送料辊 4(即中心轮),其组合框图如图 6-48(b)所示。对于基础机构Ⅲ,有下列运动关系:

$$\frac{n_4 - n_H}{n_2 - n_H} = -\frac{z_2}{z_4}$$

由此可得

$$n_4 = \frac{z_2 + z_4}{z_4} n_H - \frac{z_2}{z_4} n_2$$

故当 $n_H / n_2 = z_2 / (z_2 + z_4)$ 时,$n_4 = 0$。只要两个附加机构设计得合适,在整个运动循环中必有某一时刻机构满足上述要求,这样送料辊 4 就会做有短暂停歇的送进运动。

　　齿轮加工机床的误差校正机构也是并联组合而成的(见图 6-50)。此机构组合的基础机构为具有两个自由度的蜗轮蜗杆机构 1、2,附加机构为凸轮机构 2′、3,其作用是补偿蜗轮的分度误差,因而凸轮轮廓是按预先测得的蜗轮分度误差曲线设计的,其组合框图如图 6-48(e)所示。

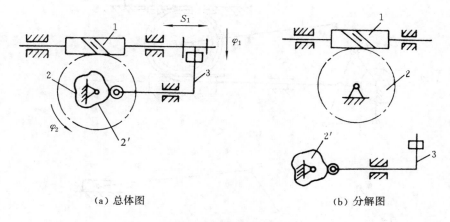

(a) 总体图　　　　　　　　　　　　　　　　(b) 分解图

图 6-50　误差校正机构

3. 机构的混接式组合

　　综合运用串联、并联组合方式可组合成更为复杂的机构,此种组合方式称为机构的混接式组合。

　　图 6-51(a)所示为一种平台印刷机的版台传动机构,其基础机构Ⅲ是由上、下齿条(均为可移动齿条)和轴线可动的齿轮组合成的齿轮-齿条机构(见图 6-51(b)),而附加机构包括双曲柄机构Ⅰ、曲柄滑块机构Ⅰ′与凸轮机构Ⅱ。机构的输入运动为曲柄 AB 的匀速转动,输出运动为与上齿条固接的版台的往复移动。该机构在工作行程的一个区间内的速度比较均匀且有扩大行程的功能。设置凸轮机构是为了修正版台(即上齿条)的运动,使其在压印区满足一定的速度要求,其组合框图如图 6-51(c)所示。

4. 基于组合原理的机构设计

　　基于组合原理的机构设计可按下述步骤进行:

　　(1) 根据机械的工作原理确定执行构件所要完成的运动;

　　(2) 将执行构件的运动分解成机构易实现的基本运动或动作,分别拟定能完成这些基本运动或动作的机构构型方案;

　　(3) 将上述各机构构型按某种组合方式组合成一个新的复合机构。

　　现以图 6-52 所示包装机的推包机构系统为例,说明机构组合的方案设计。

　　(1) 执行构件的运动要求。要求推包机构的执行构件——推头的中部 T 具有"平进—平退—下降—低位平退—上升"的运动轨迹。其中,仅对平进的距离 L、平退的距离 S 及下降或上升的高度 H 有所要求。

　　(2) 方案设计。如图 6-52 所示,将推头的运动分解为水平方向的左右移动和垂直方向的上升、下降运动。由于水平方向的移动行程较大,因此可采用曲柄滑块机构 OB_1C_1 来完成;上、下运动量较小,可采用摆动从动件移动凸轮机构来实现;为使水平方向的移动和上、下运动协调配合,对此凸轮机构进行演变,使凸轮从动件既做摆动又做移动(即使摆动从动件支点做水平移动),凸轮的水平移动由曲柄滑块机构 OB_2C_2 带动,而该滑块机构与控制推头水平方向移动的曲柄滑块机构具有相同的原动件、相同的运动循环和行程,但有不同的位置。如图 6-52 所示,采用并联组合的方式,将两套曲柄滑块机构和摆动从动件的移动凸轮机构组合成推包机构。

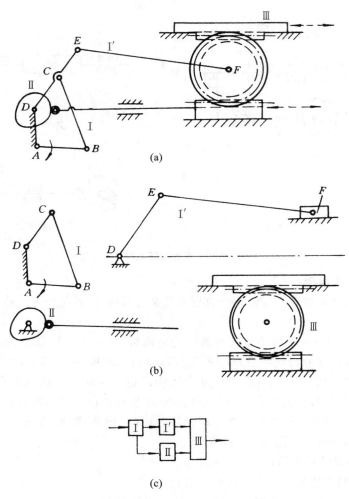

图 6-51　平台印刷机的版台传动机构

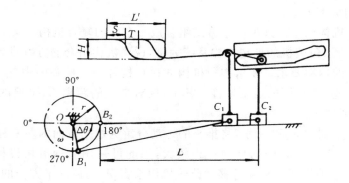

图 6-52　推包机构系统设计

6.3.3　螺旋机构

用螺旋副连接两构件而形成的机构称为螺旋机构。常用的螺旋机构除包含螺旋副以外，还有转动副、移动副。

1. 单螺旋机构

图 6-53(a)所示为单螺旋机构。图中，构件 1 为螺杆；构件 2 为螺母；构件 3 为机架；A 为转动副；B 为螺旋副，其导程为 h_B；C 为移动副。当螺杆 1 转动角 ϕ 时，螺母 2 的位移 s 为

$$s = h_B \frac{\phi}{2\pi} \tag{6-6}$$

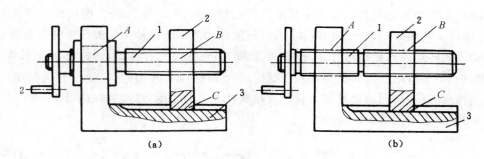

图 6-53　螺旋机构

这种螺旋机构常用于台钳及许多金属切削机床的走刀机构中。图 6-54 所示的机床横向进给刀架便是单螺旋机构的应用实例。单螺旋机构也常应用于千斤顶、螺旋压榨机及图 6-55 所示的螺旋拆卸装置中。

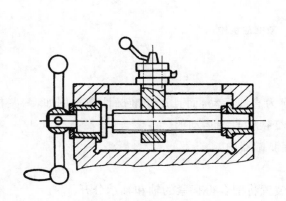

图 6-54　机床横向进给刀架

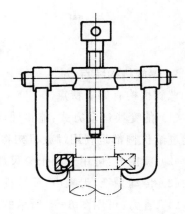

图 6-55　螺旋拆卸装置

2. 双螺旋机构

在图 6-53(b)所示的双螺旋机构中，A 和 B 均为螺旋副，其导程分别为 h_A 和 h_B。若两螺旋副的螺旋方向相同，当螺杆 1 转动角 ϕ 时，螺母 2 的位移为

$$s = (h_A - h_B) \frac{\phi}{2\pi} \tag{6-7}$$

由式(6-7)可知，若 h_A 和 h_B 近似相等，则位移 s 可以极小。这种螺旋机构称为差动螺旋机构。差动螺旋机构的优点是，能产生极小的位移，而其螺纹的导程并不小，所以它常被用于

测微器、螺旋压缩机、分度机和天文与物理仪器中。

在上述的双螺旋机构中,如果两个螺旋副的螺旋方向相反且导程大小相等,则当螺杆 1 转动角 ϕ 时,螺母 2 的位移为

$$s = (h_A + h_B)\frac{\phi}{2\pi} = 2h_A\frac{\phi}{2\pi} = 2s' \qquad (6\text{-}8)$$

式中:s' 为螺杆 1 的位移。

由式(6-8)可知,螺母 2 的位移是螺杆 1 的位移的两倍,也就是说,可以使螺母 2 产生很快的移动。这种螺旋机构称为复式螺旋机构。复式螺旋机构常用在使两构件能很快接近或分开的场合。图 6-56(a)所示为常被用作火车车厢连接器的复式螺旋机构。图 6-56(b)所示为铣床上铣圆柱体零件用的夹具。装在夹具座 5 中的螺杆 4 的 A 与 B 两段螺纹的尺寸相同但旋向相反,螺杆 4 利用螺钉进行轴向定位,因而只能转动而不能移动。而螺母 1 和 3 在夹具体内只能移动不能转动。当转动螺杆 4 时,螺母 1 和 3 分别向左、右移动,同时带动夹爪将工件 2 夹紧。图 6-56(c)所示为压榨机构,装在机座 10 上的螺杆 6 两端的 A 和 B 分别与螺母 7、12 组成旋向相反、导程相同的螺旋副。转动装在螺杆 6 上的手柄,驱动装在螺母 11 和 12 上的连杆机构 8、9、10 上下运动而压榨物件。

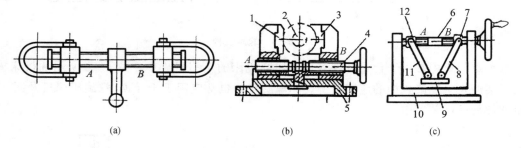

图 6-56　双螺旋机构

3. 螺旋机构特点

螺旋机构有如下特点。

(1) 能变换运动方式:能将回转运动变换为直线运动,而且运动准确性高。例如,一些机床的进给机构都是利用螺旋机构将回转运动变换为直线运动的。

(2) 速比大:可用于如千分尺那样的螺旋测微器中。

(3) 传动平稳,无噪声,反行程可以自锁。

(4) 省力:可用图 6-55 所示的螺旋拆卸装置将配合得很紧的轴和轴承分开。

螺旋机构的缺点是:效率低,相对运动表面磨损快;实现往复运动要靠主动件改变转动方向。

6.3.4　万向联轴节

万向联轴节主要用于传递两相交轴间的动力和运动,而且在传动过程中两轴之间的夹角可以变动,广泛应用于汽车、机床、冶金机械等的传动系统中。

1. 单万向联轴节

图 6-57 所示为单万向联轴节的结构简图,它由端部为叉形的主动轴 1 和从动轴 2、十字

形构件 3 及机架 4 组成。轴 1 和轴 2 的叉分别与构件 3 组成转动副 B 和 C，轴 1 和轴 2 分别与机架组成转动副 A 和 D，转动副 A 和 B、B 和 C、C 和 D 的回转轴线分别互相垂直，并且都相交于构件 3 的中心 O，轴 1 和轴 2 之间所夹的锐角为 β。当主动轴 1 转动一周时，从动轴 2 也随之转动一周，但两轴的瞬时传动比却不恒等于 1。通过速度分析，可得出两轴角速度之比为

$$i_{21} = \frac{\omega_2}{\omega_1} = \frac{\cos\beta}{1 - \sin^2\beta\cos^2\varphi_1} \tag{6-9}$$

式中：φ_1 为主动轴 1 的转角，当该轴的叉形平面位于两轴线所在平面时，$\varphi_1 = 0°$。

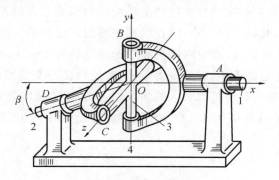

图 6-57　单万向联轴节

由式(6-9)可知，当主动轴做匀速转动时，角速比 i_{21} 是两轴夹角 β 和主动轴转角 φ_1 的函数。当 $\beta = 0°$ 时，$i_{21} = 1$，相当于两轴刚性连接；当 $\beta = 90°$ 时，$i_{21} = 0$，即两轴不能进行传动。又若两轴夹角 β 一定，则当 $\varphi_1 = 0°$ 或 $\varphi_1 = 180°$ 时，i_{21} 最大，$\omega_{2max} = \omega_1/\cos\beta$；当 $\varphi_1 = 90°$ 或 $\varphi_1 = 270°$ 时，i_{21} 最小，$\omega_{2min} = \omega_1\cos\beta$。故在两轴回转一周的过程中，$\omega_2$ 周期性变化，其变化范围为

$$\omega_1\cos\beta \leqslant \omega_2 \leqslant \omega_1/\cos\beta$$

且两轴间夹角 β 越大，从动轴角速度 ω_2 的变化幅度越大。因此，在实际应用中，β 值及其变化范围不能过大。

综上所述，单万向联轴节传递两相交轴间的运动时，从动轴的角速度周期性变化，因此在传动中会产生附加动载荷，使轴产生振动。为了消除这一缺点，可采用双万向联轴节。

2. 双万向联轴节

单万向联轴节的角速度周期性变化会引起传动系统产生附加动载荷，使轴系发生振动。为克服这一缺点，可采用双万向联轴节，如图 6-58 所示，其构成可看成用一个中间轴 M 和两个单万向联轴节将输入轴 1 和输出轴 3 连接起来。中间轴 M 的两部分采用滑键连接，以允许两轴的轴向距离有所变动。双万向联轴节所连接的输入、输出两轴，既可相交，也可平行。

为了保证传动中输出轴 3 和输入轴 1 的传动比不变而恒等于 1，必须遵从下列两个条件：

① 中间轴与输入轴和输出轴之间的夹角必须相等，即 $\alpha_1 = \alpha_3$；

② 中间轴两端的叉面必须位于同一平面内，如图 6-58(b)所示。

按照上述条件②，轴 M 相当于图 6-57 中的轴 1，而双万向联轴节中的轴 1 和轴 3 相当于图 6-57 中的轴 2，因此有

$$\tan\theta_M = -\cos\alpha_1\tan\psi_1, \quad \tan\theta_M = -\cos\alpha_3\tan\psi_3$$

而按照上述条件①，$\alpha_1 = \alpha_3$，故比较以上两式知 $\psi_1 = \psi_3$。由此不难得出 $\omega_1 = \omega_3$。

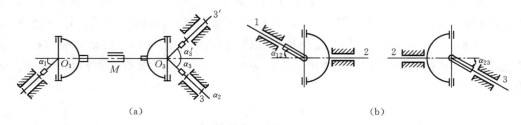

图 6-58　双万向联轴节

　　双万向联轴节能连接两轴交角较大的相交轴或径向偏距较大的平行轴,且在运转时轴交角或偏距可以不断改变,其径向尺寸小,故在机械中得到广泛应用。图 6-59 所示是双万向联轴节在汽车驱动系统中的应用,其中内燃机和变速箱安装在车架上,而后桥用弹簧和车架连接。在汽车行驶时,由于道路不平,弹簧发生变形,致使后桥与变速箱之间的相对位置不断发生变化。在变速箱输出轴和后桥传动装置的输入轴之间,通常采用双万向联轴节连接,以实现等角速传动。图 6-60 所示为双万向联轴节在轧钢机轧辊传动中的应用,能适应不同厚度钢坯轧制的需求。

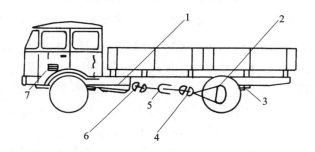

图 6-59　双万向联轴节在汽车驱动系统中的应用

1—变速箱输出轴;2—后桥;3—弹簧;4,6—万向联轴节;5—传动轴;7—内燃机

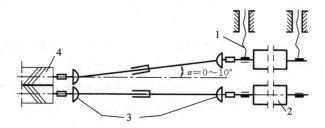

图 6-60　双万向联轴节在轧钢机轧辊传动中的应用

1—压下螺杆;2—轧辊;3—万向联轴节;4—传动齿轮

6.3.5　行星滚柱丝杠副

　　行星滚柱丝杠副是一种将旋转运动和直线运动相互转化的机械装置,目前主要应用在民用领域,如精密机床、食品包装、特种机械等。而随着科技的发展,数控机床及很多高科技的仪

器设备都在向高速、精密的方向发展。随着机器人、电动注塑机及未来飞行器与武器全电化的发展，以及化工、重载机床对大推力、高精度、长寿命的直线作动装置的需求，行星滚柱丝杠副引起了各行业的普遍重视。行星滚柱丝杠副创新性地融合了行星轮系结构和螺旋传动结构，凭借其承载能力强、轴向刚度大、动态性能好等诸多优点，作为一种新型的精密的直线运动单元，越来越广泛地应用在医疗器械、航空航天、精密数控机床、精密仪器和仪表、工业机器人等领域。

行星滚柱丝杠副（见图 6-61）与滚珠丝杠副的结构相似，区别在于行星滚柱丝杠副载荷传递元件为螺纹滚柱，是典型的线接触；而滚珠丝杠副载荷传递元件为滚珠，是点接触。行星滚柱丝杠副的主要优势是有众多的接触点来支撑负载，螺纹滚柱替代滚珠将使负载通过众多接触点迅速释放，从而能有更高的抗冲击能力。其传动方式是与众不同的，在主螺纹丝杠的周围，行星布置了 6～12 个螺纹滚柱杠，这样将电动机的旋转运动转换为丝杠或螺母的直线运动。另外，行星滚柱丝杠副能够在极其艰苦的环境下承受重载上千个小时，成为要求连续工作制应用场合的相关零件的理想选择。

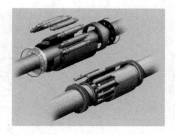

图 6-61　行星滚柱丝杠副

常用的行星滚柱丝杠副有差动式、循环式。差动式行星滚柱丝杠副如图 6-62（a）所示，特点是滚柱和螺母上螺纹头数的选择不同，并且滚柱和丝杠的导程都为零，在滚柱上有螺旋升角不同的两种滚道，使机构具有差动齿轮传动的特点。循环式行星滚柱丝杠副如图 6-62（b）所示，特点是滚柱表面是没有螺旋升角的圆环滚道。当丝杠旋转一周后，螺母端部的两个凸轮结构都会使滚柱回到初始的位置。

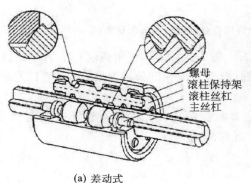

螺母
滚柱保持架
滚柱丝杠
主丝杠

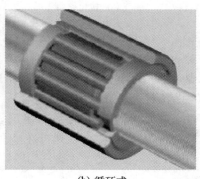

(a) 差动式　　　　　　　　　　　　　　　　　(b) 循环式

图 6-62　常用行星滚柱丝杠副

1. 行星滚柱丝杠副的工作原理

如图 6-63 所示，行星滚柱丝杠副主要由丝杠、螺母、滚柱、内齿圈和保持架等构件组成，结构简单，易装卸与维修。它与传统的滚珠丝杠副的区别在于传递载荷的元件是平行分布的滚柱，而不是滚珠，所以它有较多的接触点来支撑较大的负载。另外，螺纹的导程很小，又可以满足高精度的要求，所以行星滚柱丝杠副具有更好的力学性能。

由行星滚柱丝杠副的运动特点可知，滚柱不仅会绕自身旋转轴转动，也会在丝杠、螺母之间绕丝杠、螺母中心轴转动，因此可采用相对运动原理的方法对螺母位移进行分析。图 6-64

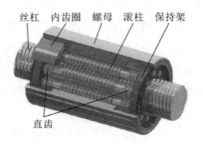

图 6-63　行星滚柱丝杠副结构组成

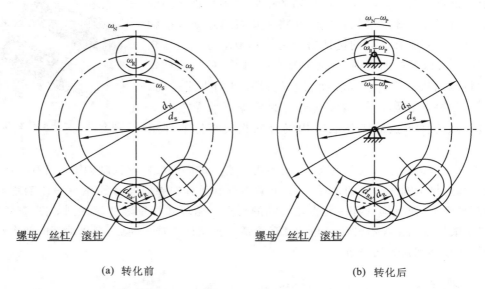

(a) 转化前　　　　　　　　　　　　(b) 转化后

图 6-64　相对运动转化前后的运动原理示意图

所示为相对运动转化前后的运动原理示意图。图中：ω_S 为丝杠角速度；ω_R 为滚柱的自转角速度；ω_N 为螺母的角速度；ω_P 为保持架的角速度，也是滚柱的公转速度；d_S 为丝杠直径；d_R 为滚柱中径；$d_{Ra'}$ 为滚柱外径；d_N 为螺母直径。

由相对运动原理可知，转化后行星滚柱丝杠副各构件间的相对运动关系与转化前一致。由运动学原理可得，滚柱与丝杠螺母在啮合处转速相等，即

$$\frac{\omega_R - \omega_P}{\omega_S - \omega_P} = -\frac{d_S}{d_R}, \frac{\omega_R - \omega_P}{-\omega_P} = \frac{d_N}{d_R} \tag{6-10}$$

根据螺旋传动原理，当丝杠旋转一周时，丝杠及滚柱螺旋线的直线位移分别为

$$L_S = \frac{\omega_S - \omega_P}{\omega_S} n_S P_S, L_R = \frac{\omega_R - \omega_P}{\omega_S} n_R P_R \tag{6-11}$$

式中：n_S、n_R 分别为丝杠、滚柱螺纹头数；P_S、P_R 分别为丝杠、滚柱螺纹螺距。

对于标准式行星滚柱丝杠副，滚柱螺纹一般为单头螺纹，即 $n_R = 1$，且丝杠、螺母及滚柱三者的螺纹螺距均相同，即 $P_S = P_N = P_R = P$，则丝杠旋转一周时，滚柱相对于丝杠的轴向位移为

$$L_{RS} = L_S - L_R = \frac{\omega_S - \omega_P}{\omega_S} n_S P - \frac{\omega_R - \omega_P}{\omega_S} P \tag{6-12}$$

由于螺母与滚柱间无相对轴向位移，则式(6-12)也为丝杠旋转一周时，行星滚柱丝杠副的

螺母位移。

2. 行星滚柱丝杠副的特点与应用

1）行星滚柱丝杠副的主要特点

（1）高刚性、高承载能力：行星滚柱丝杠副采用线接触，相比滚珠丝杠，其接触面的增加，使承载能力和刚性大大提高，行星滚柱丝杠副的承载能力比同规格滚珠丝杠副高出 3 倍以上（最高超过 10 倍）。

（2）耐冲击：承受冲击载荷的能力很强，工作可靠。

（3）体积小：在相同载荷的情况下，行星滚柱丝杠副体积比滚珠丝杠副的小 1/3。

（4）高速度：最高线速度可达 2 000 mm/s，输入旋转转速可达 5 000 r/min 或者更高，最大加速度可达 $3g$。

（5）噪声低、振动小。

（6）高精度：丝杠轴采用小导程角的非圆弧螺纹，有利于达到较高的导程精度，可实现精密微进给。

（7）长寿命：其寿命为滚珠丝杠副的 15 倍。

（8）一体化的螺母组件很容易从丝杠轴分离，滚动体及相关零件不会散落，便于安装与维修。

（9）对恶劣环境（低温、粉尘、化学沉积、无润滑等环境）的适应能力较强。

（10）螺母形式：单螺母、双螺母、预紧螺母等。

2）行星滚柱丝杠副的应用

行星滚柱丝杠副适合应用在如下行业：数控机床、机器人、航空（飞机/直升机）、航天（火箭/卫星）、武器装备（坦克/加农炮/导弹/航空母舰/核潜艇）、精密注塑机、机械压力机、医疗行业、测量仪器、特殊机床、激光设备、石油工业、化工行业、光学仪器、冶金设备、汽车工业、伺服电动缸等。例如，图 6-65 所示新型飞机起落架的电动作动器、战斗机航空武器悬挂发射系统装置、航空航天特种车辆都利用了行星滚柱丝杠副。

(a) 新型飞机起落架的电动作动器　　　　　(b) 战斗机航空武器悬挂发射系统装置

(c) 航空航天特种车辆

图 6-65　行星滚柱丝杠副的应用

习　题

6-1 六角自动车床的六角头外槽轮机构中,已知槽轮的槽数 $z=6$,一个循环中槽轮的静止时间 $t'_2=5/6$ s,静止时间是运动时间的 2 倍。试求:

(1)槽轮机构的运动系数 τ;

(2)所需的圆销数 K。

6-2 某自动机上装有一个单销六槽的外槽轮机构,已知槽轮停歇时进行工艺动作,所需的工艺时间为 30 s,试确定主动轮的转速。

6-3 某自动机上装有均布双销六槽的外槽轮机构。若主动件拨盘的转速为 40 r/min,试求槽轮在一个运动循环中每次运动和停歇的时间。

6-4 六角车床的六角头转位机构为单销六槽的外槽轮机构。已知槽轮机构的中心距 $a=150$ mm,圆销的半径 $r=10$ mm,试计算该槽轮机构的运动系数 τ。

6-5 牛头刨床工作台是由棘轮带动丝杠做间歇转动,从而通过与丝杠啮合的螺母带动工作台作间歇移动的。设进给丝杠(单头)的导程为 5 mm,而与丝杠固接的棘轮有 28 个齿,工作台每次进给的最小进给量 s 是多少? 若刨床的最小进给量 $s=0.125$ mm,带动进给丝杠的棘轮齿数应为多少?

6-6 试说明广义机构的特点与应用。在哪些场合中可应用变频调速器?

6-7 继电器机构与振动机构有哪些用途? 试举例说明。

6-8 如图 6-66(a)(b)所示的两种机构系统均能实现棘轮的间歇运动,试分析这两种机构系统的组合方式,并画出组合框图。若要求棘轮的输出运动有较长的停歇时间,试问:采用哪一种机构系统方案较好?

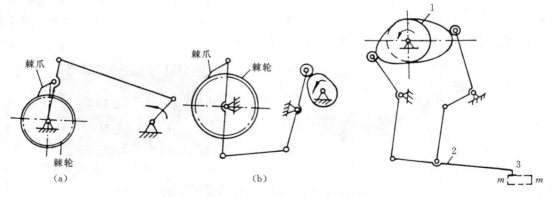

图 6-66　题 6-8 图　　　　　　　　　　　　　　图 6-67　题 6-9 图

6-9 图 6-67 所示为平板印刷机中用以完成送纸运动的机构,当固接在一起的双凸轮 1 转动时,通过连杆机构使固接在连杆 2 上的吸嘴 3 沿轨迹 m—m 运动,以完成将纸吸起和送进等动作。试确定此机构系统的组合方式,并画出组合框图。

6-10 试根据机构组合的原理,在对心曲柄滑块的基础上构思一个能使滑块扩大行程的机构。

6-11 试述组合机构与机构组合的异同,并分别举一例说明。

6-12　试根据机构组合的特点,构思 1~2 种棉花收获机的原理图。

6-13　试采用机构组合的方式,设计一机构系统,要求其从动件做单向间隙转动,每转过 180° 停歇一次,停歇时间约占 1/3.5 周期。

6-14　图 6-68 所示的差动螺旋机构中,螺杆 3 与机架刚性连接,其螺纹是右旋的,导程 $h_A = 4$ mm,螺母 2 相对于机架只能移动,内外均有螺纹的螺杆 1 沿箭头方向转 5 圈时,要求螺母只向左移动 5 mm,试求 1、2 组成的螺旋副的导程 h_B 及其旋向。

6-15　图 6-69 所示差动螺旋机构中,A 处的螺旋方向为左旋,$h_A = 5$ mm,B 处的螺旋方向为右旋,$h_B = 6$ mm。当螺杆 1 沿箭头方向转 10° 时,试求螺母 2 的移动量 s_2 及移动方向。

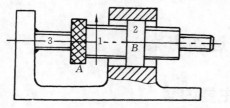 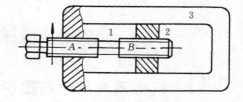

图 6-68　题 6-14 图　　　　　　　　　　图 6-69　题 6-15 图

6-16　什么叫差动螺旋机构?什么叫复式螺旋机构?它们有何异同?

6-17　复式螺旋机构为什么可以使螺母产生快速移动?

6-18　设单万向联轴节的主动轴 1 以等角速度 $\omega_1 = 157.08$ rad/s 转动,从动轴 2 的最大瞬时角速度 $\omega_2 = 181.28$ rad/s,求轴 2 的最小角速度 ω_{min} 及两轴的夹角 β。

6-19　单万向联轴节有什么特点?

6-20　双万向联轴节用于平面内两轴等角速度传动时的安装条件是什么?

第 7 章

机械系统运动方案设计

7.1 机械系统运动方案

7.1.1 机械系统运动方案设计的主要内容

机械产品设计中的原理方案设计是决定设计成败的关键阶段。而机械产品设计中的原理方案包括机械功能原理方案和据此得到的机械运动方案。由此两方案,可构思机械运动简图(或称为机械系统运动简图)。机械系统运动方案设计包括以下内容。

1. 功能原理方案设计

根据设计任务书所预定的机械使用要求与性能,确定将采用何种功能来满足这一要求。如将井中的水提升到一定高度,可采用不同的功能原理:一是用机械做功改变水的动能,迫使水向上运动,达到提升水的要求;二是不断改变容器的容积,利用大气压力使水周期性吸入和压出,达到提升水的要求;三是可采用水斗连续提升,即增大水斗里的水的势能提升水的原理。功能原理确定之后,就可拟定工艺原理,设计、构思出工艺动作过程。所以,功能原理方案设计包括功能原理确定与工艺动作过程设计两个方面。应当指出的是,创新意识与能力在功能原理方案设计中起着重要作用,因为一个新颖、灵巧的功能原理方案是创新设计的出发点。

2. 运动规律设计

根据功能原理方案,构思设计出实现这种原理的运动规律(即执行构件的运动规律),并拟定这些运动规律的运动参数。运动规律与运动参数定得是否合适,很大程度上取决于设计工程师的经验和学识,故须对其进行评价与修改。

3. 机械系统运动方案设计

机械系统运动方案设计,就是根据功能原理方案中提出的工艺动作过程及各工艺动作的运动规律要求,选择相应的若干执行机构的形式,按某种方式将其组合成一个机械系统,以确保上述工艺动作过程的实现。

应当指出的是,选择执行机构并不仅仅是简单的挑选,而是包含着创新。因为要得到一个好的运动方案,必须构思出新颖、灵巧的机械系统。这一系统的各执行机构不一定是现已存在的,为此,应根据机构组成与演变原理创造出新的机构,或在充分掌握各执行机构运动、动力学特性的基础上,进行巧妙的组合,往往也能获得新颖、灵巧而又简单的机械系统。

新的机械系统运动方案是机械系统运动简图的型综合,据此画出的表示机构及其系统的结构形式、连接和组合方式的示意图,称为机械系统简图。它是进行机械系统运动简图设计的基础。

4. 机械系统运动简图设计

首先,在机械系统方案设计所得到的机械系统运动简图的基础上,进行各执行机构(构件)运动的协调设计,拟定系统运动协调图——机械运动循环图;然后,根据工艺动作、运动规律和运动循环图,设计计算所有运动学尺寸,一般称为尺度综合;最后,根据运动学尺寸按比例画出机械系统简图,即得到机械系统运动简图。

当然,在设计机械系统运动简图的过程中,应同时考虑其运动条件和传力条件;否则,难以设计出性能良好的新机械产品。

7.1.2　机械系统运动简图设计流程

由上述内容可知,机械系统运动简图设计所涉及的问题是比较复杂的,需要在掌握机构及其系统设计的理论和现代设计方法的基础上,运用创造性的技法与丰富的实践经验,发挥设计人员的创造、想象和分析综合能力,才有可能设计出新颖、灵巧、高效的机械系统运动简图。常言道:"水无定形,文无定法。"机械系统运动简图设计的程序并不是固定不变的。但为了使初学者容易掌握,我们将其设计流程概括如图 7-1 所示。

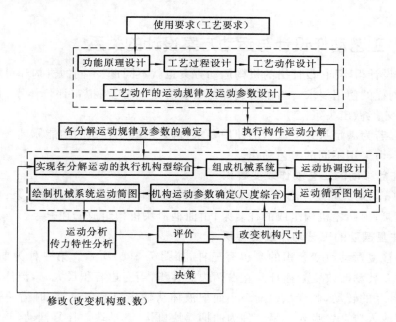

图 7-1　设计流程

7.2　执行机构运动规律设计

机械系统运动方案设计是机械技术设计的前提和依据,方案的优劣对机械技术性能的好坏、机械结构形式的繁简、制造成本的高低及操作使用的难易等均有决定性的影响。若运动方案设计有明显的缺陷,则难以设计出好的机械产品,一般也较难采取补救措施。

运动方案设计的依据是工艺要求或使用要求。当这一要求确定后,首先要考虑的是采用何种功能原理来实现给定要求。只有在选定了功能原理以后,才可能根据功能原理设计工艺动作及这些动作的执行机构的运动规律。

7.2.1　功能原理与工艺动作设计之间的关系

实现同一使用要求或工艺要求,可能采用不同的功能原理。如前所述,为满足从井中取水的使用要求,可采用三种功能原理,而采用不同的功能原理,必然导致采用不同的工艺动作。例如,若采用改变水的动能从井中取水的功能原理,则为迫使水向上流动,势必要求有一个高速旋转的叶片,当叶片带动水旋转时产生离心力,把水从井中扬到地面上。因此,实现此功能原理的工艺动作就是叶片的高速转动。若采用改变容器的容积,利用大气压力使水周期性吸入和压出的功能原理,则要考虑改变容积的工艺动作设计。而改变容积的工艺动作很多:可使构件做往复移动以改变容积;可使构件做往复摆动以改变容积;也可使构件做旋转运动以改变容积。这些工艺动作分别是往复泵、摆动泵和旋转泵所完成的工艺动作。由此可见,即使采用相同的功能原理,也可能采用不同的工艺动作。

对于比较复杂的使用要求或工艺要求,往往需要确定多个功能原理,并将这多个功能原理组合成一个总的功能原理。如常见的自动机械,通常有自动上料、加工、检测、下料等工艺要求。显然,每种工艺要求均应拟定相应的功能原理,然后再根据功能原理,设计出相应的工艺动作。

7.2.2　工艺动作设计与运动方案设计的关系

工艺动作设计得不同,设计出的机构运动方案也就不同;但不同的机构却可能实现同一工艺动作,满足同样的使用要求。为了得到好的运动方案,就应当拟定评价体系,并据此体系进行综合评价后才能做出决策。

如前所述,若为满足从井中取水的使用要求,可采用改变容积的功能原理来设计泵。根据这一功能原理,可采用不同的工艺动作。

1. 采用往复移动的工艺动作改变容积

如图 7-2(a)所示,可设计出三种不同的机构,组成具有相同工艺动作的泵:由电磁铁和弹簧组成的隔膜泵;由凸轮机构组成的往复泵;由曲柄滑块机构组成的往复泵。

2. 采用往复摆动的工艺动作改变容积

采用构件往复摆动改变容积的泵也有三种,如图 7-2(b)所示。第一种为曲柄摇杆机构,偏心主动构件 3 转动时改变着摇杆 5 左右两边的容积,当左边容积最大时,流体的输入口 2 被遮住,随着构件 3 的转动,此容积逐渐缩小而把液体从输出口 6 压出;同时另一边容积逐渐增大而把液体从输入口 2 中吸入。第二种为曲柄摇块机构,其摇块 5 往复摆动,并通过连杆 4 使偏心主动构件 3 转动以改变左右两边的容积,将液体从输入口 2 吸入,而从输出口 6 压出。第三种由多个双曲柄机构组成,图中主动曲柄 3 上均布 4 个曲柄销,分别带动 4 个从动曲柄 5,由于 4 个从动曲柄在各相位时,旋转快慢不同,因此从动曲柄间的容积也在不断变化,形成从输入口 2 吸入液体,从输出口 6 压出液体的状态。

3. 采用旋转工艺动作改变容积

图 7-2(c)所示为采用旋转工艺动作改变容积的泵。第一种为偏心旋转泵,主动构件 3 在旋转时,用滑片 7 将空间分成两部分,随着滑片的伸缩引起旋转空间的容积变化,从而起到泵的作用。第二种为滑片泵,当轮 3 转动时,滑片 7 随转动而在槽中伸缩,同时由偏心壳体而引起的滑片间容积的变化,不断地从输入口 2 吸入液体和从输出口 6 压出液体。第三种为齿轮泵,当一对齿轮在转动时,两边的齿间中的液体向输出口 6 输送,而啮合处的齿将两侧的液体

封住,液体不能通过啮合点,脱离啮合后,齿间容积逐渐增大而从输入口 2 吸入液体。

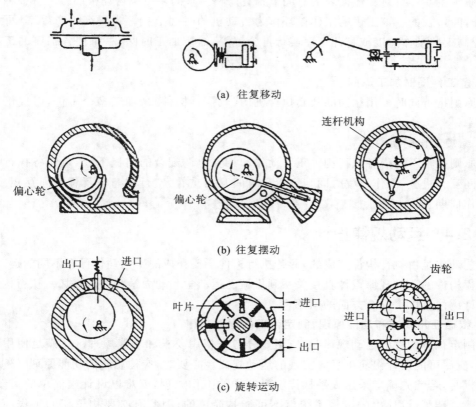

(a) 往复移动

(b) 往复摆动

(c) 旋转运动

图 7-2　各种容积式泵

除上述几种工艺动作外,自然还可找到其他工艺动作来改变容积。但是否都能采用,则要视具体情况而定。实际上,上述几种泵的工艺动作,可分别满足不同的特性要求,因而可在不同情况下使用。

7.2.3　工艺过程设计

根据已拟定的功能原理及工艺动作,对工艺过程进行合理设计。工艺过程设计的总要求是,在保证使用要求的前提下,尽可能简单易行,有较高生产效率,并注意采用先进的科技成果。为了达到这一总要求,应遵循下述原则。

1. 工序集中原则

工序集中原则是指在工件的一个工位(即一次定位)上能完成多个工序。这样既容易保证加工质量,又能提高生产效率。

2. 工序分散原则

工序分散原则是指将工序分别安排在各个工位上用不同的执行机构进行操作,以完成工艺动作。由于工序分散,执行机构完成每一工序的动作较为简单,生产效率大为提高。

工序集中原则和工序分散原则从表面上看是有矛盾的,但实际上都是为了操作方便,提高生产效率,因而应视具体情况的不同采用不同原则。一般来说,工序能集中,就尽量集中;集中有困难,就分散。

3. 各工序的工艺时间相等原则

此原则主要针对对工作循环的时间节拍有严格要求的多工位自动机而言。一般将各工位中加工时间最长的一道工序的工作循环作为自动机的时间节拍。为提高生产效率,可采取措施(如提高工艺动作速度或将此工序实行再分解等)缩短加工时间,尽量使各工序的工艺时间相等。

4. 多工件同时加工原则

此原则指可同时采用相同的几套执行机构(或执行构件)来加工多个工件,以成倍地提高生产效率。

5. 缩短工作周期原则

此原则指在不妨碍各执行构件正常动作和相互协调配合的前提下,尽量使各执行机构的工作时间互相重叠、工作行程时间与空行程时间互相重叠、空行程与空行程时间互相重叠,以缩短工作周期。

7.2.4 运动规律设计

工艺动作是由执行构件完成的,而各执行构件所要完成的工艺动作可有不同的运动规律,因此执行构件的运动规律设计直接关系到机械的运动学和动力学特性的好坏。执行构件运动规律设计应注意以下几个方面的问题。

1. 根据使用要求和功能原理,制定合理的运动规律

在制定执行构件的运动规律时,应当充分考虑使用要求和功能原理。在满足使用要求的前提下,应尽可能设计出简单且易实现的运动规律。必要时,应构思新的功能原理。例如在设计洗衣机时,若预先确定采用人手揉搓衣料那样的工作原理,就难以设计出简单的运动规律;运动规律复杂了,设计出的机械系统就不可能是简单的,因此有必要构思新的工作原理。再如,若采用水波与布料相对运动的洗涤方法,则只要由电动机带动一个轮廓具有凹凸形的转盘作旋转运动就行了。显然,这种运动简单,易实现。

一般说来,机械系统是根据具体的工作原理提出的工艺动作要求(即运动规律)来进行设计的。但在设计运动规律时,应对工作(功能)原理认真分析。为使工艺过程自动化,原封不动地按传统工艺动作去设计自动化机械系统,其效果往往是不好的。

2. 把复杂的运动规律(工艺动作)进行分解

任何复杂的运动过程总是由一些最基本的运动合成的,因而总可以将执行构件所要完成的运动分解为机构易实现的基本运动。机构所能实现的基本运动形式有:单向转动、单向移动、往复摆动、往复移动及间歇运动等。

常见的运动分解或合成情况有如下几种。

(1)某些周期性运动(包括间歇运动与非匀速运动)一般可分解为一个匀速运动与一个附加的往复运动,并可分别用比较简单的机构予以实现,然后合成之。

附加的往复运动一般可用凸轮机构或连杆机构实现。如图7-3所示,由凸轮机构产生的一个附加的往复运动,通过可轴向移动的蜗轮蜗杆机构,与蜗杆的匀速转动合成,在满足一定条件下,能实现蜗轮的有瞬时停歇的周期运动。如图7-4所示,在行星轮系的转臂上设置一附加的曲柄摇杆机构,当转臂1匀速转动时,曲柄3随齿轮做行星运动,使输出构件2输出非匀速运动。输出运动的性质取决于四杆机构的特性及齿轮的齿数比,其中可能有单向的非匀速转动,局部反向或有瞬时停歇等几种不同情况。

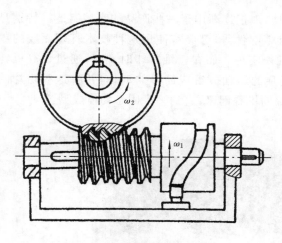

图 7-3　蜗轮蜗杆-凸轮机构

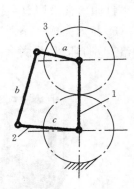

图 7-4　转臂上附加曲柄摇杆机构

（2）不同特性的非匀速运动合成往往可以实现比较复杂的运动。

图 7-5 所示的双凸轮机构的从动件 1 所完成的运动位移曲线如该图左上角所示。它有三个小"脉冲"，用单一凸轮很难实现，现采用转速比为 3∶1 的一对齿轮带动的两个凸轮分别推动两个从动滚子，然后将滚子的运动用杠杆 2 合成得到从动杆 3 的输出运动。

（3）相同特性的运动合成往往可以得到增加或减小输出位移量的效果。

图 7-6 所示双面盘形凸轮的凸轮板 3 可沿凸轮体 2 上的导轨径向移动，5 为弹簧钢球定位装置，滚子 1 与机架组成固定支铰，凸轮体 2 每转动一周，从动滚子 4 有两次往复运动，行程为 $s=a+b$。

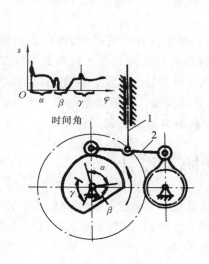

图 7-5　双凸轮机构

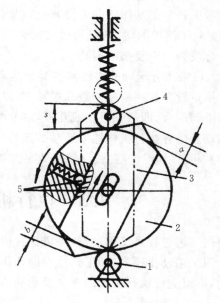

图 7-6　能增加位移量的机构

（4）复杂的曲线运动往往可以分解成不同方向的简单移动或一个简单移动和转动。

如图 7-7 所示，三维（3D）打印是快速成形技术的一种，它是一种以数字模型文件为基础，运用粉末状金属或塑料等可黏合材料，通过逐层打印的方式来构造物体的技术。该技术过去常在模具制造、工业设计等领域被用于制造模型,现正逐渐用于一些产品的直接制造。特别是一些高价值应用,如髋关节或牙齿,或一些飞机零部件等,已经有使用这种技术打印而成的零部件。三维打印通常采用数字技术材料打印机来实现。而在三维打印时,软件通过计算机辅助设计(CAD)技术完成一系列数字切片,将复杂的运动分解成简单的动作,并将这些切片的信息传送给 3D 打印机,后者会将连续的薄型层面堆叠起来,直到一个固态物体成型。

图 7-7　三维打印

3D 打印机与传统打印机最大的区别在于它使用的"墨水"是实实在在的原材料。一般而言,机器的上半部分是个半透明的罩子,有一排控制按钮,旁边是一台计算机。掀起罩子,左边立着四盒不同颜色的"墨水",右边的工作区摆放研磨得很细的石膏粉末。工作时,这些粉末会一层层地被液态连接体也就是特殊胶水黏合,按照不同的横截面图案固化,一层层叠加,感觉像是在做蛋糕那样创建三维实体。

3. 要使分解后的运动规律协调配合

将工艺动作分解并设计出实现各分解运动规律的机构后,还需要使各分解动作协调配合,因而要考虑各分解动作之间的协调关系及合成方法。

(1)对于简单的情况,可采用机构合成法。一般可将多个分解运动输入具有多自由度的机构中合成为一个复杂的运动。

(2)可采用分配轴的方法使各分解运动协调配合。确定执行机构以后,可将执行机构的原动件尽量设置在一根或少数几根轴上,以便采用控制各执行机构的输入运动的方法使各分解运动协调配合,即从一根轴或几根轴(分配轴)向各执行机构输入运动。因而,只要控制分配轴的运动及向各执行机构输入运动的起始、终止时间,就可实现各分解运动的协调配合。

(3)可采用电气控制或计算机数字控制的方法,使各分解运动协调配合。

7.3　执行机构运动协调设计

根据工艺过程及工艺动作,确定执行构件运动规律并设计完成此运动规律的执行机构后,就要按照工艺动作序列(即工艺过程的动作序列),合理安排执行机构,使各执行机构能相互协调运动,即要完成执行机构的布置及运动协调设计等有关工作。

7.3.1　执行机构的布置

执行构件要根据工艺过程布置在合适的工作位置上。因为执行构件的运动是由执行机构变换传递而来的,故在布置执行构件的位置时,特别要考虑控制此执行构件运动的执行机构的安装是否方便。

执行机构的布置,主要应考虑它与执行构件的连接是否方便,以及执行机构原动件布置的位置是否恰当。执行机构原动件的布置要遵守两条原则:一是应使原动件尽可能接近执行构件,以使执行机构简单紧凑,减小其几何尺寸;二是使原动件尽可能集中布置在一根轴或少数几根轴上,这样的布置可简化传动系统,便于机器的调试和维修。

为了使各执行机构能同步运动,各原动件所在的几根原动轴的转动应保持等速或定速比。

7.3.2　执行机构运动协调设计应满足的要求

机械系统各执行机构的运动协调设计应满足以下要求。

(1) 系统各执行机构的动作过程和先后次序应符合工艺过程所提出的要求,即应保证各执行机构动作的顺序性。

(2) 系统各执行机构的动作按一定顺序进行时,应保证各执行构件的动作在时间上同步,即各执行机构的运动循环时间间隔相同或按工艺过程要求成一定的倍数关系,从而使各执行机构的运动不仅在时间上能保证确定的顺序,而且能够周而复始地循环协调动作。

(3) 系统各执行机构在运动过程中不发生轨迹干涉,即要保证空间的同步性。

(4) 保证系统各执行构件对操作对象的操作具有单一性或协同性,即不能有两个或两个以上的执行构件对同一操作对象同时实施操作,或者有两个或两个以上的执行构件对同一操作对象实施操作,但其动作应是协同一致的。

(5) 一个执行机构动作结束到下一个执行机构动作起始之间,应保持时间上的间隔,以避免动作衔接处发生干涉。

现以粉料压片机为例来说明执行机构运动协调设计应满足的要求。如图 7-8 所示的粉料压片机的各执行构件 3、9、5 应完成图 7-8(a) 所示五个动作:

① 移动料斗 3 至模具 11 的型腔上方,如图 7-8(b) 所示,并准备将粉料装入型腔;

② 料斗振动,将粉料装入型腔;

③ 下冲头 5 下沉,以防止上冲头 9 下压时将型腔内的粉料抖出;

④ 上冲头下压,下冲头上压,将粉料加压并保压一定时间,使药片 10 成型较好;

⑤ 上冲头快速退出,下冲头随之将压好的药片推出型腔,完成压片工艺过程。

根据上述执行构件 3、9、5 所要完成的动作,设计出四个执行机构,如图 7-8(b) 所示。其中凸轮连杆机构 Ⅰ 完成工艺动作①②;凸轮机构 Ⅱ 完成动作③;平面多杆机构 Ⅲ 及凸轮机构 Ⅳ 协调配合完成动作④⑤。

根据协调设计的要求,对上述执行机构与执行构件应做如下协调安排:

(1) 必须按上述工艺过程安排各执行构件动作,即按动作①→②→③→④→⑤的顺序安排;

(2) 为保证时间同步,可将各执行机构的各原动件安装在同一根分配轴上(见图7-8(c)),或用一些传动机构把它们连接起来,以实现原动件转速相同;

(3) 因执行构件 3、9 的两个运动轨迹是相交的,故在安排两执行构件的运动时,不仅要注意到时间上的协调,还要注意到空间位置上的协调,以保证空间的同步性;

(4) 因执行构件 5、9 的操作对象是同一药片,故应注意两执行构件动作的协同性;

(5) 在保证时间同步的前提下,要注意安排各执行构件所在机构的原动件之间的运动有一定相位差,以避免动作衔接处发生干涉。

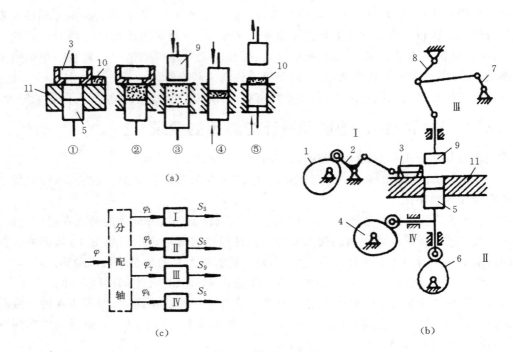

图 7-8　粉料压片机

1—送料凸轮；2—凸轮从动件；3—移动料斗；4—保压凸轮；5—下冲头；
6—下冲头凸轮；7—曲柄；8—连架杆；9—上冲头；10—药片；11—药片模具

7.3.3　执行机构运动协调设计的分析计算

对于较复杂机械系统的运动协调设计,应进行必要的分析计算。

1. 各执行机构运动循环时间同步化计算

1）确定机械最大工作循环周期 T_{max}

机械最大工作循环周期 T_{max} 是该机械系统中各执行机构工作循环时间之和。如上述粉料压片机,若四个执行机构各自的工作循环时间为 T_1、T_2、T_3、T_4,则机械系统最大工作循环周期为

$$T_{max} = T_1 + T_2 + T_3 + T_4$$

2）确定机械最小工作循环周期 T_{min}

机械最小工作循环周期 T_{min} 是机械系统中各执行机构工作循环周期的最大值,即 $T_{min} = \max\{T_p\}$（其中 $p=1, 2, \cdots, n$）。不过,一般难以在 T_{min} 时间内完成各执行构件的工作循环。

3）确定合理的机械系统的工作循环周期 T

不难理解,无论是采用 T_{max} 还是采用 T_{min} 作为机械系统的工作循环周期,一般都是不合理的。为了尽量缩短机械系统工作循环周期 T,以提高生产效率,一般可以采取两个措施:一是尽量缩短各执行机构的工作行程和回程时间;二是在前一个执行机构回程结束之前,后一个执行机构就开始工作行程,即利用两执行机构空间裕量,在不产生相互干涉的条件下采取"部分并行"的方法。对于有多个执行机构的情况,采用上述两种方法,其效果是十分明显的。

4）确定各执行机构分配轴的转速和工作行程的起始角

对于将执行机构的原动件都安排在同一分配轴上的情况,可根据工作循环的周期 T 算出

分配轴的转速 $n_分$（r/min）为

$$n_分 = \frac{60}{T}$$

式中：T 的单位为 s。

运动协调设计时，一般将某一执行机构工作行程起始点作为零位。根据各执行机构的工艺动作次序的安排，不难求出各执行机构工作行程的起始角。

2. 各执行机构运动循环空间同步化计算

空间同步化计算前，应当确定已知执行机构的动作顺序及实际位移曲线图，并已设计好各执行机构的运动简图，这样才能合理确定各执行机构的运动错位角，避免空间上的干涉。

7.3.4 机械运动循环图设计

1. 机械运动循环图

机械系统运动方案初步确定后，经过运动协调设计，应当将机械系统各执行机构（构件）在一个运动循环中各动作的协调配合关系用一个简单明确的图来表示，此图就称为机械运动循环图。在绘制机械运动循环图时，应以某一个主要执行机构（构件）的工作起始点为基准来表示各执行机构相对于此主要执行机构（构件）动作的先后次序，并将各执行机构（构件）的运动循环按同一时间（或转角）比例尺绘出。

机械运动循环图有三种表示方法，下面仅介绍一种——直线式循环图的设计。

直线式循环图（也称为矩形循环图）是将运动循环中各运动区段的时间和顺序按比例绘在直线坐标轴上得到的。它的特点是，能清楚地表示整个运动循环内各执行机构（构件）行程之间的相互顺序和时间（或转角）的关系，其绘制简单，但无法显示出执行机构（构件）的运动规律，因而直观性较差。图 7-9 所示为简易平版印刷机的印头、油辊、油盘等执行构件的直线式循环图。

主轴转角	0°		195°		360°
印头往复摆动机构	印头工作行程（印刷）			印头空回行程	
油辊往复摆动机构	油辊空回行程（匀油）			油辊工作行程（给铅字上油）	
油盘间歇运动机构	油盘转动		油盘静止		

0°　　　60°　　　　　　　　　　　　　　　　　　　360°

图 7-9 直线式循环图

应当指出的是，绘制机械运动循环图是机械系统设计中一个重要的工作，它是提高机械系统设计的合理性、可靠性和生产效率的重要设计步骤，特别是对于复杂的机械系统，其作用更是不可替代的。

设计正确的机械运动循环图有下列作用：

（1）将机械系统的运动协调设计的结果直观、明晰地表示出来，因而能保证各执行机构（构件）的动作紧密配合、互相协调，使工艺动作按预定顺序实现；

（2）为下一步设计各机构的运动学参数提供依据；

（3）为后续设计计算、研究、改进及机器的装配、维修、调试提供依据。

2. 机械运动循环图设计示例

1) 设计要点

(1) 按机械系统的各执行机构(构件)的运动协调要求,完成系统的协调设计,并进行必要的分析计算。

(2) 以工艺过程开始点作为机械系统运动循环的起始点,并确定由此起始点开始动作的某一主要机构(构件)为参照机构(构件)。

(3) 设计好各单一执行机构(构件)的运动循环图,并明确各单一执行机构(构件)与参照机构(构件)的运动协调关系。

(4) 在设计机构运动循环图时,应根据具体情况(如布局和结构),修改各执行机构(构件)的选型和尺寸等。

2) 设计示例

现以卧式多工位冷镦机为例,说明机械运动循环图的设计过程。卧式冷镦机用以冷镦带孔螺母坯。该加工过程由进料、截料、整形、压角和冲孔等工序组成,其中整形、压角和冲孔三道工序的动作总称为冷镦。为完成上述工艺过程,选用图 7-10 所示机构。

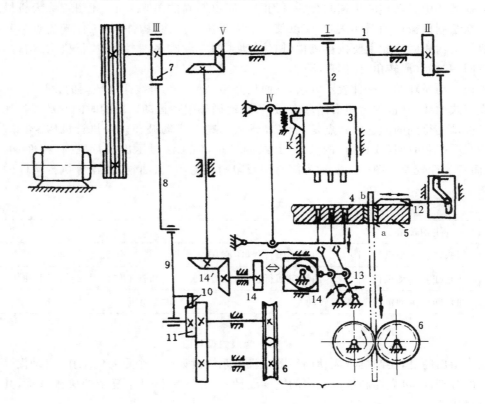

图 7-10　冷镦机机械系统简图

(1) 进料机构。工艺上要求在冲头后移的某一时间间隔内进料,其余时间停歇。采用曲柄摇杆机构(由构件 7、8、9 和机架组成)、棘轮机构(由构件 9、10、11 和机架组成)和齿轮机构串联组成机构Ⅲ,将曲轴 1 的连续转动变换成辊轮 6 的单向间歇转动,利用摩擦力将盘料校直并送入切料口 b。

（2）断料机构。当盘料送入切料口 b 后,必须用断料刀截料后送到整形工位。现采用曲柄滑块机构与直动从动件移动凸轮机构串联组成的机构Ⅱ控制断料刀 12,使其按预定规律左、右移动。当冲头 3 向下移动时,断料刀 12 左移,并领先于冲头将截好的料送至整形工位,然后停歇,待冲头开始接触工件时,断料刀开始后退并停歇。

（3）冷镦机构。整形、压角和冲孔三道工序的冷镦动作用曲柄滑块机构完成,如图 7-10 中所示的机构Ⅰ。电动机通过带传动带动曲轴(主轴)1 转动,借助连杆 2 使冲头 3 往复移动;由于在机架 5 上固定有整形、压角和冲孔三道工序的阴模 4,因此当冲头冷镦一次时,即可同时完成三道工序。但进行下一运动循环时,必须在工序间有传送冷镦件的运料机构。

（4）顶料机构。当冲头冷镦一次后,采用铰链四杆机构(见图 7-10 中的机构Ⅳ)可将阴模中的坯料顶出或顶至钳口内。铰链四杆机构的主动构件可由冲头上的凸块 K 在冲头向上移动时带动。当顶杆完成顶料运动时,钳架恰好停在顶料的出口处。

（5）运料机构。为了将整形后的坯料送至压角工位,将压角后的坯料送至冲孔工位,采用了两对锥齿轮 $14'$ 和等宽凸轮 14 来推动钳架 13 间歇带动坯料进入下一工位(见图 7-10 中所示的机构Ⅴ)。在工艺上要求钳架先于冲头带着工件摆至预定工位,然后停歇,以待冲头冷镦;当冲头上移时,钳架摆回到上一工位停歇,待顶料机构将坯料送入钳架的钳口后,又继续重复上述动作。

根据上述各执行机构的动作要求及相互协调配合关系,并选择执行构件冲头往复一次(亦即曲柄滑块机构Ⅰ的曲柄转动 1 周)为一个循环,设计出卧式多工位冷镦机的直线式循环图,如图 7-11 所示。应当指出的是,实际的循环图还应标出各执行件特征位置所对应的主导构件(如曲柄)所转过的角度或所经历的时间,供各执行件设计时参考。

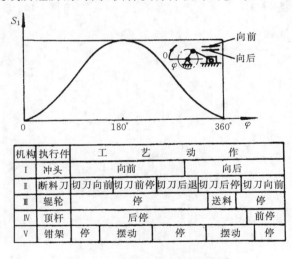

机构	执行件	工　艺　动　作				
Ⅰ	冲头	向前		向后		
Ⅱ	断料刀	切刀向前	切刀前停	切刀后退	切刀后停	切刀向前
Ⅲ	辊轮	停		送料	停	
Ⅳ	顶杆	后停			前停	
Ⅴ	钳架	停	摆动	停	摆动	停

图 7-11 冷镦机的两种运动循环图

习　题

7-1 根据机构学发展的趋势,构思一种能为在医院卧床休养的病人服务的机械系统运动方案简图。

7-2 试简述内燃机的机械系统运动方案设计的流程,并讨论各执行机构运动规律设计之间的关系及应注意的主要问题,在此基础上绘制机械运动循环图。

　　7-3　"门"是启闭某种通道的机构,试举出五种以上不同形式的门,并分析其功能、结构和设计思想。

　　7-4　试分析自行车和汽车发展过程,并分析其发展过程中每一阶段设计师的思考特点。

　　7-5　试选择一种机器(如印刷机、自动包装机、机床、洗衣机、计算机光驱、健身器等),分析其结构组成、执行机构运动规律及机器的工艺过程,并画出机械系统运动简图。

　　7-6　试分析图 7-12 所示中国古代发明——指南车的运动特点,并构思出其机械系统运动简图。

　　7-7　试说明图 7-13 所示火星探险车是采用什么机构在行进中越过前方石块等障碍物的,并画出其机械系统运动简图。

图 7-12　题 7-6 图　　　　　　　　　　图 7-13　题 7-7 图

第 8 章

机构创新设计

8.1 机构创新设计的方法

8.1.1 机构选型

机构设计中确定运动方案的目的是实现工艺动作过程,而整个工艺动作过程往往可分解为若干个执行构件的运动,这些运动是由执行构件按一定动作顺序完成的。为保证各执行构件的预期运动,应当解决产生执行构件运动的执行机构的选型、创新、组合等设计问题。

1. 实现执行构件各种运动形式的常用机构

实现执行构件某一运动形式的机构通常有好几种,设计者必须根据工艺动作要求、受力大小、使用维修方便与否、制造成本高低、加工难易程度等各种因素进行分析比较,然后择优选取。

1) 实现连续旋转运动的机构

双曲柄机构(包括平行四边形机构、双转块机构)、转动导杆机构、定轴齿轮传动机构(包括圆柱、圆锥、交错轴斜齿轮传动机构等)、蜗杆传动机构、周转齿轮系(包括少齿差、摆线针轮、谐波齿轮传动机构等)、各种摩擦轮传动机构、各种柔性传动机构(如带传动、链传动等)、非圆齿轮机构、组合机构(如齿轮-连杆机构、链轮-连杆机构)、单(双)万向联轴节等都能实现连续旋转运动。

2) 实现间歇旋转运动的机构

棘轮机构、槽轮机构、不完全齿轮机构、凸轮式间歇运动机构等都能实现间歇旋转运动。

3) 实现连续往复摆动的机构

曲柄摇杆机构、摇块机构、摆动导杆机构、摆动从动件凸轮机构、双摇杆机构、由液压缸或汽缸驱动的齿条齿轮机构及输出运动为摆动的组合机构等都能实现连续往复摆动。

4) 实现间歇往复摆动的机构

带有休止段轮廓的摆动从动件凸轮机构、输出运动为间歇往复摆动的组合机构等都能实现间歇往复摆动。此外,一些间歇运动机构通过与实现往复运动的机构的组合,或者通过控制驱动液压缸(或气缸),也能实现间歇往复摆动。

5) 实现连续往复移动的机构

曲柄滑块机构、正弦机构、移动导杆机构、齿轮齿条机构、螺旋机构、各种移动从动件凸轮机构等都能实现连续往复移动。此外,通过曲柄摇杆机构与摇杆滑块机构的组合或凸轮机构与摇杆滑块机构的组合也能实现连续往复移动。

6) 实现间歇往复移动的机构

利用连杆曲线的圆弧段来实现间歇运动的平面连杆机构、凸轮轮廓有休止段的移动从动件凸轮机构、中间有停歇的斜面拨销机构、不完全齿轮-移动导杆机构组合等都能实现间歇往复移动。此外,棘轮棘齿条机构还能实现单向间歇直线移动。

7) 实现刚体导引运动的机构

铰链四杆机构、曲柄滑块机构、凸轮-连杆机构、齿轮-连杆机构等都能实现刚体导引运动。

8) 实现沿给定曲线(轨迹)运动的机构

各种连杆机构和各种组合机构(如凸轮-连杆机构、齿轮-连杆机构)等都能实现沿给定曲线(轨迹)运动。

2. 机构选型的基本原则

1) 原动机的运动形式

机器能否满足预定功能、是否制造容易、成本高低、运动精度高低、寿命长短、可靠性高低,以及动力性能强弱等与机械运动方案的优劣密切相关。机构的选型不仅与执行构件(即机构的输出构件)的运动形式有关,而且还与机构的输入构件(主动件)有关,而主动件或原动件的运动形式则与所选的原动机类型有关。

常用的原动机的输出运动形式可分为以下几种。

(1) 连续转动,如各种交流电动机、滑差电动机、直流电动机、汽油机、柴油机、液压马达、气动马达等。

(2) 往复移动,如活塞式汽缸和液压缸、直线电动机等。

(3) 往复摆动,如双向电动机、摆动式液压缸或汽缸等。

(4) 间歇运动,如步进电动机等。

机器中使用最广泛的是交流电动机,因此,一般输入构件的运动大多数为连续转动。

2) 机构选型的基本原则

在进行机构选型和组合时,设计者必须熟悉各种基本机构的功能、结构和特点,并且还应该遵循下列基本原则。

(1) 满足工艺动作和运动要求。

选择机构首先应满足执行构件的工艺动作和运动要求。通常,高副机构比较容易实现所要求的运动规律和轨迹,但是高副的曲面加工制造比较麻烦,而且高副元素容易因磨损而造成运动失真。低副机构虽然往往只能近似实现所要求的运动规律或轨迹,尤其当构件数目较多时,累计误差较大,设计也比较困难,但低副元素(圆柱面或平面)易加工且容易达到加工精度要求。因此综合考虑,优先采用低副机构。

例如,JA 型家用缝纫机的挑线机构采用摆动从动件圆柱凸轮机构,如图 8-1(a)所示;而 JB 型家用缝纫机的挑线机构则采用连杆机构,如图 8-1(b)所示。对于前者,虽然其挑线孔的轨迹比较容易满足使用要求,但是凸轮的轮廓线加工比较复杂,而且容易磨损;对于后者,虽然其挑线孔的轨迹只能近似实现,但借助计算机进行优化设计,可将误差控制在允许范围内,从而使挑线孔的轨迹满足使用要求。由于连杆机构是低副机构,加工方便且不易磨损,因此现在家用缝纫机和工业缝纫机都选用连杆机构作为挑线机构。

(2) 结构简单,传动链短。

在满足使用要求的前提下,机构的结构应尽可能简单,构件的数目尽可能少,运动副数目也要少。这样,不仅可以降低制造和装配的困难程度,减少自重,降低成本,还可以减小机构的累计运动误差,提高机构的效率和工作可靠性。

例如,为了实现将回转运动变换为一种按一定运动规律进行的往复直线运动,而且从动件

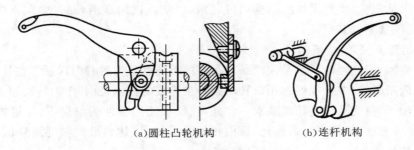

(a)圆柱凸轮机构　　　　　　(b)连杆机构

图 8-1　家用缝纫机的挑线机构

的行程不大,除采用移动从动件盘形凸轮、曲柄滑块机构(见图 8-2(a)(b))外,还可采用图 8-1(a)(b)所示的机构;为实现直线运动,可采用如图 8-2(c)所示的机构。

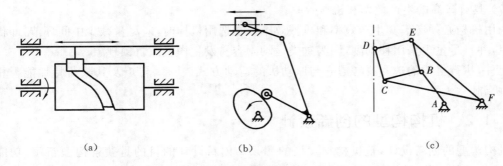

(a)　　　　　　　　　　(b)　　　　　　　　　　(c)

图 8-2　变换运动的机构

(3) 原动机的选择有利于简化结构和改善运动质量。

目前,机器的原动机多采用电动机,也可采用液压缸或气缸,液压和气压动力源具有减振、易减速、操作方便等优点,特别对于具有多执行构件的工程机械、自动机,其优越性就更加突出。

例如,现有两种实现构件摆动的方案,如图 8-3 所示。显然,图 8-3(a)所示的摆动气缸方案的结构十分简单,但摆动气缸在传动时速度较难控制,若采用摆动电动机直接驱动摆杆,结构更加简单,速度比较容易控制。而对于图 8-3(b)所示的方案,因为电动机一般转速较高,它必须通过减速器才能使摆杆的摆动速度满足要求,故其结构比图 8-3(a)所示的结构复杂些。

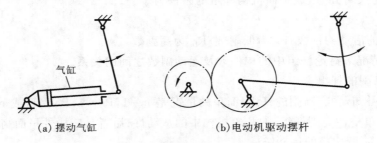

(a) 摆动气缸　　　　　　　(b)电动机驱动摆杆

图 8-3　原动机的选择

(4) 机构有尽可能好的动力性能。

高速机构或者载荷变化很大的机构尤应注意这一原则。对于高速机构,机构选型要尽量考虑其对称性,对机构或回转构件进行平衡使其质量合理分布,以求惯性力的平衡和减小动载荷。对于传力大的机构,要尽量增大机构的传动角,以防止机构自锁,同时增大机构的传力效益,减小原动机的功率及其损耗。

(5) 加工制造方便,经济成本低。

降低生产成本,提高经济效益是使产品有足够的市场竞争力的有力保证。在具体实施时,应尽可能选用低副机构,并且最好选用以转动副为主构成的低副机构,因为转动副元素比移动副元素更容易加工,也容易满足精度要求。此外,在保证使用条件的前提下,尽可能选用结构简单的机构;尽可能选用标准化、系列化、通用化的元器件,以达到最大限度地降低生产成本、提高经济效益的目的。

(6) 机器操纵方便,调整容易,安全耐用。

在拟定机械运动方案时,应适当选一些启、停、离合、正反转、刹车、手动等装置,可使机器操纵方便,调整容易。为了预防机器因载荷突变造成损坏,可选用过载保护装置。

(7) 具有较高的生产效率和机械效率。

选用机构必须考虑其生产效率和机械效率。在选用机构时,应尽量减少中间环节,即传动链要短,并且尽量少采用移动副,因为这类运动副容易发生楔紧或自锁现象。

此外,执行机构的选择要考虑它与原动机的运动方式、功率、转矩及其载荷特性能否相互匹配、协调。

8.1.2　机构构型的创新设计

机构构型的创新设计,是机构学发展的源泉。创新设计的目的是获得构型新颖、功能独特、性能优良的"巧机构"。要设计出"巧机构",就要思路开阔,创新意识强,基础扎实,经验丰富,知识面广,且善于联想、模仿与创新。下面用一些机构构型设计实例来说明如何按照创新法则和机构学原理积极进行创造性思维,灵活使用创造技法来进行机构构型的创新设计。

1. 基于组成原理的机构创新设计

1) 平面机构的组成原理

机构均由原动件、从动件系统和机架通过运动副连接而成,而平面机构具有确定运动的条件是机构的原动件数目与机构自由度数相等,故平面机构的从动件系统的自由度应为零。

通常还可将从动件系统拆成若干个不可再分解的自由度为零的运动链,这种运动链称为基本杆组,简称杆组。

根据杆组定义可知,组成平面机构杆组的条件为

$$F = 3n - 2P_L - P_H = 0 \tag{8-1}$$

式中:n 为机构的活动构件数;P_L 为低副数;P_H 为高副数。

现分两种情况来讨论杆组中的构件数及运动副数之间的关系。

(1) 含有高副的杆组。

由式(8-1)可知,含有高副的杆组,简单的情况是 $n=1,P_L=1,P_H=1$,或 $n=3,P_L=4,P_H=1$。前者称为单构件高副杆组,如凸轮机构中的从动件;后者是三构件平面高副杆组,如图8-4 中的构件 2、3、4 所构成的运动链。

根据式(8-1)还可以获得具有更多构件的平面高副杆组,但在实际应用中很少遇到,本书不予讨论。

(2) 低副杆组。

若令 $P_H=0$,则由式(8-1)可知,组成平面低副杆组的条件为

$$F = 3n - 2P_L = 0 \qquad 或 \qquad n = 2P_L/3$$

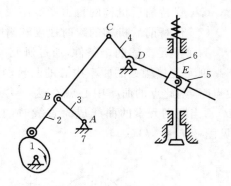

因为构件数 n 和低副数 P_L 都必须是整数,故满足此条件的低副杆组有多种,即

$$n: \quad 2 \quad 4 \quad 6 \quad \cdots$$

$$P_L: \quad 3 \quad 6 \quad 9 \quad \cdots$$

其中,最简单的低副杆组 n＝2,P_L＝3,称为 Ⅱ 级杆组,其基本形式有五种,如图 8-5 所示。较为复杂的低副杆组为 n＝4,P_L＝6,其基本形式有两种,如图 8-6 所示。图8-6(a)所示为具有封闭三角形的杆组,图 8-6(b)中构件 1 的三个转动副的中心正好处于一条直线上,故图 8-6(a)(b)都为包含具有三个运动

图 8-4　发动机的配气机构

副元素的刚性构件的杆组,故称为 Ⅲ 级杆组。图 8-6(c)所示为包含四个构件组成的封闭四边形杆组,称为 Ⅳ 级杆组,其余可依此类推。由于 Ⅳ 级以上杆组应用较少,因此本书不予讨论。

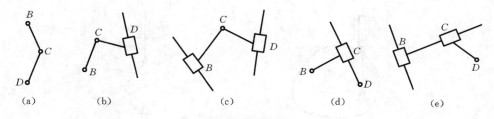

图 8-5　简单的低副杆组

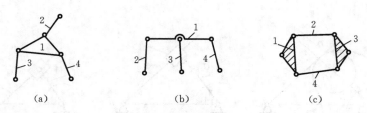

图 8-6　复杂的低副杆组

Ⅲ 级杆组和 Ⅳ 级杆组的一些转动副也可以用移动副取代而演化成多种派生形式。

应当指出的是,Ⅲ 级杆组或 Ⅳ 级杆组的构件数 n＝4,运动副数 P_L＝6,从数字上看刚好是 Ⅱ 级杆组的两倍,但它们并不是由两个 Ⅱ 级杆组构成的,也不可能拆分成两个完整的 Ⅱ 级杆组。

按照杆组的观点,任何平面机构均可以用零自由度的杆组依次连接到原动件和机架上去的方法来组成,这就是机构的组成原理。

2）平面机构中的高副低代

为了使平面机构的分析方法有一个统一模式,可通过平面高副和平面低副元素之间的内在联系,把机构中的高副根据一定的条件用虚拟的低副来等效地代替,一般称为高副低代。平面高副以平面低副代替必须满足两个条件:

（1）代替前后机构的自由度数不变；

（2）代替前后机构的瞬时速度和瞬时加速度完全相同。

为了满足上述两个条件,通过研究可知,用低副取代高副的方法就是用一个虚拟构件将置于高副元素接触处的曲率中心的两转动副连接起来(见图 8-7(a)(b))。当高副元素成为一个尖点时,则此点的曲率中心就在这一尖点上,于是可将转动副置于这一尖点处(见图 8-7(c)(d))；当高副元素的曲线成为直线时,它的曲率中心在无穷远处,此时可用移动副取而代之(见图 8-7(e)(f)(g))。

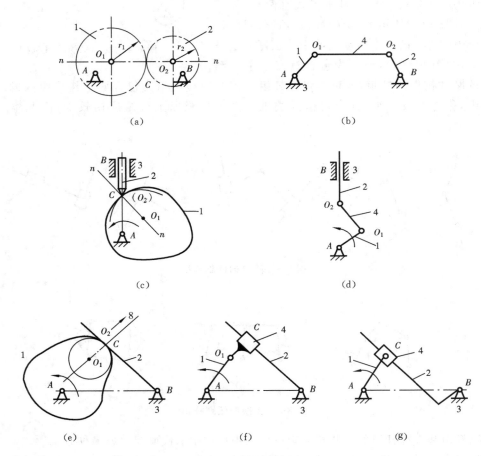

图 8-7　高副低代

3）平面机构的结构分析

机构的结构分析旨在将已知机构分解为若干个杆组,并确定这些杆组的级别和类型,以便对机构进行性能分析。

机构结构分析的过程一般是先从远离原动件的部分开始拆组。拆组的要领是：

（1）去掉机构中的虚约束和局部自由度,若有高副,可按上述方法进行高副低代；

（2）先试拆Ⅱ级杆组,若拆不出Ⅱ级杆组,再试拆Ⅲ级杆组；

（3）拆去一个杆组或一系列杆组后,剩余的必须仍为一个完整的机构或若干个与机架相连的原动件,不能有不成组的零散构件或运动副；

（4）全部杆组拆完,应当只剩下与机架相连的原动件。

一般将机构中所含的最高级别杆组的级别作为机构的级别。

例 8-1 试分析图 8-8(a)所示机构的结构,并判定其级别。

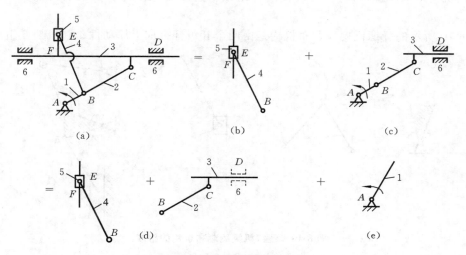

图 8-8 平面机构的结构分析

解 首先除去 D 处的虚约束,并注意 B 处为含有两个转动副的复合铰链。其次按要领 (2),可拆下由两构件 4、5 组成的一个Ⅱ级杆组,如图 8-8(b)所示。余下图8-8(c)所示的部分, 仍为一个完整的机构。再继续拆组可得如图 8-8(d)和图 8-8(e)所示的一个Ⅱ级杆组和一个 连于机架的原动件。至此,可知该机构为Ⅱ级机构。

例 8-2 试确定图 8-9(a)所含平面高副的机构的级别(构件 1 为原动件)。

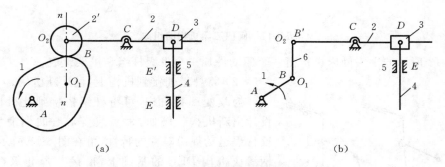

图 8-9 平面高副机构的结构分析

解 按以下步骤进行。

(1) 计算自由度。先除去机构中的局部自由度和虚约束,再计算机构的自由度。如图 8-9 (a)所示,n=4,P_L=5,P_H=1,故

$$F = 3 \times 4 - 2 \times 5 - 1 = 1$$

(2) 进行高副低代。画出瞬时替代机构,如图 8-9(b)所示的平面低副机构。

(3) 进行结构分析。可依次拆出构件 4 和 3 与构件 2 和 6 两个Ⅱ级杆组,最后剩下原动 件 1 和机架 5。

(4) 确定机构级别。因拆出的最高级别的杆组是Ⅱ级杆组,故此机构是Ⅱ级机构。

4）基于组成原理的机构创新设计

（1）将杆组依次连接到原动件和机架上，设计新机构。

根据机构组成原理，可将零自由度的杆组依次连接到原动件和机架上去，从而设计出新机构。

图 8-10 所示的缝纫机挑线刺布机构是由两个Ⅱ级杆组加上原动件 1 和机架 6 组成的。

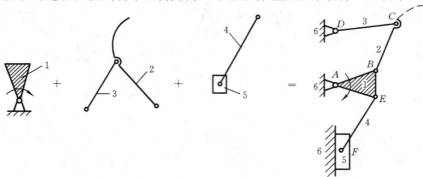

图 8-10　缝纫机挑线刺布机构的组成

图 8-11 所示的发动机阀门启闭机构是由一个原动件加一个Ⅱ级杆组、一个Ⅲ级杆组和机架组成的。

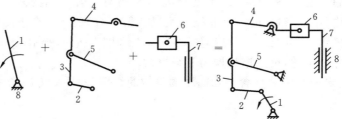

图 8-11　阀门启闭机构的组成

图 8-12 所示的牛头刨床机构由一个原动件加一个Ⅲ级杆组和机架组成。

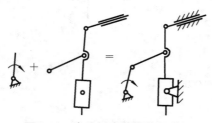

图 8-12　牛头刨床机构的组成

（2）将杆组连接到机构上，设计新机构。

为改变现有机构，可将杆组搭接到此机构上，从而设计出新机构。例如，为了改变对心曲柄滑块机构正、反行程运动规律对称的特性，可在图 8-13 所示的对心曲柄滑块机构 DEF 的基础上，搭接一个Ⅱ级杆组 BCD。又如，图 8-14 所示的惯性振动筛机构则是在铰链四杆机构 ABCD 上搭接一个具有移动副的Ⅱ级杆组 CE 以后得到的。

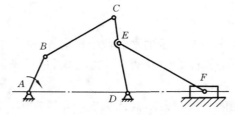

图 8-13　改变机构特性

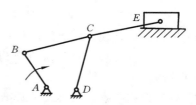

图 8-14　惯性振动筛机构

（3）杆组扩展法。

杆组扩展法是依据机构组成原理,用类比法选择出基本机构雏形后,增加若干杆组(即基本组)构建新机构的创新法。

例如,要设计一个具有大行程速度变化系数的机构(如牛头刨床、插齿机等)以实现往复快回动作,一般都先选择有急回特性的四杆机构,再附加可用的杆组就可获得如图 8-15 所示的多种 Ⅱ 级六杆机构。

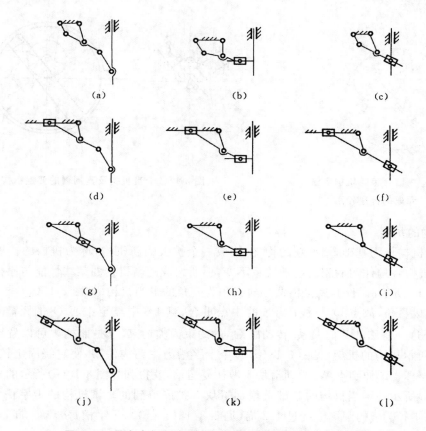

图 8-15　具有大行程速度变化系数的机构(Ⅱ 级六杆机构)

8.1.3　机构构型的变异创新设计

为了满足一定的工艺动作要求,或为了使机构具有某些性能与特点,改变已知机构的结构,在原有机构的基础上,演变发展出新的机构,这种演变称为变异。变异得到的新机构称为变异机构。

机构的变异方法种类繁多,以下介绍几种常用的变异创新设计方法。

1. 机构的倒置

机构内运动构件与机架的转换,称为机构的倒置。按照运动相对性原理,机构倒置后各构件间的相对运动关系不变,但可以得到不同的机构。

研究基本机构可以发现,有些机构可视为由另一些机构经过倒置变换而成的。例如,铰链四杆机构在满足最短杆与最长杆长度之和小于其他两杆长度之和的条件下,以不同构件为机架,就可以分别得到双曲柄机构、曲柄摇杆机构和双摇杆机构。显然,这是机构倒置变换的典型实例。又如,将定轴圆柱内啮合齿轮机构的内齿轮作为机架,则可得到如图 8-16 所示的行星齿轮机构。由此可见,用机构倒置的观点去研究现有机构,可以发现它们的内在联系,并由此发现机构倒置的变异方法,设计出新的机构。

图 8-17(a)所示为著名的卡当机构。若令杆 O_1O_2 为机架,则原机构的机架成为转子 3(见图 8-17(b)),曲柄 1 每转动一周,转子 3 也同步转动一周,同时两滑块 2 及 4 在转子 3 的十字槽 5 内往复运动,将流体从入口 A 送往出口 B。这样便得到一种泵机构。

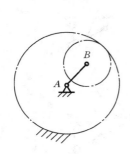

图 8-16　内啮合齿轮机构倒置
　　　　　而成的行星轮系

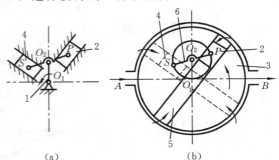

图 8-17　卡当机构及其倒置的变换机构

2. 机构的扩展

以原有机构作为基础,增加新的构件,构成一个扩大的新机构,称为机构的扩展。机构扩展后,原有机构各构件间的相对运动关系不变,但所构成的新机构的某些性能与原机构差别很大。如图 8-18 所示的机构,就是由两导轨夹角为直角的卡当机构(见图 8-17(a))扩展得到的。因为两导轨成直角,故点 O_2 与线段 PS 的中点重合,且 PS 中点至中心 O_1 的距离也恒为 $r = \overline{PS}/2$。由于这一特殊的几何关系,转动副 O_2 的约束为虚约束,于是曲柄 1 可以省略。若改变图 8-17(a)所示机构的机架(见图 8-18(a)),令十字槽为主动构件,并使它绕固定铰链中心 O_1 连续转动,连杆 4 延伸到点 W,驱动滑块 5 做往复运动,就得到如图 8-18(b)所示的机构。它是在图 8-17(a)所示的卡当机构的基础上增加滑块 5 扩展得到的。该机构的十字槽每转动 1/4周,点 O_2 在半径为 r 的圆周上绕过 1/2 周(见图 8-18(a)(b));十字槽每转动 1 周,点 O_2 绕过 2 周,滑块 5 输出 2 次往复行程,这是此机构的主要特点。

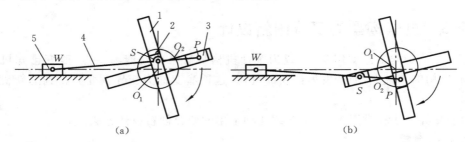

图 8-18　机构的扩展实例

1—导轨;2,3,5—滑块;4—连杆

3. 机构局部结构的改变

改变机构局部结构(包括构件运动结构和机构组成结构),可以获得有特殊运动性能的机构。图 8-19 所示为一种左边极限位置附近有停歇特性的导杆机构。此机构之所以有停歇的运动特性,是因为导杆槽 a 中线的某一部分做成了圆弧形 b,且圆弧半径等于曲柄 1 的长度,而圆心在 O_1。

4. 机构结构的移植与模仿

将一机构中的某种结构应用于另一种机构中的设计方法,称为结构的移植。利用某一结构特点设计新的机构,称为结构的模仿。要有效地利用结构的移植与模仿设计出新的机构,必须注意了解、掌握一些机构之间实质上的共同点,以便在不同条件下灵活运用。例如,圆柱齿轮的半径无限增大时,齿轮演变为齿条,因此,由转动演变为直线移动。运动形式虽改变了,但齿廓啮合的工作原理基本上未改变。这种将转动构件的转动中心移至无限远处,构件的转动演变为直线移动的变异方式,可视为移植中的变异。掌握了机构之间的这一实质性的共同点,可以开拓直线移动机构的设计途径。

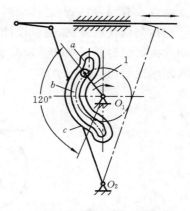

图 8-19　有停歇特性的导杆机构

图 8-20 所示的不完全齿轮齿条机构,可视为由不完全齿轮机构移植变异而成的。此机构的主动齿条 1 做往复直移运动,使不完全齿轮 2 在摆动的中间位置有停歇。图 8-21 所示机构中的构件 2 可视为将槽轮展直而成的。此机构的主动件 1 连续转动,从动件 2 间歇直线移动,锁止方式也与槽轮机构相同。

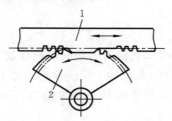

图 8-20　不完全齿轮齿条机构

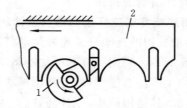

图 8-21　槽轮展直得到的机构

图 8-22 所示为一种凸轮滑块机构,它是综合模仿了凸轮与曲柄滑块两种机构的结构特点创新设计而成的。该机构用在泵上,其茧状凸轮 1 推动四个滚子(2、3、4、5 构成滚子从动件),从而推动四个活塞做往复移动。若适当选取凸轮轮廓线,则该机构的性能就会比单纯应用曲柄滑块机构(见图 8-23)优越得多。

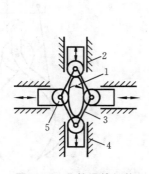

图 8-22　凸轮滑块机构

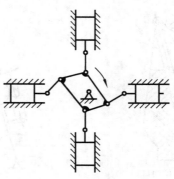

图 8-23　共曲柄的多滑块机构

5．机构运动副类型的变换

改变机构中的某个或多个运动副的形式，可创新设计出具有不同运动性能的机构。通常的变换方式有两种：一种是转动副与移动副之间的变换；另一种是高副与低副之间的变换。

用高副低代的方法，也可设计出不同机构。图 8-24(a)所示为一种偏心圆凸轮高副机构，低副代换虽然对其运动特性没有影响，但由于低副是面接触，易加工，且耐磨性能好，因此提高了其使用性能(见图 8-24(b))。

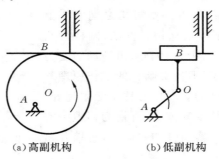

　　　(a)高副机构　　　　　　　　(b)低副机构

图 8-24　高副低代机构

8.1.4　利用机构运动特点创新设计机构

利用现有机构工作原理，充分考虑机构运动特点、各构件相对运动关系及特殊的构件形状等，可创新设计出新的机构。

1．利用连架杆或连杆运动特点设计新机构

利用简单机构的连架杆或连杆运动特点完成某一动作是机构创新的一种有效方法。

图 8-25 所示为利用导杆和摇块的运动特性设计的油泵机构。因为导杆 3 既摇摆又上下移动，而摇块 4 可左右摆动，故可利用摇块与导杆的运动接通吸油口和排油口，实现吸油和排油的工作要求，其结构简单，设计巧妙。

如图 8-26 所示，利用双摇杆机构中的连杆 BC 可做整周转动来带动摇杆 AB 的往复摆动，从而设计出风扇的摇头机构，使风扇在高速转动的同时来回摇动。

2．利用两构件的相对运动关系设计新机构

巧妙利用两构件相对运动关系来完成独特的动作过程，可使设计的机构简单实用。图 8-27 所示为一种新型抓斗机构，它是由行星轮系 1、2、3 和两边对称布置的杆 4、5 组成的。

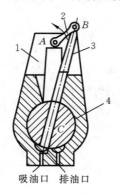

吸油口　排油口

图 8-25　油泵机构

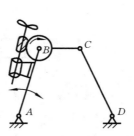

图 8-26　风扇的摇头机构

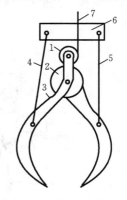

图 8-27　新型抓斗机构

1、2 为齿轮,3 为转臂,6 为机架。转臂 3 扩展为抓斗的一侧爪,齿轮 2 扩展为抓斗的另一侧爪,而杆 4、5 可使左、右侧爪对称动作,绳索 7 使齿轮 1 转动,可控制两侧爪的开合。这一新型抓斗机构,是应用了简单的行星轮系,将齿轮 2 和转臂 3 的构型和功能加以扩展,利用两构件的运动关系设计而成的。

8.1.5　基于组合原理的机构创新设计

在工程实际中,对机构的运动形式、运动规律及动力性能等的要求各不相同,其中有些要求用基本机构及其变异机构难以满足,而要把一些基本机构按照某种方式组合起来,创新设计出一种与原机构特点不同的新的复合机构。实践表明,采用机构组合原理可以设计出功能新颖的机构,不失为一种简便易行的机构创新设计方法。

1. 连杆-连杆机构

图 8-28 所示为手动冲床中的复合连杆机构(六杆机构)。它可以看成由两个四杆机构组成:第一个是由原动件(手柄)1、连杆 2、从动摇杆 3 和机架 4 组成的双摇杆机构;第二个是由摇杆 3、小连杆 5、冲杆 6 和机架 4 组成的摇杆滑块机构。前一个四杆机构的输出件被当作第二个四杆机构的输入件。扳动手柄 1,冲杆就上下运动。采用六杆机构,使扳动手柄的力获得两次放大,从而增大了冲杆的作用力。这种增力作用在连杆机构中经常用到。

图 8-29 所示为筛料机构中的复合连杆机构。这个六杆机构也可看成由两个四杆机构组成:第一个是由原动曲柄 1、连杆 2、从动曲柄 3 和机架 6 组成的双曲柄机构;第二个是由曲柄 3(原动件)、连杆 4、滑块 5(筛子)和机架 6 组成的曲柄滑块机构。

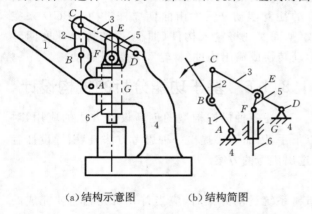

(a)结构示意图　　　　(b)结构简图

图 8-28　手动冲床中的复合连杆机构(六杆机构)

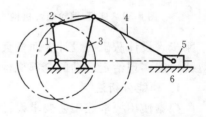

图 8-29　筛料机构中的复合连杆机构

2. 凸轮-凸轮机构

图 8-30 所示为双凸轮机构,它由两个凸轮机构协调配合,控制十字滑块 3 上的一点 M,准确地描绘出虚线所示的预定轨迹。

3. 连杆-凸轮机构

连杆-凸轮机构的形式很多,这种组合机构通常用于实现从动件预定的运动轨迹和规律。

图 8-31 所示为巧克力包装机托包用的连杆-凸轮机构。主动曲柄 OA 回转时,点 B 被强制在固定凸轮凹槽中运动,从而使托杆达到图示运动规律 s,托包时慢进,不托包时快退,以提高生产效率。因此,只要凸轮轮廓线设计得当,就可以使托杆的运动规律达到上述要求。

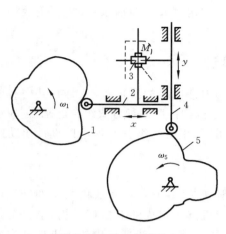

图 8-30　双凸轮机构

1,5—凸轮;2,4—从动件;3—十字滑块

4. 连杆-棘轮机构

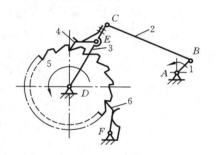

图 8-32　连杆-棘轮组合机构

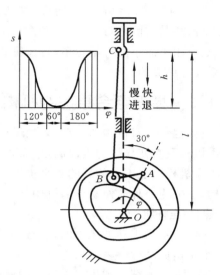

图 8-31　巧克力包装机托包用的连杆-凸轮机构

图 8-32 所示为由曲柄摇杆机构 1、2、3 与棘轮机构 4、5、6 组合而成的组合机构。棘轮 5 的单向步进运动是由摇杆 3 的摆动通过棘爪 4 推动的,而摇杆的往复摆动又需要由曲柄摇杆机构 $ABCD$ 来完成,从而实现将输入构件(曲柄 1)的等角速度回转运动转换成输出构件(棘轮 5)的步进转动。

8.1.6　基于功能分析的机构设计

上述各种机构构型的创新设计方法的应用,对于刚步入设计队伍的设计者而言会感到难以下手,因而需要提出一种思考方法,以引导设计者寻找可能实现给定运动的全部机构,并从中选出优秀的方案。

1. 功能分析法

根据使用要求或工艺要求设计机构或机械系统运动方案时,应当首先研究它需要完成的总功能。机械产品的功能就是机械产品所具有的转化能量、物料、信息的能力。功能分析法,是系统方案设计中探寻功能原理方案的主要方法。这种方法先将机械产品的总功能分解成若干简单的功能元(即分功能),再通过对功能元求解,然后进行组合。这样往往可以得到机械产品方案的多种解。功能分析法简化了实现机械产品的总功能原理方案的构思方法,易得到最优化的总功能原理方案和机械系统运动方案。

1) 机构动作功能分解与组合原理的表达形式——形态综合法

第二次世界大战期间,美国情报部门探听到德国正在研制一种新型巡航导弹,但费尽心思也难以获得有关技术情报。然而,火箭专家却在自己的研究室里推断出德国正在研制并严加保密的导弹乃是带脉冲发动机的巡航导弹。难道火箭专家有特异功能? 没有。火箭专家能够坐在研究室里获得技术间谍都难以弄到的技术情报,是因为运用了"形态综合法"的思考方法。形态综合法,是一种以系统搜索观念为指导,在对问题进行系统分析和综合的基础上用网络方式集合各因素设想的方法。火箭专家运用此法时,先将导弹分解为若干相互独立的基本因素,这些基本因素的共同作用便构成任何一种导弹的效能,然后针对每种基本因素找出实现其功能要求的所有可能的技术形态。在此基础上进行排列组合,结果共得到 576 种不同的导弹方案。经过一一过筛分析,在排除了已有的、不可行的和不可靠的导弹方案后,火箭专家认为只有几种新方案值得人们开发研究,在这少数的几种方案中,就包含当时德国正在研制的方案。

原理方案的组合可采用形态综合法,即将系统的功能元列为纵坐标,各功能元的相应解法列为横坐标,构成形态学矩阵,如表 8-1 所示。

表 8-1 原理方案组合的形态学矩阵

功能元 $U=(U_i)$, $i=1,2,\cdots,m$	功能元解										
	1	2	3	4	$\cdots$	n_1	n_2	$\cdots$	n_i	$\cdots$	n_m
U_1	t_{11}	t_{12}	t_{13}	t_{14}	$\cdots$	t_{1n_1}					
U_2	t_{21}	t_{22}	t_{23}	t_{24}			t_{2n_2}				
$\vdots$	$\vdots$										
U_i	t_{i1}	$\cdots$	$\cdots$	$\cdots$	$\cdots$				t_{in_i}		
$\vdots$	$\vdots$										
U_m	t_{m1}	$\cdots$	$\cdots$	$\cdots$							t_{mn_m}

表 8-1 中:$U_1,U_2,\cdots,U_m$ 为功能元(即分功能);$t_{11},t_{12},\cdots$ 为第一功能元的解;$t_{m1},t_{m2},\cdots,t_{mn_m}$ 为第 m 功能元 U_m 的解。从每项功能元中取出一种解进行合理组合,即可得到一个系统解,最多可以组合出 N 种原理方案,即

$$N = n_1 \times n_2 \times \cdots \times n_i \times \cdots \times n_m$$

式中:m 为功能元数;n_i 为第 i 种功能元解的个数。

2)基本运动和机构的基本功能

根据使用要求或工艺要求而得出的机械系统的总体功能,往往要通过一个复杂的运动过程来实现。但任何复杂的运动过程,总可以由一些最基本的运动合成。另一方面,任何一个复杂的机械系统,又可分解为一些单一机构。若将复杂的机械系统与机械系统总功能相对应,则可将组成这一复杂机械系统的各单一机构与组成机械系统总功能的分功能相对应。故可利用这种对应关系,进行机械系统运动方案的设计。

在机械系统运动方案设计中,常见的基本运动形式有:单向转动、往复摆动、往复移动、间歇运动及实现某种轨迹的运动。而基本机构所具有的基本功能为运动放大或缩小,运动形式变换(如转动变移动),运动方向交替变换,运动轴线变换(变向),运动合成或分解,运动脱离或连接等,如图 8-33 所示。

3)机械系统运动方案的组成

根据机构形态学矩阵组合出能完成系统总功能的不同机构,然后根据评价指标优选出符合要求的最佳方案,即可完成机械系统运动方案的设计。

根据以上描述,功能分析法设计步骤概述如图 8-34 所示。

2. 机械系统搜索法

为了求得功能元 U_i 的解,即得到能实现功能元的机构,可采用机械系统搜索法。机械系统搜索法,就是按照机械系统总功能分解出的各分功能(即功能元)来寻找各种可能采用的机构形式,然后组成一个机械系统,其基本思想来源于列举思考法。

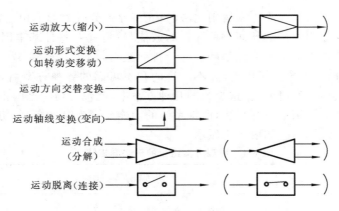

图 8-33　基本机构的基本功能

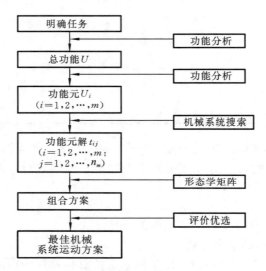

图 8-34　功能分析法设计步骤

　　在绝大多数机械设备中,原动机的运动形式为转动。通过速度变换后,执行机构的原动件的运动形式亦为转动,而完成分功能的执行构件的运动形式却各种各样。表 8-2 中给出运动形式变换的基本功能、符号和可以实现该运动变换的机构,可供机械系统搜索时参考。

表 8-2　运动形式变换的功能、符号和实现机构

序　　号	运动形式变换的功能	符　　号	实　现　机　构
1	连续转动变为单向直线移动	→⊐□→	齿轮齿条机构、螺旋机构、蜗杆齿条机构、带传动机构等
2	连续转动变为往复直线移动	→⊐□←	曲柄滑块机构、直动从动件凸轮机构、正弦与正切机构、牛头刨床机构、不完全齿轮齿条机构等
3	连续转动变为有停歇的往复直线移动	→⊐⫽□	直动从动件凸轮机构、利用连杆轨迹实现间歇运动机构、组合机构等
4	连续转动变为单向间歇直线移动	→⊐□- -	不完全齿轮齿条机构、曲柄摇杆机构＋棘条机构、槽轮机构＋齿轮齿条机构等

序　号	运动形式变换的功能	符　号	实 现 机 构
5	连续转动变为单向间歇转动		槽轮机构、不完全齿轮机构、圆柱凸轮式间歇机构、蜗杆凸轮间歇机构等
6	连续转动变为双向摆动		曲柄摇杆机构、摆动导杆机构、曲柄摇块机构、摆动从动件凸轮机构、组合机构等
7	连续转动变为停歇双向摆动		摆动从动件凸轮机构、利用连杆轨迹实现停歇运动机构、曲线导槽的导杆机构、组合机构等
8	往复摆动变为单向间歇转动		棘轮机构等
9	连续转动变为实现预定轨迹的运动		平面连杆机构、连杆-凸轮组合机构、直线机构、椭圆仪机构等

在机械系统运动方案设计和构思中,除了采用运动形式变换的机构外,还要采用实现某种功能的机构,例如:差动机构(如差动螺旋机构);行程放大和行程可调机构;增力及夹持机构(如杠杆机构、具有死点位置的连杆机构等)。

8.2　机构创新设计实例

8.2.1　洗衣机

洗衣机的开发也可以运用形态综合法,以求在对方案"一网打尽"中获得可行的新方案。首先,对洗衣机进行因素分析,即确定完成洗净衣物所必备的基本功能。先确定洗衣机的总体功能,再进行功能分解,就可得到若干分功能,这些分功能就是洗衣机的基本因素。如果我们定义洗衣机的总功能有"洗净衣物",那么以此为目的去寻找其手段,便可得到"盛装衣物""洗涤去污"和"控制时间"等三项分功能。接着,对各分功能进行形态分析,即确定实现这些功能要求的各种技术手段或功能载体。为此,设计者要进行信息检索,广思各种技术手段或方法。对一些新方法还可进行实验或试验,以了解其应用的适用性和可靠性。在上述三种分功能中,"洗涤去污"是最核心的一项,确定其功能载体时,要针对"分离"二字广思、深思和精思,从机、电、热等技术领域去寻找具有此功能的技术手段。

经过功能分析,即可建立如表 8-3 所示的洗衣机原理方案组合的形态学矩阵。

表 8-3　洗衣机原理方案组合的形态学矩阵

功能技术手段	1	2	3
A. 盛装衣服	铝桶	塑料桶	玻璃钢桶
B. 洗涤去污	机械摩擦	电磁振荡	超声波
C. 控制时间	人工手控	机械控制	电脑自控

利用表 8-3,可以进行各功能之间的形态要素的排列组合,从理论上说,能够得到 $3×3×3$ 种$=27$ 种方案。在对 27 种组合的分析中,可以发现组合方案 A1-B1-C2 属于普通的波轮式洗衣机。这种洗衣机的工作原理是电动机驱动 V 带传动装置,使波轮旋转,产生水与衣物的机械式摩擦,配合洗涤剂的作用而使衣物与脏物分离。洗涤的时间由机械定时器控制。它的缺点是衣物磨损严重,耗电量大,洗涤效率低,易发生故障。那么,有没有不用波轮的新型洗衣机呢?经过分析,便可发现组合方案 A1-B2-C3、A1-B3-C2 等都属于非机械摩擦式的洗衣机方案。

下面对这两种方案作简要的分析。由 A1-B2-C3 构成的洗衣机可以说是一种电磁振荡式自动洗衣机。它没有波轮,也不用电动机,而是利用电磁振荡可以分离物料的原理来洗涤去污。据国外科研人员试验,按此开发的洗衣机具有洗净度高,不易损坏衣物的优点。此外,如果把桶内水排干,还可直接甩干衣物,具有一机两用的特点。由 A1-B3-C2 构成的洗衣机,应该叫作超声波洗衣机,它也没有波轮和电动机。设计这种洗衣机的关键技术是要产生 20 000 Hz 以上的超声波。这种超声波能产生很强的水压,使衣物纤维振动,并使洗涤剂乳化,从而使脏物与衣物分离,达到洗涤去污的作用。在结构上,这种洗衣机离不开气泵、送风管道、空气分散器等基本部件。由技术分析和试验可知,超声波洗衣机具有磨损小、洗净度高、无噪声、节水、节电的特点。对于其他的组合方案,在此就不逐一分析了。

应用机械系统搜索法进行新品策划,具有系统求解的特点。只要能把现有科技成果提供的技术手段全部罗列,就可以把现存的可能方案"一网打尽",这是机械系统搜索法的突出优点。但同时,此法在应用中存在操作上的困难,突出表现为如何在数目庞大的组合中筛选出可行的新产品方案。如果选择不当,就可能使组合过程的辛苦付之东流。因此,在运用机械系统搜索法的过程中要把好技术要素分析和技术手段确定这两道关。比如,在对洗衣机的技术要素进行分析时,应着重从其应具备的基本功能入手,对次要的辅助功能暂可忽视。在寻找实现功能要求的技术手段时,要按照先进、可行的原则考虑,不必将那些根本不可能采用的技术手段填入形态学矩阵中,以避免组合表过于庞大。当然,一旦机械系统搜索法能结合计算机的应用,从庞大的组合表中进行最佳方案的探索也是办得到的。

8.2.2 锻压机械

现以设计一锻压机械为例,说明基于功能分析的机械系统运动方案设计的过程。

1. 根据使用要求,明确设计任务(总功能)

要求当锻压部件(冲头)作上下运动时,能锻出较高精度的毛坯,这就是该机器的总功能。

2. 进行功能分解,得到功能元 U_i

根据使用要求,该机器的动力源建议采用电动机。由于动力源为连续转动,而执行构件(冲头)做上下运动,因此要求具有将旋转运动变换成平面移动的分功能。为了产生一个较大的压力,就要求机器具有将驱动力放大的增力分功能,即所谓增力功能。从机构功能变换来看,如不考虑各运动副的摩擦,则每瞬时的输入功应等于输出功,即 $F_1 v_1 = F_2 v_2$。因此,要求输入力 F_1 小于输出力 F_2 时,则应使输入速度大于输出速度,也就是机构具有运动变换(放大或缩小)的功能。因冲头做上下运动,故还应有一运动方向变换的分功能。

3. 根据各分功能,形成形态学矩阵

进行机械系统搜索,求得各分功能(功能元)的解,从而形成形态学矩阵,如表 8-4 所示。

表 8-4　形态学矩阵

基本功能			
基本结构	传动原理		
流体机构	流体传动		
摩擦轮机构	摩擦传动		
挠性体机构			
齿轮机构	传动原理		
连杆机构	推拉传动		
螺旋机构			
凸轮机构			

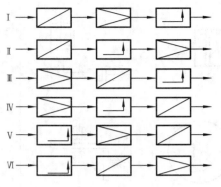

图 8-35 基本功能结构

4. 根据形态学矩阵组合不同的机械系统运动方案

由于形态学矩阵中的三个分功能的排列次序是任意的,因此不同的排列顺序可得到六种不同的基本功能结构(见图 8-35)。只要在这形态学矩阵中的三个分功能所对应的功能元解族(机构族)中各任选一个机构,就可组成一个机构系,可有 $7^3 = 343$ 个方案。

5. 按机构选型的基本原则及使用要求选择合适的方案

(1)根据机构结构力求简单的要求,可从形态学矩阵中选出第一列中的凸轮机构和第三列中的四连杆机构,它们都兼有三种分功能,故为所有方案中最简单的。但根据锻压机工作压力大的要求,只能选用四连杆机构中的曲柄滑块机构。工厂中常用的曲柄压力机就是用这种机构组成的。

(2)根据要求锻出较高精度的毛坯,宜选用刚度大的机械系统,因而较适合的方案是如表 8-5 所示的三种基本功能结构方案。方案 A 采用曲柄滑块机构作运动形式变换,采用刚度很高的斜面机构作运动方向变换和运动行程变换。这样的机构组合系统,不但由于采用斜面机构而增强了整个锻压机的工作刚度,还使锻压力增加。方案 B 为六杆增力机构,也可将其看成由曲柄摇杆机构和摆杆滑块机构组合而成。由于它具有二次运动大小变换,因此具有较大的压力。此外,由于机构具有瞬时停歇的功能,故用在压印机上,可使图像清晰,但它具有曲柄压力机刚度小的缺点。方案 C 采用曲柄滑块机构作运动形式变换,并将液体增压,用活塞作运动方向变换。这种方案用于大型锻压设备,生产效率较低。

表 8-5 三种基本功能结构方案

方 案 序 号	基 本 功 能 结 构	方 案 图
A		
B		
C		

综上所述,以上三种方案虽均能满足锻压功能要求,但以方案 A 最适于精锻毛坯。

8.2.3 创新设计案例

由于机构是由各种构件组成的,因此构件的组合形式必然会影响产品的基本结构,从而最终影响产品的外部形态。即使是使用了同一种机构,产品的形态也会有许多变化,因而衍生出结构和形态各异的新产品,并带来新的设计灵感。

设计自行车时选用不同的机构,就会得到不同形态的产品。俯卧式自行车(见图 8-36(a))利用空气动力学原理减小风阻,速度快。采用曲柄摇杆机构,使得俯卧的骑行姿势利于控制平衡,身体接近前轮中心,紧急刹车时不容易翻转。图 8-36(b)所示为可健身的双翼踏板自行车,采用了曲柄摇杆机构。图 8-36(c)所示为齿轮传动自行车。图 8-36(d)所示自行车采用链条传动实现手脚并重。

(a) 俯卧式自行车　　　　　　　　(b) 双翼踏板自行车

(c) 齿轮传动自行车　　　　　　　(d) 手脚并重自行车

图 8-36　选用不同机构的自行车

进行运动方案设计时,必须仔细地研究工艺过程提出的动作要求,把复杂的运动分解成若干基本运动,并找出能够实现这些运动动作的机构。工艺动作是否合理,是机器成败的关键。以洗衣机的方案构思为例,如果采用人工搓揉布料的工艺动作设计洗衣机,则洗衣机将是包括钩爪、手臂和由四杆机构组成的机械手等构件的相当复杂的机构。但若采用旋转运动,利用水流和布料相对运动产生的摩擦,除掉衣料上的污垢,就将使问题大大简化。

工艺动作设计得不相同,设计出的机构运动方案也就不相同;而不同的机构可能实现同一工艺动作,满足同样的使用要求,所以运动方案设计中工艺动作的设计是进行创新的重要环节。

(1) 要满足同一使用要求或工艺要求,可能采用不同的功能原理。

如图 8-37 所示,举升动作可利用机械(连杆、凸轮、螺旋)、液压与气动、电磁吸附、水浮力原理实现等。

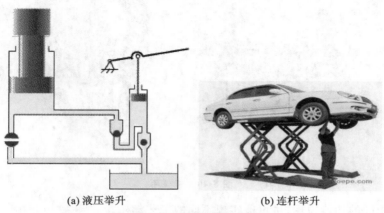

(a) 液压举升　　　　　　　　　(b) 连杆举升

图 8-37　不同功能原理的举升

（2）采用不同的功能原理，必然导致采用不同的工艺动作。

如图 8-38 所示，缝衣服可通过人工或缝纫机完成。分析缝纫机的工作原理，如何构思一采用人手缝衣服工艺动作的机器？请读者思考，并画出草图。

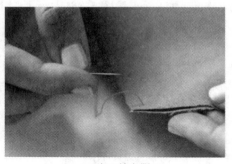

(a) 人工缝衣服   (b) 缝纫机

图 8-38　缝衣服

（3）工艺动作设计得不相同，设计出的机构运动方案也就不相同。

如图 8-39 所示，洗衣服可通过人工或洗衣机完成。分析洗衣机工作原理，如何构思一仿人手洗衣服动作的机器？请读者思考，并画出草图。

(a) 手洗衣服   (b) 洗衣机

图 8-39　洗衣服

（4）不同的机构可能实现同一工艺动作，满足同样的使用要求。

如图 8-40 所示，机械手可由齿轮和连杆机构组成，也可仅由连杆机构组成。

(a) 齿轮＋连杆   (b) 连杆

图 8-40　机械手

（5）采用相同的功能原理，也可能实现不同的工艺动作。

如图 8-41 所示，数控机床与并联机床可实现不同的工艺动作，用于不同场合。

(a) 数控机床　　　　　　　　　　(b) 并联机床

图 8-41　机床

8.3　机构设计方案的评价

如何评价初步设计得到的若干种不同的机械系统运动方案，并在评价的基础上作出决策，是机械系统设计的一个重要步骤。因为只有根据运动方案的设计特点建立合理的评价体系，采用科学的评价、优选方法，才能在正确评价的基础上，作出合理的决策。

1. 机械系统运动方案的评价特点

（1）机械系统运动方案的好坏，应从技术、经济、安全可靠三个方面来予以评价。但由于运动方案还不可能具体涉及机械结构和强度设计等细节，因此评价指标应主要考虑技术方面，即功能及工作性能方面的指标应占较大份额。

（2）评价指标难以细化，建议采用五级评分法，即用 0、1、2、3、4 作为指标量化值。

（3）因为运动方案的优劣对整个机械功能的实现、工作性能的好坏，以及产品成本有决定性影响，所以对于相对评价值低于 0.6 的方案，应予以剔除；若相对评价值高于 0.8，且各项评价指标都较为均衡，则可采用；对于相对评价值在 0.6～0.8 内的方案，应改进其薄弱环节，若不能改进，则应予以剔除。

（4）各评价指标的确定应充分征集专家群体的意见。

2. 机械系统运动方案的评价指标及其评价体系

从机构和机械系统选择和评定的要求来看，主要应按以下几个方面的指标予以评价。

（1）机构的功能：可实现运动规律的形式、运动传递精度。

（2）机构工作性能：应用范围、可调性、运转速度、承载能力等。

（3）机构动力性能：加速度峰值、噪声、耐磨性、可靠性、传力性能。

（4）系统协调性：空间同步性、时间同步性、操作协同性。

（5）经济性：制造难易程度、制造误差敏感度、调整的方便性、能耗的大小。

（6）结构紧凑性：尺寸大小、质量大小、结构的复杂程度。

根据上述评价指标即可建立一个评价体系。应当指出的是，不同的设计任务，应根据具体情况拟定不同的评价体系，使之更符合实际。表 8-6 所示为初步拟定的一个评价体系，仅供参考。

表 8-6　机械系统运动方案的评价体系

序　号	性能指标	具体内容	分　值	备　注
1	机构的功能	① 运动规律的形式 ② 传动精度的高低	5 5	以实现运动为主时,可乘以加权系数 2
2	机构工作性能	① 应用范围 ② 可调性 ③ 运转速度 ④ 承载能力	5 5 5 5	受力较大时,③④可乘以加权系数 1.5
3	机构动力性能	① 加速度峰值 ② 噪声 ③ 耐磨性 ④ 可靠性	5 5 5 5	加速度较大时,可乘以加权系数 1.5
4	系统协调性	① 空间同步性 ② 时间同步性 ③ 操作协同性	5 5 5	—
5	经济性	① 制造难易程度 ② 制造误差敏感度 ③ 调整的方便性 ④ 能耗的大小	5 5 5 5	—
6	结构紧凑性	① 尺寸大小 ② 质量大小 ③ 结构的复杂程度	5 5 5	—

3. 几种典型机构的性能特点和评价

表 8-7 给出了四种典型机构的性能、特点和初步评价,为评价和决策提供参考。

表 8-7　四种典型机构的性能、特点和初步评价

性能指标	具体评价指标	代号	评　价			
			连杆机构	凸轮机构	齿轮机构	组合机构
A. 功能	①运动规律的形式 ②传动精度的高低	A_1	任意性较差,只能实现有限个精确位置 较高	基本上可以任意动作 较高	一般为定传动比转动或移动 高	基本上可以任意动作 较高
B. 工作 性能	① 应用范围 ② 可调性 ③ 运转速度 ④ 承载能力	B_1 B_2 B_3 B_4	较广 较好 高 较大	较广 较差 较高 较小	广 较差 很高 大	较广 较好 较高 较大

续表

性能指标	具体评价指标	代号	评价			
			连杆机构	凸轮机构	齿轮机构	组合机构
C. 动力 性能	① 加速度峰值	C_1	较大	较小	小	较小
	② 噪声	C_2	较大	较大	小	较小
	③ 耐磨性	C_3	耐磨	差	较好	较好
	④ 可靠性	C_4	可靠	可靠	可靠	可靠
D. 经济性	① 制造难易程度	D_1	容易	困难	较难	较难
	② 制造误差敏感度	D_2	不敏感	敏感	敏感	敏感
	③ 调整的方便性	D_3	方便	较麻烦	方便	方便
	④ 能耗的大小	D_4	一般	一般	一般	一般
E. 结构 紧凑性	① 尺寸大小	E_1	较大	较小	较小	较小
	② 质量大小	E_2	较小	较大	较大	较大
	③ 结构的复杂程度	E_3	简单	复杂	一般	复杂

4. 机械系统运动方案评价方法简介

常用机械系统运动方案的评价方法有三种,即价值工程法、系统工程评价法和模糊综合评价法。

1) 价值工程法

价值工程法是以提高产品实用价值为目的,即要以最低成本去实现机械产品的必要功能。价值工程法的评价指标是价值,其定义式为

$$V = F/C$$

式中:V 为价值;F 为功能;C 为寿命周期成本,它是生产成本 C_v 与使用成本 C_u 之和,即 $C = C_v + C_u$。

对机械系统运动方案的评价,可以按它的各项功能求出综合功能评价值,然后按上式求出 V 值,以便从多种方案中选取最佳方案。

2) 系统工程评价法

系统工程评价法从整体上评价方案适合总功能与否的情况,以便选择出整体最优方案。图 8-42 所示为系统工程评价法步骤的框图。

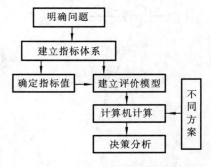

图 8-42　系统工程评价法步骤框图

3) 模糊综合评价法

机械系统运动方案的评价指标,大多难以用定量分析方法来评价,而只能用很好、不太好、不好等模糊概念来评价。模糊综合评价法就是采用模糊数学的方法将模糊信息数值化,进行定量评价的方法。

以上三种评价方法各有特点,可以根据情况分别选用。详细的介绍请参见有关文献。

习　题

8-1　计算图 8-43 所示机构的自由度,进行高副低代,并确定杆组及机构的级别(图中,注有箭头的构件为原动件,P 为曲率中心)。

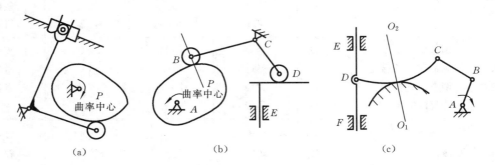

图 8-43　题 8-1 图

8-2　计算图 8-44 所示机构的自由度,进行高副低代,并确定杆组及机构的级别。

8-3　图 8-45 所示为平板印刷机中用以完成送纸运动的机构,当固连在一起的双凸轮 1 转动时,通过连杆机构使固连在连杆 2 上的吸嘴 P 沿轨迹 $m—m$ 运动,以完成将纸吸起和送进等动作。试讨论能否用其他机构完成此动作。

8-4　图 8-46 所示为均能实现棘轮的间歇运动的两种机械系统,试分析这两种机械系统的组合方式。若要求棘轮的输出运动有较长的停歇时间,试问:采用哪一种机械系统方案较好?

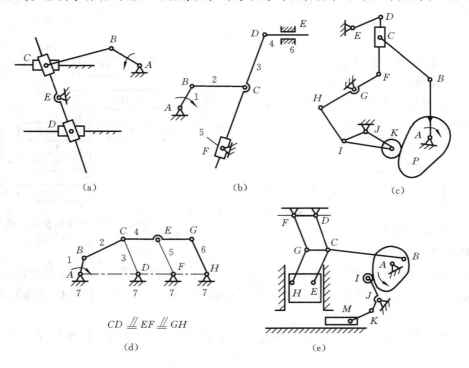

图 8-44　题 8-2 图

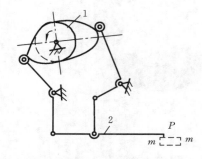

图 8-45 题 8-3 图

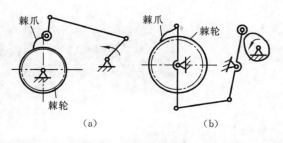

图 8-46 题 8-4 图

8-5 图 8-47 所示为插秧机的分插机构。分插机手柄 1 往复摆动,秧爪排 5 上的滚子 B 沿轮廓 2 运动,点 M 走图示轨迹(点画线)进入秧箱 4 取秧苗后带上秧苗入土完成插秧动作。活舌 3 保证点 B 处的滚子只能按逆时针方向沿凸轮轮廓运动,而不会由原路返回。试说明此机械系统采用了何种变异方式。

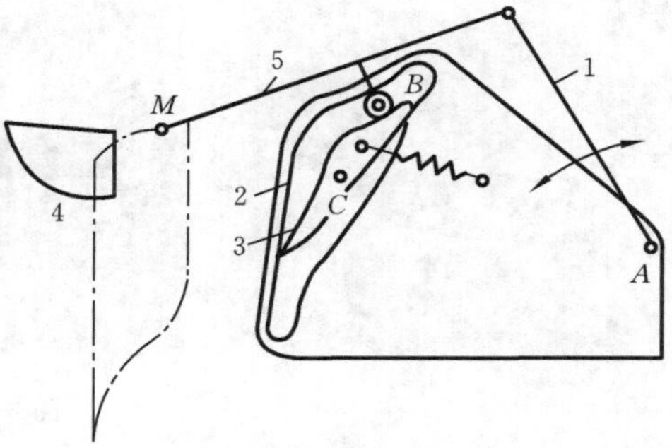

8-6 试拟定玻璃窗的开闭机构方案。设计要求为:

(1) 窗框开闭的相对转角为 90°;

(2) 操作构件必须是单一构件,要求操作省力;

(3) 在开启位置时,人在室内能擦洗玻璃的正、反两面;

(4) 在关闭位置时,机构在室内的构件必须尽量靠近窗槛;

(5) 机构应支撑起整个窗户的质量。

图 8-47 题 8-5 图

8-7 设计坐躺两用摇动椅的机构方案。设计要求为:

(1) 坐躺角度为 90°~150°;(2) 摇动角度为 25°;(3) 操作动力源为手动与重力;(4) 安全舒适。

8-8 若主动件做等速转动,其转速 $n=100$ r/min;从动件做往复移动,行程长度为 100 mm;从动件工作行程为近似等速运动,回程为急回运动,行程速度变化系数 $k=1.4$。试列出能实现这一运动要求的两个可能方案。

8-9 试设计一机械系统,其从动件作单向间歇转动,每转过 180°停歇一次,停歇时间约占 1/3.6 周期。

8-10 试构思能实现仿马行走姿态轨迹的机构运动方案,画出方案图,并说明其主要特点。

8-11 机构选型应注意哪些问题? 机构创新设计方法有哪些?

8-12 运动规律设计不相同,综合出的机构也就完全不相同,那么不同的机构却可以实现同一运动规律,满足同样的使用要求吗? 试举例说明。

8-13 试展望图 8-48 所示的未来汽车的发展趋势,并举例说明。

8-14 试根据图 8-49 了解洗衣机的发展过程,并分析其发展过程中每一阶段设计师的思维特点。

8-15 试构思一种能为在医院卧床修养的病人服务的服务机器人机械系统运动方案,画

图 8-48　题 8-13 图

图 8-49　题 8-14 图

出方案草图。

8-16　有一小型工件(见图 8-50),需要以手动快速压紧或松开,并要求工件被压紧后,在工人手脱离的情况下不会自行松脱。试确定用什么机构实现这一要求;绘出机构在压紧工件状态时的运动简图,并说明设计该机构时的注意事项。

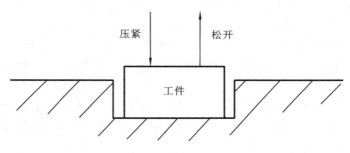

图 8-50　题 8-16 图

8-17　对于双臂残疾人自动喂饭机,你有何奇妙的想法?

8-18　利用机构的功能,设计家用多功能健身器,对此你有什么奇妙的想法?试画出构思的机构草图。

第 9 章

机械系统的动力学设计

9.1 平面机构的平衡设计

9.1.1 机构平衡的目的及基本方法

1. 机构平衡的目的

在高速机械和重型机械中,运动构件由于存在较大的惯性力和惯性力矩,在运动副中将引起较大的附加动压力,它将增大运动副中的摩擦力,导致磨损加剧,效率降低,增大构件的内应力,影响构件的强度;而且,随着机械的运转,惯性力(力矩)的大小和方向呈周期性变化,通过机构传给机座,这种周期性变化的力(力矩)引起机构在机座上的强迫振动,使机械精度和工作可靠性下降,并产生噪声,引起共振时还会导致机械损坏,甚至危及人身和设施安全。因此,为了提高机械的性能水平,使其适应高速化和精密化的发展要求,要进行机构的平衡。

所谓机构的平衡,就是采用构件质量合理配置或再分配等手段完全或部分地消除惯性载荷,一般为在机构运动学设计完成后所进行的一种动力学设计。尽管构件的惯性力(力矩)会引起机械在机座上的振动,但机械平衡一般不进行振动的频率和响应分析,仅着眼于如何通过惯性力的分析来改进平衡设计,全部或部分消除引起振动的激振力。

对于机构中做往复运动或平面复合运动的构件,由于其质心位置随构件的运动而发生变化,构件质心处加速度的大小和方向也随构件的运动而发生变化,因此其惯性力(力矩)不可能用转子平衡中配重的方法使其在活动构件内部得到平衡,这类问题属于机构的平衡问题。

2. 机构平衡的问题及方法

根据机构中运动构件的惯性载荷造成危害的针对性不同,平面机构的平衡问题分为以下三种。

(1) 机构在机座上的平衡。对于存在往复运动或平面复合运动构件的平面机构,因其惯性力(力矩)不可能在活动构件内部得到平衡,只能就整个机构加以考虑,设法减少机构的总惯性力和惯性力矩,并使其在机架上得到全部或部分平衡,从而减轻机构整体在机座上的振动。这类平衡问题称为机构在机座上的平衡。

(2) 运动副中的压力平衡。为解决机构中某些运动副由惯性力引起的动压力过大的问题,可进行运动副中动压力的平衡。

(3) 机构输入转矩平衡。要维持主动构件等速回转,须在主动构件上施加平衡力矩,这一平衡力矩是随机构位置的变化而变化的。高速机械中惯性载荷是载荷中的主要部分,由于做周期性非匀速运动的构件的惯性力和惯性力矩是正负交变的,因此作用于驱动构件上的平衡力矩的波动会加剧,从而在传动系统中将产生冲击载荷,或造成系统的扭转振动。为降低这一波动程度需进行机构输入转矩的平衡。

根据平衡所采取措施的不同,可以将平衡分为以下两类:

(1) 通过加配重或去重的方法来进行平衡,这是比较通用的方法;

(2) 通过机构的合理布局或设置附加机构的方法来平衡,这类措施在应用上不具有普遍性。

从惯性载荷被平衡的程度,平衡又可分为部分平衡、完全平衡和优化综合平衡三类。

(1) 完全平衡。完全平衡有两类,即惯性力完全平衡和惯性力、惯性力矩完全平衡。完全平衡是机构刚体动力学研究的一个重要问题。惯性力的平衡需要通过施加配重实现,惯性力矩的平衡还要设置转动惯量。但完全平衡法存在一定的局限性,如机构中若存在着被移动副所包围的构件或构件组,则通过施加配重无法实现惯性力平衡。同时,完全平衡一般均使机械结构过分复杂、质量大为增加,从而限制了其在工程实践中的应用。

(2) 部分平衡。要兼顾机械的质量、结构和动力学特性,常常不得不采用仅使惯性力(力矩)部分得到平衡的方法。惯性力部分平衡是最早出现的平衡方法,应用在内燃机中的曲柄滑块机构,目前其在工程设计中仍然有广泛应用。

(3) 优化综合平衡。惯性力、惯性力矩、输入转矩、运动副反力这些动力学特性并非各自独立,而是互相联系的。长期以来,由于平衡问题的复杂性,仅进行单目标的平衡。而优化方法的出现,使得改变单目标动力平衡为兼顾多项动力学指标成为可能,它是平衡问题研究与应用的重要发展方向。

机构惯性力的平衡:可通过对机构整体合理配重使惯性力得到部分或全部平衡。机构惯性力矩的平衡必须综合考虑机构的驱动力矩和工作阻力矩,一般不能通过在机构内部加配重的方法得到平衡,而是通过附加转动惯量的办法来平衡。同时进行惯性力和惯性力矩的平衡,一般均使机构结构过分复杂、质量大为增加。作为机构刚体动力学中的一个重要研究内容,尽管其理论已有较大发展,但目前在工程实践中仍少有应用。本节将重点介绍平面机构惯性力在机座上完全平衡和部分平衡的理论与方法。

9.1.2　平面机构惯性力完全平衡的条件

已知任意一平面机构,如图 9-1 所示,设机构的总质量为 M,总质心 S 的加速度为 a_S,欲使运动机构的总惯性力平衡,则机构的总惯性力为

$$F = -Ma_S = 0 \tag{9-1}$$

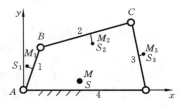

图 9-1　机构质量分布简图

由式(9-1)可知,机构的总质量 M 不能为零,故总质心处的加速度 $a_S=0$,即机构总质心要么做匀速直线运动,要么静止。由于机构各构件做周期性循环运动,因此机构的总质心不可能永远做匀速直线运动,则平面机构惯性力平衡条件只能是机构总质心 S 静止不动。

9.1.3　平面机构惯性力的平衡

1. 质量代换法

质量代换法的实质是,用假想的集中质量的惯性力及惯性力矩代替原构件的惯性力及惯性力矩。假想的质量称为代换质量,而代换质量所集中的点称为代换点。

当机构所有构件的质心均在构件的两运动副的连线上时,常用两点质量代换法来处理机

构惯性力的平衡问题。

如图 9-2 所示,设构件 AB 长为 l,质心为 S,质量为 m。两代换点 A、B 的代换质量为 m_A、m_B。为了使代换系统与原构件的惯性力和力矩始终相等,必须满足下列代换条件。

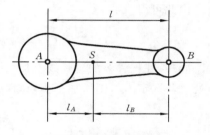

图 9-2　两点质量代换法

(1) 代换质量之和与原构件的质量相等,即

$$m_A + m_B = m \qquad (9\text{-}2\text{a})$$

(2) 代换质量的总质心位置与原构件质心位置重合,即

$$m_B l_B - m_A l_A = 0 \qquad (9\text{-}2\text{b})$$

(3) 代换质量对构件质心的转动惯量之和与原构件对质心的转动惯量相等,即

$$m_A l_A^2 + m_B l_B^2 = J_S$$

凡满足前两个条件的代换,其惯性力不变,称为静代换;若同时满足上述三个代换条件,则所有代换质量的总惯性力和总惯性力矩与原构件的惯性力和惯性力矩所产生的效应相同,这种代换称为动代换。由于在质量平衡设计中只考虑惯性力的平衡问题,因此只用两点质量静代换公式进行计算。

联解式(9-2a)和式(9-2b),可得两点质量静代换公式为

$$\left. \begin{array}{l} m_A = \dfrac{m l_B}{l_A + l_B} = \dfrac{l_B}{l} m \\[2mm] m_B = \dfrac{m l_A}{l_A + l_B} = \dfrac{l_A}{l} m \end{array} \right\} \qquad (9\text{-}3)$$

2. 完全平衡

机构惯性力的完全平衡是指总惯性力恒为零。为此需使机构的总质心 S 恒固定不动。为了达到完全平衡的目的,可采用以下方法。

对于某些机构,可通过在构件上附加平衡质量的方法使机构总质心位于机架上并静止不动,从而使机构的总惯性力能在机架上得到完全平衡。用以确定平衡质量大小和位置的计算方法有质量代换法、主要点矢量法和线性独立矢量法等。本节通过实例说明如何应用质量代换法中的静代换求各构件上平衡质量。

在图 9-3 所示机构中,已知构件 1、2、3 的质量分别为 m_1、m_2 和 m_3,质心分别位于 S_1、S_2 和 S_3 处。为了进行静平衡,先设构件 2 的质量 m_2 用分别集中于 B、C 两点的两个质量 m_{2B} 和 m_{2C} 所代换,根据质量静代换方法,可得

$$\left. \begin{array}{l} m_{2B} + m_{2C} = m_2 \\[1mm] m_{2B} l_{BS_2} - m_{2C} l_{CS_2} = 0 \end{array} \right\}$$

由此可导出

$$m_{2B} = m_2 \frac{l_{CS_2}}{l_{BC}}, \qquad m_{2C} = m_2 \frac{l_{BS_2}}{l_{BC}}$$

对于构件 1,在其延长线上加一平衡质量 m',使质量 m'、m_1 与 m_{2B} 的总质心位于固定铰链 A 处。若选定 l_{AE},则所加平衡质量 m' 的大小应满足

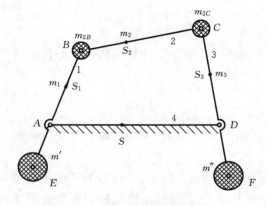

图 9-3　铰链四杆机构惯性力完全平衡

$$m_{2B}l_{AB} + m_1 l_{AS_1} = m' l_{AE}$$

由此可得

$$m' = \frac{m_{2B}l_{AB} + m_1 l_{AS_1}}{l_{AE}} \tag{9-4}$$

同理，在构件 3 的延长线上加一平衡质量 m''，使质量 m''、m_3 与 m_{2C} 的总质心位于固定铰链 B 处。若选定 l_{DF}，则所加平衡质量 m'' 的大小为

$$m'' = \frac{m_{2C}l_{CD} + m_3 l_{DS_3}}{l_{DF}} \tag{9-5}$$

当构件上附加了平衡质量 m' 及 m'' 以后，可以认为在固定铰链 A 及 D 处分别集中了两个质量 m_A 及 m_D，其大小为

$$m_A = m_{2B} + m_1 + m', \qquad m_D = m_{2C} + m_3 + m''$$

因为机构上的固定铰链 A、D 两点是静止不动的，所以这两个集中质量也是静止的。且机构的总质心 S 应位于 AD 上的一个固定点，并满足 $l_{AS} : l_{DS} = m_D : m_A$，其加速度 $a_S = 0$。这样机构的总惯性力得到完全平衡。

运用同样的方法，可以对图 9-4 所示的曲柄滑块机构进行惯性力完全平衡。由于曲柄滑块机构中三个活动构件上只有一个固定铰链 A，因此，欲使机构的总质心静止不动，应使三个活动构件的总质心位于点 A。为此，首先用质量静代换法在构件 2 的延长线上加一平衡质量 m'，使质量 m' 与 m_2、m_3 合成后的总质心位于铰链 B 处。平衡质量 m' 为

$$m' = \frac{m_2 l_{BS_2} + m_3 l_{BC}}{l_{BD}} \tag{9-6}$$

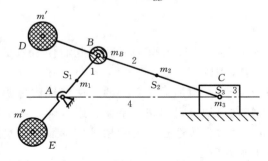

图 9-4　曲柄滑块机构惯性力完全平衡

这时，集中在铰链 B 处的质量为

$$m_B = m' + m_2 + m_3$$

然后在构件 1 的延长线上 E 处加一平衡质量 m''，使其与 m_1、m_B 合成后的总质心位于固定铰链 A 处，则平衡质量 m'' 为

$$m'' = \frac{m_B l_{AB} + m_1 l_{AS_1}}{l_{AE}} \tag{9-7}$$

此时该机构运动构件(包括平衡质量)的总质心便落在固定铰链 A 处，不受机构位置变化的影响。这样整个机构的惯性力便达到完全平衡。

一般，滑块的质心在点 C，这样，构件 2 的质心应在 CB 的延长线上。所以，为了满足惯性力的平衡要求，必须在 CB 延长线方向添加较大的平衡质量(见图 9-4)，使连杆的质量过分增加，从而增加了对支座的负荷和所需的驱动力矩。因此工程实际中对曲柄滑块机构一般不采

用这种完全平衡方案,而采用部分平衡方案。

3. 部分平衡

所谓部分平衡,是指平衡掉机构总惯性力中的一部分。常用的方法如下所述。

如图 9-5 所示,设 m_1、m_2 和 m_3 分别为曲柄 1、连杆 2 和滑块 3 的质量;R 和 L 分别为曲柄和连杆的长度;S_1、S_2 和 S_3 分别为曲柄、连杆和滑块的质心。

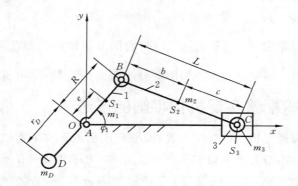

图 9-5　曲柄滑块机构的部分平衡

先用两点质量静代换的方法将连杆质量 m_2 代换到点 B、点 C,其代换质量为 m_{2B}、m_{2C};曲柄质量 m_1 代换到点 A、点 B,其代换质量为 m_{1A}、m_{1B}。按式(9-3)计算得

$$m_{2B} = \frac{c}{L}m_2, \qquad m_{2C} = \frac{b}{L}m_2$$

$$m_{1B} = \frac{e}{R}m_1, \qquad m_{1A} = \frac{R-e}{R}m_1$$

经过这样的代换以后,可以认为在代换点 B 的质量为

$$m_B = m_{1B} + m_{2B} = \frac{e}{R}m_1 + \frac{c}{L}m_2$$

在点 C 做往复运动的集中质量为

$$m_C = m_{2C} + m_3 = \frac{b}{L}m_2 + m_3$$

由点 C 的运动分析得到点 C 的加速度方程式,并将其按泰勒级数展开,仅取前两项可得

$$a_C \approx \omega^2 R\left(\cos\varphi_1 + \frac{R}{L}\cos 2\varphi_1\right)$$

式中:ω 为曲柄角速度;φ_1 为曲柄转角。由此可得到往复运动的集中质量 m_C 的惯性力大小为

$$F_C \approx m_C \omega^2 R\left(\cos\varphi_1 + \frac{R}{L}\cos 2\varphi_1\right)$$

式中:约等号右边第一项 $m_C\omega^2 R\cos\varphi_1$ 为第一级惯性力;第二项 $m_C\omega^2 R \cdot \dfrac{R}{L}\cos 2\varphi_1$ 为第二级惯性力。由于第二级惯性力较小,可以忽略,因此 F_C 可以近似表示为

$$F_C \approx m_C \omega^2 R\cos\varphi_1$$

旋转质量 m_B 的离心惯性力为

$$F_B \approx m_B \omega^2 R$$

全部惯性力在 x 轴和 y 轴上的分量分别为

$$F_x = (m_B + m_C)\omega^2 R\cos\varphi_1, \qquad F_y \approx m_B \omega^2 R\sin\varphi_1$$

显然,在 D 处加平衡质径积 $m_D r_D$,则水平方向的惯性力 F_x 可以完全平衡,但垂直方向的惯性力变为

$$F'_y = F_y - m_D r_D \omega^2 \sin\varphi_1 = -m_C R \omega^2 \sin\varphi_1$$

一般因 $m_C \gg m_B$,故垂直方向的惯性力反而增大多了。因此,工程上常在曲柄的反向延长线上加一较小的平衡质径积,即令

$$m_D r_D = (m_B + K m_C)R = m_B R + K m_C R \qquad (9-8)$$

式中:K 为平衡系数,通常取 $K = \frac{1}{3} \sim \frac{1}{2}$。这样,曲柄滑块机构的惯性力虽未达到完全平衡,但能满足一般工程要求。因而这种惯性力的部分平衡法在工程实际中得到普遍应用。

9.1.4 用机构配置实现机构平衡的方法

机构的惯性力可以通过机构的合理布置、加平衡质量或者加平衡机构等方法得到部分的或完全的平衡。当机构本身要求多套机构同时工作时,可采用图 9-6 所示的完全对称布置方式来使惯性力得到完全平衡,也可采用图 9-7 所示的部分布置方式使惯性力得到部分平衡。因为图 9-6 所示的机构完全对称,故在运转中对称部分的惯性力大小相等、方向相反,可使整个机构的惯性力完全平衡。对于图 9-7 所示的机构,在运转中构件 AB 与 CD 及滑块 B 与 D 的惯性力方向相反而大小不同,因而机构的惯性力只能部分地平衡。

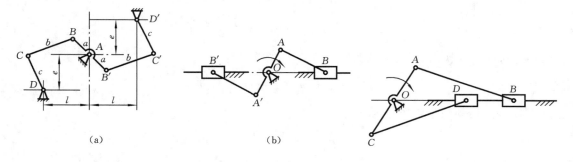

图 9-6   完全对称布置的机构   图 9-7   部分对称布置的机构

当机构本身要求多套机构同时工作时,可采用图 9-6 所示的完全对称布置方式使惯性力得到完全平衡,由于机构各构件的尺寸和质量完全对称,因此在运动过程中其总质心将保持不动。利用对称机构可得到很好的平衡效果,但机器的体积将会增大。这种平衡方法,不但能消除活动构件作用在机座上的动压力,而且还可以减小原动机的功率,主要缺点是构件的质量要大大增加。还可采用图 9-8 所示的附加平衡机构法。

机构的总惯性力一般是一个周期函数,将其展成无穷级数后,级数中的各项即为各阶惯性力。通常低阶(如一阶)惯性力较大,高阶惯性力较小。若需平衡某阶惯性力,则可采用与该阶频率相同的平衡机构。

图 9-8(a)所示为以齿轮机构作为平衡机构来抵消曲柄滑块机构的一阶惯性力的情形。显然,其平衡条件为 $m_{e1} r_{e1} = m_{e2} r_{e2} = m_{cl} l_{AB}/2$。若需同时平衡一、二阶惯性力,则可采用如图 9-8(b)所示的平衡机构。其中,齿轮 1、2 上的平衡质量 m_e 用以平衡一阶惯性力,而齿轮 3、4 上的

平衡质量 m'_e 用以平衡二阶惯性力。这种附加齿轮机构的方法在平衡水平方向惯性力的同时，将不产生铅垂方向的惯性力,故与前述的附加平衡质量法相比,平衡效果更好。

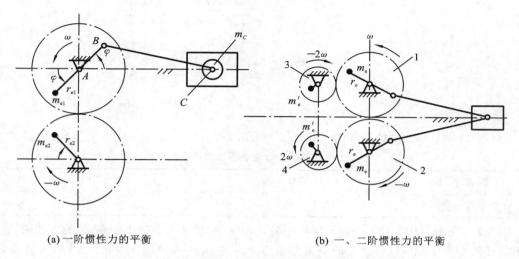

(a) 一阶惯性力的平衡　　　　　　　　　　　　(b) 一、二阶惯性力的平衡

图 9-8　附加齿轮机构实现曲柄滑块机构总惯性力的平衡

应当指出的是,在机构中加平衡质量是平衡惯性力的常用方法,这种方法可适用于具有一般的构件质心位置的多构件连杆机构的质量平衡。

例 9-1　在图 9-9 所示的曲柄滑块机构中,已知各构件的尺寸为 $l_{AB}=100$ mm, $l_{BC}=400$ mm;连杆 2 的质量 $m_2=12$ kg,质心在 S_2 处, $l_{BS_2}=400/3$ mm;滑块 3 的质量 $m_3=20$ kg,质心在点 C 处;曲柄 1 的质心与点 A 重合。今欲利用平衡质量法对该机构进行平衡,试问:若对机构进行完全平衡和只平衡滑块 3 处往复惯性力的 50% 的部分平衡,需分别加多大的平衡质量(取 $l_{BD}=l_{AE}=50$ mm)? 平衡质量应分别加在什么地方?

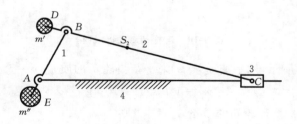

图 9-9　曲柄滑块机构

解　(1) 完全平衡:需两个平衡质量,分别加在连杆点 D 和曲柄上点 E 处,平衡质量的大小分别为

$$m' = (m_2 l_{BS_2} + m_3 l_{BC})/l_{BD}$$

$$= (12 \times 400/3 + 20 \times 400)/50 \text{ kg} = 192 \text{ kg}$$

$$m'' = (m' + m_2 + m_3) l_{AB}/l_{AE}$$

$$= (192 + 12 + 20) \times 100/50 \text{ kg} = 448 \text{ kg}$$

（2）部分平衡：需一个平衡质量 m''，应加在曲柄延长线上点 E 处，以 B、C 为代换点将连杆质量作静代换得

$$m_{2B} = m_2 l_{S_2C}/l_{BC} = 12 \times 2/3 \text{ kg} = 8 \text{ kg}$$
$$m_{2C} = m_2 l_{BS_2}/l_{BC} = 12/3 \text{ kg} = 4 \text{ kg}$$
$$m_B = m_{2B} = 8 \text{ kg}$$
$$m_C = m_{2C} + m_3 = (4+20) \text{ kg} = 24 \text{ kg}$$

故平衡质量为

$$m'' = (m_B + \frac{1}{2}m_C)\frac{l_{AB}}{l_{AE}} = \left(8 + \frac{24}{2}\right) \times \frac{100}{50} = 40 \text{ kg}$$

（3）将两种平衡方法各需加的平衡质量列入表 9-1。

表 9-1　两种平衡方法各需加的平衡质量

平 衡 方 法	完全平衡	部分平衡
总平衡质量/kg	640	40

例 9-2　在图 9-10(a)所示连杆-齿轮组合机构中，齿轮 a 与曲柄 1 固连，齿轮 b 和齿轮 c 分别活套在轴 C 和 D 上，设各齿轮的质量分别为 $m_a=10$ kg，$m_b=12$ kg，$m_c=8$ kg，其质心分别与轴心 B、C、D 重合，而杆 1、2、3 本身的质量略去不计，试设法平衡此机构在运动中的惯性力。

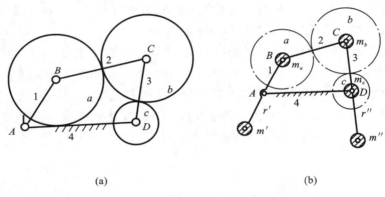

(a)　　　　　　　　(b)

图 9-10　连杆-齿轮组合机构

解　如图 9-10(b)所示，用平衡质量 m' 来平衡齿轮 a 的质量，$r'=l_{AB}$，则
$$m'=m_a l_{AB}/r'=10 \text{ kg}$$
用平衡质量 m'' 来平衡齿轮 b 的质量，$r''=l_{CD}$，则
$$m''=m_b l_{CD}/r''=12 \text{ kg}$$
齿轮 c 不需要平衡。

9.2　机械的运动过程

　　机械系统通常由原动机、传动机构和执行机构及控制系统等组成，而机械系统的作用是完成机械中运动和力的传递（传动机构），执行某些功能运动（执行机构）。任何机械都有运动要求，任何机械都受到力的作用。在机构运动学中，一般假定主动件做等速转动，但随着机械向高速度、高精度和轻质量化的方向发展，要分析机械系统的真实运动，原动机的控制及驱动特

性必须在系统内考虑,所以机械系统动力学分析的对象是整个机械系统,有的文献又将它称为机械系统动力学。因此,机械系统的动力学设计,是一种基于动力学分析的设计过程,主要讨论机械系统在外力作用下,其动力学参数如何配置才能保证系统运动的稳定性和系统运动精度达到要求。鉴于动力学问题的复杂性,以下的讨论中将所有构件视为刚体,并不考虑运动副中存在的间隙的影响。

9.2.1　作用在机构上的力

作用在机构上的力有驱动力、工作阻力和重力。此外,约束反力对整个机构来说是内力,而对于一个构件来说则是外力。在运动副反力中,有一部分是由惯性力引起的,称为附加动反力。

一般而言,作用在机构上的力随机构的运动参数(如位移、速度、时间等)变化而变化,通常这种变化关系称为机械特性,而表示这种特性的关系曲线称为机械特性曲线。

根据对机构运动的不同影响,可将作用于机构上的力分为驱动力和工作阻力两大类。

1. 驱动力

凡是驱使机构产生运动的力,称为驱动力。驱动力的特征是该力与其作用点的速度方向相同或成锐角,故其所做的功为正功。不同的原动机的机械特性是不同的,常见的机械特性有以下几种。

(1) 驱动力是位置的函数。蒸汽机、内燃机等原动机发出的驱动力(或驱动力矩)是活塞位置(或曲轴角位置)的函数。图 9-11(a)所示为柴油机发出的驱动力矩 M 与其曲轴位置角 φ 形成的机械特性曲线。

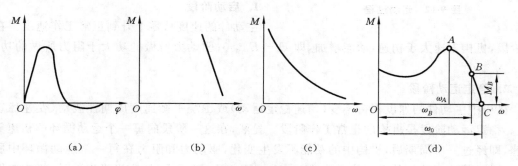

图 9-11　机械特性曲线

(2) 驱动力是速度的函数。图 9-11(b)(c)(d)所示分别为直流并激电动机、直流串激电动机和交流异步电动机的机械特性曲线。由图可知,这些电动机发出的驱动力都是角速度的函数。

2. 工作阻力

机械系统的执行部分承受的工作阻力的变化规律取决于机构的工艺特点。常见的工作阻力的机械特性有以下几种。

(1) 工作阻力为常数:如起重机悬吊货物时,工作阻力就是货物的重力。有些机械,如车床、轧钢机等的工作阻力也可近似地认为是常数。

(2) 工作阻力为位置的函数:如曲柄压力机滑块上的作用力就是曲轴位置的函数。

(3) 工作阻力为速度的函数:如鼓风机、搅拌机等,其转速越高,工作阻力越大。

（4）工作阻力为时间的函数：如碎石机、球磨机等，其机械特性随被加工材料状况的不同而变化，而材料状况是随加工时间变化的，因此工作阻力也随时间变化。

应当指出的是，重力作用在构件重心上，重心下降时，重力做正功，重力起驱动力的作用；反之，重力做负功，起阻力的作用。但因为重心在一个运动循环后又回到原位，所以在一个运动循环中重力所做的功为零。

对一般机械而言，重力、摩擦力对机构的运动影响很小，常忽略不计。

9.2.2　机构运动的三个阶段

机构从启动到终止运动的整个运动过程中，驱动力克服阻力（如工作阻力、有害阻力等）做功，并使机构所具有的动能发生变化。根据能量守恒定律，作用在机构上的力在任一时间间隔内所做的功，应等于机械动能的增量，即

$$N_d - (N_r + N_f) = N_d - N_c = E_2 - E_1 \qquad (9\text{-}9)$$

式中：N_d、N_r、N_f 分别为所有驱动力、工作阻力和有害阻力（摩擦力等）所做的功；而 N_c 为总耗功，$N_c = N_r + N_f$；E_1、E_2 分别为机构在该时间间隔开始和结束时所具有的动能。

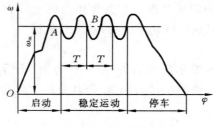

图 9-12　运动过程

由式（9-9）可知，机构从启动到终止运动的整个运动过程中，有三种不同的功能转换阶段，即 $N_d - N_c = E_2 - E_1 > 0$，$N_d - N_c = E_2 - E_1 = 0$ 及 $N_d - N_c = E_2 - E_1 < 0$。这三个功能转换阶段对应于机构运动的三个不同阶段：启动、稳定运动和停车阶段（见图 9-12）。

1. 启动阶段

主动件的速度从零上升到正常工作速度。在这一阶段，机构末速大于初速，动能增加，即 $E_2 - E_1 > 0$；驱动力所做的功大于阻力所做的功，即 $N_d - N_c > 0$。

2. 稳定运动阶段

机构中主动件的速度保持不变（匀速稳定运动）或围绕平衡速度周期性波动（变速稳定运动）。稳定运动阶段是机构的正常工作阶段。显然，在这一阶段的每一个运动循环的初速等于末速，即经过一个周期后，机构中的动能不发生变化，驱动力和阻力在每一个运动循环中所做的功相等，其功能转换关系可表示为 $N_d - N_c = E_2 - E_1 = 0$。不过，应当指出的是，机构在做匀速稳定运动时，由于在该阶段速度是常数，因此在任一时间间隔中驱动力所做的功总是等于阻力所做的功。但若机构做变速稳定运动，则对一个运动循环内的某一时间间隔而言，驱动力所做的功与阻力所做的功不一定相等。

3. 停车阶段

主动件从正常工作速度下降到零，即从稳定运动阶段终止到停止不动。这一阶段的机构初速大于末速，机构所具有的动能减少，驱动力所做的功小于阻力所做的功，其功能转换关系表示为 $N_d - N_c = E_2 - E_1 < 0$。一般机构处于停车阶段时，不加驱动力；有时为了缩短时间，用制动装置增加阻力。

当然，并不是所有机构都具有上述三个运动阶段，如起重机等机械中的机构可能只有启动和停车阶段。

9.2.3　机构运转及其速度波动调节的目的

如前所述,按照机械系统真实运动的不同状况,机械系统运动的全过程可分为三个阶段,大多数机械系统的正常工作状态为周期性变速稳定运动。机械系统处于变速稳定运动阶段时,其运转速度将随着外力的周期性变化(如内燃机活塞所受压力的周期性变化)而周期性波动。这种速度波动将在运动副中产生附加的动负荷,它会降低机械系统的效率和使用寿命,同时也会降低机械系统的工作质量。为此,应当采取适当措施(如安装飞轮),把速度波动限制在允许范围内,此即所谓周期性速度波动的调节问题。其力学本质是为了保证系统在外力作用下能尽可能稳定运动,从而改变系统的动力参数,属于机械系统的动力学设计问题。此外,在机械系统运行过程中,有时由于负载变化等原因,机械系统的能量平衡关系遭到破坏,从而使机构的运转速度发生非周期性的波动,致使机械系统不能正常工作。对这种速度波动也必须设法加以调节,以便机械系统重新稳定运转,此即所谓非周期性速度波动的调节。

为了解决机械系统动力学设计问题,有必要研究机械系统在外力作用下的真实运动规律。为此,需首先讨论机械系统动力学模型及运动方程式。

应当指出的是,在机械系统的三个运转阶段中,启动阶段和停车阶段又称为机械系统的过渡过程。在过渡过程中,由于机械系统的运动状态发生较大的变化,因此在构件中产生较大的动应力。为了避免机械零部件在过渡过程中发生破坏,也为了减少过渡过程所经历的时间,以提高机构的效率,对于带负载启动的重型机构和频繁启动、制动的机构,有必要研究机构的过渡过程。不过,这一问题的研究,以及上述非周期性速度波动的调节,由于涉及多方面的专业知识,本书不予讨论。

9.3　机械系统动力学设计

为了完成机械系统动力学设计的任务,首先需要建立描述系统运动规律的函数,即机构的运动参数随外力变化的关系式。这种关系式称为机械系统的运动方程式。

机械系统的运动方程式,可根据工作原理列出。但由于机械系统是由机构组成的复杂系统,因此其运动方程式也较复杂。为了使之简化,有必要根据一般机械系统具有单个自由度的特点,抽象出合适的机械系统动力学模型。

9.3.1　机械系统的动能关系

在组成机械系统的各种类型的平面机构中,按照运动形式的不同,可将构件分为如图 9-13 所示的做直线移动的构件、做定轴转动的构件和做平面一般运动的构件。由理论力学可知,它们的动能表达式分别为

直线移动构件(见图 9-13(a))　　　$E_j = \frac{1}{2} m_j v_j^2$

定轴转动构件(见图 9-13(b))　　　$E_k = \frac{1}{2} J_{Ok} \omega_k^2$　　　　　(9-10)

平面一般运动构件(见图 9-13(c))　　$E_l = \frac{1}{2} J_{Sl} \omega_l^2 + \frac{1}{2} m_l v_{Sl}^2$

式中:E_j、m_j、v_j 分别为第 j 个直线移动构件的动能、质量和速度;E_k、ω_k 和 J_{Ok} 分别为第 k 个定轴转动构件的动能、角速度和对转轴轴心 O 的转动惯量;E_l、ω_l、m_l、v_{Sl} 和 J_{Sl} 分别为第 l 个做平

面一般运动的构件的动能、角速度、质量、质心的速度和对质心 S 的转动惯量。

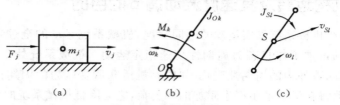

图 9-13　构件的动能

如果系统中有 r 个做直线移动的构件、s 个绕定轴转动的构件和 t 个做平面一般运动的构件，则该系统的总动能为

$$E = \sum_{j=1}^{r} \frac{1}{2} m_j v_j^2 + \sum_{k=1}^{s} \frac{1}{2} J_{Ok} \omega_k^2 + \sum_{l=1}^{t} \left(\frac{1}{2} m_l v_{Sl}^2 + \frac{1}{2} J_{Sl} \omega_l^2 \right) \tag{9-11}$$

如果作用在系统中的第 i 个构件上的力为 F_i、力矩为 M_i，力 F_i 作用点的速度为 v_i，第 i 个构件的角速度为 ω_i，力 F_i 与速度 v_i 的夹角为 α_i，系统的全部活动构件数为 $n = r + s + t$，则作用在机械系统上的各外力的瞬时功率的一般表达式为

$$P = \sum_{i=1}^{n} F_i v_i \cos\alpha_i + \sum_{i=1}^{n} M_i \omega_i \tag{9-12}$$

根据机械系统的功能原理，作用在机械系统上的力，在任一时间间隔 (t_0, t) 内所做的功 N，应等于机械系统所具有的动能的增量 $(E - E_0)$，即

$$N = \int_{t_0}^{t} P \mathrm{d}t = E - E_0 \tag{9-13}$$

对式(9-13)求微分可得

$$P = \frac{\mathrm{d}}{\mathrm{d}t} E \tag{9-14}$$

将式(9-11)、式(9-12)代入式(9-14)，可得机械系统的运动方程为

$$\sum_{i=1}^{n} F_i v_i \cos\alpha_i + \sum_{i=1}^{n} M_i \omega_i$$

$$= \frac{\mathrm{d}}{\mathrm{d}t} \left[\sum_{j=1}^{r} \frac{1}{2} m_j v_j^2 + \sum_{k=1}^{s} \frac{1}{2} J_{Ok} \omega_k^2 + \sum_{l=1}^{t} \left(\frac{1}{2} m_l v_{Sl}^2 + \frac{1}{2} J_{Sl} \omega_l^2 \right) \right] \quad (n = r + s + t) \tag{9-15a}$$

9.3.2　机械系统的等效动力学模型

考察式(9-15a)可知，由于必须对 n 个构件求和，在各构件的真实运动都未知的情况下，即使是对构件为数不多的平面机构，求解上述方程也是相当麻烦的。实际上对单自由度的机械系统而言，描述其运动只需要一个独立的坐标。因此，确定机械系统在外力作用下的真实运动规律，只需要确定出该独立坐标随时间变化的规律即可。因而，如果所建立的运动方程只包含机械系统的独立坐标，则其求解是比较简单的。据此可简化式(9-15a)。

设单自由度的机械系统中具有独立坐标 φ 的构件是绕固定轴线运动的构件，其角速度为 ω，则可将式(9-15a)改写为

$$\left[\sum_{i=1}^{n} F_i \left(\frac{v_i}{\omega} \right) \cos\alpha_i + \sum_{i=1}^{n} M_i \left(\frac{\omega_i}{\omega} \right) \right] \omega$$

$$= \frac{\mathrm{d}}{\mathrm{d}t} \frac{1}{2} \left\{ \sum_{j=1}^{r} m_j \left(\frac{v_j}{\omega} \right)^2 + \sum_{k=1}^{s} J_{Ok} \left(\frac{\omega_k}{\omega} \right)^2 + \sum_{l=1}^{t} \left[m_l \left(\frac{v_{Sl}}{\omega} \right)^2 + J_{Sl} \left(\frac{\omega_l}{\omega} \right)^2 \right] \right\} \omega^2 \tag{9-15b}$$

若令

$$M_e = \sum_{i=1}^{n} F_i\left(\frac{v_i}{\omega}\right)\cos\alpha_i + \sum_{i=1}^{n} M_i\left(\frac{\omega_i}{\omega}\right) \tag{9-16}$$

$$J_e = \sum_{j=1}^{r} m_j\left(\frac{v_j}{\omega}\right)^2 + \sum_{k=1}^{s} J_{Ok}\left(\frac{\omega_k}{\omega}\right)^2 + \sum_{l=1}^{t}\left[m_l\left(\frac{v_{Sl}}{\omega}\right)^2 + J_{Sl}\left(\frac{\omega_l}{\omega}\right)^2 \right] \tag{9-17}$$

则系统运动方程为

$$M_e\omega = \frac{\mathrm{d}}{\mathrm{d}t}\left(\frac{1}{2}J_e\omega^2\right) \tag{9-18a}$$

或

$$M_e\mathrm{d}\varphi = \mathrm{d}\left(\frac{1}{2}J_e\omega^2\right) \tag{9-18b}$$

对式(9-16)、式(9-17)进行量纲分析可知，M_e 具有力矩的量纲，J_e 具有转动惯量的量纲。据此，可以假想一个绕某固定轴线转动的构件的转动惯量为 J_e，并将一个力矩 M_e 作用于该构件上，则当它以角速度 ω 转动时，其动能为

$$E = \frac{1}{2}J_e\omega^2 = \frac{1}{2}\left[\sum_{j=1}^{r} m_j v_j^2 + \sum_{k=1}^{s} J_{Ok}\omega_k^2 + \sum_{l=1}^{t}(m_l v_{Sl}^2 + J_{Sl}\omega_l^2) \right] \tag{9-19}$$

即与原系统的总动能的变化规律相同，力矩 M_e 在时间间隔 (t_0, t) 中对该构件所做的功为

$$\int_{t_0}^{t} M_e\omega\mathrm{d}t = \int_{t_0}^{t}\left[\sum_{i=1}^{n} F_i\left(\frac{v_i}{\omega}\right)\cos\alpha_i + \sum_{i=1}^{n} M_i\left(\frac{\omega_i}{\omega}\right) \right]\omega\mathrm{d}t = \int_{t_0}^{t} P\mathrm{d}t \tag{9-20}$$

也与原系统的所有外力、外力矩所做的功相同。由此可见，机械系统各构件的惯性参数(质量和转动惯量)可以用一个假想的构件对其转动轴线的转动惯量等效地来代替(这一假想的构件称为等效构件，其转动惯量为等效转动惯量)，原系统的所有外力、外力矩也可以用力矩 M_e 的形式等效地转化到等效构件上(力矩 M_e 称为等效力矩)。由于式(9-18)中的 ω 是具有独立坐标 φ 的构件绕固定轴线转动的角速度，因此求解式(9-18)就可得到原机械系统的具有独立坐标构件的运动规律，从而可确定系统中所有构件的运动规律。

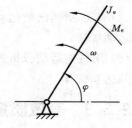

显然，式(9-18)也可视为以等效构件为对象列出的动力学方程，故可将具有等效转动惯量 J_e，并作用有等效力矩 M_e 的等效构件作为机械系统的等效动力学模型(见图9-14)。

类似地，若单自由度的机械系统中具有独立坐标的构件是做直线移动的，其移动速度为 v，则可将式(9-15a)改写为

图 9-14　等效转动构件

$$\left[\sum_{i=1}^{n} F_i\left(\frac{v_i}{v}\right)\cos\alpha_i + \sum_{i=1}^{n} M_i\left(\frac{\omega_i}{v}\right) \right]v$$

$$= \frac{\mathrm{d}}{\mathrm{d}t}\frac{1}{2}\left\{ \sum_{j=1}^{r} m_j\left(\frac{v_j}{v}\right)^2 + \sum_{k=1}^{s} J_{Ok}\left(\frac{\omega_k}{v}\right)^2 + \sum_{l=1}^{t}\left[m_l\left(\frac{v_{Sl}}{v}\right)^2 + J_{Sl}\left(\frac{\omega_l}{v}\right)^2 \right] \right\}v^2 \tag{9-21}$$

令

$$F_e = \sum_{i=1}^{n} F_i\left(\frac{v_i}{v}\right)\cos\alpha_i + \sum_{i=1}^{n} M_i\left(\frac{\omega_i}{v}\right) \tag{9-22}$$

$$m_e = \sum_{j=1}^{r} m\left(\frac{v_i}{v}\right)^2 + \sum_{k=1}^{s} J_{Ok}\left(\frac{\omega_k}{v}\right)^2 + \sum_{l=1}^{t}\left[m_l\left(\frac{v_{Sl}}{v}\right)^2 + J_{Sl}\left(\frac{\omega_l}{v}\right)^2 \right] \tag{9-23}$$

则系统运动方程可变成

$$F_e v = \frac{\mathrm{d}}{\mathrm{d}t}\left(\frac{1}{2}m_e v^2\right) \tag{9-24a}$$

或
$$F_e \mathrm{d}s = \mathrm{d}\left(\frac{1}{2} m_e v^2\right)$$
(9-24b)

对式(9-22)、式(9-23)进行量纲分析可知,F_e 具有力的量纲,m_e 具有质量的量纲。于是,也可以假想一个做直线移动的构件的质量为 m_e,并将假想的力 F_e 作用于该构件上,则此假想构件以速度 v 做直线移动时,其动能变化规律与系统总动能变化规律完全相同;力 F_e 在某时间间隔(t_0,t)内所做的功也与原系统的所有外力、外力矩所做的总功相同。此假想的移动构件称为等效构件,其质量 m_e 称为等效质量,力 F_e 称为等效力。由于式(9-24)中的 v 是具有独立坐标 s 的构件做直线移动的速度,因此求解式(9-24)即可得到原机械系统具有独立坐标构件的运动规律,从而可确定整个机械系统的运动规律。据此,也可将具有质量 m_e,并作用有等效力 F_e 的等效构件作为机械系统的等效动力学模型(见图 9-15)。

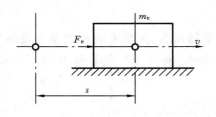

图 9-15　等效移动构件

综上所述,可得到建立机械系统动力学方程、确定系统运动规律的具体步骤如下。

(1) 将具有独立坐标的构件(通常是做转动的原动件,偶尔也可能是做往复移动的构件)取作等效构件。

(2) 按式(9-23)或式(9-17)求出机械系统的等效质量或等效转动惯量,按式(9-22)或式(9-16)求出机械系统的等效力或等效力矩,并将其作用于等效构件上,形成机械系统的等效动力学模型。

(3) 根据功能原理,列出等效动力学模型的运动方程,它也是机械系统的只含独立坐标的运动方程。

(4) 求解所列出的运动方程,得到等效构件的运动规律,即机械系统中具有独立坐标的构件的运动规律。

(5) 用机构运动分析方法,由具有独立坐标的构件的运动规律,求出机械系统中所有其他构件的运动规律。

9.3.3　等效质量、等效转动惯量、等效力和等效力矩的计算

按前述步骤建立机械系统运动方程的关键在于计算等效质量(或等效转动惯量)、等效力(或等效力矩)。

等效质量、等效转动惯量,可根据等效构件的动能与系统总动能相等的条件计算,或直接按式(9-23)、式(9-17)计算。

分析式(9-23)、式(9-17)可知,等效质量和等效转动惯量由速度比(简称速比)的平方而定。对于单自由度的机械系统,速比的平方只取决于机构的位置,而与各活动构件的真实速度无关。因此,等效质量和等效转动惯量便为机构位置的函数,当机械系统的速比为常数时,等效质量和等效转动惯量亦为常数。

由于等效质量和等效转动惯量仅是机构位置的函数,而与各活动构件的真实速度无关,因此可以在不知道机械系统真实运动的情况下,求出等效质量 m_e 或等效转动惯量 J_e。例如,式(9-23)、式(9-17)中各个速比可用任意比例尺所画的速度多边形的相当线段之比来表示,而不必知道各个速度的真实数值。

等效力、等效力矩可根据它们的瞬时功率与机械系统的所有外力和外力矩的瞬时功率相

等的条件来计算,或直接按式(9-22)、式(9-16)来计算。

值得指出的是,当按式(9-16)计算等效力矩时:若 M_i 与 ω_i 方向相同(即 M_i 为驱动力矩),M_i 的等效力矩 $M_i\left(\dfrac{\omega_i}{\omega}\right)$ 取正值;反之,若 M_i 与 ω_i 方向相反(即 M_i 为阻抗力矩),M_i 的等效力矩 $M_i\left(\dfrac{\omega_i}{\omega}\right)$ 取负值。

如上所述,对于单自由度机械系统,各速比(v_i/ω、ω_i/ω)是机构位置的函数,而由式(9-22)、式(9-16)可知,等效力和等效力矩仅与各速比有关,因此,F_e 和 M_e 也是机构位置的函数。以上两式中各个速比可用任意比例尺所画的速度多边形中的线段之比来表示,而不必知道各个速度的真实数值。因此,当作用在机械系统上的所有外力和外力矩已知时,可在不知道机构真实运动的情况下,求出等效力或等效力矩。但当作用在系统上的力和力矩中,有的随等效构件的位置参数和速度参数的变化而变化时,则等效力或等效力矩便是几个变量的函数了。在特殊情况下,当机械系统的速比为常数(如全由具有定传动比的机构组成的机械系统)时,等效力和等效力矩也是常数。

由式(9-22)或式(9-16)求得的是系统的全部外力和外力矩的等效力或等效力矩,有时为了方便,也可以分别计算驱动力和阻抗力的等效力或等效力矩。设驱动力的等效力矩以 M_{ed} 表示,阻抗力的等效力矩以 M_{er} 表示,则

$$M_e = M_{ed} - M_{er}$$

式中:等效阻力矩 M_{er} 之前已冠有负号,故 M_{er} 应取绝对值。又设 F_{ed}、F_{er} 分别代表等效驱动力和等效阻力,则

$$F_e = F_{ed} - F_{er}$$

式中:F_{er} 也应取绝对值。

由以上分析可知,等效质量、等效转动惯量、等效力和等效力矩一般均可在不知道系统真实运动情况下求出。因此,引入机械系统的等效动力学模型,不仅简化了机械系统运动方程的形式,而且更重要的是,在建立和求解系统运动方程的过程中,完全不涉及具有独立坐标的构件之外的各构件的真实运动参数,这就给问题的解决带来了一定的便利。但必须强调以下两点。

(1) 等效力或等效力矩是一个假想的力或力矩,它并不是被代替的已知力和力矩的合力或合力矩。

(2) 等效质量和等效转动惯量也是一个假想的质量或转动惯量,它并不是机构中所有运动构件的质量或转动惯量的总和。所以,在力的分析中便不能用它来确定机构总惯性力或总惯性力偶矩。

例 9-3　如图 9-16 所示的行星轮系中,已知各齿轮的齿数为 $z_1 = z_2 = 20$,$z_3 = 60$;各构件的重心均在其相对回转轴线上,它们的转动惯量为 $J_1 = J_2 = 0.01 \text{ kg} \cdot \text{m}^2$,$J_H = 0.16 \text{ kg} \cdot \text{m}^2$,行星轮 2 的重力 $G_2 = 20 \text{ N}$,模数 $m = 10 \text{ mm}$,重力加速度 $g = 10 \text{ m/s}^2$,作用在转臂上的力矩 $M_H = 40 \text{ N} \cdot \text{m}$。求以轮 1 为等效构件时的等效力矩和等效转动惯量。

解　(1) 求等效转动惯量 J_e。根据动能相等的条件,可得

$$\frac{1}{2}J_e\omega_1^2 = \frac{1}{2}J_1\omega_1^2 + \frac{1}{2}J_H\omega_H^2 + 3\left(\frac{1}{2}J_2\omega_2^2 + \frac{1}{2}m_2v_A^2\right)$$

故有

$$J_e = J_1 + J_H\left(\frac{\omega_H}{\omega_1}\right)^2 + 3\left[J_2\left(\frac{\omega_2}{\omega_1}\right)^2 + m_2\left(\frac{v_A}{\omega_1}\right)^2\right]$$

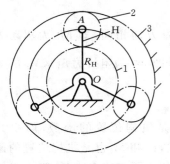

图 9-16　行星轮系

式中：ω_1 为齿轮 1 的角速度；ω_H 为转臂的角速度；v_A 为点 A 的速度。

因为

$$i_{1H} = \frac{\omega_1}{\omega_H} = 1 - i_{13}^H = 1 + \frac{z_3}{z_1} = 1 + \frac{60}{20} = 4$$

或

$$i_{H1} = \frac{\omega_H}{\omega_1} = \frac{1}{4}$$

$$i_{2H} = \frac{\omega_2}{\omega_H} = 1 - i_{23}^H = 1 - \frac{z_3}{z_2} = 1 - \frac{60}{20} = -2$$

故

$$\frac{\omega_2}{\omega_1} = \frac{\omega_H}{\omega_1} \times \frac{\omega_2}{\omega_H} = \frac{1}{4} \times (-2) = -\frac{1}{2}$$

而

$$\frac{v_A}{\omega_1} = \frac{\omega_H R_H}{\omega_1} = \frac{\omega_H}{\omega_1}\left[\frac{1}{2}m(z_1+z_2)\right] = \frac{1}{4}\left[\frac{1}{2}\times 0.01\times(20+20)\right]\ \text{m} = 0.05\ \text{m}$$

又

$$m_2 = \frac{G_2}{g} = \frac{20}{10}\ \text{kg} = 2\ \text{kg}$$

所以

$$J_e = \left\{0.01 + 0.16\times\left(\frac{1}{4}\right)^2 + 3\left[0.01\times\left(-\frac{1}{2}\right)^2 + 2\times 0.05^2\right]\right\}\ \text{kg}\cdot\text{m}$$

$$= 0.0425\ \text{kg}\cdot\text{m}$$

由于各速比为一常数，因此 J_e 也是常数。

（2）求等效力矩 M_e。由等效力矩的定义得 $M_e = M_H \dfrac{\omega_H}{\omega_1}$，所以

$$M_e = \frac{1}{4}M_H = \frac{1}{4}\times 40\ \text{N}\cdot\text{m} = 10\ \text{N}\cdot\text{m}$$

例 9-4　如图 9-17 所示的由内燃机带动的发电机组中，已知机构的尺寸和位置、重力 G_2 和 G_3，齿轮 5、6、7、8 的齿数分别为 z_5、z_6、z_7、z_8，转动惯量分别为 J_5、J_6、J_7、J_8，飞轮 9 的转动惯量为 J_9，曲柄 1 对于轴心 A 的转动惯量为 J_{1A}，连杆 2 对其质心 S_2 的转动惯量为 J_{S_2}，连杆 2 的质量为 m_2，活塞 3 的质量为 m_3，曲柄 1 的位置角为 φ_1，各构件的尺寸分别为 l_{AB}、l_{BC}、l_{BS_2}，气体加于活塞上的压力为 F_3，发电机的阻力矩为 M_8。试求以构件 1 为等效构件时该机组的等效转动惯量，以及只计重力 G_2 和 G_3 而不计其余各构件重力时的等效驱动力矩和等效阻力矩。

解　（1）对曲柄滑块机构进行运动分析。设广义坐标为 φ_1，广义速度 $\dot{\varphi}_1 = \omega_1$，由图 9-17 可求得

$$\sin\varphi_2 = -\frac{l_{AB}\sin\varphi_1}{l_{BC}}$$

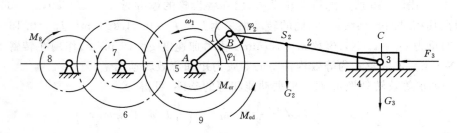

图 9-17　由内燃机带动的发电机组简图

$$S_C = l_{AB}\cos\varphi_1 + \sqrt{l_{BC}^2 - l_{AB}^2\sin^2\varphi_1}$$

$$\frac{\omega_2}{\omega_1} = -\frac{l_{AB}\cos\varphi_1}{\sqrt{l_{BC}^2 - l_{AB}^2\sin^2\varphi_1}} \tag{a}$$

$$\frac{v_C}{\omega_1} = l_{AB}\left(\sin\varphi_1 + \frac{l_{AB}\sin2\varphi_1}{2\sqrt{l_{BC}^2 - l_{AB}^2\sin^2\varphi_1}}\right) \tag{b}$$

$$x_{S_2} = l_{AB}\cos\varphi_1 + l_{BS_2}\cos\varphi_2, \quad y_{S_2} = l_{AB}\sin\varphi_1 + l_{BS_2}\sin\varphi_2$$

$$\dot{x}_{S_2} = -l_{AB}\omega_1\left(\sin\varphi_1 + \frac{l_{BS_2}l_{AB}\sin2\varphi_1}{2l_{BC}\sqrt{l_{BC}^2 - l_{AB}^2\sin^2\varphi_1}}\right) \tag{c}$$

$$\dot{y}_{S_2} = l_{AB}\omega_1\cos\varphi_1\left(1 - \frac{l_{BS_2}}{l_{BC}}\right) \tag{d}$$

$$\frac{v_{S_2}}{\omega_1} = \frac{\sqrt{\dot{x}_{S_2}^2 + \dot{y}_{S_2}^2}}{\omega_1} = l_{AB}\sqrt{\left(\sin\varphi_1 + \frac{l_{BS_2}l_{AB}\sin2\varphi_1}{2l_{BC}\sqrt{l_{BC}^2 - l_{AB}^2\sin^2\varphi_1}}\right)^2 + \cos^2\varphi_1\left(1 - \frac{l_{BS_2}}{l_{BC}}\right)^2} \tag{e}$$

（2）根据动能相等条件求等效转动惯量。

$$\frac{1}{2}J_e\omega_1^2 = \frac{1}{2}(J_{1A} + J_5 + J_9)\omega_1^2 + \frac{1}{2}(J_6 + J_7)\omega_6^2$$

$$+ \frac{1}{2}J_8\omega_8^2 + \frac{1}{2}m_2v_{S_2}^2 + \frac{1}{2}J_{S_2}\omega_2^2 + \frac{1}{2}m_3v_C^2$$

故　$$J_e = (J_{1A} + J_5 + J_9) + (J_6 + J_7)i_{61}^2 + J_8i_{81}^2 + m_2\left(\frac{v_{S_2}}{\omega_1}\right)^2 + J_{S_2}\left(\frac{\omega_2}{\omega_1}\right)^2 + m_3\left(\frac{v_C}{\omega_1}\right)^2$$

将 $i_{61} = \dfrac{z_5}{z_6}$、$i_{81} = \dfrac{z_5 z_7}{z_6 z_8}$ 及式（a）、（b）、（e）代入上式，即可求得等效转动惯量 J_e。

令　　　　　　　　　　　　$$J_F = J_9$$

$$J_C = J_{1A} + J_5 + (J_6 + J_7)i_{61}^2 + J_8i_{81}^2$$

$$J_V = m_2\left(\frac{v_{S_2}}{\omega_1}\right)^2 + J_{S_2}\left(\frac{\omega_2}{\omega_1}\right)^2 + m_3\left(\frac{v_C}{\omega_1}\right)^2$$

式中：J_F 为飞轮的等效转动惯量，其值恒定不变；J_C 为等效构件及与它有定传动比关系的各构件的等效转动惯量，其值也恒定不变；J_V 为与等效构件具有变传动比关系的各构件的等效转动惯量，其值是机构位置的函数。图9-18所示为一运动循环中该机组的等效转动惯量 J_e 随等效构件转角 φ 变化而变化的曲线。

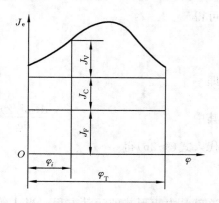

（3）求等效驱动力矩和等效阻力矩。由于重力在机构的一个运动循环中做功的总和为零，因此在计算机构的等效力矩时，可假设其为驱动力，也可假设其为阻力。在本题中，G_2 和 G_3 与驱动力一并考虑，则根据瞬时功率相等，可得

$$P_d = M_{ed}\omega_1 = \sum_{j=1}^{n}(F_{jx}\dot{x}_j + F_{jy}\dot{y}_j + M_j\dot{\varphi}_j)$$

$$= F_3v_C - G_2\dot{y}_{S_2}$$

图 9-18　发电机组的等效转动惯量曲线

故有
$$M_{\mathrm{ed}} = F_3 \frac{v_C}{\omega_1} - G_2 \frac{\dot{y}_{s_2}}{\omega_1}$$

将式(b)、式(d)代入上式,即可求得等效驱动力矩,其方向与 ω_1 一致。

同样可得
$$M_{\mathrm{er}}\omega_1 = M_8\omega_8$$

故有
$$M_{\mathrm{er}} = M_8 i_{81}$$

等效阻力矩的方向与 ω_1 相反,最后得等效力矩为

$$M_{\mathrm{e}} = M_{\mathrm{ed}} - M_{\mathrm{er}} = \left[F_3 \left(\frac{v_C}{\omega_1} \right) - G_2 \left(\frac{\dot{y}_{s_2}}{\omega_1} \right) \right] - M_8 i_{81}$$

9.3.4　机械系统的动能形式和力矩(或力)形式的运动方程式

前面已将机械系统运动方程简化为式(9-18a)或式(9-24a)的形式,并已阐明,这种简化形式的运动方程式也可以更方便地以等效动力学模型列出。由于这种形式的方程式中的等效力(或等效力矩)和等效质量(或等效转动惯量)已表示为独立坐标的函数,因此方程中只包含独立坐标。为了书写方便,在后面的叙述中,将诸等效量(等效质量、等效转动惯量、等效力和等效力矩)的标识符的下标"e"省略。这样,可将式(9-18b)、式(9-24b)分别写为

$$M\mathrm{d}\varphi = \mathrm{d}\left(\frac{1}{2}J\omega^2 \right) \tag{9-18b'}$$

及
$$F\mathrm{d}s = \mathrm{d}\left(\frac{1}{2}mv^2 \right) \tag{9-24b'}$$

将以上两式分别在 (φ_0, φ) 和 (s_0, s) 区间内积分,得到系统的动能形式的运动方程式为

$$\int_{\varphi_0}^{\varphi} (M_{\mathrm{d}} - M_{\mathrm{r}}) \mathrm{d}\varphi = \frac{1}{2}J\omega^2 - \frac{1}{2}J_0\omega_0^2 \tag{9-25a}$$

及
$$\int_{s_0}^{s} (F_{\mathrm{d}} - F_{\mathrm{r}}) \mathrm{d}s = \frac{1}{2}mv^2 - \frac{1}{2}m_0 v_0^2 \tag{9-25b}$$

式中: φ_0、ω_0 为等效构件的转角和角速度的初始值;s_0、v_0 为等效构件的位移和速度的初始值;m_0 为等效构件位移等于 s_0 时的等效质量。

由式(9-18b')(或式(9-24b'))还可得到力矩(或力)形式的运动方程式。由式(9-18b')可得

$$\mathrm{d}\left(\frac{1}{2}J\omega^2 \right) / \mathrm{d}\varphi = M$$

即
$$J \frac{\mathrm{d}(\omega^2/2)}{\mathrm{d}\varphi} + \frac{\omega^2}{2} \frac{\mathrm{d}J}{\mathrm{d}\varphi} = M \tag{9-26}$$

其中
$$\frac{\mathrm{d}(\omega^2/2)}{\mathrm{d}\varphi} = \frac{\mathrm{d}(\omega^2/2)}{\mathrm{d}t} \frac{\mathrm{d}t}{\mathrm{d}\varphi} = \omega \frac{\mathrm{d}\omega}{\mathrm{d}t} \frac{1}{\omega} = \frac{\mathrm{d}\omega}{\mathrm{d}t}$$

代入式(9-26)得

$$J \frac{\mathrm{d}\omega}{\mathrm{d}t} + \frac{\omega^2}{2} \frac{\mathrm{d}J}{\mathrm{d}\varphi} = M \tag{9-27}$$

这就是力矩形式的运动方程。当 J 等于常数时,式(9-27)可简化为

$$J \frac{\mathrm{d}\omega}{\mathrm{d}t} = M \tag{9-28}$$

类似地,由式(9-24b′)可得力形式的运动方程式为

$$m \frac{\mathrm{d}v}{\mathrm{d}t} + \frac{v^2}{2} \frac{\mathrm{d}m}{\mathrm{d}s} = F \tag{9-29}$$

当 m 等于常数时,式(9-29)可简化为

$$m \frac{\mathrm{d}v}{\mathrm{d}t} = F \tag{9-30}$$

实际应用时,可根据具体情况,选用一种易求解的方程形式。

9.3.5　机械系统的真实运动规律

建立了机械系统的运动方程式,就可以根据已知的作用于机械系统上的力的变化,确定机械系统的真实运动规律。

由于作用于机械系统的外力是多种多样的,因此等效力矩可能是位置、速度和时间的函数。求解运动方程所需的原始数据(等效转动惯量、等效力矩等)能用函数表达式、曲线或数值表格等不同形式给出。在不同情况下,求解运动方程的方法也应该不同。下面对三种常见的情况介绍解析法或数值解法。

应当指出的是,鉴于机械系统运动方程的复杂性,能用解析法求解的情况并不多,工程上常用的是数值解法。

1. 等效力矩和等效转动惯量是等效构件角位置的函数

用柴油机驱动往复式工作机(如压缩机)等机械时,等效驱动力矩 M_d、等效阻力矩 M_r、等效转动惯量 J 都是等效构件角位置的函数。若给出的等效力矩 $M_\mathrm{d} = M_\mathrm{d}(\varphi)$,$M_\mathrm{r} = M_\mathrm{r}(\varphi)$,等效转动惯量 $J = J(\varphi)$,可直接根据式(9-25a)用解析法求解。

由式(9-25a)可得

$$\frac{1}{2} J(\varphi) \omega^2 = \frac{1}{2} J_0(\varphi) \omega_0^2 + \int_{\varphi_0}^{\varphi} M_\mathrm{d}(\varphi) \mathrm{d}\varphi - \int_{\varphi_0}^{\varphi} M_\mathrm{r}(\varphi) \mathrm{d}\varphi$$

故

$$\omega = \sqrt{\frac{J_0(\varphi)}{J(\varphi)} \omega_0^2 + \frac{2}{J(\varphi)} \left[\int_{\varphi_0}^{\varphi} M_\mathrm{d}(\varphi) \mathrm{d}\varphi - \int_{\varphi_0}^{\varphi} M_\mathrm{r}(\varphi) \mathrm{d}\varphi \right]} \tag{9-31a}$$

或

$$\omega = \sqrt{\frac{J_0(\varphi)}{J(\varphi)} \omega_0^2 + \frac{2}{J(\varphi)} \int_{\varphi_0}^{\varphi} M(\varphi) \mathrm{d}\varphi} \tag{9-31b}$$

在给定初值 φ_0、ω_0 时,则式(9-31b)可求出 φ 角为任意值时的角速度 ω,显然 ω 是 φ 的函数,即 $\omega = \omega(\varphi)$。

如需求得相应的角位移的变化规律 $\varphi = \varphi(t)$,则可再积分一次,因 $\omega = \mathrm{d}\varphi / \mathrm{d}t$,故

$$\int_{t_0}^{t} \mathrm{d}t = \int_{\varphi_0}^{\varphi} \frac{\mathrm{d}\varphi}{\omega(\varphi)}$$

或

$$t = t_0 + \int_{\varphi_0}^{\varphi} \frac{\mathrm{d}\varphi}{\omega(\varphi)} \tag{9-32}$$

将式(9-31a)代入式(9-32),积分后得到时间 t 和角位移 φ 的函数关系 $t = t(\varphi)$。若需求出 ω 和时间 t 之间的函数关系式,则可由 $\omega = \omega(\varphi)$ 和 $t = t(\varphi)$ 中消去 φ 求得。

2. 等效转动惯量为常数,等效力矩是速度的函数

用电动机驱动的鼓风机、离心泵及车床等均属于这种类型的机械。这类机械的等效驱动力矩和等效阻力矩都是等效构件角速度 ω 的函数,又由于机械系统的速比是常数,因此其等效

转动惯量也是常数,根据力矩形式的方程式(9-28)来求解是比较方便的。若 ω_0、ω 和 t_0、t 分别为对应于 φ_0、φ 时的等效构件的角速度和时间,则由式(9-28)分离变量后积分可得

$$\frac{1}{J}\int_{t_0}^{t}\mathrm{d}t = \int_{\omega_0}^{\omega}\frac{\mathrm{d}\omega}{M_\mathrm{d}(\omega)-M_\mathrm{r}(\omega)}$$

于是得

$$t = t_0 + J\int_{\omega_0}^{\omega}\frac{\mathrm{d}\omega}{M_\mathrm{d}(\omega)-M_\mathrm{r}(\omega)} \tag{9-33}$$

由式(9-33)可解出 $\omega=\omega(t)$,求导后可得 $\varepsilon=\mathrm{d}\omega/\mathrm{d}t$。如要求出 $\varphi=\varphi(t)$,则可利用 $\mathrm{d}\varphi=\omega\mathrm{d}t$ 求得:

$$\varphi - \varphi_0 = \int_{t_0}^{t}\omega(t)\mathrm{d}t$$

即

$$\varphi = \varphi_0 + \int_{t_0}^{t}\omega(t)\mathrm{d}t \tag{9-34}$$

例 9-5　设电动机的机械特性曲线可用直线近似表示,由计算得到等效驱动力矩为 $M_\mathrm{d}=(27\,600-264\omega)\ \mathrm{N\cdot m}$,等效阻力矩为 $M_\mathrm{r}=1\,100\ \mathrm{N\cdot m}$;等效转动惯量 $J=10\ \mathrm{kg\cdot m^2}$。求自启动到 $\omega=100\ \mathrm{rad/s}$ 所需的时间 t。

解　由式(9-33)可得

$$t = t_0 + J\int_{\omega_0}^{\omega}\frac{\mathrm{d}\omega}{27\,600-264\omega-1\,100} = t_0 + J\int_{\omega_0}^{\omega}\frac{\mathrm{d}\omega}{26\,500-264\omega}$$

$$= t_0 + \frac{J}{-264}\ln\frac{26\,500-264\omega}{26\,500-264\omega_0}$$

将 $J=10\ \mathrm{kg\cdot m^2}$,$\omega=100\ \mathrm{rad/s}$,$t_0=0$,$\omega_0=0$ 代入上式,求得

$$t = \frac{10}{-264}\ln\frac{26\,500-264\times100}{26\,500}\ \mathrm{s} = 0.211\ \mathrm{s}$$

3. 等效转动惯量为角位置的函数,等效力矩是位置和速度的函数

用电动机驱动的机构,其驱动力一般是速度的函数。当这类机构包含速比不等于常数的机构(如平面连杆机构、凸轮机构)时,其等效转动惯量是角位置的函数,生产阻力是位置的函数。因此,等效力矩是位置和速度的函数。如用电动机驱动的刨床、插床、冲压机床等都属于这种类型的机械。

这种类型的机械系统的运动方程式可采用式(9-27)的形式,即

$$J(\varphi)\frac{\mathrm{d}\omega}{\mathrm{d}t} + \frac{\omega^2\,\mathrm{d}J(\varphi)}{2\mathrm{d}\varphi} = M(\varphi,\omega)$$

或写成

$$\frac{\omega^2}{2}\mathrm{d}J(\varphi) + J(\varphi)\omega\mathrm{d}\omega = M(\varphi,\omega)\mathrm{d}\varphi \tag{9-35}$$

这个非线性微分方程一般不能用解析法求解,工程上常用的是数值解法。本书介绍逐段差分法。该法虽然是一种近似计算方法,但当分段区间较小时,其精确度也是足够的。

如图 9-19 所示,将转角 φ 等分为 n 个微小转角,其中每一份为 $\Delta\varphi=\varphi_{i+1}-\varphi_i$ $(i=0,1,2,\cdots,n)$,其函数记为 $J(\varphi_i)=J_i$,$J(\varphi_{i+1})=J_{i+1}$,$\omega(\varphi_i)=\omega_i$,$\omega(\varphi_{i+1})=\omega_{i+1}$。现用 $\Delta\varphi$ 区间的函数 $J(\varphi)$ 的增量 $\Delta J_i=J_{i+1}-J_i$ 近似代替 $\varphi=\varphi_i$ 时的等效转动惯量 $J(\varphi)$ 的微分 $\mathrm{d}J_i$,用 $\Delta\varphi$ 区间的函数 $\omega(\varphi)$ 的增量 $\Delta\omega_i=\omega_{i+1}-\omega_i$ 近似代替 $\varphi=\varphi_i$ 时的角速度 $\omega(\varphi)$ 的微分 $\mathrm{d}\omega_i$。于是,当 $\varphi=\varphi_i$ 时,式(9-35)可近似写成

$$\frac{\omega_i^2}{2}(J_{i+1}-J_i)+J_i\omega_i(\omega_{i+1}-\omega_i)=M(\varphi_i,\omega_i)\Delta\varphi \tag{9-36}$$

解得

$$\omega_{i+1}=\frac{M(\varphi_i,\omega_i)\Delta\varphi}{J_i\omega_i}+\frac{3J_i-J_{i+1}}{2J_i}\omega_i \tag{9-37}$$

式中:$M(\varphi_i,\omega_i)$一般取 $\Delta\varphi$ 区间内的平均值。在区间 $\Delta\varphi$ 内,等效力矩的平均值为

$$\overline{M}_{\mathrm m}=\frac{1}{2}(M_{i+1}+M_i) \tag{9-38a}$$

有时为简便起见,也可用 M_i 代替 $\overline{M}_{\mathrm m}$,即令

$$M_i=M(\varphi_i,\omega_i) \tag{9-38b}$$

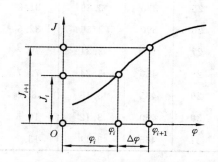

图 9-19　等效转动惯量曲线　　　　　图 9-20　刨床导杆机构

例 9-6　如图 9-20 所示为由曲柄 1、滑块 2、导杆 3、连杆 4 和做往复运动的构件 5 组成的刨床导杆机构,取曲柄 1 为等效构件,设等效驱动力矩为角速度的直线函数 $M_{\mathrm d}=(550-100\omega)$ N·m,等效阻力矩为转角的函数 $M_{\mathrm r}=M_{\mathrm r}(\varphi)$,其值列于表 9-2 中第四列;等效转动惯量 J 是转角的函数,其值见表 9-2 中第三列;设 $\omega_0=5$ rad/s。试求 ω 的变化规律。

解　曲柄 1 每转 15°计算一组数值,即取 $\Delta\varphi=\dfrac{2\pi}{360°}\times15°=0.261\ 8$ rad。在起始位置 $i=0$ 时,设 $\varphi_0=0,t_0=0$,初始角速度 $\omega_0=5$ rad/s。由式(9-37)可得

$$\omega_1=\frac{M(\varphi_0,\omega_0)\Delta\varphi}{J_0\omega_0}+\frac{3J_0-J_1}{2J_0}\omega_0=\frac{(550-100\omega_0-M_{\mathrm r})\Delta\varphi}{J_0\omega_0}+\frac{3J_0-J_1}{2J_0}\omega_0$$

$$=\left[\frac{(550-100\times5-78.9)\times0.261\ 8}{3.4\times5}+\frac{3\times3.4-3.39}{2\times3.4}\times5\right]\text{rad/s}$$

$$=4.56\ \text{rad/s}$$

将计算得到的 ω_1 填入表 9-2 的第五列。然后,用上述同样方法和步骤继续计算下去,并将各值填入表 9-2 中,画出 ω-φ 曲线,如图 9-21 所示。

表 9-2　计算结果

i	$\varphi/(°)$	J /(kg·m²)	$M_{\mathrm r}$ /(N·m)	ω /(rad/s)	i	$\varphi/(°)$	J /(kg·m²)	$M_{\mathrm r}$ /(N·m)	ω /(rad/s)
0	0	3.40	78.9	5.00	16	240	3.16	13.2	5.42
1	15	3.39	81.2	4.56	17	255	3.11	13.2	5.38
2	30	3.36	52.5	4.80	18	270	3.12	13.9	5.35
3	45	3.31	79.7	4.69	19	285	3.18	14.5	5.31

续表

i	$\varphi/(°)$	J /(kg·m²)	M_r /(N·m)	ω /(rad/s)	i	$\varphi/(°)$	J /(kg·m²)	M_r /(N·m)	ω /(rad/s)
4	60	3.24	72.7	4.80	20	300	3.24	75.6	5.33
5	75	3.18	8.6	4.80	21	315	3.31	80.3	4.38
6	90	3.12	10.5	5.90	22	330	3.36	81.8	4.92
7	105	3.11	13.7	5.19	23	345	3.39	80.2	4.52
8	120	3.16	18.1	5.43	24	360	3.40	78.9	4.81
9	135	3.30	18.5	5.14	25	375	3.39	81.2	4.86
10	150	3.50	17.9	5.25	26	390	3.36	82.6	4.73
11	165	3.72	15.0	5.19	27	405	3.31	79.7	4.66
12	180	3.82	14.1	5.31	28	420	3.24	72.7	4.78
13	195	3.72	15.0	5.43	29	435	3.18	8.5	4.81
14	210	3.50	15.7	5.49	30	450	3.12	10.5	5.89
15	225	3.30	15.2	5.45	31	465	3.11	13.7	5.19

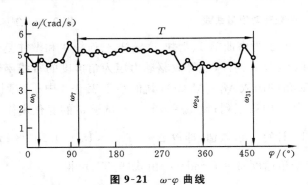

图 9-21 ω-φ 曲线

9.3.6 机械系统的动力学分析与设计

一般机械系统的正常工作过程是稳定运转过程。如前所述,系统的稳定运转有等速稳定运转和周期变速稳定运转。

机械做等速运转时,其主动构件一般均作为等效构件,其角速度 ω 为常数,即 $d\omega/dt=0$。于是,式(9-27)变为

$$\frac{\omega^2}{2}\frac{\mathrm{d}J}{\mathrm{d}\varphi}=M$$

故当系统的等效转动惯量 J 是变量时,等效力矩必须作相应的变化才能保证角速度 ω 不发生变化,但实际上这是难以办到的。因此,只有当等效转动惯量 J 为常数,等效力矩 $M=0$,即 $M_d=M_r$ 时,系统才能实现等速稳定运转。如电动机驱动的车床、离心泵、鼓风机等是满足上述条件的,其工作过程是等速稳定运转的。

若系统中包含变速比机构(如连杆机构、凸轮机构等),或作用在系统上的驱动力矩、阻抗力矩是位置的函数(即作周期性变化)时,系统不可能做等速运转而只能做周期性变速稳定运转。

机械系统运转速度的波动,将不同程度地影响生产过程,降低产品质量,因而应当采取措施,控制速度波动的大小。

1. 变速稳定运动状态的描述

变速稳定运动状态既有变化的特征,又有稳定的特征。其变化是周期性的,其稳定也是对一个周期内的运动整体而言,即两者均受制于运动周期。因而描述周期性稳定运动状态需要三个参数:其一是运动变化的周期;其二是描述稳定运转角速度的平均值;其三是描述其速度的不均匀程度。

图 9-22 所示为反映某机械系统变速稳定运动状态的一个周期内角速度的变化曲线。在周期 T 内的平均角速度 ω_m 应为在此周期内转角 φ 和周期 T 之比,即

$$\omega_m = \varphi/T,\ \text{而}\ \varphi = \int_0^T \omega \mathrm{d}t$$

故

$$\omega_m = \frac{1}{T}\int_0^T \omega \mathrm{d}t \qquad (9\text{-}39)$$

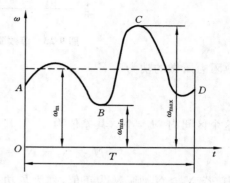

图 9-22　变速稳定运动状态

为了计算简单,常用一个周期内的最大和最小角速度(ω_{max} 和 ω_{min})的算术平均值来替代式(9-39),即

$$\omega_m = \frac{1}{2}(\omega_{max} + \omega_{min}) \qquad (9\text{-}40)$$

在一个周期内,角速度的最大差($\omega_{max}-\omega_{min}$)可反映出系统角速度变化的绝对量,但不能反映运转的不均匀程度。一般采用角速度的变化量和其平均角速度的比值来描述机械系统的运转不均匀程度,这个比值用 δ 表示,称为运转不均匀系数,即

$$\delta = (\omega_{max} - \omega_{min})/\omega_m \qquad (9\text{-}41)$$

由式(9-40)和式(9-41)解得

$$\omega_{max} = \omega_m\left(1 + \frac{\delta}{2}\right) \qquad (9\text{-}42)$$

$$\omega_{min} = \omega_m\left(1 - \frac{\delta}{2}\right) \qquad (9\text{-}43)$$

于是得

$$\omega_{max}^2 - \omega_{min}^2 = 2\delta\omega_m^2 \qquad (9\text{-}44)$$

由式(9-44)可知,当 ω_m 一定时,δ 愈小,则 ω_{max} 与 ω_{min} 之差亦愈小,即机构运转愈平稳。由于各种机械的工作性质不同,因此对其速度波动的限制也不一样。例如,发电机的速度波动会直接影响输出的电压和电流的变化,若变化太大,会使灯光忽明忽暗,闪烁不定;又如,金属切削机床的速度波动也会影响被加工工件的表面质量。因而,对于这种机械,其许可的不均匀系数应当取得小一些;相反,由于破碎机和冲床等机构的速度波动不太影响其正常工作,因此,其许可的运转不均匀系数可取得大一些。

2. 机械系统动力学设计方程

图 9-23 所示为某机械系统处于稳定运转过程中的等效驱动力矩(如图中 M_d 所示)和等效阻力矩(如图中 M_r 所示)的线图。图中标有正号的阴影部分表示 $M_d > M_r$,标有负号的阴影部分表示 $M_d < M_r$。在任一转角区间 $\varphi_0 - \varphi$ 内,等效驱动力所做的功为

$$N_d = \int_{\varphi_0}^{\varphi} M_d \mathrm{d}\varphi$$

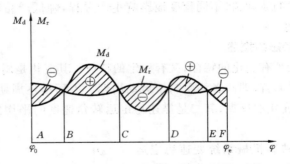

图 9-23　等效驱动力矩和等效阻力矩线图

等效阻力所做的功为

$$N_r = \int_{\varphi_0}^{\varphi} M_r \mathrm{d}\varphi$$

在这个区间内 $N_d \neq N_r$，其差值为

$$N = N_d - N_r = \int_{\varphi_0}^{\varphi} (M_d - M_r)\mathrm{d}\varphi = \int_{\varphi_0}^{\varphi} M \mathrm{d}\varphi \tag{9-45}$$

式中：若 $N_d > N_r$，则 N 为正值，称为盈功；若 $N_d < N_r$，则 N 为负值，称为亏功。一般将 N 称为盈亏功。

由式(9-45)可以看出，盈亏功就是在 $\varphi_0 \sim \varphi$ 区间内的两等效力矩曲线间所夹的面积的代数和。

在机械系统运转的某一个区段内，若盈亏功 $N \neq 0$，就会改变系统的动能。设在 φ_0 时，系统的动能为 E_{φ_0}，在 φ 位置时，系统的动能为 E_{φ}，则 $N = E_{\varphi} - E_{\varphi_0} = \Delta E$。又设对应于 φ_0 处的角速度及等效转动惯量为 ω_0 及 J_0，对应于 φ 时的角速度及等效转动惯量为 ω 及 J，则

$$N = E_{\varphi} - E_{\varphi_0} = \Delta E = \frac{1}{2}J\omega^2 - \frac{1}{2}J_0\omega_0^2$$

设 $\varphi_0 \sim \varphi_e$ 对应于做变速稳定运转的一个周期，则按上式有

$$N = E_{\varphi_e} - E_{\varphi_0} = \frac{1}{2}J_e\omega_e^2 - \frac{1}{2}J_0\omega_0^2$$

因此时 $\omega_e = \omega_0$，$J_e = J_0$，故 $E_{\varphi_e} = E_{\varphi_0}$，$N = 0$，即在一个运动循环中，系统等效驱动力所做的功与等效阻力所做的功相等。但是，在一个循环的任一时间间隔内，二者不是相等的，而是按一定规律变化的。显然，当 J 不发生变化或其变化可以略去时，系统在一个周期内具有最大角速度 ω_{max} 处，其动能为 E_{max}；在具有最小角速度 ω_{min} 处，其动能为 E_{min}。所以，系统的最大动能之差为 $\Delta E_{max} = E_{max} - E_{min}$。这两个位置之间的动能之差之所以最大，是因为其间的盈亏功最大。因此，在一个运动周期内的最大盈亏功必然在 ω_{max} 和 ω_{min} 这两个位置之间，即最大的盈亏功为

$$N_{max} = J(\omega_{max}^2 - \omega_{min}^2)/2 = E_{max} - E_{min}$$

将式(9-44)代入上式可得

$$N_{max} = J\omega_m^2\delta \tag{9-46}$$

显然，式(9-46)表达了系统运动特性参数 ω_m、δ 及惯性参数 J 与系统在一个运动周期内最大盈亏功之间的数量关系。当系统的最大盈亏功 N_{max} 及系统平均角速度 ω_m 一定时，欲使系统运动特性——运转不均匀系数满足要求，则应正确确定系统的惯性参数 J，故可称式(9-46)

为机械系统的动力学设计方程。

3. 系统转动惯量的计算

根据系统动力学设计方程(9-46)可确定系统的动力学参数 J。由该方程不难知道,增加系统的转动惯量 J,可减小系统的运动不均匀程度。为此,在系统中往往特意装置一个转动惯量较大的构件,这个构件通常称为飞轮。

由此可知,装置飞轮的实质就是增加机械系统的转动惯量。飞轮在系统中的作用相当于一个容量很大的储能器。当系统出现盈功时,它将多余的能量以动能形式储存起来,并使系统运转速度升高的幅度减小;反之,当系统出现亏功时,它将储存的动能释放出来以弥补能量的不足,并使系统运转速度下降的幅度减小。这样就减小了系统运转速度波动的程度,获得了调速的效果。不过,应当强调指出的是,装置飞轮不能使机械运转速度绝对不变,也不能解决非周期性速度波动的问题。因为若在一个时期内,驱动力所做的功一直小于阻力所做的功,则飞轮的能量将没有补充的来源,也就起不了调节机械速度波动的作用。

由机械系统动力学设计方程(9-46)可得到系统转动惯量的计算式为

$$J = \frac{N_{max}}{\omega_m^2 [\delta]} \tag{9-47}$$

式中:$[\delta]$ 为系统许用运转不均匀系数。若系统中安装飞轮,则式(9-47)中的等效转动惯量 J 为系统中各构件的等效转动惯量和飞轮等效转动惯量之和。当系统中安装飞轮以后,由于机械系统等效转动惯量中的变量部分相对于飞轮转动惯量来说是很小的,因此可略去不计,而仅计及等效转动惯量的常量部分。设原系统的等效转动惯量的常量部分为 J_C,而飞轮的等效转动惯量为 J_F,则作上述近似处理以后,应有 $J \approx J_C + J_F$。故由式(9-47)得到飞轮等效转动惯量的计算式为

$$J_F = \frac{N_{max}}{\omega_m^2 [\delta]} - J_C \tag{9-48}$$

当原系统的等效转动惯量中的常量部分 J_C 与飞轮的等效转动惯量 J_F 相比小得多时,J_C 可略去不计。于是,若将 ω_m 用每分钟的平均转速 n_m 来表示,则应有

$$J_F = \frac{900 N_{max}}{\pi^2 n_m^2 [\delta]} \tag{9-49}$$

由式(9-47)求得的转动惯量为系统的等效转动惯量,而由式(9-48)或式(9-49)求得的转动惯量 J_F 为飞轮的等效转动惯量。当飞轮安装在等效构件的轴上时,则求得的 J_F 就是飞轮的实际转动惯量。如果飞轮安装在其他轴上,则按式(9-48)或式(9-49)求得 J_F 以后,还需将其换算到安装飞轮的轴上求出飞轮的实际转动惯量。

当 N_{max} 和 ω_m 一定时,按照式(9-48)或式(9-49)可求得 J_F 与 $[\delta]$ 的函数关系,如图 9-24 所示。由该图可知,当所选的 $[\delta]$ 值很小时,就需要很大的飞轮转动惯量,使得机械系统过于笨重。因此,$[\delta]$ 的选取应按实际要求来确定,不可选得太小。

由式(9-47)、式(9-48)或式(9-49)还可知,当 N_{max} 和 $[\delta]$ 一定时,若角速度较高,则求得的 J 或 J_F 较小。因此,为了减小飞轮的转动惯量,应尽可能将飞轮安装在高速轴上。

根据式(9-47)至式(9-49)计算系统或飞轮转动惯量的关键是求最大盈亏功 N_{max}。由于等效力矩可能是等效构件位置、速

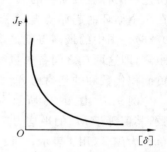

图 9-24　J_F 与 $[\delta]$ 关系曲线

度的函数,因此在计算飞轮转动惯量时也要考虑到各种情况。下面仅以两种常见的情况为例,说明飞轮转动惯量的计算方法。

1) 等效驱动力矩和等效阻力矩均为等效构件角位置函数

图 9-25(a)给出了 $M_d = M_d(\varphi)$,$M_r = M_r(\varphi)$ 的曲线。首先,根据两曲线间所夹的面积可画出等效力矩所做的功随转角的变化曲线 N-φ(即动能变化曲线 E-φ),如图 9-25(b)所示;然后,根据 N-φ 曲线确定系统动能为最大及最小的位置(即角速度为最大 ω_{max} 及最小 ω_{min} 的位置),如图 9-25(c)所示,从而得到系统的最大盈亏功为

$$N_{max} = E_{max} - E_{min}$$

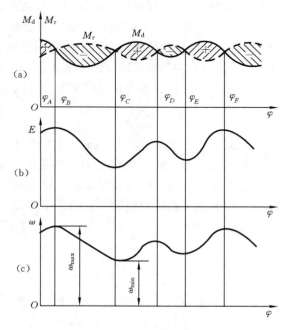

图 9-25　盈亏功曲线

为计算飞轮的转动惯量,关键是要求出最大盈亏功 N_{max}。对一些比较简单的情况,机械最大动能 E_{max} 和最小动能 E_{min} 出现的位置可直接由 M_e-φ 图中看出。对于较复杂的情况,则可借助能量指示图来确定。能量指示图的作图法是:任作一水平线为基线,任选 M_e-φ 图中 M_{ed} 与 M_{er} 曲线的一交点为起始点,然后按比例用垂直矢量线段表示相应位置 M_{ed} 与 M_{er} 之间所包围的各盈亏面积的大小,箭头向上表示盈功,箭头向下表示亏功。各矢量首尾相接,由于在一个循环的起始点与终点的动能相等,因此能量指示图的首尾应在同一水平线上(见图 9-26)。图中的最高点就是动能最大处,最低点就是动能最小处。最高点和最低点之间的垂直距离,即这两点之间各矢量线段矢量和的绝对值,也即这两点之间 M_{ed} 与 M_{er} 所包围的各块正、负面积代数和的绝对值,就是最大盈亏功。

例 9-7　图 9-27 所示为蒸汽机带动发电机的等效力矩图,其中发电机的等效阻力矩为常数,其值等于 M_{ed} 的平均力矩 7 750 N·m。各块面积表示的做功数值如表 9-3 所示(表中功的单位为焦耳,用 J 表示)。设等效构件的平均转速为 3 000 r/min,许用运转不均匀系数 $[\delta] = 1/1\,000$。试计算飞轮的转动惯量 J_F。

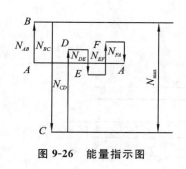

图 9-26 能量指示图

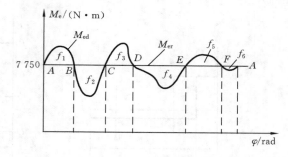

图 9-27 等效力矩图

表 9-3 做功数值

面　　积	f_1	f_2	f_3	f_4	f_5	f_6
功/J	1 400	−1 900	1 400	−1 800	930	−30

解 如图 9-27 所示,在位置 A 时,盈亏功为零;到位置 B 时,有盈功 $\Delta N_B = N_1 = 1\,400$ J;到位置 C 时,有亏功 $\Delta N_C = N_1 - N_2 = (1\,400 - 1\,900)$ J $= -500$ J;到位置 D 时,有盈功 $\Delta N_D = N_1 - N_2 + N_3 = (-500 + 1\,400)$ J $= 900$ J;到位置 E 时,有亏功 $\Delta N_E = N_1 - N_2 + N_3 - N_4 = (900 - 1\,800)$ J $= -900$ J;到位置 F 时,有盈功 $\Delta N_F = N_1 - N_2 + N_3 - N_4 + N_5 = (-900 + 930)$ J $= 30$ J;一个周期的末位置 A 处的盈亏功 $\Delta N_A = 30 - 30 = 0$。在以上计算中,正值为盈功,负值为亏功。现将以上计算结果列于表 9-4 中。

表 9-4 计算结果

位　　置	A	B	C	D	E	F	A
$\Delta N/\text{J}$	0	+1 400	−500	+900	−900	+30	0

应当指出的是,表 9-4 中的最大盈功 1 400 J 和最大亏功 −900 J 并不是设计飞轮时所需要的 N_{max}。这是因为飞轮必须能够吸收一个运动周期中的最大盈功,并且能在任何位置补偿足够的亏功。从以上结果可知,假设以 1 400 J 作为 N_{max} 来设计飞轮,那么在位置 BC 之间,除能"补上" 1 400 J 的能量外,尚欠缺 500 J 无法"补上",即机构速度波动的不均匀程度将超过 $[\delta]$。显然,这样设计的飞轮是不能满足要求的。

如前所述,最大盈亏功对应于 ω_{max} 和 ω_{min} 之间的等效驱动力矩和等效阻力矩曲线所夹的面积之和。由表 9-4 中数值可以看出,在位置 B 时系统的等效构件运动的角速度最大;而在位置 E 时,其角速度最小。故在区间 B 与 E 之间(同样可以说在 E、B 之间)有最大盈亏功(取绝对值),即

$$N_{max} = |-N_2 + N_3 - N_4| = |-1\,900 + 1\,400 - 1\,800|\ \text{J} = 2\,300\ \text{J}$$

故

$$J_F = \frac{900 N_{max}}{\pi^2 n_m^2 [\delta]} = \frac{900 \times 2\,300}{3.14^2 \times 3\,000^2 / 1\,000}\ \text{kg} \cdot \text{m}^2 = 23.3\ \text{kg} \cdot \text{m}^2$$

一般飞轮的转动惯量的计算不需要很精确,应用上述简化计算已能满足要求。这种简化计算是工程中的实用方法。

2) 等效驱动力矩为等效构件角速度的函数,等效阻力矩为等效构件角位移的函数

在冲压机械中,电动机产生的驱动力矩是等效构件角速度的函数,即 $M_d = M_d(\omega)$;而等效阻力矩常可简化为图 9-28(a)的形式。其特点是,工作行程中冲压时曲柄的转角 φ_1 很小,而阻力矩 M_r 却很大;空行程的转角 φ_2 很大,而阻力矩 M_r 却较小。功率-时间曲线如图 9-28(b)所示。

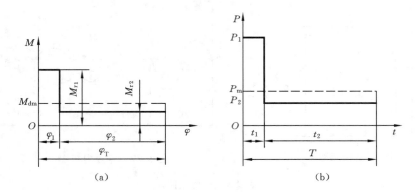

图 9-28　力矩和功率曲线

　　这类机械的许用运转不均匀系数往往较大,故在这类机械中安装飞轮主要不是为了控制速度波动的大小,而是解决高峰负荷问题。如前所述,做周期性变速稳定运转的机械中的飞轮起储能器的作用,储能、释能交错进行。如在冲压机械处于高峰负荷时,飞轮可放出能量,在低负荷时可储存能量。这样便可在选择驱动电动机时,不必按高峰负荷所需的功率来考虑,而是按一周期内消耗的平均功率 P_m 来选择。

　　通常电动机的功率为

$$P = kP_m \tag{9-50}$$

式中:k 为安全系数,可在 $1.15\sim1.6$ 中选取。

　　机械系统经历的工艺过程不同,功率曲线也不一样。如图 9-28(b)所示,时间 t_1 和 t_2 内的阻力矩的功率分别为 P_1 和 P_2,其平均功率为

$$P_m = (P_1t_1 + P_2t_2)/T \tag{9-51}$$

　　近似地认为电动机在工作行程时按额定功率工作。这样,可求得盈亏功为

$$N_{max} = 1\,000(P_1 - P_m)t_1 \tag{9-52}$$

式中:P_1、P_m 的单位为千瓦(kW);t_1 的单位为秒(s);N_{max} 的单位为焦耳(J)。

　　根据一个运转周期中等效驱动力矩所做的功与等效阻力矩所做的功相等的原则,可求出工作行程的等效驱动力矩近似值(即忽略电动机力矩随角速度的变化),即由

$$M_d\varphi_T = k[M_{r1}\varphi_1 + M_{r2}\varphi_2] \tag{9-53}$$

求得

$$M_d = k[M_{r1}\varphi_1 + M_{r2}\varphi_2]/\varphi_T \tag{9-54}$$

　　在冲压机械工作行程中冲压时曲柄的转角 φ_1 很小,而阻力矩 M_r 却很大;空行程的转角 φ_2 很大,而阻力矩 M_r 却较小,可忽略不计,故最大盈亏功为

$$N_{max} = (M_{r1} - M_d)\varphi_1 \tag{9-55}$$

飞轮在工作行程中放出的能量为 $\frac{1}{2}J_F(\omega_{max}^2 - \omega_{min}^2)$,它等于工作行程时需要补充的盈亏功 N_{max},即

$$\frac{1}{2}J_F(\omega_{max}^2 - \omega_{min}^2) = N_{max} = (M_{r1} - M_d)\varphi_1$$

故

$$J_F = \frac{(M_{r1} - M_d)\varphi_1}{\omega_m^2[\delta]} = \frac{N_{max}}{\omega_m^2[\delta]} \tag{9-56}$$

　　应当指出,冲压机构的速度波动虽然对工艺过程影响不大,但受到电动机性能的限制。各类电动机有其许可的转差率 S,故当速度太低时,可能超过 S 的最大允许值,造成电动机过载

和过热。所以速度的波动受到电动机过载和发热的条件限制。与额定转差率相适应的许用运转不均匀系数如表 9-5 所示。

表 9-5　冲击机械常用的许用运转不均匀系数$[\delta]$

电动机额定转差率 $S_H = \dfrac{n_0 - n_H}{n_0}$	许用运转不均匀系数$[\delta]$
0.02～0.05	0.10
0.05～0.08	0.15
0.08～0.13	0.20

例 9-8　已知某压力机在一个周期内总耗功为 115 000 J,工作行程时需要能量 71 600 J,周期 $T = 4.6$ s,其中工作行程所需时间 $t_1 = 0.4$ s。由电动机轴到飞轮轴的速比为 $i = 3.18$。试计算飞轮转动惯量 J_F。

解　由题设知

$$P_1 t_1 + P_2 t_2 = 115\,000 \text{ J}$$

故由式(9-50)和式(9-51)可确定电动机功率为(选 $k = 1.2$)

$$P = k\frac{P_1 t_1 + P_2 t_2}{T} = 1.2 \times \frac{115\,000}{4.6} \text{ W} = 30\,000 \text{ W} = 30 \text{ kW}$$

选用电动机的额定功率为 $P_H = 30$ kW,额定转速为 $n_H = 1\,460$ r/min,转差率 $S_H = 0.027$,为提高转差率,在电动机转子中串入电阻后,使其 $S_H = 0.1$。按表 9-5 选取$[\delta] = 0.20$。

由额定转速求得飞轮轴的平均角速度为

$$\omega_m = \frac{2\pi n_H}{60i} = \frac{2\pi \times 1\,460}{60 \times 3.18} \text{ rad/s} = 48.08 \text{ rad/s}$$

工作行程 t_1 内电动机发出的能量为

$$Pt_1 = 30 \times 1\,000 \times 0.4 \text{ J} = 12\,000 \text{ J}$$

故　　　　　　　　　　　$N_{max} = (71\,600 - 12\,000) \text{ J} = 59\,600 \text{ J}$

按式(9-47)得

$$J_F = \frac{N_{max}}{\omega_m^2 [\delta]} = \frac{59\,600}{48.08^2 \times 0.20} \text{ kg} \cdot \text{m}^2 = 128.9 \text{ kg} \cdot \text{m}^2$$

例 9-9　已知一齿轮传动机构如图 9-29(a)所示,其中 $z_2 = 2z_1$,$z_3 = 2z_{2'}$,在轮 3 上有一工作阻力矩 M_r,在某一工作循环中,M_r 的大小与轮 3 的转角 φ_3 的变化如图 9-29(b)所示,轮 3 转过 2π 为一工作循环,轮 1 为主动轮,设加于轮 1 上的驱动力矩 M_d 为常数。

(1) 以轮 1 为等效构件,计算出等效阻力矩和驱动力矩。

(2) 设各轮的转动惯量 $J_1 = J_{2'} = 0.1$ kg·m²,$J_2 = J_3 = 0.2$ kg·m²,如果轮 1 的平均角速度 $\omega_m = 2\pi$ rad/s,其运转不均匀系数 $\delta = 0.1$,试求出安装在轮 1 上的飞轮转动惯量 J_F。

解　具体的解题步骤如下。

(1) M_r 等效到轮 1 上的等效阻力矩为 $M_{er} = M_r \cdot \dfrac{\omega_3}{\omega_1}$,因为 $\dfrac{\omega_3}{\omega_1} = \dfrac{z_{2'} z_1}{z_3 z_2} = \dfrac{1}{4}$,所以 $M_{er} = 5$

N·m,因为 $\varphi_1 = 4\varphi_3$,故 M_{er}-φ_1 关系曲线如图 9-29(c)所示。$M_{ed} = \dfrac{M_{er} \times 4\pi}{8\pi} = 2.5$ N·m。

(2) 根据 $J_F = \dfrac{N_{max}}{\delta \omega_m^2} - J_C$,$N_{max} = 2.5 \times 4\pi = 10\pi$,且

$$J_C = J_1 + J_2\left(\frac{\omega_2}{\omega_1}\right)^2 + J_{2'}\left(\frac{\omega_{2'}}{\omega_1}\right)^2 + J_3\left(\frac{\omega_3}{\omega_1}\right)^2 = 0.188 \text{ kg} \cdot \text{m}^2$$

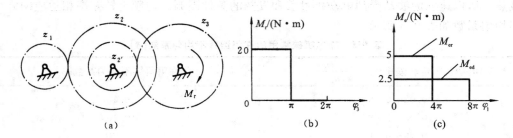

图 9-29　齿轮传动机构及其工作阻力矩变化曲线

求得
$$J_F = 7.77 \text{ kg} \cdot \text{m}^2$$

例 9-10　某内燃机的曲柄输出力矩 M_d 随曲柄转角 φ 的变化曲线如图 9-30 所示,其运动周期 $\varphi_T = \pi$,曲柄的平均转速 $n_m = 620 \text{ r/min}$。当用该内燃机驱动一阻抗力为常数的机械时,如果要求其运转不均匀系数 $\delta = 0.01$,试求:

(1) 曲轴最大转速 n_{max} 和相应的曲柄转角位置 φ_{max};

(2) 装在曲轴上的飞轮转动惯量 J_F(不计其余构件的转动惯量)。

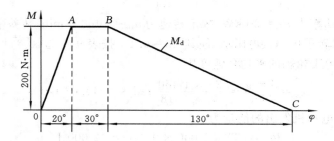

图 9-30　内燃机的曲柄输出力矩 M_d

解　确定阻抗力矩:因一个运动循环内驱动功应等于阻抗功,所以有

$$M_r \varphi_T = A_{OABC} = 200 \times \frac{1}{2} \times \left(\frac{\pi}{6} + \pi \right)$$

解得

$$M_r = \frac{1}{\pi} \times 200 \times \frac{1}{2} \times \left(\frac{\pi}{6} + \pi \right) = 116.67 \text{ N} \cdot \text{m}$$

(1) 求曲轴最大转速 n_{max} 和相应的曲柄转角位置 φ_{max}:

作其系统的能量指示图(见图 9-31(a)),由图可知,在 c 处出现能量最大值,即 $\varphi = \varphi_c$ 时,$n = n_{max}$,故

$$\varphi_{max} = 20° + 30° + 130° \times \frac{200 - 116.67}{200} = 104.16°$$

此时,$n_{max} = \left(1 + \frac{\delta}{2} \right) n_m = \left(1 + \frac{0.01}{2} \right) \times 620 \text{ r/min} = 623.1 \text{ r/min}$

(2) 求装在曲轴上的飞轮转动惯量 J_F(见图 9-31(b)):

$$N_{max} = A_{bABc} = \frac{200 - 116.67}{2} \times \left(\frac{\pi}{6} + \frac{20\pi}{180} \times \frac{200 - 116.67}{200} + \frac{\pi}{6} + \frac{130\pi}{180} \times \frac{200 - 116.67}{200} \right) \text{J}$$
$$= 89.08 \text{ J}$$

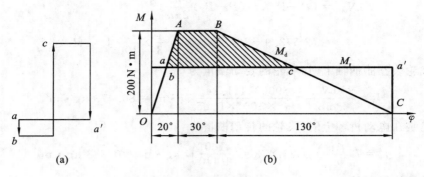

图 9-31　例 9-10 解图

故
$$J_F = \frac{900 N_{max}}{\pi^2 n^2 [\delta]} = \frac{900 \times 89.08}{\pi^2 \times 620^2 \times 0.01} = 2.113 \text{ kg} \cdot \text{m}^2$$

例 9-11　在图 9-32 所示牛头刨床中,在无工作阻力行程中消耗的功率为 $P_1 = 367.7$ W,工作行程中有工作阻力时的消耗功率为 $P_2 = 3\,677$ W,回程对应曲柄转角 $\varphi_1 = 120°$,工作行程中的实际做功行程对应曲柄转角 $\varphi_2 = 120°$。曲柄平均转速 $n = 100$ r/min,电动机转速为 $n_d = 1\,440$ r/min,机器运转不均匀系数 $\delta = 0.05$。求以曲柄为等效构件,且等效驱动力矩为常量时,加在曲柄轴上飞轮的等效转动惯量。如把飞轮安装在电动机轴上,其转动惯量为多少?

解　(1)确定电动机的平均功率。功率变化如图 9-33 所示。

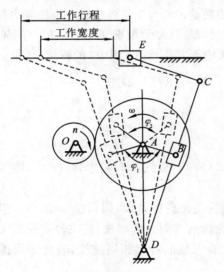

图 9-32　刨床机构

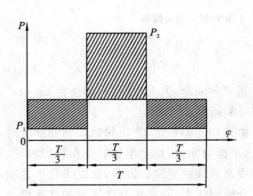

图 9-33　功率变化

根据在一个运动循环内,驱动功与阻抗功应相等,可得
$$PT = P_1 t_1 + P_2 t_2$$
$$P = (P_1 t_1 + P_2 t_2)/T = (P_1 \varphi_1 + P_2 \varphi_2)/(\varphi_1 + \varphi_2)$$
$$= \left(367.7 \times \frac{1}{3} + 3\,677 \times \frac{2}{3}\right) \text{W} = 2\,573.9 \text{ W}$$

(2)由图 9-33 知,最大盈亏功为

$$N_{\max}=(P-P_1)t=(P-P_1)\frac{60\varphi_1}{2\pi n}$$

$$=(2\,573.9-367.7)\times60\times\frac{1}{3}\times\frac{1}{100}\ \text{J}=441.24\ \text{J}$$

① 当飞轮装在曲柄轴上时,飞轮的转动惯量为

$$J_\text{F}=\frac{900N_{\max}}{\pi^2n^2\delta}=\frac{900\times441.24}{\pi^2\times100^2\times0.05}\ \text{kg}\cdot\text{m}^2=80.473\ \text{kg}\cdot\text{m}^2$$

② 飞轮装在电动机轴上时,飞轮的转动惯量为

$$J_\text{F}'=J_\text{F}\left(\frac{n}{n_\text{m}}\right)^2=80.473\times\left(\frac{100}{1\,440}\right)^2\ \text{kg}\cdot\text{m}^2=0.388\ \text{kg}\cdot\text{m}^2$$

4. 飞轮结构及飞轮矩

在安装有飞轮的机械系统中,系统的等效转动惯量主要由飞轮的转动惯量等效到等效构件上的大小所决定。因而,一般说来,飞轮的直径和质量均较大,其结构如图 9-34 所示。图中,a 为飞轮的轮缘,b 为飞轮的轮辐,c 为轮毂。通常,轮辐与轮毂的转动惯量较小,大概占全部转动惯量的 15%。为了简化起见,在进行飞轮结构设计时,可以只考虑轮缘部分的转动惯量。

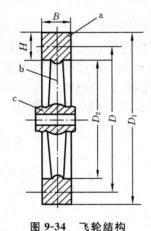

图 9-34 飞轮结构

根据理论力学知识,可计算出图 9-34 所示的飞轮的转动惯量为

$$J_\text{F}=\frac{m}{2}\left(\frac{D_1^2+D_2^2}{4}\right)=\frac{m}{8}(D_1^2+D_2^2) \tag{9-57}$$

式中:m 为轮缘部分的质量;D_1 为飞轮外径;D_2 为轮缘内径。

在轮缘的厚度尺寸 H 不大的情况下,为了进一步简化计算,可认为飞轮质量集中于其平均直径为 D 的圆周上,设

$$D=\frac{1}{2}(D_1+D_2)$$

故

$$J_\text{F}\approx\frac{mD^2}{4}$$

即

$$mD^2=4J_\text{F} \tag{9-58}$$

通常称 mD^2 为飞轮矩,其单位为 $\text{kg}\cdot\text{m}^2$。由式(9-48)或式(9-49)求得 J_F 后,即可根据式(9-58)计算出飞轮矩。

由式(9-58)可知,当飞轮转动惯量一定时,选择的飞轮直径越大,则质量 m 越小。但直径太大,占据空间大,也会增加制造和运输困难,同时轮缘的圆周速度增加,使飞轮有受到大离心力作用而破裂的危险。因此,初定飞轮尺寸后,应校验飞轮的最大圆周速度,若此圆周速度大于安全极限速度,则必须修改飞轮的结构尺寸。

习　　题

第 9 章数字资源

9-1　图 9-35 所示的曲柄滑块机构中,已知各杆长度分别为 $l_{AB}=80$ mm、$l_{BC}=240$ mm,曲柄 1、连杆 2 的质心 S_1、S_2 的位置满足 $l_{AS_1}=l_{BS_2}=80$ mm,滑块 3 的质量为 $m_3=0.6$ kg。若该机构的总惯性力完全平衡,试确定曲柄质量 m_1 及连杆质量 m_2 的大小。

9-2　在图 9-36 所示曲柄滑块机构的平衡装置中,已知各构件的尺寸和重力如下:$l_{AB}=$

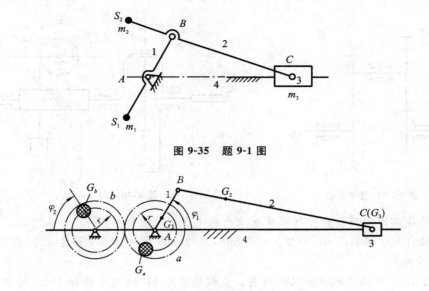

图 9-35　题 9-1 图

图 9-36　题 9-2 图

$100\ mm$，$l_{BC}=400\ mm$，$l_{AG_1}=30\ mm$，$l_{BG_2}=100\ mm$，$l_{CG_3}=0$，$r=50\ mm$；$G_1=250\ N$，$G_2=100\ N$，$G_3=300\ N$。齿轮 a 和 b 的大小尺寸相等。试求：为了平衡该机构所有回转质量的全部惯性力和往复质量的第一级惯性力，而必须装在 a、b 两轮上的对重 G_a 和 G_b。

9-3　在图 9-37 所示 V 形发动机中，已知每个气缸内的移动部分的重力为 G。现在曲柄延长线上曲柄销 B 的对称点 D 处加一个重力为 G 的平衡重块后，则该发动机的第一级惯性力便被完全平衡。试证明之。

9-4　在图 9-38 所示的六杆机构中，已知滑块 5 的质量 $m=20\ kg$，$l_{AB}=l_{ED}=100\ mm$，$l_{BC}=l_{CD}=l_{EG}=200\ mm$，$\varphi_1=\varphi_2=\varphi_3=90°$，作用在滑块 5 上的力 $F=500\ N$，其他各构件的质量及重力均忽略不计。当取曲柄 1 为等效构件时，试求机构在图示位置时的等效转动惯量和力 F 的等效力矩。

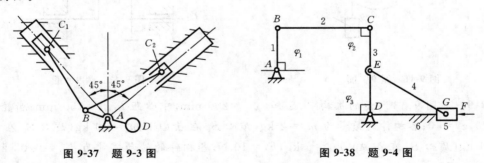

图 9-37　题 9-3 图　　　　　　　　　　　　　图 9-38　题 9-4 图

9-5　在图 9-39 所示轮系中，已知各轮齿数 $z_1=z_{2'}=20$，$z_2=z_3=40$，$J_1=J_{2'}=0.01\ kg\cdot m^2$，$J_2=J_3=0.04\ kg\cdot m^2$，作用在轴 O_3 上的阻力矩 $M_3=40\ N\cdot m$。当取齿轮 1 为等效构件时，求机构的等效转动惯量和阻力矩 M_3 的等效力矩。

9-6　在图 9-40 所示的减速装置中，已知各轮齿数 $z_1=z_2=20$，$z_3=60$，$z_5=40$，蜗杆的头数 $z_4=2$，各轮质心均在其轴线上，且 $J_1=J_2=0.001\ kg\cdot m^2$，$J_4=0.016\ kg\cdot m^2$，$J_5=1.6\ kg\cdot m^2$，$m_2=3\ kg$，齿轮的模数均为 $m=2\ mm$。

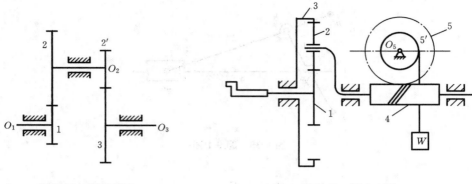

图 9-39　题 9-5 图　　　　　　　　　　　图 9-40　题 9-6 图

(1) 求将各构件的质量和转动惯量等效到轴 1 上的等效转动惯量。

(2) 要使作用于滚筒 $5'$(其半径 $r=35$ mm)上的重物 $W=100$ N 等速上升,作用在轮 1 上的力矩应为多大?

9-7　图 9-41 所示为起重机机构简图。设驱动力矩 M_1 作用于构件 1 上,起重重力为 G。如以 1 为等效构件,试写出等效力矩公式。

9-8　图 9-42 所示的行星轮系中,已知各轮的齿数 $z_1=z_{2'}=20$,$z_2=z_3=40$;各构件质心均在相对回转轴线上,且 $J_1=J_{2'}=0.01$ kg·m²,$J_2=0.04$ kg·m²,$J_H=0.18$ kg·m²,行星轮的重力 $G_2=40$ N、$G_{2'}=20$ N,齿轮的模数均为 $m=10$ mm;重力加速度 $g\approx10$ m/s²,作用在系杆 H 上的力矩 $M_H=60$ N·m,选齿轮 1 的轴 O_1 为等效构件。试求将 M_H 转化到轴 O_1 上的等效力矩 M 和此机构的等效转动惯量 J。

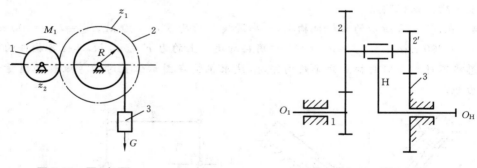

图 9-41　题 9-7 图　　　　　　　　　　　图 9-42　题 9-8 图

9-9　在图 9-43 所示的机构中,已知 $l_{AO_2}=200$ mm,中心距 $l_{O_1O_2}=150$ mm;齿轮齿数为 $z_1=20$,$z_2=40$;各构件的质量为 $m_1=2$ kg(质心 S_1 在点 O_1),$m_2=10$ kg(质心 S_2 在点 O_2),$m_3=1$ kg(质心 S_3 在点 A),$m_4=5$ kg,$F_4=10$ N;各构件的转动惯量为 $J_{S_1}=0.03$ kg·m²,$J_{S_2}=0.06$ kg·m²。

(1) 求转化到轴 O_1 上的等效转动惯量。

(2) 求 F_4 转化到轴 O_1 上的等效力矩。

9-10　一发动机的输出力矩可近似表示为 $M_d=(15\,000+4\,665\sin3\varphi)$ N·m,它直接带动的负载为 $M_r=(15\,000+200\sin\varphi)$ N·m,其中 φ 为发动机负载系统的转角(由某一基准点算起)。整个系统的等效转动惯量 $J=1\,000$ kg·m²。设在 $\varphi=\pi/2$ 时,系统的转速 $n_\varphi=600$ r/min。试导出 $n=n(\varphi)$ 的方程式,并求出发动机的平均功率。

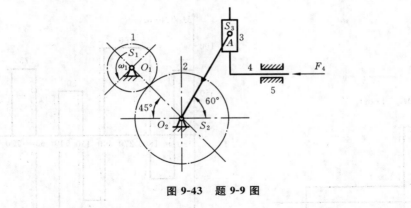

图 9-43　题 9-9 图

9-11　设在工作范围内，电动机的输出力矩 $M_d = 2\,000/n$ N · m（n 为转速，其单位为 r/s），它直接带动风扇，风扇的阻力矩为 $M_r = n^2/32$ N · m。若系统的转动惯量为 4 kg · m^2，试求转速自 1 200 r/min 上升到 1 800 r/min 所需的时间。

9-12　图 9-44 所示为某机械转化到其主轴上的等效驱动力矩 M_d 在一个工作循环中的变化规律。设等效阻力矩为常数，主轴转速 $n = 500$ r/min，许用运转不均匀系数 $[\delta] = 0.03$。如机械中其他各构件的等效转动惯量均略去不计，试求安装在主轴上的飞轮转动惯量 J_F。

9-13　图 9-45 所示为某机械转化到其主轴上的等效阻力矩 M_r 在一个工作循环中的变化规律。设等效驱动力矩 M_d 为常数，主轴转速 $n = 300$ r/min，许用运转不均匀系数 $[\delta] = 0.1$。如机械中其他各构件的等效转动惯量均略去不计，试求安装在主轴上的飞轮转动惯量 J_F。

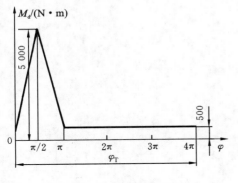

图 9-44　题 9-12 图

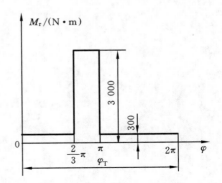

图 9-45　题 9-13 图

9-14　设一机组，其发动机的输出力矩 $M_d = 1\,000/\omega$ N · m，其工作机的阻力矩的变化如图 9-46 所示，$t_1 = 0.1$ s，$t_2 = 0.9$ s。若忽略其他构件的转动惯量，在 $\omega_{max} = 200$ rad/s，$\omega_{min} = 50$ rad/s 情况下，飞轮的转动惯量 J_F 应为多少？

9-15　设一发动机的输出力矩简图如图 9-47 所示，且某机械的等效阻力矩 M_r 为常数。不计机械中其他构件的质量，而只考虑飞轮的转动惯量。若平均转速 $n = 1\,000$ r/min，$\delta = 0.02$，试问：

（1）等效阻力矩 M_r 为多少？

（2）曲柄（等效构件）的角速度在何处最大、何处最小？

（3）最大盈亏功 N_{max} 是多少？

（4）飞轮的等效转动惯量 J_F 是多少？

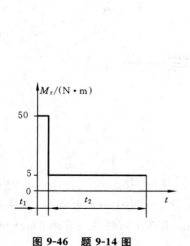

图 9-46　题 9-14 图

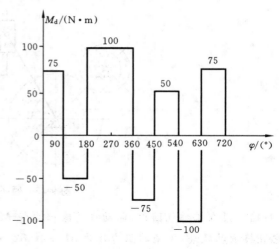

图 9-47　题 9-15 图

复习思考题

1. 何谓机械、机器、机构？它们三者之间有何关系？

2. 什么是构件、零件、运动副、构件的自由度、约束？

3. 什么是高副、低副、平面运动副、铰链、移动副、运动链？

4. 做平面运动的自由构件有几个自由度？平面低副和高副分别提供几个约束？在计算平面机构的自由度时，应注意哪些事项？虚约束的作用是什么？

5. 什么是机架、连架杆、曲柄、摇杆？铰链四杆机构有哪几种形式？对心曲柄滑块机构的演化形式有哪几种？导杆机构是如何演化形成的？

6. 在满足杆长之和的条件下，四杆机构成为双曲柄机构时构件固定的条件是什么？

7. 什么是急回特性？是否存在无急回特性的机构？

8. 什么是"死点"位置？存在"死点"位置会使机构出现什么问题？如何消除？若存在"死点"位置则在什么情况下有利，在什么情况下有害？

9. 机构最大压力角出现在何位置？是否有压力角始终为零的机构？

10. 凸轮机构有哪些类型？分别适用于什么场合？

11. 什么是凸轮机构的力封闭、几何封闭？常用的几何封闭方法有哪几种？

12. 什么是凸轮机构的基圆、推程、推程运动角、远休止、远休止角、回程、回程角、近休止、近休止角？

13. 如何设计凸轮机构？凸轮机构从动件的运动规律有哪几类？各种运动规律会产生什么冲击？分别适用于什么场合？

14. 凸轮机构基本参数确定的原则和方法是什么？需考虑哪些问题？压力角与基圆的关系是什么？

15. 齿轮机构的作用是什么？什么是齿廓啮合基本定律？渐开线的性质有哪些？齿数多的与齿数少的标准齿轮的齿顶厚和齿根厚哪个大？

16. 一对渐开线齿轮啮合有哪些特性？为何中心距有可分性？

17. 齿轮有哪些几何尺寸？如何计算？直齿圆柱齿轮的基本参数有哪些？

18. 渐开线标准直齿圆柱齿轮与变位齿轮有哪些异同？标准齿轮能否与变位齿轮啮合？

19. 渐开线直齿圆柱齿轮传动正确啮合的条件是什么？根据美国标准生产的齿轮能否与根据中国标准生产的齿轮啮合？

20. 要使一对齿轮以定传动比连续传动的条件是什么？何为重合度？重合度的大小与齿数、模数、压力角、齿顶高系数、顶隙系数、中心距之间有何关系？

21. 两齿轮传动无侧隙啮合的条件是什么？齿轮顶隙的作用是什么？

22. 当用插齿机加工齿轮时，插刀与轮坯之间的相对运动有哪些？为什么加工齿轮时应力求避免根切？避免产生根切的措施有哪些？

23. 变位齿轮传动有哪几种类型？各有何特点？变位齿轮的齿顶圆如何计算？在工程实

践中有何应用? 如何确定变位系数?

24. 与直齿轮传动相比较,平行轴斜齿轮传动主要具有哪些优点? 当量齿轮有何作用? 斜齿轮不产生根切的齿数是多少?

25. 什么是定轴轮系、周转轮系、复合轮系? 如何计算复合轮系的传动比? 轮系的功用有哪些?

26. 间歇机构的种类及特点有哪些? 槽轮机构运动系数有何含义? 试举例说明棘轮机构的应用。

27. 何谓机构平衡的原理? 机构平衡方法有哪些?

28. 在什么情况下机械才会做周期性速度波动? 速度波动有何危害? 如何调节作用在机械上的机械驱动力矩? 飞轮为什么可以调速? 能否利用飞轮来调节非周期性速度波动?

29. 何谓运转不均匀系数? 如何求飞轮的转动惯量? 如何求最大盈亏功?

30. 执行机构运动规律设计方法及机构的运动循环图的作用是什么? 不同的机构可实现同一工艺动作,能满足同样的使用要求吗?

31. 何谓基于组成原理的机构创新设计? 如何拆分基本杆组? 平面机构的高副低代条件有哪些?

32. 机构选型应注意哪些问题? 机构创新设计方法有哪些? 方轮自行车能在地面上骑吗?

综合练习题

一、概念题

1. 选择题（从给出的 A、B、C、D 四项中选一个正确答案）

(1) 万用电表应属于_____。

    A. 机器   B. 机构   C. 通用零件   D. 专用零件

(2) 构件是机械中独立的_____单元。

    A. 运动   B. 制造   C. 分析   D. 运动与制造

(3) 一个 k 大于 1 的铰链四杆机构与 $k=1$ 的对心曲柄滑块机构串联组合,该串联组合而成的机构的行程变化系数 k _____。

    A. 大于 1   B. 小于 1   C. 等于 1   D. 等于 2

(4) 与其他机构相比,凸轮机构最大的优点是_____。

    A. 可实现各种预期的运动规律   B. 便于润滑

    C. 制造方便,易获得较高的精度   D. 从动件的行程较大

(5) _____盘形凸轮机构的压力角恒等于常数。

    A. 摆动尖顶从动件   B. 直动滚子从动件

    C. 摆动平底从动件   D. 摆动滚子从动件

(6) 渐开线在基圆上的压力角为_____。

    A. $20°$ B. $0°$ C. $15°$ D. $25°$

2. 是非判断题（认为正确请打 √,错误请打 ×）

(1) 对于不同的功能要求,机械系统中的执行系统也不同。（   ）

(2) 运动规律设计不相同,综合出的机构也就完全不相同,而不同的机构却可以实现同一运动规律,满足同样的使用要求。（   ）

(3) 机械系统由动力系统、驱动系统、控制系统、传感系统、液压系统五个要素组成。（   ）

(4) 用齿条型刀具加工 $a_n=20°$、$h_{an}^*=1$、$\beta=30°$ 的斜齿圆柱齿轮时不产生根切的最少齿数是 17。（   ）

(5) 和标准齿轮相比,变位齿轮的参数中模数 m 和分度圆齿厚已经发生了改变。（   ）

(6) 利用配重并取 $\frac{1}{3}<k<\frac{1}{2}$,可使滑块 x 向振动减弱、y 向振动增强但并不过多,实现机构的部分平衡。（   ）

(7) 在最大盈亏功 ΔN_{max} 和机器运转不均匀系数 δ 不变的前提下,将飞轮安装轴的转速提高一倍,则飞轮的转动惯量 J''_F 将等于 $\frac{1}{2} J_F$（J_F 为原飞轮的转动惯量）。（   ）

3. 填空题

(1) 在曲柄滑块机构中,当曲柄与_____处于两次互相垂直位置之一时,出现最小传

动角。

(2) 在平底垂直于导路的直动推杆盘形凸轮机构中,其压力角等于_____。

(3) 一对渐开线圆柱齿轮传动,其_____圆总是相切并做纯滚动,而两轮的中心距不一定等于两轮的_____圆半径之和。

(4) 一对平行轴外啮合斜齿圆柱齿轮传动的正确啮合条件为_____。

(5) 渐开线直齿锥齿轮的当量齿数 z_v _____其实际齿轮的齿数 z。

(6) 渐开线标准齿轮是指 m、α、h_a^*、c^* 均为标准值,且分度圆齿厚_____齿槽宽的齿轮。

4. 简答题

(1) 连杆机构和凸轮机构在组成方面有何不同? 各有什么优缺点?

(2) 在凸轮机构中,刚性冲击是指什么? 举出一种存在刚性冲击的运动规律。

(3) 在凸轮机构中,柔性冲击是指什么? 举出一个具有柔性冲击的从动件常用运动规律。

(4) 何谓凸轮的理论轮廓与实际轮廓?

(5) 凸轮机构中的力锁合与几何锁合各有什么优缺点?

(6) 一对渐开线标准外啮合直齿轮非标准安装时,安装中心距 a' 与标准中心距 a 中哪个大? 啮合角 α' 与压力角 α 中哪个大? 为什么?

二、分析题

1. 试计算综合练习题图 1 所示的运动链的自由度数(若有复合铰链、局部自由度或虚约束,必须明确指出)。标注有箭头的为原动件,判断该机构运动是否确定。高副低代后确定机构级别。

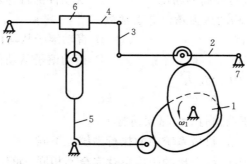

综合练习题图 1

2. 画出综合练习题图 2 所示机构的压力角,图中标注箭头的构件为原动件。

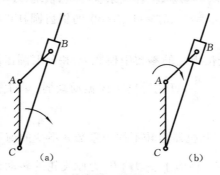

综合练习题图 2

3. 已知一偏置曲柄滑块机构,主动件曲柄 AB 顺时针回转,滑块 C 向右为工作行程,行程

速度变化系数 $k=1.2$，滑块行程 $S=40$ mm，偏距 $e=10$ mm。

(1) 试合理确定其偏置方位，用图解法设计该机构，求出曲柄 AB、连杆 BC 的位置，并画出机构草图；

(2) 当滑块 C 为主动件时，机构在哪两个位置会出现"死点"？

4. 综合练习题图 3(a)和(b)所示分别为滚子对心直动从动件盘形凸轮机构和滚子偏置直动从动件盘形凸轮机构，已知：$R=100$ mm，$\overline{OA}=20$ mm，$e=10$ mm，$r_T=10$ mm。试用图解法确定：当凸轮自图示位置（从动件最低位置）顺时针回转 $90°$ 时两机构的压力角及从动件的位移值。

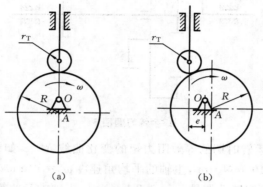

(a)　　　　　　　(b)

综合练习题图 3

三、计算题

1. 某技术人员欲设计一机床变速箱中的一对渐开线外啮合圆柱齿轮机构，以传递两平行轴的运动，已知 $z_1=10$，$z_2=13$，$m=12$ mm，$\alpha=20°$，$h_a^*=1$，要求两轮刚好不发生根切。试设计这对齿轮（变位系数取小数点后三位），并计算齿顶圆直径。

2. 今配置一对外啮合渐开线直齿圆柱齿轮传动，已知 $m=4$ mm，$\alpha=20°$，传动比 $i_{12}=2$，齿数和为 $z_1+z_2=36$，实际安装中心距 $a'=75$ mm。试回答：

(1) 其齿数 z_1、z_2 各为多少？可采用何种类型传动方案？

(2) 确定变位系数 χ_1、χ_2 应考虑哪些因素？试确定该对齿轮传动的变位系数之和。

(3) 按不产生根切的最小变位系数条件确定 χ_1、χ_2，并计算齿轮1的分度圆齿厚和齿顶圆直径。

注：$\mathrm{inv}\alpha'=\dfrac{2(\chi_1+\chi_2)}{z_1+z_2}\tan\alpha+\mathrm{inv}\alpha$，　$\mathrm{inv}\alpha'=\tan\alpha'-\alpha'$，　$\mathrm{inv}20°=0.014\,904$。

3. 在综合练习题图 4 所示自动化照明灯具的传动装置中，已知输入轴的转速 $n_1=19.5$ r/min，各齿轮的齿数分别为 $z_1=60$，$z_2=z_3=30$，$z_4=z_5=40$，$z_6=120$。求箱体 B 的转速 n_B。

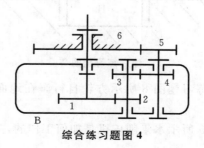

综合练习题图 4

4. 在综合练习题图 5 所示的轮系中,已知各轮齿数及齿轮 z_1 的角速度 ω_1,求齿轮 z_1 与系杆 H 的传动比 i_{1H}。

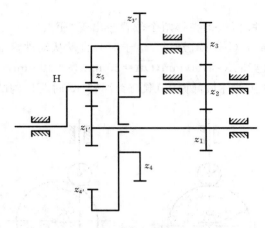

综合练习题图 5

5. 已知机组在稳定运转时期的等效阻力矩的变化曲线 $M_r\text{-}\varphi$ 如综合练习题图 6 所示,等效驱动力矩为常数 $M_d=19.6\,\text{N}\cdot\text{m}$,主轴的平均角速度 $\omega_m=10\,\text{rad/s}$。为了减小主轴的速度波动,现装一个飞轮,飞轮的转动惯量 $J_F=9.8\,\text{kg}\cdot\text{m}^2$（主轴本身的等效转动惯量不计）,试求运转不均匀系数 δ。

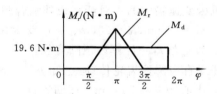

综合练习题图 6

四、创新设计题

1. 有一小型工件（见综合练习题图 7）,需要以手动方式快速压紧或松开,并要求其被压紧后,在工人手脱离的情况下不会自行松脱。试确定用什么机构实现这一要求;绘出机构在压紧工件状态时的运动简图,并说明设计该机构时的注意事项。

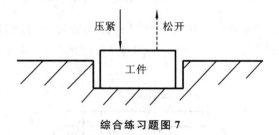

综合练习题图 7

2. 试构思一种能使综合练习题图 8 所示方轮自行车在地面上骑行的方法（提示:可在地面上增加辅助装置）。

3. 试分析综合练习题图 9 所示水果削皮机是如何工作的,并画出其机构草图。

综合练习题图 8

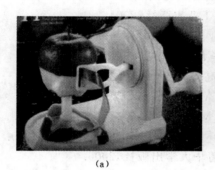

(a)

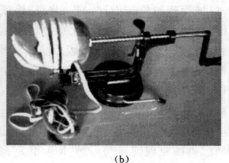

(b)

综合练习题图 9

4. 设计具有仿骑马奔腾效果的自行车,从而使自行车行驶时形成车身周期性上下波浪起伏,骑车人犹如骑坐在奔驰的马背上一样;并简述其工作原理。

5. 设计一种小偷打不开的锁,并简述其工作原理。

6. 设计一种棉花收获机,简述其工作原理,并画出构思的机构运动方案草图。

参 考 文 献

[1] 邹慧君,郭为忠.机械原理[M].3 版.北京:高等教育出版社,2016.
[2] 孙桓,陈作模,葛文杰.机械原理[M].8 版.北京:高等教育出版社,2013.
[3] 郑文伟,吴克坚.机械原理[M].7 版.北京:高等教育出版社,1997.
[4] 张策.机械原理与机械设计[M].北京:机械工业出版社,2004.
[5] 王德伦,高媛.机械原理[M].北京:机械工业出版社,2011.
[6] 申永胜.机械原理教程[M].2 版.北京:清华大学出版社,2005.
[7] 王知行,邓宗全.机械原理[M].2 版.北京:高等教育出版社,2006.
[8] 张春林,余跃进.机械原理教学参考书(上)[M].北京:高等教育出版社,2009.
[9] 张春林,余跃进.机械原理教学参考书(中)[M].北京:高等教育出版社,2009.
[10] 张春林,余跃进.机械原理教学参考书(下)[M].北京:高等教育出版社,2009.
[11] 申永胜.机械原理辅导与习题[M].北京:清华大学出版社,2006.
[12] 杨家军.机械创新设计技术[M].北京:科学出版社,2008.
[13] SCLATER N,CHIRONIS N P.机械设计实用机构与装置图册[M].邹平,译.北京:机械工业出版社,2007.
[14] 孟宪源.现代机构手册·上册[M].北京:机械工业出版社,1994.
[15] 孟宪源.现代机构手册·下册[M].北京:机械工业出版社,1994.
[16] 孟宪源,姜琪.机构构型与应用[M].北京:机械工业出版社,2004.
[17] 邹慧君.机械运动方案设计手册[M].上海:上海交通大学出版社,1994.
[18] 洪允楣.机构设计的组合与变异方法[M].北京:机械工业出版社,1982.
[19] 朱龙根,黄雨华.机械系统设计[M].北京:机械工业出版社,1992.
[20] 陈定方,孔建益,杨家军,等.现代机械设计师手册·上册[M].北京:机械工业出版社,2014.
[21] 陈定方,孔建益,杨家军,等.现代机械设计师手册·下册[M].北京:机械工业出版社,2014.
[22] 杨家军,程远雄.机械原理教程[M].武汉:华中科技大学出版社,2019.
[23] 张策.机械工程史[M].北京:清华大学出版社,2015.
[24] 吕庸侯,沈爱红.组合机构设计与应用创新[M].北京:机械工业出版社,2008.
[25] 曲继方,安子军,曲志刚.机构创新原理[M].北京:科学出版社,2001.
[26] 杨家军.机械创新设计与实践[M].武汉:华中科技大学出版社,2014.